水下组合导航系统

Underwater Integrated Navigation System

王国臣　齐　昭　张　卓　编著
吴简彤　审

国防工業出版社
·北京·

内 容 简 介

水下组合导航系统可充分利用各导航子系统之间优势互补的特点，大大提高导航系统的精度与可靠性，已成为实现精确定位导航的有效手段，它一直是导航技术领域的研究重点与热点。全书内容共分10章：第1章主要介绍了水下组合导航系统的历史与现状；第2~4章分别介绍了惯性导航系统的基本原理、误差分析、标定及初始对准技术；第5~10章是本书的重点内容，其中第5章介绍了组合导航系统基本结构与信息滤波技术，为后续奠定基础；第6~9章分别介绍了惯性/速度匹配组合导航、惯性/地形匹配组合导航、惯性/地磁匹配组合导航、惯性/重力匹配组合导航；第10章介绍了静电陀螺监控技术。

本书既可作为导航专业本科生和硕士研究生的课程教材，也可作为工程技术人员在水下导航系统科研中的参考书。

图书在版编目(CIP)数据

水下组合导航系统/王国臣，齐昭，张卓编著．—北京：国防工业出版社，2016.4

ISBN 978-7-118-10546-9

Ⅰ．①水…　Ⅱ．①王…　②齐…　③张…　Ⅲ．①水下-组合导航-导航系统　Ⅳ．①TN967.2

中国版本图书馆CIP数据核字(2016)第056682号

※

国防工業出版社出版发行

(北京市海淀区紫竹院南路23号　邮政编码100048)

三河市众誉天成印务有限公司印刷

新华书店经售

*

开本 710×1000　1/16　**印张** 17¼　**字数** 328千字

2016年4月第1版第1次印刷　**印数** 1—2000册　**定价** 82.00元

国防书店：(010)88540777　　发行邮购：(010)88540776

发行传真：(010)88540755　　发行业务：(010)88540717

前言
PREFACE

海洋是人类发展的四大战略空间(陆、海、空、天)中继陆地之后的第二大空间,是生物资源、能源、水资源和金属资源的战略性开发基地,是目前最有发展潜力的空间,对经济与社会发展有着直接巨大的支撑作用。所以,对海洋进行广泛深入的探索开发已成为21世纪的发展主题之一。而在海洋开发活动中,导航定位,尤其是水下导航定位起着举足轻重的作用。

由于水介质的特殊性,诸如光学导航、无线电导航、卫星导航等常用的导航技术在水下难以被利用。因此,相对陆空导航,水下导航可利用信息源较少,实施起来相对困难。无源、自主惯性导航系统短时间内具有导航精度高、导航信息全面等特点,非常适合水下导航。但由于系统漂移,长时间导航会存在误差积累。随着现代科学技术的发展,特别是我国海洋强国战略的实施,对水下导航在精度和可靠性方面都提出了更高的要求,仅靠单一惯性导航系统很难满足这些要求,因此需要形成以惯性导航系统为主导航系统、其他导航系统为辅助导航系统的组合导航系统,以提高导航的精度和可靠性,这也是当前水下导航技术的发展趋势。

本书系统性强、理论联系实际,可作为导航专业本科生和硕士研究生的课程教材,又可作为工程技术人员在水下导航系统科研中的参考书,希望所提出的一些观点和思想能够对国内同行提供一定的帮助。水下组合导航技术涉及多门学科前沿,内容较新。由于编者水平有限,本书难免存在不足之处,恳请各位专家和广大读者批评指正。

这里,要特别感谢高伟教授的悉心指导,并对本书提出了很好的建议;感谢吴简彤教授,他对本书提出了许多方向性的建议和具体修改意见;感谢王秋滢博士、史洪洋博士、卢宝峰博士、赵博硕士、梁宏硕士、阮双双硕士、杨若雨硕士、张鹏硕士,他们都先后参加了本书部分内容的编写与校对工作。此外,本书部分内容还参考了国内外同行专家、学者的最新研究成果,在此一并向他们致以诚挚的谢意!

编 者

2015 年 5 月

目 录

CONTENTS

第1章

绪 论

1.1 概 述

随着世界经济和军事发展的需求，海洋资源开发、海洋能源利用等现代海洋高新技术的研究已成为世界新科技革命的主要领域之一。海洋导航和定位是一切海洋开发活动与海洋高技术发展的基础，在探测海底地形地貌、建设海洋工程、开发海洋资源、发展海洋科学及维护国家海洋权益等诸多方面都发挥着极其重要的作用。

对于当前水下航行器的发展而言，导航系统必须提供远距离及长时间范围内的精确定位、速度及姿态信息。精确的导航能力是航行器的一个关键技术，但由于受到使用条件的限制及水介质的特殊性、隐蔽性等因素的影响，实现水下航行器的精确导航是一项艰难的任务。对于水下航行器而言，可供应用的导航方式主要有两类：基于外部信号的非自主导航和基于传感器的自主导航。非自主导航方式，如罗兰、欧米伽、全球定位系统（Global Positioning System，GPS）等，仅在接收机能接收到信号时能够完成导航；罗兰、欧米伽相对于 GPS 导航精度要低，而且 GPS 具有全球较高精度的导航能力。但是这些基于无线电的导航方式，由于电波在水中衰减很快的原因，在水下航行器上的使用受到很大限制。而基于传感器的自主导航方式可以依靠水下航行器自身携带的装备，如惯性导航系统（Inertial Navigation System，INS）、水声换能器、重力或地磁传感器等手段完成导航。声学导航要求事先在工作海域布设位置精确已知的参考基阵，且维护费用较高；重力导航要求在航行器计算机中事先存储精确的海底重力地图；基于惯性测量装置（Inertial Measurement Unit，IMU）导航方式的主要缺陷是陀螺存在随机漂移，若得不到有效的校正，导航误差会无限增大。

在水下定位技术方面，已发展了长基线、短基线和超短基线等水下声定位系统，且均已在实际中得以应用。这些系统在布设、校准和维护等方面都比较困难，费时耗资，灵活性差，不能机动，作用范围有限。为了满足高精度水下定位导航系统的要求，近几年来发展出了水下 GPS 定位技术。美国海军于 2001 年委托法国 ASCA 公司开发了全球第一套水下 GPS 目标跟踪系统（专利属于美国国防部），用于水雷对抗、水下搜救和水下哑弹爆破，近期又利用该项技术进行海洋水下导弹试验和水下军事平台建设。美国海军研究生院水下机器人研究中心设计的小型自主式水下潜器（Autonomous Underwater Vehicle，AUV）导航系统（SANS）已经更新三代。最初的 SANS 是为“Phoenix” AUV 设计的，采用的是 GPS/INS 组合导航[1]。它配备了罗经、差分全球定位系统（Differential Global Positioning System，DGPS）、IMU、水速传感器。挪威军事研究所研制的“HUGIN2”型 UUV 导航选用的定位方式是：母船采用 DGPS 定位[2]，HUGIN 的相对定位是采用高精度的声定位系统（HiPAP）。美国亚特兰大大学研制的小型“AUV”上面配置的导航设备传感器有 IMU、磁罗经、多普勒计程仪（Doppler Velocity Log，DVL）、GPS/DGPS。GPS 定位信号只能在载体到达水面后才能获得，并作为任务之前或两段航程之前的初始导航定位。水下导航用小型敏感器部件，它由三个加速度计、三个陀螺和一个磁罗经组成，可分别测量线加速度、角速度和角度（包括横摇角、纵摇角和航向）。用积分法可实现运载体位置的动态实时更新。它的导航系统可以保证在 INS 失效时可以通过 GPS、DVL 和罗经进行基本的导航。

水下高精度定位导航系统是我国海洋监测技术的主要发展项目之一，为了适应大陆架区水下载体和拖体、特殊水下工程高精度定位的需求，我国继美国和法国之后自主研制开发了一套精度好、功能强、自动化程度高的水下 GPS 定位系统。该系统不但可用于从水上（海面、沿岸陆地或飞机上）对水下目标跟踪监视和动态定位，还率先利用 GPS 技术实现了水下设备导航、水下目标瞬时水深监测、水下授时、水下工程测量控制和工程结构放样等功能。在过去的几十年中，导航系统也已从单一传感器类型系统发展到了组合导航系统，将多种类型的传感器进行优化配置，互补性能，使得系统的精度和可靠性都有了很大的提高，导航信息的处理方法也向多传感器多数据信息融合的方向发展。

1.2 水下导航定位技术

1.2.1 惯性导航

1.2.1.1 惯性导航发展概况

一般说来，惯性技术是指惯性导航技术、惯性制导技术、惯性元件、惯性系统与元件的测试技术之总称。惯性导航是自主式导航系统，具有完全独立工作性能，不受任何自然条件或环境的制约，可连续长时间工作，也具有精度高的特点。

惯性导航系统有着多输出的特性，不像其他导航仪器或导航系统只给出一种或很少几种导航参数。它能给出位置、速度、航程、水平及方位基准。所以不仅用于导航，也可给武备及其他系统提供有用的信号。

惯性导航的不足之处在于：惯性导航实现的定位是由加速度经过两次积分而得到的，它是一种推算定位法，所以它的误差是随着时间而积累的。这就要求惯性导航系统在长期使用过程中要用其他系统来重调和校正，以保证它的高精度。另外由于误差是积累的，因而必须要求惯性元件有较高的精度。

1. 惯性导航发展简史[3]

惯性技术的历史可追溯到利用惯性原理制成仪表时开始，用惯性原理制成仪表而且用于导航，要算陀螺罗经了。自 1852 年傅科提出报告开始，在许多科学家的不断努力下，船用的陀螺罗经在 1908 年底完成。它是安修茨博士创立的，以后又出现了其他许多种罗经，直至今天的平台罗经。罗经只能给出方位基准或者方位及水平基准，还不能自动定位。

惯性制导最先出现在德国，1942 年德国的科学家将陀螺仪和加速度计应用于 V-2 火箭的惯性制导系统中，首次完成惯性制导的任务。

第二次世界大战后，惯性技术在美国和苏联迅速地发展起来，首先是在舰船、飞机及导弹等运载体和飞行器的高精度导航定位要求下得到迅速发展，以后在其他领域也得到广泛应用。例如：航天飞行、民用航空、民用航海、矿藏勘探、石油开采、大地测绘、海洋调查、地震预报、海底救生等。

美国在发展惯性技术方面处于世界领先地位，它的突出贡献者是麻省理工学院仪表实验室主任查尔斯·斯塔克德雷珀博士。该实验室 1930 年开始研究惯性技术，1944 年开始研制用于轰炸机的自主式导航系统 FEBE，1949 年试飞。虽然 FEBE 不是惯性系统，但它给研制惯性系统打下了基础。1953 年研制成功舰船惯性导航系统样机，1957 年研制出“北极星”导弹惯性制导系统样机，1964 年研制出“阿波罗”飞船惯性系统样机，从而使它成为惯性技术发展中心。麻省理工学院仪表实验室于 1973 年 7 月 1 日改名为德雷珀公司。

北美航空公司机电工程部，20 世纪 40 年代末期开始研究惯性技术，1955 年改名为奥特奈蒂克斯集团。从 1946 年开始研制“娜伐霍”（Navaho）亚声速飞航导弹的惯性系统 XN-1，1950 年试飞。1954 年开始研制潜艇用惯性导航系统，1958 年研制出 N6A（MK1）型舰船惯性导航系统，装在核潜艇“魟鱼”号上，成功地进行了穿越北极的试验。1959 年研制出 N7A（MK2）型舰船惯性导航系统，装在第一艘弹道导弹核潜艇“华盛顿”号上。1964 年研制出采用陀螺监控技术的 MK2 Mod3 型舰船惯性导航系统，1968 年研制出 MK2 Mod6 惯性导航系统，1972 年静电陀螺导航系统 XN88 问世，1976 年生产静电陀螺监控器系统，并研制和生产了 MK2 Mod7 舰船惯性导航系统。1980 年研制出船用捷联导航仪 N2000。1986 年，MARLIN 捷联惯性导航系统通过了综合转台试验，1987 年通过了海上试验,定位精度可达到 1n mile/24h;随后斯贝里船舶公司又陆续推出了 MK39 Mod3C 和 AN/WSN-7B 单轴旋转式激光陀螺捷联惯性导航系统,1989 年 11 月,在单轴旋转基础上改进的双轴旋转 MARLIN 系统被北约各国用于装备舰船,代号为 MK49。1991 年 4 月,英国一艘装备有 MK49 系统的潜艇在 GPS 重置后由常规模式下航行 4d 后自动转为极区模式于高纬度地区航行了 10d,其平均定位误差低于 0.46nmile/24h。2000 年 3 月,波音公司利用 ADM Ⅱ 光纤陀螺样机在实验室进行旋转调制方案的导航性能试验,2003 年完成第三代光纤陀螺样机 ADMⅢ的研制任务,并于 2004 年初完成测试和鉴定,2006 年该公司完成光纤陀螺导航仪的工程样机,2009 年制成第一套正式装船的光纤陀螺导航仪,采用三轴连续旋转方案(初期为四轴旋转方案),预计 2012 年在潜艇上部署该系统。

这里还应提到德国火箭专家冯·布劳恩和他的同事们在发展惯性导航技术中所起的作用,第二次世界大战后,冯·布劳恩及其研制小组,在 V-2 火箭基础上先后研制出"红石""丘辟特"和"潘兴"等弹道导弹的制导系统。"红石"兵工厂后来成为美国国家宇航局(National Aeronautics and Space Administration, NASA)的惯性部。

2. 惯性导航技术现状和发展趋势

德雷珀按定位精度将系统及惯性元件分为四代,20 世纪 40 年代以前没有组成惯性系统,只有地平仪及方位仪等定向仪表,这为第一代。从 V-2 火箭制导中应用加速度计作为测量元件来确定位置开始,直到目前使用的多数惯性导航系统和惯性元件属于第二代,定位精度约几百英尺,速度误差约每小时几千英尺。从 70 年代开始研制第三代惯性技术,精度要比第二代提高两个数量级。从 70 年代末开始设计的第四代惯性系统,定位精度小于 0.3m,速度误差小于0.3m/h。

与系统相适应,也将惯性元件分为四代。第一代陀螺为飞机上使用的地平仪及方位仪中的陀螺。第二代陀螺漂移为 $3\times10^{-3}\sim0.3(°)/h$,加速度计的阈值为 $1\times10^{-5}\sim1\times10^{-3}g$。第三代陀螺漂移为 $3\times10^{-5}\sim3\times10^{-3}(°)/h$,加速度计的阈值为 $1\times10^{-7}\sim1\times10^{-5}g$。第四代惯性元件性能要比第三代还要高出两个数量级。

目前,国内外用于惯性系统的惯性元件种类很多,陀螺仪的类型有液浮陀螺、动压气浮陀螺、挠性陀螺、静电陀螺、激光陀螺和光纤陀螺等。加速度计的类型有陀螺摆式积分加速度计、液浮摆式加速度计、挠性摆式加速度计、脉冲积分摆式加速度计等。用于 MK2 舰船惯性导航系统的 G7B 陀螺仪的漂移为 0.001(°)/h,而 AN/WSN-5 船用惯性导航系统的二自由度陀螺仪的漂移为 0.003(°)/h。船用惯性导航系统的加速度计 16PMPIA 是一种脉冲积分摆式加速度计,其阈值为 $5\times10^{-5}g$。

由于舰船惯性导航系统使用时间长,精度要求高等特点,所以多采用平台结构。在20世纪60年代初出现了陀螺监控技术，系统性能有明显改善。用于“北极星”核潜艇的MK2系统，每天定位精度0.8～1.6n mile。据1971年10月14日鲍瑞特在美国导航学会国家航海会议上透露，该船用惯性导航最高水平基准精度为11″左右，航向精度为15″左右，速度精度0.4n mile/h左右。美国“阿波罗”海上跟踪船用惯性导航系统与星体跟踪器组合使用，定位精度可达244～609m。

除平台惯性导航系统外，用于飞机、导弹、航天器上的各种捷联惯性导航系统也相继出现。

目前，惯性导航正朝着高精度、高可靠性、低成本的方向发展。为实现高精度，有两条基本的途径，一条着重从研究新型惯性元件，或提高惯性元件精度方面来提高惯性导航系统的精度；另一条途径是着重在方案和系统技术上来提高惯性导航系统精度。

此外，捷联系统发展很快，特别是在航空器上。组合导航在卫星导航发展成熟条件下也有了较快发展。

在系统方面卡尔曼滤波技术得到了广泛的应用，有效地提高了惯性导航系统精度。此外由高精度的新型惯性元件构成的惯性导航系统，如静电陀螺监控技术、机载静电陀螺导航系统等都极大地提高了系统的精度。

1.2.1.2 惯性导航的关键技术

1. 惯性元件的精度

惯性元件的误差将影响惯性导航系统的精度。陀螺仪精度，一是指漂移率，分为常值漂移和随机漂移。二是指陀螺仪的力矩器及标度因数线性度。加速度计的精度主要是零偏稳定性、最小敏感量及标度因数等。根据使用对象及所采用的方案的不同，惯性导航系统对这些关键性元件要求也就不同。一般来讲，标准级惯性导航系统的陀螺仪漂移可在0.001～0.01(°)/h范围，力矩器线性度、标度因数为0.01%；加速度计精度在$1\times10^{-5}\sim1\times10^{-4}$g。

2. 初始对准

要使惯性导航系统正常工作，必须进行初始对准。如果初始条件给定得不准确，惯性导航系统就会产生初始误差。初始条件主要是给定初始方位、水平姿态，另外还有初始位置和初始速度。

3. 信息滤波技术

为提高惯性导航系统的精度，常采用卡尔曼滤波技术。

三个关键技术中最重要的是惯性元件的精度。如果不能保证，则无法实现高精度的惯性导航。

1.2.2 水声定位与导航

水声定位系统主要指可用于局部区域精确定位和导航的系统。它在海域中布防多个声接收器或应答器，构成基元；系统根据基元间基线的长度，可分为长基线系统（Long Baseline，LBL）、短基线系统[4]（Short Baseline，SBL）和超短基线系统（Ultra Short Baseline，USBL）。长基线系统、短基线系统可理解为通过时间测量得到距离，从而解算目标位置的定位系统。超短基线系统则通过相位测量来进行定位解算。

根据工作方式，水声定位系统还可分为海底路标定位法和水声基阵定位法两种。海底路标定位法通过在海底布放多个声应答器，构成海底路标方式辅助潜艇定位。当潜艇通过应答器附近区域时，路标装置被激活并按约定通信方式发送相应声信号，潜艇声纳接收到路标信号后迅速完成定位和 INS 的误差修正。水声基阵定位法采取在海域中布防多个声应答器阵，通过声纳对多应答器的远距离实时精确测量，实现载体水下方位、距离和轨迹的确定[5]。

国外对声学测量定位研究较早的是挪威 Kongsberg 公司。该公司产品涵盖了超短基线、短基线和长基线三种类型，有一系列成熟的产品投入到军方及民用。定位的水深几乎能达到全海域。Sonardyne 公司在声学定位领域的技术开发、设计和生产方面也有较长的历史。

1.3 组合导航系统

组合导航技术是指使用两种或两种以上的不同导航系统对同一信息源做测量，从这些测量值的比较中提取出各系统的误差并校正之。采用组合导航技术的各系统构成组合导航系统，参与组合的各导航系统称为子系统。由于惯性导航系统（INS）具有自主性、隐蔽性、信息的全面性和宽频带等特有优点，所以一般都以惯性导航系统作为组合导航系统的关键子系统。又由于惯性导航系统和 GPS 导航系统性能互补，所以，以该两子系统构造出的组合导航系统是航空导航及舰船水面导航等的最佳方案。随着计算机技术、最优估计理论、信息融合理论及大系统理论的发展，组合导航系统迅速发展成为一种高性能和高可靠性的导航系统。

尽管航海导航技术自古以来都是利用多种途径方式进行导航，但现代意义上的组合导航技术最早出现在 20 世纪 50 年代的航天领域。在“阿波罗”载人太空船登月计划方案研究的核心导航问题中，所采用的数据测量信息分别来自 3 个子系统：飞船装备的惯性测量装置、天文观测仪和地面测轨系统。采用 R. E. Kalman 提出的卡尔曼滤波算法成功地解决了太空船运动状态的估计问题。

20 世纪 60 年代，组合导航技术在航海领域得到应用。1969 年，挪威控制公司（NorControl）与挪威船舶研究院等部门共同研制了避碰和导航系统，并取名为数据桥（Data Bridge），安装在 2.2 万吨的邮轮上，从此诞生了世界上第一套综合导航系统（Integrated Navigation System，INS）。20 世纪 70 年代初出现了综合舰桥系统;20 世纪 90 年代又出现了导航、控制、监视和通信一体化及智能化综合舰桥系统。

综合舰桥系统(Integrated Bridge System,IBS)是继综合导航系统之后新一代舰艇组合导航系统的代表。它是一种海上导航、通信、雷达、航行控制、监控为一体的集成系统。经过 30 多年的发展,已推出了第三代、第四代 IBS。综合舰桥系统的功能已经从以信息组合为主干,发展到涵盖航海功能、平台控制、舰艇状态监测、设备管理、通信控制、智能决策、维修诊断、黑匣子等方面的多功能系统。

以下介绍以惯性导航系统(INS)为主的可用于水下导航的各种组合导航系统。

1.3.1 INS/地形匹配组合导航

地形辅助导航系统是利用地形和地物特征进行导航的总称。利用地形特征对飞机进行导航是一种人们熟知的导航方法,在产生地形辅助导航系统之前,飞行员就经常通过目视地形、地物进行导航。但现代地形辅助导航技术与传统的地形导航技术不同,它把地形数据和地形匹配的概念结合起来,使导航定位性能达到了新的高度。它和卫星导航、惯性导航一样均为十分重要的军事导航技术。地形辅助导航技术首先在陆地战场上得到了广泛应用,目前已经拓展到更加复杂的海底地形匹配领域。海底地形匹配导航技术(Seabed Terrian Aided Navigation,STAN)是近年提出的一个新概念,它的研究和实现使导航制导技术从传统的空基武器向舰基、潜基武器发展。为了实现水下导航定位,载体需要事前将预定地区的地形地貌信息存入计算机。当载体达到预定海区时,利用载体上的地形地貌测量设备现场测量该区域的地形地貌,然后采取某种算法和先验信息进行搜索匹配,从而确定载体的地理位置。

资料表明[6],丹麦、瑞丹、挪威三国的潜艇已计划使用精确的地形测量匹配技术辅助传统的 INS,以满足潜艇在波罗的海和北海的近岸潜水域的高精度导航要求。当前已知的海底地形匹配辅助导航系统由 INS、测深测潜仪、水深数据库和数据处理计算机四部分组成。系统将 INS 提供的导航位置信息及测深测得的水深信息送给数据处理计算机,计算机根据 INS 提供的位置信息从数字海图中读取相关的水深数据,然后采用一定的匹配算法将测得的水深数据与从数字海图中读取的水深数据进行匹配,得到最佳匹配点。利用该匹配点的位置信息对 INS 进行校正,提高 INS 的定位精度。按照美国海军的军事发展理论,未来海战的主要战场集中在离海岸 200km 的范围内,这使得今后海底地形匹配技术的发展和应用前景更加广阔。

1.3.2 INS/地磁匹配组合导航

地磁匹配技术与重力匹配、地形匹配均属于数据库匹配导航技术。它的主要优势是不需要外部信息支持，是一种自主式导航装备。由于地磁场是一个矢量场，具有全天时、全天候、全地域的特征。在地球近地空间内的任意一点的磁场强度矢量具有唯一性，且与该点的经纬度一一对应，只要准确确定各点的地磁场矢量即可实现全球定位。地磁匹配导航正是利用地磁场空间的各异性这一典型特征来确定载体的地理位置的。导航时，首先把测量好的地磁信息存储在计算机内，构成数字地磁基准图。当载体运动到特定匹配区域时，由磁传感器测量所处位置的磁场特征，经载体运动一段时间后，测量得到一系列实时磁场特征值（简称测量序列），得到实时地磁图并在计算机中与基准图进行相关匹配，计算出载体的实时位置，从而达到导航的目的。

目前，由于地磁场模型精度低、磁测量设备性能不高及磁场随时间变化等因素影响，地磁匹配导航技术还达不到期望的要求。但是，随着地球物理学理论的不断深入、传感器技术的进步，并且借鉴较为成熟的地形匹配算法，地磁匹配导航技术在若干年内必将得到长足发展。

2003 年 8 月，美国国防部文件中宣称他们所研制的纯地磁导航系统的导航精度为地面和空中定位精度优于 30m（CEP），水下导航精度优于 500m（CEP），并计划用于提高飞航导弹和巡航鱼雷的命中率。

早在 1992 年国际防御评价报道，美国为水下无人运载器（Unmanned Underwater Vehicle，UUV）研制了一种磁定位系统。UUV 上装有惯性导航系统、计算机、高度计和模数转换装置，利用导航区布置的一些磁标，通过 UUV 的三轴磁传感器测量相对于磁标的位置，就可以确定 UUV 的位置[4]。1994 年，美国发表了一项水下运载体磁标定位系统专利，用于定位和重调。运载体上装有惯性导航系统，可确定相对于地球固连坐标系的位置，磁标磁矩大小存储在计算机中。运载体上装有三轴矢量磁力计，磁敏感器相互垂直安装。当运载体导航系统需要位置重调时，运载体上的三轴矢量磁力计探测磁标在载体坐标轴上的磁感应分量，经计算后提供运载体相对于磁标位置估计值，然后将该相对位置转换到地球坐标系中的位置，将该位置与惯性导航位置进行比较，提供要求的位置重调[7]。

1.3.3 INS/重力匹配组合导航

地球重力场是地球近地空间最基本的物理场。不同的位置对应着不同的重力位，重力场强度取决于地下岩石密度、成分、地形等诸多因素。重力场参量是重力位空间的一阶和二阶导数，海洋环境下每一处的重力场强度都各不相同并且是连续变化的，重力场参量可描述为一种二维或三维图形。重力导航技术的发展归功于美国舰载弹道导弹计划。20 世纪 70 年代后期，重力敏感器引入战略潜艇的导航系统。最初应用海洋重力场信息的目的，一是提供垂线偏差实时估计，以减小惯性导航系统的舒拉误差和平台误差；二是实时估算重力异常，用以改正以前使用的正常重力模型并初始化导弹制导系统。20 世纪 80 年代美国贝尔实验室研制出重力敏感器系统(GGS),GGS为常平架式平台,平台上装有3个重力梯度仪和两个重力仪,可在运动平台上实时测量重力异常和重力梯度[8]。GGS系统于1983年在海上成功地进行了演示,后来部署在美国海军三叉戟潜艇上。

20世纪90年代初,利用重力图形匹配技术改善惯性导航系统性能的新概念被提出。美国贝尔实验室、洛克希德·马丁公司等机构对重力图形匹配技术开展了专项研究,并取得了预期成果。贝尔实验室研发了重力梯度仪导航系统(Gravity Gradiometer Navigation System,GGNS)和重力辅助惯性导航系统(Gravity Aided Inertial Navigation System,GAINS),系统通过将GGS测出的重力梯度与重力梯度图进行匹配后得到定位信息,对惯性导航系统进行校正。GGNS中的重力梯度图形匹配是三维空间处理过程,GAINS系统利用重力敏感器系统、静电陀螺导航仪(Electrostatic Suspended Gyro Navigator,ESGN)、重力图和深度探测仪,通过与重力图匹配提供位置坐标,以无源方式实现减少和限定惯性误差。通用重力模块(General Gravity Module,UGM)[9]利用重力仪和重力梯度仪的测量数据可实现两种功能:一是重力无源导航;二是地形估计,即估计载体附近的地形变化。美国海军于1998年和1999年分别在水面舰船和潜艇上对UGM进行了演示验证。演示时使用的重力图数据来源于卫星数据和船测数据。实验数据表明,采用重力图形匹配技术,可将导航系统的经度误差和纬度误差降低至导航系统标称误差的10%。

重力图形匹配系统获取重力信息时对外无能量辐射,具有良好的隐蔽性,是名符其实的无源导航系统,可在水下对惯性系统进行校正,获得高精度的导航。美国重力图形匹配技术得到成功应用,显示了重力图形匹配技术的重要军事价值和广泛应用前景。

最近几年出现了一种比较经济的无源重力辅助导航,系统中没有专用的重力仪表,是利用电磁加速度计测出的垂直加速度分量代替重力仪的测量值,其精度足以满足重力图匹配需求。为了满足高精度惯性导航系统中重力补偿的应用需求,美国俄亥俄州立大学、美国国家地理空间情报署深入研究了基于重力基准图的重力补偿方法,相关成果已获美国专利并成功应用于美军航空惯性导航系统。该方法需要事先研制导航区域的重力基准图,涉及重力场建模理论,易受重力观测资料误差、延拓算法及内插方法等因素影响。

1.3.4 静电陀螺监控导航

静电陀螺监控器(ESGM)是根据静电陀螺(Electrostatic Gyro,ESG)高精度的特点组成的一种惯性导航仪,它可以输出高精度的位置和航向信息,与惯性导航系统(INS)配套使用,其作用相当于载体内部的一个定位数据源。用ESGM与INS组成ESGM/INS监控系统,可以在不改变现有导航系统与其他系统的接口关系的情况下，显著地提高导航精度，延长 INS 利用外部信息的重调周期。

静电陀螺及其导航系统的发展主要分为三个阶段：第一阶段是 20 世纪 50 年代，是静电陀螺仪的原理和方案的探索阶段，即起步阶段；第二阶段包括 60 年代和 70 年代，是静电陀螺及其导航系统的大发展阶段；第三阶段是 80 年代到现在，属于成熟和应用阶段。国外研究静电陀螺及其系统的国家主要有美国、英国、法国和苏联。英国费伦梯（Ferranti）公司研制的实心转子静电陀螺仪，采用质量不平衡调制的电容传感器，主要用于航空；美国霍尼韦尔（Honywell）公司研制的采用光学传感器空心转子静电陀螺仪和罗克韦尔（Rockwell）公司研制的采用质量不平衡调制的电容传感器的实心转子静电陀螺仪，主要用于核潜艇的静电陀螺监控器和静电陀螺导航系统；苏联研制的采用光学传感器的空心转子静电陀螺，用于核潜艇的静电陀螺监控器上；法国通用机械电气公司（SAGEM）研制的空心转子静电陀螺用于高精度船用平台惯性系统，研制的实心转子静电陀螺用于低精度航空用惯性系统，两种静电陀螺都采用电容传感器。20 世纪 60 年代初，美国海军提出了一种在系统之外单独监控的技术，即静电陀螺监控器，并于 1974 年开始研制。首次试制四套监控器，其中一套在“罗经岛”号试验船上试验鉴定，并在 1976 年、1977 年、1978 年三个财政年度生产 20 套。80 年代初，ESGM 用于三叉戟潜艇上，每艘潜艇上装有一套 ESGM 和两套 MK Ⅱ Mod6 或 MK Ⅱ Mod7 舰船惯性导航系统。该静电陀螺监控器中的静电陀螺随机漂移率已达 $1 \times 10^{-4}(°)/h$，与“海神”核潜艇用的惯性导航系统相比，ESGM 的精度在短期内高一倍，长时间精度高两个数量级，可靠性高一倍，重调周期长 3 ~ 10 倍。

静电陀螺监控器（ESGM）主要用于潜艇上，特别是弹道导弹核潜艇要求长期在水下航行，通过极区或其他复杂海域，既能独立地在水下准确发射导弹，又具有良好的隐蔽性、机动性和攻击时的突然性。因此，潜艇的导航系统必须能在不依赖外部信息的情况下，提供准确的船位数据，且能连续、自主、准确地提供航速、航程、航向及纵、横摇角度等数据，以保证潜艇长期在水下航行的安全和对导弹发射装置的制导平台进行发射前的初始对准与发射时的姿态控制，这需要有高精度的惯性导航设备。

用 ESGM 来提高现有导航系统的导航性能和可靠性要比取代这些系统所承担的风险小，而且成本低。因此，ESGM 已日益广泛地用作核潜艇惯性导航系统的内部基准，大大延长了 INS 利用外部信息进行重调的时间间隔，增强了隐蔽性，有效地减小了核潜艇被发现的概率[10]。

1.4 导航信息融合及滤波技术

在过去的几十年中，舰用综合导航系统从单一传感器类型系统发展到了组合导航系统,对多种传感器进行了优化配置及性能互补,使得系统的精度与可靠性都有了很大的提高。导航信息处理方法也由围绕着由单个特定传感器所获得的数据集而进行单一系统信息处理,向多传感器多数据集的信息融合、环境信息分析及智能辅助决策的方向发展,特别是弹道导弹核潜艇的武器使用及各型的潜艇水下隐蔽机动等,都对综合导航系统的水下精确定位能力提出了更高的要求。

在信息融合理论中,导航多传感器的融合,属于位置和属性的融合,是信息融合的最底层,是根据系统的物理模型(由状态方程和量测方程描述)及传感器噪声的统计特性的假设,将量测数据映射到状态空间的。状态向量包括一组导航系统的状态变量,如位置、速度、角速度、姿态和各种失调偏差量等,它们可以用来描述系统的运行状态。多传感器数据融合可根据量测数据给出一个状态的最优估计量,多个传感器可以具有多个不同的物理模型。融合的过程对于多传感器的导航系统而言,实际上是传感器量测数据的互联与状态估计。来自多传感器的数据首先要进行数据预处理,将各传感器的输入数据通过坐标变换、单位变换而转换到同一坐标系中(导航坐标系),亦将属于同一状态的数据联系起来,再根据建立的描述载体的运动规律的系统状态方程及量测量物理性质的数学模型,在一定的最优估计准则下进行最优估计,从而使状态向量与量测向量达到最优拟合,以获得状态向量的最优估计值[11]。

水下导航信息融合主要是在充分利用现有导航信息的前提下,通过采用计算机技术和当前的各种高新技术、算法来实现提高导航精度和导航自动化。潜艇水下导航信息融合系统是一个将潜艇各导航及环境传感器信息进行综合处理,以提高信息的精度和可靠性,并完成采集信息的时空属性匹配、数据库自动记录及实现潜艇水下自动导航的计算机集成系统。该系统通过卡尔曼滤波技术的运用,提高了水下导航定位的精度,并可实时显示各导航信息及在海图上标绘航迹线。

1.4.1 卡尔曼滤波

卡尔曼滤波的实质是一种线性状态的最优估计理论,也称为现代最优估计。所谓“卡尔曼滤波器”,即为一种线性、无偏、最小方差估计的递推算法。它采用了状态空间和递推计算等方法,能对非平稳过程信息进行最小方差估计,并且具有数据存储量小、易于计算机实现的特点。因此,它被视为现代控制理论的重要里程碑。1960 年,美国学者卡尔曼,首先提出了这套方法,并很快就得到迅速推广与应用,并于 1964 年,在著名的“阿波罗”登月计划中,得到了成功的应用。

此后 10 多年,Bucy 和 Sunahara 等人致力于研究卡尔曼滤波理论在非线性系统和非线性观测下的扩展,拓宽了卡尔曼滤波的适用范围。在卡尔曼滤波理论的发展过程中,为改善卡尔曼滤波算法的数值稳定性,并提高计算效率,Potter

首先提出了平方根滤波，Bierman 提出了 UD 分解滤波，它计算效率高，具有较强的数值稳定性和可靠性。此外自适应滤波算法研究也取得了一定的成果[12]。

1.4.2 非线性滤波

世界的本质是非线性、非高斯的，每个系统都或多或少包含着非线性、非高斯的因素。理论证明，只有当随机系统符合“线性”“高斯分布”两个前提条件时，卡尔曼滤波才是最优估计，是解决滤波问题的最佳选择。在工程实践中，实际系统总是存在不同程度的非线性，有些系统可以近似看成是线性系统，但大多数系统难以用线性微分方程或线性差分方程来进行描述。除了系统结构具有非线性这一特点，实际系统中通常还存在高斯或非高斯随机噪声。针对工程实践中的实际系统，如何有效甚至最优地对系统状态进行估计是非常重要的问题，这就是非线性滤波问题。按照近似方法的不同，可以将非线性滤波分为三类，见表 1.1[13]。

表 1.1 近似非线性滤波算法与分类

近似方法	近似函数		确定性采样近似	随机采样近似
	泰勒级数展开	插值多项式展开		
典型算法	EKF	DDF/CDF	UKF	PF
改进算法	UD 分解 LD 分解 二阶扩展 EKF 迭代 EKF	平方根 DDF 高斯混合 DDF	平方根 UKF 高斯混合 UKF	UPF MCMC 方法 RBPF

1. 扩展卡尔曼滤波

在现有非线性滤波算法当中，20 世纪 60 年代提出的扩展卡尔曼滤波(Extended Kalman Filter，EKF)历史最悠久、应用最广泛。自从 1968 年在“阿波罗计划”的制导系统中首次实现以来，EKF 已被成功应用于众多的实际系统中处理非线性滤波问题。若系统是非线性但具有高斯输入噪声，人们通过各种非线性近似，来获得近似解。EKF 的基本思想是对系统状态方程和量测方程的一阶泰勒展开式做最小均方误差(MMSE)估计，实际上是用系统预测状态的局部线性化来近似系统状态方程。然而在很多情况下，这种局部线性化的方法会导致近似效果不理想而引起滤波发散，再加上噪声的存在，使 EKF 的滤波效果更差。另外，EKF 必须计算系统的雅克比(Jacobi)矩阵，对于高维系统，Jacobi 矩阵的计算过程复杂且计算量大。为减小线性化误差，提高估计精度，提出了多种二阶的广义卡尔曼滤波方法[14]。二阶方法考虑了泰勒展开的二次项，减少了线性化误差，但是运算量剧增，很难应用于实际。随后发展出来的基于 LD 分解和 UD 分解的卡尔曼滤波算法可以在保证精度不变的前提下，提高滤波器的实时处理能力。

2. 基于插值多项式展开的非线性滤波算法

函数逼近是比较成熟的数学分支，有很多函数逼近方法，泰勒展开是最常用的一种方法。挪威学者 Schei 于 1997 年提出用中心差分方程代替泰勒展开式中的导数运算来改善 EKF，得到中心差分滤波（Central Difference Filter，CDF），是插值滤波方法的起源。丹麦相关研究于 2000 年系统阐述和创立了基于插值多项式的分开差分滤波（Divided Difference Filter，DDF）理论。利用 Stirling 插值公式将非线性函数按多项式展开，取一阶多项式得到的一阶的 DDF，相当于 EKF，取二阶多项式得到二阶的 DDF，相当于 UKF。DDF 中无导数运算，当非线性函数不连续且存在奇异点时，DDF 也能进行状态估计，无须求解系统的 Jacobi 矩阵，易于实现。但是，DDF 中涉及多个矩阵的 Cholesky 分解和 Householder 三角化运算，增加了算法的复杂性，计算量高于 EKF。

3. 无迹卡尔曼滤波

为改善对非线性问题进行滤波的效果，Julier 等人提出了采用基于无迹变换的无迹卡尔曼滤波（Unscented Kalman filter，UKF）[15]。UKF 采用无迹变换（简称 U 变换）技术，以一组离散采样点逼近高斯状态分布的均值和方差。UKF 不要求系统是近似线性的，采用若干个服从高斯分布的函数的组合来驱动，精度一般可达二阶（逼近非线性系统二阶泰勒展开的结果），在某些情况下（先验随机变量具有对称的分布，如指数分布），逼近精度可达三阶。在计算量方面，UKF 与 EKF 相当，在算法的实现方面，由于 UKF 不需要计算 Jacobi 矩阵，因此在线计算方面更优于 EKF。

4. 粒子滤波

非线性问题的另一类解决方法是使用随机采样滤波方式。该方法的主要思想是基于仿真的统计滤波方法，它使用状态空间中加权随机样本的集合来逼近系统状态的后验概率密度函数，由于这些样本没有固定的格式，所以不受模型线性和高斯假设的约束，从而能够适用于各种非线性非高斯的随机系统。一种典型的基于随机仿真的方法是利用递推的蒙特卡洛积分来处理估计问题，这种算法也称作粒子滤波（Particle Filtering，PF）。该方法基于大量的量测数据通过一组加权粒子的演化与传播来递推近似状态的后验概率密度函数，从而获得其他关于状态的统计量。随着此类研究的不断深入，出现了基于序贯重要性采样（SIS）的蒙特卡洛方法[16]，该方法通过离散的随机测度逼近概率分布，并在各种工程应用中大量使用[17]。计算机技术的快速发展和重采样（resampling）概念的提出促进了蒙特卡洛滤波算法的研究，其中主要有无迹粒子滤波器（UPF）、马尔可夫链蒙特卡洛（MCMC）改进方法和 Rao - Blackwellized 粒子滤波（RBPF）等。

非线性滤波问题也可以在贝叶斯理论框架下进行研究。事实上,贝叶斯随机推演为非线性滤波问题提供了一个最优的、精确的框架模型,该框架模型通常被称作贝叶斯滤波。以上提到的各种滤波器都可以看作最优贝叶斯滤波在特定条件下的简化。

非线性滤波理论仍在不断发展之中,由于非线性系统的多样性及随机不确定性,在实际应用中应结合具体研究对象,在估计精度、实现难易程度、数值稳定性及计算量等各种指标之间权衡,选择合理的非线性滤波方法。

1.4.3 联邦卡尔曼滤波

利用卡尔曼滤波技术对多传感器数据进行最优融合有两种途径:集中式滤波和分散化滤波。集中式卡尔曼滤波是利用一个滤波器来集中处理所有子系统的信息。在理论上,集中式卡尔曼滤波可以给出误差估计的最优估计,但是存在以下两个缺点。

(1) 集中式卡尔曼滤波的状态维数高,计算量以滤波器维数的三次方递增,不能保证滤波器的实时性,不过由于现在计算机技术的飞速发展,对维数不太高的系统影响不是很大。

(2) 子系统的增加使系统故障率随之增加,只要其中一个子系统失效,整个系统会被污染。因此,集中式卡尔曼滤波器的容错性能差,不利于故障诊断。

由于以上局限性,使得多传感器组合系统的潜力无法充分发挥。分散化滤波是解决这些问题的有效方法之一。目前,分散化滤波已经发展了30多年。在众多的分散化滤波方法中,Carlson提出的联邦滤波器,由于利用信息分配原则来消除对各子状态估计的相关性,设计灵活,计算量小,容错性能好,只需进行简单、有效的融合,就能得到全局最优或次优估计,因而受到广泛应用[18]。

联邦滤波器是一个两级数据处理过程,可看成特殊的分散滤波方法。联邦滤波器的关键就是如何向各子滤波器分配信息改善容错性,提高计算能力;各子滤波器单独工作,利用其局部观测量进行观测量修正;把修正后的局部信息融合成一新的全局状态估计[19]。

参考文献

[1] Bernnett A A, Leonard J J. A behavior – based approach to adaptive feature detection and following with autonomous underwater vehicles. IEEE Journal of Oceanic Engineering, 2000, 25(2): 213 – 226.

[2] Steve Beiter, Ray Poquette, et al. Precision hybrid navigation system for varied marine applications. IEL, 1998: 316 – 323.

[3] 黄德鸣. 惯性导航系统. 北京:国防工业出版社,1986.

[4] Leonard J J, Bennett A A, Smith Christopher M, et al. Autonomous underwater Vehicle Navigation. MIT Marine Robotics Laboratory Technical Memorandum, 1998, 1.

[5] 卞鸿巍. 现代信息融合技术在组合导航中的应用.北京:国防工业出版社,2010.

[6] Priestley N. Terrain referenced navigation. PLANS'90,1990:482 -489.

[7] Polvani D G,Aronold Md. Magnetic maker position fixing system for underwater vehicles. United States Patent. 5357437,1994.

[8] Albert J,Dosch H,Daniel E H. Gravity aided Inertial Navigation System (GAINS). Proceedings of the Annual Meeting - Institute of navigation,1991,221 -229.

[9] John Moryl,Hugh Rice. The Universal Gravity Module for Enhanced Submarine Navigation. IEEE 2004: 324 -331.

[10] 吴俊伟. 静电陀螺监控器技术. 哈尔滨:哈尔滨工程大学出版社,2001.

[11] Swanson Steven R. A Fuzzy Navigational State Estimator for GPS/INS Integration. IEEE PLANS,Position Location and Navigation symposium,1998,541 -548.

[12] 朱海. 水下导航信息融合技术. 北京:国防工业出版社,2002.

[13] 付梦印,邓志红,等. Kalman 滤波理论及其在导航系统中的应用.北京:科学出版社,2010.

[14] Henrikson R. The Truncated Second - order Nonlinear Filter Revisited. IEEE Trans. on Automatic Control. 1982(27):217 -251.

[15] Julier S J,Uhlmann J K,Durran - Whyten H F. A new approach for filtering nolinear system. Proc of the American Control Conf,Washington: Seattle,1995:1628 -1632.

[16] Willner D,et al. Kalman filter algorithms for Multi - sensor System. Proeeedings of IEEE Conference on Decision and Control,1976.

[17] Hammersley J M,Morton K W. Poor man's Monte Carlo. Journal of the Royal Statistical Society,1954,16(1):23 -38.

[18] Handschin J E,Mayned Q. Monte Carlo techniques to estimate the conditional expectation in multi - stage non - linear filtering. International Journal of Control,1969,5(9):547 -559.

[19] 杨晓东. 地磁导航原理.北京:国防工业出版社,2009.

第2章

惯性导航系统

2.1 坐标系及坐标变换

惯性导航系统要求定义一系列参考坐标系，并在不同坐标系之间进行转换。这些参考坐标系共计有9个。其中，5个与地球几何形状相关，第6个是运载体坐标系。这6个参考坐标系都是右手正交坐标系。另外3个附加坐标系分别用来定义平台、陀螺仪及加速度计的一组轴。

在本章中，首先，对需要的坐标系进行了定义并介绍了各种变量在不同坐标系之间变换的算法[1-6]；其次，讨论了描述动坐标系之间几何关系的运动微分方程，包括欧拉角微分方程、方向余弦矩阵微分方程及四元数微分方程；最后，介绍应用旋转矢量微分方程、方向余弦矩阵与四元数的导航信息解算方法，以及算法仿真。

2.1.1 坐标系定义

1. 惯性坐标系

惯性坐标系是适用牛顿运动定律的参考坐标系。因此，惯性坐标系是无加速度的，但是可能处于匀速直线运动状态。原则上，惯性坐标系的原点可以是任意的，坐标轴指向三个互相垂直的方向。所有惯性传感器都是相对惯性坐标系进行测量的，但沿着仪表敏感轴分解。

当研究载体在地球附近的宇宙空间运动的导航问题时，可以采用地心惯性坐标系，记为$X_iY_iZ_i$（简称为i系）。其原点在地球质心，X_i轴落在地球赤道平面，Z_i轴沿着地球自转轴，Y_i轴与X_i轴和Z_i轴构成右手正交坐标系，如图2-1所示。这样定义的惯性坐标系称为地心惯性坐标系。

注意：这里定义的地心惯性坐标系，通常忽略了太阳、月亮及其他星体的引力，以及由于这些引力而存在的地球轨道运动。因为这两项效应产生的引力加速度约为$10^{-7}|\boldsymbol{g}|$量级（$\boldsymbol{g}$为地球引力加速度），对于实际的惯性导航仪表都是

可以忽略不计的。

2. 地球坐标系

地球坐标系是原点在地心、坐标轴固定在地球上的右手正交坐标系，记为 $X_eY_eZ_e$（简称为 e 系），如图 2.1 所示。在导航初始时刻 $t=0$，地球坐标系与惯性坐标系一致。特别地，由图 2.1 可以看出在 $t=0$ 时，惯性固定参考子午面、地球坐标子午面及本地子午面是重合的。于是，关系式(2.1)成立

$$\lambda' = l - l_0 + \omega_{ie}t \tag{2.1}$$

式中：λ'为黄经；l 为由格林威治算起的地球经度；l_0 为初始地球经度；ω_{ie} 为地球惯性角速度；t 为时间。

地球一天自转一周、一年绕太阳公转一周。因此，地球相对惯性坐标系的转动角频率为

$$\omega_{ie} = \frac{1+365.25}{365.25\times 24}\times\frac{2\pi}{3600}\approx 7.292115\times 10^{-5}(\text{rad/s})$$

3. 地理坐标系

地理坐标系是相对大地水准面定义的东－北－天正交坐标系，记为 ENU（简称为 n 系），如图 2.1 所示。地理坐标系的原点是惯性平台原点在大地水准面上的投影。U 轴垂直于参考椭球面、指向天，N 轴指向真北，E 轴水平指向东并完成右手正交坐标系。

4. 地心坐标系

地心坐标系与地理坐标系密切相关，记为 $x_cy_cz_c$（简称为 c 系），如图 2.1 所示。它的原点与地理坐标系的原点相同。z_c 轴位于地心矢量 $\boldsymbol{r}$ 的方向，x_c 指向东，y_c 轴完成右手正交坐标系，位于本地子午面内。

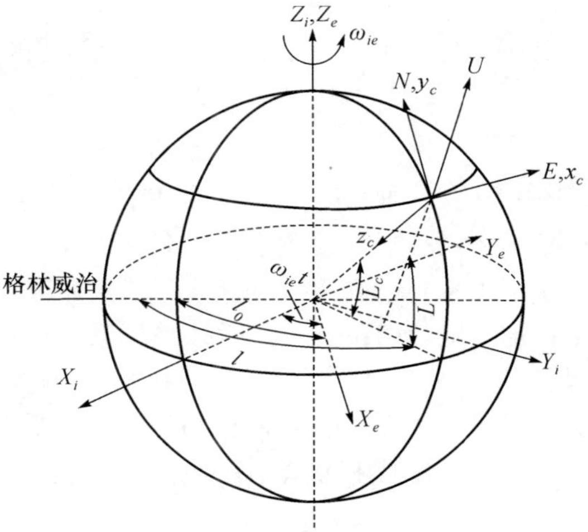

图 2.1 惯性、地球、地理及地心坐标系

5. 切平面坐标系

切平面坐标系是地球固定坐标系，记为 $x_{tg}y_{tg}z_{tg}$（简称为 tg 系），如图 2.2 所示。切平面是与大地参考椭球面相切的平面。切点为切平面坐标系的原点。该点一般选为着陆地点、导航雷达站，或者某个其他方便的参考点。y_{tg} 轴指向真北，x_{tg} 轴指向东，z_{tg} 完成右手正交坐标系、指向地球外部并垂直于参考椭球面。

对于静止的系统，地理坐标系和切平面坐标系是一致的。当系统运动时，切平面坐标系原点固定，而地理坐标系原点是平台原点在大地水准面上的投影。切平面坐标系经常用于本地导航。例如，相对飞行路径的导航。

6. 运载体坐标系

运载体坐标系是固连于运载体的参考坐标系，记为 $x_by_bz_b$（简称为 b 系）。坐标系原点通常固定在运载体重心位置。取重心为运载体坐标系原点位置，可简化运动方程的推导。y_b 轴沿运载体纵轴、指向前方，z_b 轴垂直于船体的甲板平面，x_b 轴指向右舷并与 y_b 轴和 z_b 轴完成右手正交坐标系。虽然上述坐标轴方向定义不是唯一的（图 2.3），但对于航海常用该运载体坐标系。

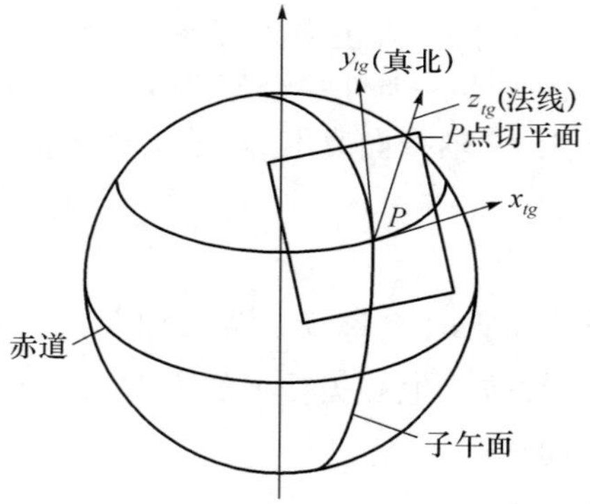

图 2.2 切平面坐标系

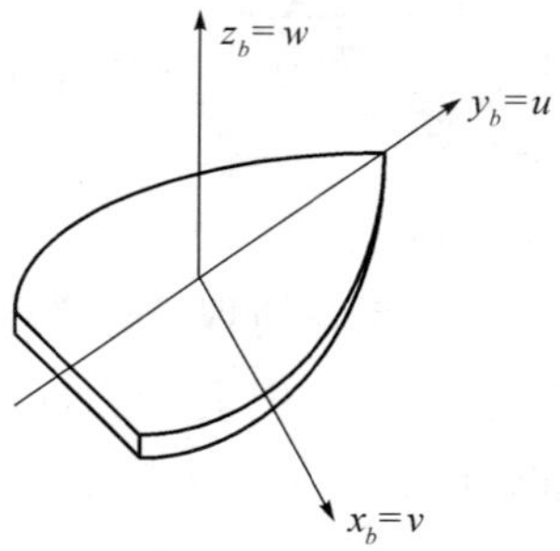

图 2.3 运载体坐标系

7. 平台坐标系

在惯性导航应用中，存在两种系统：平台系统和捷联系统。在捷联系统中惯性测量组合（IMU）固连在运载体上，参考坐标轴名义上与运载体轴一致。在平台系统中，平台坐标系记为 $x_py_pz_p$（简称为 p 系）。其原点可以是平台台体上的任意一点，通常定义在加速度计的位置。运载体坐标系原点和平台坐标系的原点可以相距一个常数矢量。平台坐标系 $x_py_pz_p$ 被初始化为与所选择的导航解算坐标系（如 i 系、n 系、e 系等）一致。在初始化之后，平台名义上维持与导航解算坐标系一致。实际上，由于陀螺漂移误差，平台坐标系将逐渐偏离导航解算坐标系。

8. 惯性仪表(陀螺仪和加速度计)坐标系

安装在平台上的惯性传感器将沿仪表敏感轴分解它们相对惯性空间的测量值。在大多数系统中,仪表敏感轴名义上与平台轴一致。在某些情况下,冗余仪表组的敏感轴故意相对平台轴斜置,以达到故障检测的目的。

对于任何一种情况,在实际条件下由于存在安装误差(失准角),完善的对准是不可能的。陀螺仪和加速度计的参考坐标轴是沿着仪表敏感轴的。由于存在安装误差,陀螺仪坐标系(记为 $x_G y_G z_G$,简称为 G 系)和加速度计坐标系(记为 $x_a y_a z_a$,简称为 a 系)相互之间,或者与平台坐标系 $x_p y_p z_p$ 之间不会完全一致。辨识惯性仪表坐标系与平台坐标系之间变换的失准角矩阵是惯性测量组合标校过程的主要目的。

2.1.2 坐标变换矩阵

坐标变换矩阵亦称为方向余弦矩阵,它的元素为两个参考坐标系的轴与轴之间的夹角余弦,由于正交性限制,方向余弦矩阵为正交矩阵。

可用旋转角(即欧拉角)定义正交坐标系之间的变换矩阵——方向余弦矩阵。第一参考坐标系 $x_a y_a z_a$ 连续旋转三次便可产生第二参考坐标系 $x_b y_b z_b$:第一次绕 x_a 轴旋转 α_1 角,第二次绕旋转后的 y' 轴旋转 α_2 角,第三次绕第二次旋转后的 z'' 轴旋转 α_3 角,最后产生第二参考坐标系 $x_b y_b z_b$,如图 2.4 所示。

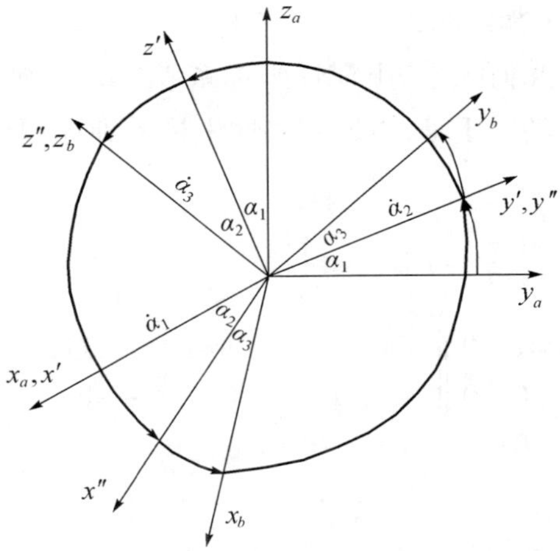

图 2.4 方向余弦矩阵定义

则由第一参考坐标系到第二参考坐标系的坐标变换矩阵可以表示为

$$
\begin{aligned}
\boldsymbol{C}_a^b &= [\alpha_3]_{z''}[\alpha_2]_{y'}[\alpha_1]_x \\
&= \begin{bmatrix} \cos\alpha_3 & \sin\alpha_3 & 0 \\ -\sin\alpha_3 & \cos\alpha_3 & 0 \\ 0 & 0 & 1 \end{bmatrix} \begin{bmatrix} \cos\alpha_2 & 0 & -\sin\alpha_2 \\ 0 & 1 & 0 \\ \sin\alpha_2 & 0 & \cos\alpha_2 \end{bmatrix} \begin{bmatrix} 1 & 0 & 0 \\ 0 & \cos\alpha_1 & \sin\alpha_1 \\ 0 & -\sin\alpha_1 & \cos\alpha_1 \end{bmatrix} \\
&= \begin{bmatrix} \cos\alpha_2\cos\alpha_3 & \sin\alpha_1\sin\alpha_2\cos\alpha_3 + \cos\alpha_1\sin\alpha_3 & -\cos\alpha_1\sin\alpha_2\cos\alpha_3 + \sin\alpha_1\sin\alpha_3 \\ -\cos\alpha_2\sin\alpha_3 & -\sin\alpha_1\sin\alpha_2\sin\alpha_3 + \cos\alpha_1\cos\alpha_3 & \cos\alpha_1\sin\alpha_2\sin\alpha_3 + \sin\alpha_1\cos\alpha_3 \\ \sin\alpha_2 & -\sin\alpha_1\cos\alpha_2 & \cos\alpha_1\cos\alpha_2 \end{bmatrix}
\end{aligned} \tag{2.2}
$$

注意：方向余弦矩阵$\boldsymbol{C}_a^b$由连续旋转矩阵$[\alpha_3]_{z''}[\alpha_2]_{y'}[\alpha_1]_x$定义。由于矩阵乘积不可交换，因此方向余弦矩阵与旋转次序有关。

1. 惯性坐标系－地球坐标系

参考图 2.1 所示几何关系，由惯性坐标系 $X_iY_iZ_i$ 到地球坐标系 $X_eY_eZ_e$ 或反之，只需要经过一次平面旋转，即

$$
\boldsymbol{C}_i^e = [\omega_{ie}t]_{Z_i} = \begin{bmatrix} \cos\omega_{ie}t & \sin\omega_{ie}t & 0 \\ -\sin\omega_{ie}t & \cos\omega_{ie}t & 0 \\ 0 & 0 & 1 \end{bmatrix} \tag{2.3}
$$

$$
\boldsymbol{C}_e^i = [-\omega_{ie}t]_{Z_e} = \begin{bmatrix} \cos\omega_{ie}t & -\sin\omega_{ie}t & 0 \\ \sin\omega_{ie}t & \cos\omega_{ie}t & 0 \\ 0 & 0 & 1 \end{bmatrix} \tag{2.4}
$$

2. 惯性坐标系－地理坐标系

参考图 2.1 所示几何关系，由惯性坐标系 $X_iY_iZ_i$ 到地理坐标系 ENU，必须经过连续三次平面旋转。于是，由地心惯性坐标系到地理坐标系的坐标变换矩阵为

$$
\begin{aligned}
\boldsymbol{C}_i^n &= \left[\frac{\pi}{2}\right]_{Z_i''} \left[\frac{\pi}{2} - L\right]_{Y_i'} [\lambda']_{Z_i} \\
&= \begin{bmatrix} 0 & 1 & 0 \\ -1 & 0 & 0 \\ 0 & 0 & 1 \end{bmatrix} \begin{bmatrix} \sin L & 0 & -\cos L \\ 0 & 1 & 0 \\ \cos L & 0 & \sin L \end{bmatrix} \begin{bmatrix} \cos\lambda' & \sin\lambda' & 0 \\ -\sin\lambda' & \cos\lambda' & 0 \\ 0 & 0 & 1 \end{bmatrix} \\
&= \begin{bmatrix} -\sin\lambda' & \cos\lambda' & 0 \\ -\cos\lambda'\sin L & -\sin\lambda'\sin L & \cos L \\ \cos\lambda'\cos L & \sin\lambda'\cos L & \sin L \end{bmatrix}
\end{aligned} \tag{2.5}
$$

式中：L 为地理纬度；$\lambda' = l - l_0 + \omega_{ie}t$ 为黄经。

反之由地理坐标系到地心惯性坐标系的变换矩阵为

$$
\boldsymbol{C}_n^i = \begin{bmatrix} -\sin\lambda' & -\cos\lambda'\sin L & \cos\lambda'\cos L \\ \cos\lambda' & -\sin\lambda'\sin L & \sin\lambda'\cos L \\ 0 & \cos L & \sin L \end{bmatrix} \tag{2.6}
$$

3. 地球坐标系－地理坐标系

参考图 2.1 所示几何关系，由地球坐标系 $X_eY_eZ_e$ 到地理坐标系 ENU，必须经过连续三次平面旋转。于是，由地球坐标系到地理坐标系的坐标变换矩阵为

$$
\begin{aligned}
\boldsymbol{C}_e^n &= \left[\frac{\pi}{2}\right]_{Z_e''} \left[\frac{\pi}{2} - L\right]_{Y_e'} [\lambda]_{Z_e} \\
&= \begin{bmatrix} 0 & 1 & 0 \\ -1 & 0 & 0 \\ 0 & 0 & 1 \end{bmatrix} \begin{bmatrix} \sin L & 0 & -\cos L \\ 0 & 1 & 0 \\ \cos L & 0 & \sin L \end{bmatrix} \begin{bmatrix} \cos\lambda & \sin\lambda & 0 \\ -\sin\lambda & \cos\lambda & 0 \\ 0 & 0 & 1 \end{bmatrix} \\
&= \begin{bmatrix} -\sin\lambda & \cos\lambda & 0 \\ -\cos\lambda\sin L & -\sin\lambda\sin L & \cos L \\ \cos\lambda\cos L & \sin\lambda\cos L & \sin L \end{bmatrix}
\end{aligned} \tag{2.7}
$$

式中：$\lambda = l - l_0 = \lambda' - \omega_{ie}t$，为本地地理经度与原点地理经度之差。若 $l_0 = 0$，则 λ 就是地理经度。

反之，由地理坐标系到地球坐标系的坐标变换矩阵为

$$
\boldsymbol{C}_n^e = \begin{bmatrix} -\sin\lambda & -\cos\lambda\sin L & \cos\lambda\cos L \\ \cos\lambda & -\sin\lambda\sin L & \sin\lambda\cos L \\ 0 & \cos L & \sin L \end{bmatrix} \tag{2.8}
$$

比较式(2.5)和式(2.7)不难发现，由 i 系到 n 系与由 e 系到 n 系的坐标变换矩阵在形式上是完全相同的，只是将黄经 λ' 改为地理经度变化量 λ。当然，它们的逆(转置)矩阵式(2.6)和式(2.8)在形式上也是相同的。

4. 地理坐标系－运载体坐标系

姿态角是运载体坐标系 $x_by_bz_b$ 和地理坐标系 ENU 之间的三个夹角，它们定义如下：

航向角(ψ)——运载体纵轴 y_b 与北向轴(N)之间的夹角，在水平面上测量，顺时针为正；

俯仰角(θ)——运载体纵轴 y_b 与水平面之间的夹角，在垂直面中测量，抬头为正；

横摇角(ϕ)——运载体横轴 x_b 与水平面之间的夹角，在横截面中测量，左边抬起为正。

注意：航向角、俯仰角及横摇角是航空领域对飞机姿态角的定义。在航海领域，舰船的姿态角定义与飞机的相同，但按习惯称呼不同，分别叫作航向角、纵摇

角及横摇角。

根据姿态角的这些定义，可以画出运载体坐标系 $x_by_bz_b$ 与地理坐标系 ENU 之间的几何关系，如图 2.5 所示。

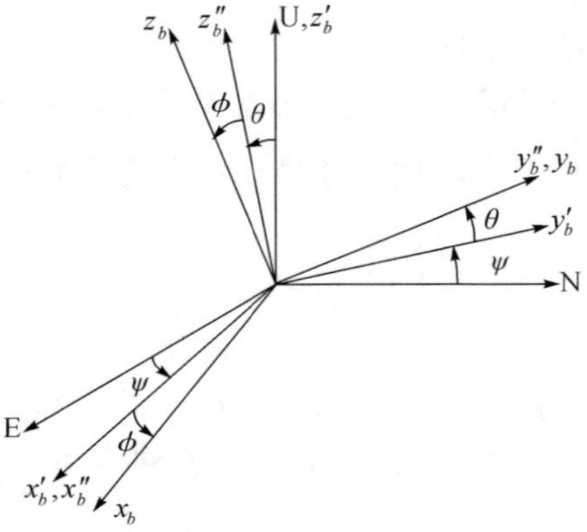

图 2.5　运载体姿态角定义

根据图示几何关系，地理坐标系 ENU 通过连续旋转航向角 ψ、纵摇（俯仰）角 θ 及横摇（横滚）角 ϕ，便可得到运载体坐标系 $x_by_bz_b$。因此，由地理坐标系到运载体坐标系的坐标变换矩阵为

$$
\begin{aligned}
\boldsymbol{C}_n^b &= [\phi]_{y''_b}[\theta]_{x'_b}[\psi]_U \\
&= \begin{bmatrix} \cos\phi & 0 & -\sin\phi \\ 0 & 1 & 0 \\ \sin\phi & 0 & \cos\phi \end{bmatrix} \begin{bmatrix} 1 & 0 & 0 \\ 0 & \cos\theta & \sin\theta \\ 0 & -\sin\theta & \cos\theta \end{bmatrix} \begin{bmatrix} \cos\psi & \sin\psi & 0 \\ -\sin\psi & \cos\psi & 0 \\ 0 & 0 & 1 \end{bmatrix} \\
&= \begin{bmatrix} \cos\psi\cos\phi - \sin\psi\sin\theta\sin\phi & \sin\psi\cos\phi + \cos\psi\sin\theta\sin\phi & -\cos\theta\sin\phi \\ -\sin\psi\cos\theta & \cos\psi\cos\theta & \sin\theta \\ \cos\psi\sin\phi + \sin\psi\sin\theta\cos\phi & \sin\phi\sin\psi - \cos\psi\sin\theta\cos\phi & \cos\theta\cos\phi \end{bmatrix}
\end{aligned}
\tag{2.9}
$$

反之，由运载体坐标系到地理坐标系的坐标变换矩阵为

$$
\boldsymbol{C}_b^n = \begin{bmatrix} \cos\psi\cos\phi - \sin\psi\sin\theta\sin\phi & -\sin\psi\cos\theta & \cos\psi\sin\phi + \sin\psi\sin\theta\cos\phi \\ \sin\psi\cos\phi + \cos\psi\sin\theta\sin\phi & \cos\psi\cos\theta & \sin\phi\sin\psi - \cos\psi\sin\theta\cos\phi \\ -\cos\theta\sin\phi & \sin\theta & \cos\theta\cos\phi \end{bmatrix}
\tag{2.10}
$$

在已知方向余弦矩阵 $\boldsymbol{C}_b^n = [C_{ij}]$ 的条件下，可以通过矩阵的元素计算姿态角的主值为

$$
\begin{cases} \theta_{主} = \arcsin C_{32} \\ \phi_{主} = \arctan(-C_{31}, C_{33}) \\ \psi_{主} = \arctan(-C_{12}, C_{22}) \end{cases}
\tag{2.11}
$$

由 $\theta_{主},\phi_{主},\psi_{主}$ 判断其真值 θ,ϕ,ψ 的公式为

$$
\begin{aligned}
&\theta = \theta_{主} \\
&\phi = \begin{cases} \phi_{主} & C_{33} > 0 \\ \phi_{主} + 180^\circ & C_{33} < 0 \begin{cases} \phi_{主} > 0 \\ \phi_{主} < 0 \end{cases} \\ \phi_{主} - 180^\circ & \end{cases} \\
&\psi = \begin{cases} \psi_{主} & C_{22} > 0 \begin{cases} \psi_{主} > 0 \\ \psi_{主} < 0 \end{cases} \\ \psi_{主} + 360^\circ & \\ \psi_{主} + 180^\circ & C_{22} < 0 \end{cases}
\end{aligned}
\tag{2.12}
$$

5. 正交的小角变换

正交小角变换是两个正交坐标系方向相差无限小的坐标变换。例如,在推导方向余弦矩阵时间导数时,采用时间间隔无限小的两个不同时刻的方向余弦矩阵之间的小角变换是很方便的。还有,在分析惯性导航系统误差动力学时,有必要考虑实际参考坐标系与惯性导航解算坐标系之间的变换。这时,误差是小量的(至少在初始时刻)。

参考图 2.4 中的两个坐标系 $x_a y_a z_a$ 和 $x_b y_b z_b$,它们的方向只有无限小的差别:绕 x_a 轴旋转 α_1,绕第一次旋转后的 y'轴旋转 α_2,以及绕第二次旋转后的 z''轴旋转 α_3。这三个无限小转角可用小角矢量记为

$$
\boldsymbol{\alpha}_{ab}^{b} = [\alpha_1 \quad \alpha_2 \quad \alpha_3]^{\mathrm{T}} \tag{2.13}
$$

式中:$\boldsymbol{\alpha}_{ab}^{b}$的下标 ab 为 a 系到 b 系的小角矢量;上标 b 为$\boldsymbol{\alpha}_{ab}^{b}$在 b 系中的表示。

式(2.2)的坐标变换矩阵$\boldsymbol{C}_a^b$ 由连续三次旋转定义。由于每一次旋转角都为无限小。因此,$\cos\alpha_i \approx 1$,$\sin\alpha_i \approx \alpha_i$,以及 $\alpha_i\alpha_j \approx 0(i,j=1,2,3)$。于是,坐标变换矩阵式(2.2)可简化为

$$
\boldsymbol{C}_a^b = \begin{bmatrix} 1 & \alpha_3 & -\alpha_2 \\ -\alpha_3 & 1 & \alpha_1 \\ \alpha_2 & -\alpha_1 & 1 \end{bmatrix} = \boldsymbol{I} - [\boldsymbol{\alpha}_{ab}^{b} \times] \tag{2.14}
$$

式中:$\boldsymbol{I}$ 为单位阵;$[\boldsymbol{\alpha}_{ab}^{b} \times]$为小角矢量$\boldsymbol{\alpha}_{ab}^{b}$的反对称矩阵。

小角矢量的斜对称矩阵定义为

$$
[\boldsymbol{\alpha}_{ab}^{b}] = \begin{bmatrix} 0 & -\alpha_3 & \alpha_2 \\ \alpha_3 & 0 & -\alpha_1 \\ -\alpha_2 & \alpha_1 & 0 \end{bmatrix} \tag{2.15}
$$

小角变换的逆矩阵为

$$C_b^a = \begin{bmatrix} 1 & \alpha_3 & -\alpha_2 \\ -\alpha_3 & 1 & \alpha_1 \\ \alpha_2 & -\alpha_1 & 1 \end{bmatrix}^{\mathrm{T}} = I + [\alpha_{ab}^b] \tag{2.16}$$

注意:在正交的小角变换情况下,方向余弦矩阵仍然由连续三次旋转矩阵的乘积定义,但是由于采用了小角近似而与旋转次序无关。

2.2 平台惯性导航系统

对于在地球表面上运行的惯性导航系统,经常选择东-北-天本地水平指北坐标系 *ENU*(简称为 n 坐标系)作为导航解算坐标系[1,2,7,8]。其中,N 轴水平指北,E 轴水平指东,U 轴垂直向上。简化平台惯性导航系统的基本原理图如图 2.6 所示。

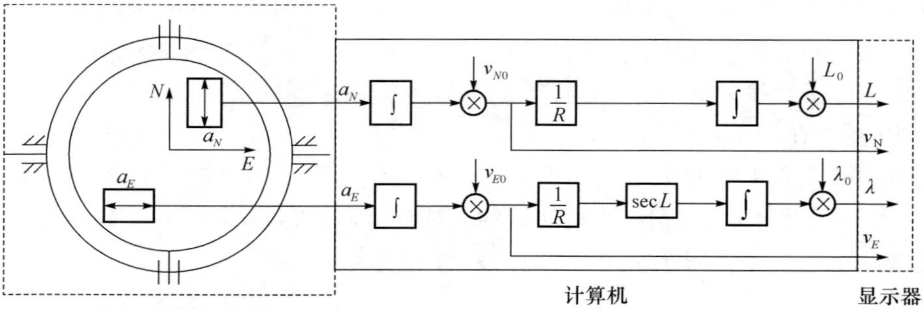

图 2.6 简化平台惯性导航系统的基本原理图

因为坐标系 a 和 m 都与坐标系 n 重合,$C_m^a = I$,所以导航解算方程为

$$\begin{cases} \dot{r}^n = v^n - [\rho^n \times] r^n \\ \dot{v}^n = f^n - [(2\omega_{ie}^n + \rho^n) \times] v^n + g^n \end{cases} \tag{2.17}$$

$$\omega_{ie}^n = \begin{bmatrix} 0 \\ \omega_{ie}\cos L \\ \omega_{ie}\sin L \end{bmatrix} \tag{2.18}$$

$$\rho^n = \begin{bmatrix} -\dfrac{v_N}{R_M + h} \\ \dfrac{v_E}{R_N + h} \\ \dfrac{v_E}{R_N + h}\tan L \end{bmatrix} \tag{2.19}$$

式中：L 为运载体所在地的纬度；h 为运载体在参考椭球上的高度；v_E 为运载体运动东向速度；v_N 为运载体运动北向速度；ω_{ie} 为地球自转角速度，$\omega_{ie}=15.04107(°)/\mathrm{h}$或 $7.292115\times10^{-5}\,\mathrm{rad/s}$；$R_M$ 为地球在子午面内的曲率半径，$R_M=\dfrac{a-(1-e^2)}{(1-e^2\sin^2L)^{3/2}}$；$R_N$ 为地球在东西垂直平面（卯酉面）内的曲率半径，$R_N=\dfrac{a}{(1-e^2\sin^2L)^{1/2}}$；$a,e$ 为地球参考椭球半长轴和偏心率，$a=6378137\mathrm{m}$，$e=0.081881919$；$[\boldsymbol{\rho}^n\times]$ 为矢量$\boldsymbol{\rho}^n$ 的反对称阵；$[(2\boldsymbol{\omega}_{ie}^n+\boldsymbol{\rho}^n)\times]$ 为矢量$(2\boldsymbol{\omega}_{ie}^n+\boldsymbol{\rho}^n)$的反对称阵。

考虑本地水平指北坐标系相对惯性空间的旋转角速度为$\boldsymbol{\omega}_{in}^n=\boldsymbol{\omega}_{ie}^n+\boldsymbol{\rho}^n$，为了保持平台坐标系与本地水平指北坐标系一致，陀螺平台相对惯性空间的指令角速度$\boldsymbol{\omega}_{\mathrm{com}}^n$应为

$$\boldsymbol{\omega}_{\mathrm{com}}^n=\boldsymbol{\omega}_{in}^n=\boldsymbol{\omega}_{ie}^n+\boldsymbol{\rho}^n \tag{2.20}$$

式中：$\boldsymbol{\omega}_{ie}^n$和$\boldsymbol{\rho}^n$ 分别由式(2.18)和式(2.19)确定。

注意：在式(2.20)中，假设平台上的陀螺是理想的，漂移角速度为零。实际上，任何陀螺都存在漂移误差，其中系统分量经标定后是可以补偿的。补偿的方法是在指令角速度中附加补偿陀螺漂移角速度的分量。这在式(2.20)中未被表示出来。

将式(2.18)～式(2.20)代入式(2.17)，可得导航坐标系中的速度解算方程：

$$\begin{bmatrix}\dot v_E\\ \dot v_N\\ \dot v_U\end{bmatrix}=\begin{bmatrix}f_E\\ f_N\\ f_U\end{bmatrix}-\begin{bmatrix}-\left(2\omega_{ie}\sin L+\dfrac{v_E}{R_N+h}\tan L\right)v_N+\left(2\omega_{ie}\cos L+\dfrac{v_E}{R_N+h}\tan L\right)v_U\\ \left(2\omega_{ie}\sin L+\dfrac{v_E}{R_N+h}\tan L\right)v_E+\dfrac{v_Nv_U}{R_M+h}\\ -\left(2\omega_{ie}\cos L+\dfrac{v_E}{R_N+h}\right)v_E-\dfrac{v_N^2}{R_N+h}\end{bmatrix}-\begin{bmatrix}0\\0\\\gamma(L,h)\end{bmatrix} \tag{2.21}$$

式中：$\boldsymbol{g}^n=[0\quad0\quad\gamma(L,h)]^{\mathrm{T}}$；$\gamma(L,h)$为参考重力加速度，其表达式为

$$\gamma(L,h)=\gamma(L)-(3.0877-0.0044\sin^2L)\times10^{-6}h+0.72\times10^{-12}h\,\mathrm{m/s^2} \tag{2.22}$$

由式(2.21)，经过一次积分后，可获得运载体的在各轴的速度分量 v_N，v_E 及 v_U，为求取经度、纬度及高程，还需要进行再一次积分，如果将各轴的速度分量 v_N，v_E 及 v_U 直接代入式(2.17)的第一式，通过求解$\boldsymbol{r}^n$，再变换为经纬度及高程，

则是不方便的。因此,需要寻找另一种更简单的方法。

我们知道,由地心固定地球坐标系 e 连续旋转两次就得到本地水平指北坐标系 n。第一次绕 Z_e 轴旋转 λ 角,第二次绕旋转后的 Y_e'轴负方向旋转$(-L+\pi/2)$角,第三次绕 Z''_e 旋转 $\pi/2$。因此,n 系相对于 e 系的旋转角速度在 n 系又可表示为

$$\boldsymbol{\rho}^n \overset{def}{=\!=} \boldsymbol{\omega}_{en}^n = \begin{bmatrix} -\dot{L} \\ 0 \\ 0 \end{bmatrix} + \begin{bmatrix} 1 & 0 & 0 \\ 0 & \sin L & \cos L \\ -\cos L & 0 & \sin L \end{bmatrix} \begin{bmatrix} 0 \\ 0 \\ \dot{\lambda} \end{bmatrix} = \begin{bmatrix} -\dot{L} \\ \dot{\lambda}\cos L \\ \dot{\lambda}\sin L \end{bmatrix} \tag{2.23}$$

对比式(2.21)和式(2.23),从而可建立北向速度 v_N、东向速度 v_E 及天向速度 v_U 与纬度 L、经度 λ 及高度 h 的微分关系式为

$$\begin{bmatrix} \dot{L} \\ \dot{\lambda} \\ \dot{h} \end{bmatrix} = \begin{bmatrix} 0 & \dfrac{1}{R_M + h} & 0 \\ \dfrac{1}{(R_M + h)\cos L} & 0 & 0 \\ 0 & 0 & 1 \end{bmatrix} \begin{bmatrix} v_E \\ v_N \\ v_U \end{bmatrix} \tag{2.24}$$

根据式(2.21)和式(2.24),可画出本地水平指北平台系统机械编排框图,如图2.7所示。图中,双箭头表示机械/力学连接,而单线箭头表示电信号连接。在本章以后的各个框图中也将这样表示。

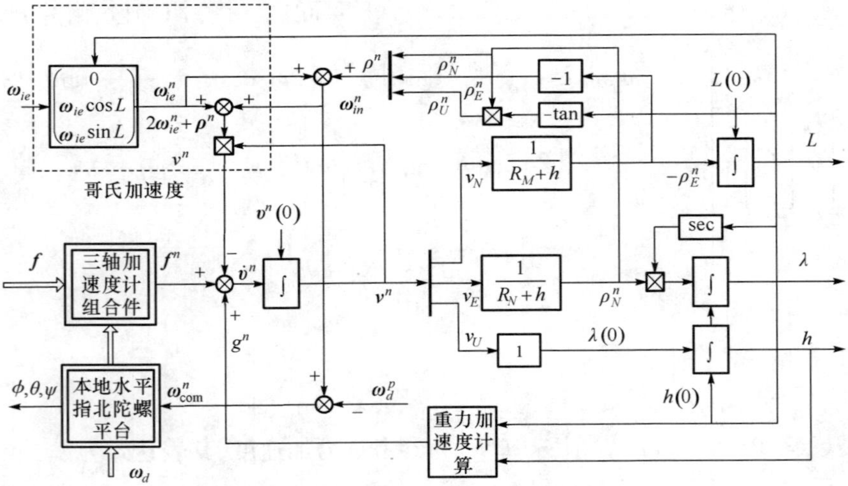

图 2.7　本地水平指北平台系统机械编排框图

由图2.7可见,三轴加速度计组合件输出的比力 $\boldsymbol{f}^n$ 经过哥氏加速度和重力加速度修正后.一次积分,得本地水平坐标系中的速度 $\boldsymbol{v}^n=[v_N \quad v_E \quad v_U]^{\mathrm{T}}$;其中两个水平速度分量分别除以地球曲率半径后,便得到运载体在水平面的两个位

移角速度；位移角速度再经过一次积分，得地理位置坐标的纬度 L 和经度 λ；另外，垂直速度再经过一次积分，得高度 h。位移角速度和地球自转角速度之和经过陀螺漂移角速度修正后，形成平台上的陀螺仪指令角速度，使得平台相对惯性空间旋转以始终保持稳定在本地水平指北坐标系。

对于本地水平指北惯性导航系统，在理想状态下，平台坐标系 $x_py_pz_p$ 与本地水平指北坐标系 ENU 是一致的。这时，平台坐标系 $x_py_pz_p$ 分别绕台体轴、内环轴及外环轴连续旋转 ψ，θ 及 ϕ 角，便得载体坐标系 $x_by_bz_b$，如图 2.8 所示。

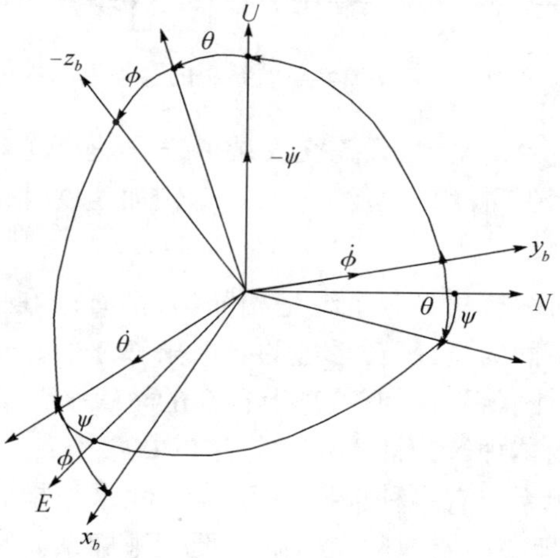

图 2.8　姿态角与平台框架角的关系

根据图 2.8 所示几何关系，本地水平指北平台不仅将加速度计稳定在本地水平指北导航坐标系中，而且平台三个框架轴（外环轴、内环轴及台体轴）的转角可直接指示运载体的横摇角 ϕ、纵摇角 θ 及航向角 ψ。所以，本地水平指北惯性导航系统的机械编排是很简单的，导航计算机的解算工作量也小。但是为了使得平台物理上稳定在本地水平指北坐标系中，本地水平指北惯性导航系统必须按指令角速度 $\boldsymbol{\omega}_{\mathrm{com}}^{n}$ 给平台上的陀螺仪施加修正力矩，以实现陀螺平台跟踪本地水平指北坐标系相对惯性空间的转动。为此平台上的陀螺仪的力矩器必须具有良好的线性特性和稳定的标度因数。

2.3　捷联惯性导航系统

捷联惯性导航系统的惯性测量组合 IMU，包括三只正交安装的速率陀螺和三轴加速度计组合件，直接安装在运载体上，取消了机械平台，结构简单、价格便宜，但计算比较复杂，且要求惯性仪表的动态测量范围宽。随着微型计算机技术和光学陀螺的发展，捷联惯性导航系统应用日益广泛。捷联惯性导航系统的基本原理图如图 2.9 所示。

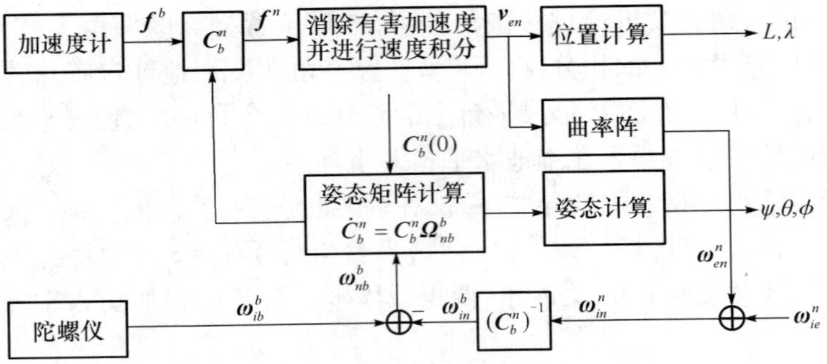

图 2.9　捷联惯性导航系统的基本原理图

对捷联惯性导航系统来说，设正交安装的三只速率陀螺测量运载体相对惯性空间的旋转角速度矢量$\boldsymbol{\omega}_{ib}^b=[p\quad q\quad r]^{\mathrm{T}}$，三轴加速度计组合件测量运载体的比力矢量$\boldsymbol{f}^b=[f_x^b\quad f_y^b\quad f_z^b]^{\mathrm{T}}$。

捷联系统的导航解算与平台系统是相同的，都必须在一个选定的导航解算坐标系中进行。所不同的是，平台系统的导航解算坐标系一般为物理上存在的陀螺平台坐标系，而捷联系统没有物理上存在的陀螺平台，通常将选择的导航解算坐标系构成的三面体理解为计算机中编排的数学平台。仿照平台系统，捷联系统的数学平台坐标系也有多种选择。例如，本地水平指北坐标系 n，本地水平游移方位坐标系 w，地心固定地球坐标系 e，惯性坐标系 i 等。对于捷联系统，仍然采用符号 a 表示数学平台坐标系（名义上，a 与 p 一致），而测量参考坐标系就是运载体坐标系 b，其导航解算方程可表示为

$$\begin{cases}\dot{\boldsymbol{r}}^a=\boldsymbol{v}^a-[\boldsymbol{\rho}^a\times]\boldsymbol{r}^a\\ \dot{\boldsymbol{v}}^a=\boldsymbol{C}_b^a\boldsymbol{f}^b-[(2\boldsymbol{\omega}_{ie}^a+\boldsymbol{\rho}^a)\times]\boldsymbol{v}^a+\boldsymbol{g}^a\\ \dot{\boldsymbol{C}}_b^a=-[\boldsymbol{\omega}_{ia}^a\times]\boldsymbol{C}_b^a+\boldsymbol{C}_b^a[\boldsymbol{\omega}_{ib}^b\times]\end{cases}\tag{2.25}$$

式中：$\boldsymbol{C}_b^a$ 为由运载体坐标系 b 到数学平台坐标系 a 的姿态矩阵；$\boldsymbol{\omega}_{ib}^b$ 为运载体绝对运动角速度，$\boldsymbol{\omega}_{ib}^b=[p\quad q\quad r]^{\mathrm{T}}$，由捷联速率陀螺组合件测量；$[\boldsymbol{\omega}_{ib}^b\times]$为$\boldsymbol{\omega}_{ib}^b$对应的反对称阵。注意，陀螺组合件输出的测量值常常含有陀螺仪本身的漂移角速度$\boldsymbol{\omega}_d^b$。$\boldsymbol{\omega}_{ia}^a$为导航解算坐标系的牵连运动角速度，等于地球自转角速度$\boldsymbol{\omega}_{ie}^a$与运载体在地球上的位移角速度$\boldsymbol{\rho}^a$之和，即$\boldsymbol{\omega}_{ia}^a=\boldsymbol{\omega}_{ie}^a+\boldsymbol{\rho}^a$；$[\boldsymbol{\omega}_{ia}^a\times]$为$\boldsymbol{\omega}_{ia}^a$对应的反对称阵。

选择不同的导航解算坐标系，则地球自转角速度$\boldsymbol{\omega}_{ie}^a$和位移角速度$\boldsymbol{\rho}^a$具有不同的表达式。例如：

（1）本地水平指北坐标系 n，$\boldsymbol{\omega}_{ie}^n$和$\boldsymbol{\rho}^n$分别为

$$\boldsymbol{\omega}_{ie}^n=[\omega_{ie}\cos L\quad 0\quad -\omega_{ie}\sin L]^{\mathrm{T}}$$

$$\boldsymbol{\rho}^n=\left[\frac{v_E}{R_N+h}\quad -\frac{v_N}{R_M+h}\quad -\frac{v_E}{R_N+h}\tan L\right]^{\mathrm{T}}$$

（2）本地水平游移方位坐标系 w，$\boldsymbol{\omega}_{ie}^{w}$和$\boldsymbol{\rho}^{w}$ 分别为

$$\boldsymbol{\omega}_{ie}^{\omega} = [\omega_{ie}\cos L\cos\alpha \quad -\omega_{ie}\cos L\sin\alpha \quad -\omega_{ie}\sin L]^{\mathrm{T}}$$

其中 α 为 ω 系的 x 轴与北向轴 N 的夹角

$$\boldsymbol{\rho}^{\omega} = [v_x Q_1 + v_y Q_2 \quad -v_x Q_2 - v_y Q_1 \quad 0]^{\mathrm{T}}$$

$$Q_1 = \sin\alpha\cos\alpha\left(\frac{1}{R_N + h} - \frac{1}{R_M + h}\right)$$

$$Q_2 = \left(\frac{\cos^2\alpha}{R_N + h} + \frac{\sin^2\alpha}{R_M + h}\right)$$

（3）地心惯性坐标系 i，$\boldsymbol{\omega}_{ii}^{i} = \boldsymbol{\omega}_{ie}^{i} + \boldsymbol{\omega}_{ei}^{i} = 0$ 和$\boldsymbol{\rho}^{i} = -\boldsymbol{\omega}_{ie}^{i}$；

（4）地心固定地球坐标系 e，$\boldsymbol{\omega}_{ie}^{e} = [0 \quad 0 \quad \omega_{ie}]^{\mathrm{T}}$ 和$\boldsymbol{\rho}^{e} = \boldsymbol{0}$。

在已知$\boldsymbol{\omega}_{ia}^{a}$，$\boldsymbol{\omega}_{ib}^{b}$（含陀螺漂移角速度矢量$\boldsymbol{\omega}_{d}^{b}$）及初始矩阵$\boldsymbol{C}_{b}^{a}(0)$的条件下，通过对姿态矩阵微分方程的数值求解，可以唯一确定任意时刻 t 的方向余弦矩阵$\boldsymbol{C}_{b}^{a}(t)$。这里$\boldsymbol{C}_{b}^{a}(0)$和$\boldsymbol{\omega}_{d}^{b}$ 由系统初始对准和标定过程确定。

在解得方向余弦矩阵$\boldsymbol{C}_{b}^{a}(t)$和获得捷联加速度计组合件输出比力$\boldsymbol{f}^{b}$ 之后，通过坐标变换，可以计算出导航解算坐标系 a 中的比力$\boldsymbol{f}^{a} = \boldsymbol{C}_{b}^{a}\boldsymbol{f}^{b}$。

以本地水平指北坐标系为例来进一步说明捷联惯性导航系统的工作原理。

选择 n 系作为捷联惯性导航系统的导航解算坐标系 a，姿态矩阵微分方程(2.25)可改写为

$$\dot{\boldsymbol{C}}_{b}^{n} = \boldsymbol{C}_{b}^{n}[\boldsymbol{\omega}_{nb}^{b}\times] = -[\boldsymbol{\omega}_{in}^{n}\times]\boldsymbol{C}_{b}^{n} + \boldsymbol{C}_{b}^{n}[\boldsymbol{\omega}_{ib}^{b}\times] \tag{2.26}$$

式中：$\boldsymbol{\omega}_{in}^{n}$为本地水平数学平台的指令角速度，$\boldsymbol{\omega}_{in}^{n} = \boldsymbol{\omega}_{ie}^{n} + \boldsymbol{\rho}^{n}$，$\boldsymbol{\omega}_{ie}^{n}$和 $\boldsymbol{\rho}^{n}$ 分别由式(2.18)和式(2.19)计算得到。

众所周知，运载体姿态角的全部信息都包含在姿态矩阵中。姿态矩阵的定义为

$$\boldsymbol{C}_{b}^{n} = \begin{bmatrix} \cos\psi\cos\phi - \sin\psi\sin\theta\sin\phi & -\sin\psi\cos\theta & \cos\psi\sin\phi + \sin\psi\sin\theta\cos\phi \\ \sin\psi\cos\phi + \cos\psi\sin\theta\sin\phi & \cos\psi\cos\theta & \sin\phi\sin\psi - \cos\psi\sin\theta\cos\phi \\ -\cos\theta\sin\phi & \sin\theta & \cos\theta\cos\phi \end{bmatrix} \tag{2.27}$$

捷联加速度计组合件输出的比力$\boldsymbol{f}^{b}$ 经过姿态矩阵$\hat{\boldsymbol{C}}_{b}^{n}$ 坐标变换后，即可得 n 系下的比力矢量$\hat{\boldsymbol{f}}^{n} = \hat{\boldsymbol{C}}_{b}^{n}\boldsymbol{f}^{b}$。其速度微分方程由式(2.25)第二式改写为

$$\dot{\boldsymbol{v}}^{n} = \boldsymbol{C}_{b}^{n}\boldsymbol{f}^{b} - [(2\boldsymbol{\omega}_{ie}^{n} + \boldsymbol{\rho}^{n})\times]\boldsymbol{v}^{n} + \boldsymbol{g}^{n} \tag{2.28}$$

姿态矩阵可由姿态微分方程(2.26)求解。其中运载体相对于惯性空间的角速度$\boldsymbol{\omega}_{ib}^{b}$由捷联陀螺组合件测量，而 n 系相对于惯性空间的角速度$\boldsymbol{\omega}_{in}^{n} = \boldsymbol{\omega}_{ie}^{n} + \boldsymbol{\rho}^{n}$，可根据地球自传角速度$\boldsymbol{\omega}_{ie}$和式(2.27)、式(2.28)计算得到。因此，姿态矩阵

当微分方程(2.26)在已知条件下是具有唯一解的。求解方法可以采用方向余弦法和四元数法。其求解出的姿态矩阵$\hat{\boldsymbol{C}}_b^n = [C_{ij}]$，可以通过矩阵中的元素计算姿态角，参见式(2.11)和式(2.12)。

地理位置坐标可由微分方程(2.21)求解。即

$$\begin{bmatrix} \dot{L} \\ \dot{\lambda} \\ \dot{h} \end{bmatrix} = \begin{bmatrix} 0 & \dfrac{1}{R_M + h} & 0 \\ \dfrac{1}{(R_M + h)\cos L} & 0 & 0 \\ 0 & 0 & 1 \end{bmatrix} \begin{bmatrix} v_E \\ v_N \\ v_Z \end{bmatrix} \tag{2.29}$$

由姿态方程(2.26)、速度方程(2.28)、位置方程(2.29)及$\boldsymbol{\omega}_{ie}^n$和$\boldsymbol{\rho}^n$的计算方程(2.18)与方程(2.19)，可画出捷联本地水平指北系统的机械编排框图，如图2.10所示。

对于捷联惯性导航系统来说，其关键在于姿态矩阵的实时求解，关于姿态矩阵的求解方法有欧拉角法、四元数法等，其中四元数法是应用最广泛的方法。

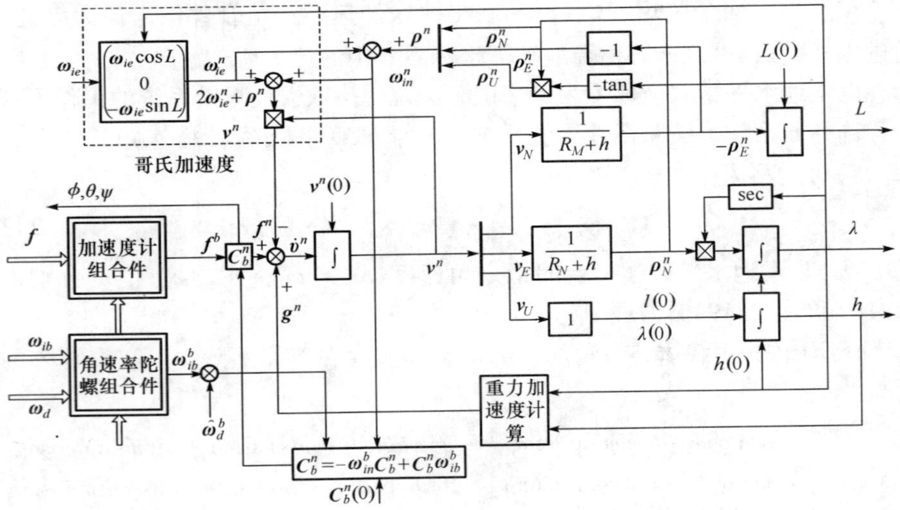

图2.10 捷联本地水平指北系统机械编排框图

2.3.1 四元数算法

设运载体的机体轴确定的坐标系为b系，惯性导航系统所采用的导航坐标系为n系，那么表征由b系到n系的坐标变换矩阵$\boldsymbol{C}_b^n$称为运载体的姿态矩阵或捷联矩阵，由此矩阵可以求得载体的姿态和航向。当只关心两个坐标系间的相对姿态关系时，可以认为它们的坐标原点是重合的，则它们的空间角位置关系就可以用刚体的定点转动理论来分析[1,5]。

1. 四元数定义及表达形式

四元数就是由 4 个元构成的矢量:

$$\boldsymbol{Q}(q_0, q_1, q_2, q_3) = q_0 + q_1\boldsymbol{i} + q_2\boldsymbol{j} + q_3\boldsymbol{k} \tag{2.30}$$

(1) 矢量表达形式为

$$\boldsymbol{Q} = q_0 + \boldsymbol{q} \tag{2.31}$$

式中:q_0 为四元数的标量部分;$\boldsymbol{q}$ 为四元数的矢量部分。

式(2.31)同时也是四元数的复数表达形式,$\boldsymbol{Q}$ 可以视为一个超复数,那么它的共轭复数定义为

$$\boldsymbol{Q}^* = q_0 - q_1\boldsymbol{i} - q_2\boldsymbol{j} - q_3\boldsymbol{k} \tag{2.32}$$

式中:$\boldsymbol{Q}^*$ 为 $\boldsymbol{Q}$ 的共轭四元数。

(2) 三角表达形式为

$$\boldsymbol{Q} = \cos\frac{\theta}{2} + \boldsymbol{u}\sin\frac{\theta}{2} \tag{2.33}$$

式中:θ 为实数;$\boldsymbol{u}$ 为单位向量。

(3) 矩阵表达形式为

$$\boldsymbol{Q} = [q_0 \quad q_1 \quad q_2 \quad q_3]^{\mathrm{T}} \tag{2.34}$$

在四元数的表达形式中,有文献把矢量部分写在前面,而标量部分写在后面,两者没有本质区别,只是在四元数运算中做相应的调整即可。

2. 四元数运算

设有两个四元数

$$\boldsymbol{P} = p_0 + p_1\boldsymbol{i} + p_2\boldsymbol{j} + p_3\boldsymbol{k}$$

$$\boldsymbol{Q} = q_0 + q_1\boldsymbol{i} + q_2\boldsymbol{j} + q_3\boldsymbol{k}$$

四元数运算法则如下:

(1) 加法和减法。

$$\boldsymbol{P} \pm \boldsymbol{Q} = (p_0 \pm q_0) + (p_1 \pm q_1)\boldsymbol{i} + (p_2 \pm q_2)\boldsymbol{j} + (p_3 \pm q_3)\boldsymbol{k} \tag{2.35}$$

(2) 乘法。用一个标量 a 去乘四元数 $\boldsymbol{Q}$,即

$$a\boldsymbol{Q} = aq_0 + aq_1\boldsymbol{i} + aq_2\boldsymbol{j} + aq_3\boldsymbol{k} \tag{2.36}$$

两个四元数相乘,设 $\boldsymbol{P} \times \boldsymbol{Q} = \boldsymbol{R}$,其中 $\boldsymbol{R} = r_0 + r_1\boldsymbol{i} + r_2\boldsymbol{j} + r_3\boldsymbol{k}$,四元数相乘写成矩阵的表达形式如下:

$$\begin{bmatrix} r_0 \\ r_1 \\ r_2 \\ r_3 \end{bmatrix} = \begin{bmatrix} p_0 & -p_1 & -p_2 & -p_3 \\ p_1 & p_0 & -p_3 & p_2 \\ p_2 & p_3 & p_0 & -p_1 \\ p_3 & -p_2 & p_1 & p_0 \end{bmatrix} \begin{bmatrix} q_0 \\ q_1 \\ q_2 \\ q_3 \end{bmatrix} = \boldsymbol{M}(\boldsymbol{P})\boldsymbol{Q} \tag{2.37}$$

结合数学矢量叉乘的形式，$\boldsymbol{M}(\boldsymbol{P})$可以写作为

$$\boldsymbol{M}(\boldsymbol{P}) = \begin{bmatrix} p_0 & -\boldsymbol{p}^{\mathrm{T}} \\ \boldsymbol{p} & p_0\boldsymbol{I}_{3\times3} + (\boldsymbol{p}\times) \end{bmatrix} \tag{2.38}$$

或者

$$\begin{bmatrix} r_0 \\ r_1 \\ r_2 \\ r_3 \end{bmatrix} = \begin{bmatrix} q_0 & -q_1 & -q_2 & -q_3 \\ q_1 & q_0 & q_3 & -q_2 \\ q_2 & -q_3 & q_0 & q_1 \\ q_3 & q_2 & -q_1 & q_0 \end{bmatrix} \begin{bmatrix} p_0 \\ p_1 \\ p_2 \\ p_3 \end{bmatrix} = \boldsymbol{M}'(\boldsymbol{Q})\boldsymbol{P} \tag{2.39}$$

同理，$\boldsymbol{M}'(\boldsymbol{Q})\boldsymbol{P}$ 可以写成如下形式：

$$\boldsymbol{M}'(\boldsymbol{Q}) = \begin{bmatrix} q_0 & -\boldsymbol{q}^{\mathrm{T}} \\ \boldsymbol{q} & q_0\boldsymbol{I}_{3\times3} - (\boldsymbol{q}\times) \end{bmatrix} \tag{2.40}$$

四元数的乘法不满足交换律，但是满足分配率和结合律。另外还有

$$(\boldsymbol{P}\times\boldsymbol{Q})^* = \boldsymbol{Q}^* \times \boldsymbol{P}^* \tag{2.41}$$

（3）逆。设 $\boldsymbol{Q}_I = [1 \quad 0 \quad 0 \quad 0]^{\mathrm{T}}$，如果 $\boldsymbol{P}\otimes\boldsymbol{Q} = \boldsymbol{Q}_I$，则称 $\boldsymbol{Q}$ 是 $\boldsymbol{P}$ 的逆，记为 $\boldsymbol{Q} = \boldsymbol{P}^{-1}$。根据式(2.39)可以得到

$$\boldsymbol{P}\times\boldsymbol{P}^* = (p_0^2 + p_1^2 + p_2^2 + p_3^2)\boldsymbol{QI} \tag{2.42}$$

定义四元数的范数为$\|\boldsymbol{P}\| = p_0^2 + p_1^2 + p_2^2 + p_3^2$，那么式(2.42)变为

$$\boldsymbol{P}\times\boldsymbol{P}^* = \|\boldsymbol{P}\|\boldsymbol{Q}_I \tag{2.43}$$

所以 $\boldsymbol{P}\times\dfrac{\boldsymbol{P}^*}{\|\boldsymbol{P}\|} = \boldsymbol{Q}_I$，根据四元数逆的定义，$\dfrac{\boldsymbol{P}^*}{\|\boldsymbol{P}\|}$即为 $\boldsymbol{P}$ 的逆，即

$$\boldsymbol{P}^{-1} = \frac{\boldsymbol{P}^*}{\|\boldsymbol{P}\|} \tag{2.44}$$

表征姿态变换的四元数为规范化四元数，即其范数等于1，此时四元数的逆等于其共轭。并由式(2.39)可知任一四元数和 $\boldsymbol{Q}_I$ 作四元数乘都等于其本身。

3. 四元数和姿态矩阵之间的关系

设有参考坐标系 R 的坐标轴为 x_0, y_0, z_0，坐标轴方向的单位向量为 $\boldsymbol{i}_0, \boldsymbol{j}_0$ 和 $\boldsymbol{k}_0$。刚体相对 R 系做定点转动，定点为 O。取本体坐标系 b 和刚体固联，b 系的坐标轴为 x, y, z，坐标轴方向的单位向量 $\boldsymbol{i}, \boldsymbol{j}$ 和 $\boldsymbol{k}$。下面不加证明地给出四元数的三角表达形式和姿态矩阵之间的关系。

（1）四元数。

$$\boldsymbol{Q} = \cos\frac{\theta}{2} + \boldsymbol{u}^R\sin\frac{\theta}{2}$$

描述了刚体的定点转动，即当只关心 b 系是由 R 系经过一次等效旋转得到

的，而四元数能够完整地描述这种等效旋转，$\boldsymbol{u}^R$ 为瞬时旋转轴，θ 为转过的角度。

b 系和 R 系之间的变换矩阵为

$$\boldsymbol{C}_b^R = \boldsymbol{I} + 2\boldsymbol{U}\sin\frac{\theta}{2}\cos\frac{\theta}{2} + 2\sin^2\frac{\theta}{2}\boldsymbol{U}\cdot\boldsymbol{U} \tag{2.45}$$

式中：$\boldsymbol{U}$ 为由 $\boldsymbol{u}^R$ 构成的反对称矩阵。

（2）利用四元数确定 $\boldsymbol{C}_b^R$。

$$\boldsymbol{C}_b^R = \begin{bmatrix} q_0^2+q_1^2-q_2^2-q_3^2 & 2(q_1q_2-q_0q_3) & 2(q_1q_3+q_0q_2) \\ 2(q_1q_2+q_0q_3) & q_0^2+q_1^2+q_2^2-q_3^2 & 2(q_2q_3-q_0q_1) \\ 2(q_1q_3-q_0q_2) & 2(q_2q_3+q_0q_1) & q_0^2-q_1^2-q_2^2+q_3^2 \end{bmatrix} \tag{2.46}$$

$$\boldsymbol{C}_b^R = (q_0^2 - \boldsymbol{q}^{\mathrm{T}}\boldsymbol{q})\boldsymbol{I}_{3\times3} + 2\boldsymbol{q}\boldsymbol{q}^{\mathrm{T}} + 2q_0(\boldsymbol{q}\times) \tag{2.47}$$

约定 $\boldsymbol{Q}_b^R$ 表示 b 系相对 R 系的旋转四元数，此时认为 b 系是由 R 系按 $\boldsymbol{Q}_b^R$ 做刚体转动得到的。

（3）如果将向量 $\boldsymbol{r}^R$ 和 $\boldsymbol{r}^b$ 扩充为零标量的四元数，则它们之间的变换关系可采用四元数乘来表示：

$$\boldsymbol{r}^R = \boldsymbol{Q}_b^R \times \boldsymbol{r}^b \times (\boldsymbol{Q}_b^R)^* \tag{2.48}$$

按照共轭四元数的定义

$$\begin{aligned}(\boldsymbol{Q}_b^R)^* &= \cos\frac{\theta}{2} - \boldsymbol{u}^R\sin\frac{\theta}{2} \\ &= \cos\frac{(-\theta)}{2} + \boldsymbol{u}^R\sin\frac{(-\theta)}{2}\end{aligned}$$

它表征的旋转是沿着瞬时转轴 $\boldsymbol{u}^R$ 转动角度 $-\theta$，即由 b 系旋转至 R 系的四元数，按照此前的约定有如下公式：

$$(\boldsymbol{Q}_b^R)^* = \boldsymbol{Q}_R^b \tag{2.49}$$

所以式(2.48)可以写成：

$$\boldsymbol{r}^R = \boldsymbol{Q}_b^R \times \boldsymbol{r}^b \times \boldsymbol{Q}_R^b \tag{2.50}$$

如果定义参考坐标系 R 为导航坐标系 n，动坐标系 b 系为运载体本体坐标系，那么变换矩阵 $\boldsymbol{C}_b^R$ 就是捷联矩阵 $\boldsymbol{C}_b^n$，所以说捷联惯性导航系统的姿态解算就是求解姿态四元数 $\boldsymbol{Q}_b^n$。

4. 四元数的微分方程

定义参考坐标系 R 为导航坐标系 n 系，动坐标系 b 系为运载体本体坐标系。那么四元数微分方程的一种表达形式为

$$\frac{\mathrm{d}\boldsymbol{Q}_b^n}{\mathrm{d}t} = \frac{1}{2}\boldsymbol{\omega}_{nb}^n \times \boldsymbol{Q}_b^n \tag{2.51}$$

约定三维向量和四元数作四元数乘时扩充为零标量的四元数，当需要向量时自

动取四元数的矢量部分，由式(2.50)可以得到如下等式：

$$\boldsymbol{\omega}_{nb}^{n} = \boldsymbol{Q}_{b}^{n} \times \boldsymbol{\omega}_{nb}^{b} \times \boldsymbol{Q}_{n}^{b} \tag{2.52}$$

将式(2.52)代入式(2.51)可以得到

$$\frac{\mathrm{d}\boldsymbol{Q}_{b}^{n}}{\mathrm{d}t} = \frac{1}{2}\boldsymbol{Q}_{b}^{n} \times \boldsymbol{\omega}_{nb}^{b} \times \boldsymbol{Q}_{n}^{b} \times \boldsymbol{Q}_{b}^{n} \tag{2.53}$$

根据四元数乘满足结合律，并由式(2.53)得到四元数微分方程的另一种表达形式：

$$\frac{\mathrm{d}\boldsymbol{Q}_{b}^{n}}{\mathrm{d}t} = \frac{1}{2}\boldsymbol{Q}_{b}^{n} \times \boldsymbol{\omega}_{nb}^{b} \tag{2.54}$$

上述四元数微分方程具有一般性，也就是说当研究两个坐标系间的相对旋转时，都可以按照上述公式的形式进行分析。

2.3.2 等效旋转矢量算法

2.3.2.1 等效旋转矢量的基础知识

等效旋转矢量法也是建立在刚体矢量旋转思想基础上的，与四元数法的不同在于：在姿态更新周期内，四元数法直接计算姿态四元数，而旋转矢量法先计算姿态变化四元数，再计算姿态四元数。等效旋转矢量法分两步来完成：

(1) 旋转矢量的计算，旋转矢量描述了飞行器姿态的变化；

(2) 四元数的更新，四元数描述了飞行器相对参考坐标系的实时方位。

1. 转动的不可交换性

在力学中，刚体的有限转动是不可交换的。如果刚体先绕 X 轴转动 90°，再绕 Y 轴转动 90°，和先绕 Y 轴转动 90°，再绕 X 轴转动 90°，两种情况的结果显然是不同的。这就是转动的不可交换性。这个转动的不可交换性决定了转动不是矢量，也就是两次以上的转动不能相加。

在方向余弦法和四元数法中都用到了角速度矢量的积分，$\Delta\theta = \int_{t_n}^{t_{n-1}} \boldsymbol{\omega}\mathrm{d}t$。当不是定轴转动时，$\boldsymbol{\omega}$ 矢量的方向是随时间变化的，因此对角速度矢量进行积分是无意义的。只有在积分区间很小时，上式才近似成立，从而引入了不可交换误差。显然，采样周期必须很小，否则，计算结果中会有较大的不可交换误差，而采样周期太小，使计算机实时计算的工作量增大。为减小不可交换性误差，1971 年 John E. Bortz 提出了等效旋转矢量概念。

2. 等效旋转矢量微分方程(Bortz 方程)

等效旋转矢量微分方程为

$$\dot{\boldsymbol{\Phi}} = \boldsymbol{\omega} + \frac{1}{2}\boldsymbol{\Phi} \times \boldsymbol{\omega} + \frac{1}{\boldsymbol{\Phi}^2}\left[1 - \frac{\Phi\sin\Phi}{2(1 - \cos\Phi)}\right]\boldsymbol{\Phi} \times (\boldsymbol{\Phi} \times \boldsymbol{\omega})$$

由于

$$\frac{\Phi\sin\Phi}{2(1 - \cos\Phi)} = \frac{\Phi \times 2\sin\frac{\Phi}{2}\cos\frac{\Phi}{2}}{2 \times 2\sin^2\frac{\Phi}{2}} = \frac{\Phi}{2}\cot\frac{\Phi}{2}$$

$$= \frac{\Phi}{2}\left[\frac{2}{\Phi} - \frac{1}{3}\left(\frac{\Phi}{2}\right) - \frac{1}{45}\left(\frac{\Phi}{2}\right)^3 - \frac{2}{945}\left(\frac{\Phi}{2}\right)^5 - \frac{1}{4725}\left(\frac{\Phi}{2}\right)^7 - \cdots\right]$$

$$= 1 - \frac{\Phi^2}{12} - \frac{\Phi^4}{720} - \frac{\Phi^6}{12} - \cdots$$

由于姿态更新周期一般都很短,$\boldsymbol{\Phi}$ 很小,$\boldsymbol{\Phi}$ 的高次项可略去不计,得到工程中常用的近似方程:

$$\dot{\boldsymbol{\Phi}} = \boldsymbol{\omega} + \frac{1}{2}\boldsymbol{\Phi} \times \boldsymbol{\omega} + \frac{1}{12}\boldsymbol{\Phi} \times (\boldsymbol{\Phi} \times \boldsymbol{\omega}) \tag{2.55}$$

从式(2.55)可以看出,旋转矢量的导数等于 $\boldsymbol{\omega}$ 再加两个修正项,而修正项反映了不可交换误差产生的影响。在式(2.55)中根据角速度 $\boldsymbol{\omega}$ 求解出等效旋转矢量 $\boldsymbol{\Phi}$,用 $\boldsymbol{\Phi}$ 代替四元数解 $\boldsymbol{Q}(t) = \left\{\boldsymbol{I}\cos\frac{\Delta\theta}{2} + \frac{[\Delta\theta]}{2}\right\} \cdot \boldsymbol{Q}(t_0)$ 中的 $[\Delta\theta]$,则可消除计算的四元数中的不可交换误差。

3. 四元数更新方程

设 n 为导航坐标系,b 为机体坐标系,$\boldsymbol{r}$ 为某一向量。记 t_{k-1} 和 t_k 时刻的载体坐标系分别为 $b(k-1)$、$b(k)$,$b(k-1)$ 系至 n 系的旋转四元数为 $\boldsymbol{Q}(t_{k-1})$,$b(k)$ 系至 n 系的旋转四元数为 $\boldsymbol{Q}(t_k)$,$b(k-1)$ 系至 $b(k)$ 系的旋转四元数为 $\boldsymbol{q}(h)$,$h = t_k - t_{k-1}$。

根据坐标变换的矩阵表示法与四元数表示法等价的结论 $\boldsymbol{r}^n = \boldsymbol{C}_{b(k)}^n \boldsymbol{r}^{b(k)}$,等价于

$$\boldsymbol{r}^n = \boldsymbol{Q}(t_k) \times \boldsymbol{r}^{b(k)} \times \boldsymbol{Q}^*(t_k) \tag{2.56}$$

$$\boldsymbol{r}^n = \boldsymbol{C}_{b(k-1)}^n \boldsymbol{C}_{b(k)}^{b(k-1)} \boldsymbol{r}^{b(k)}$$

等价于

$$\boldsymbol{r}^n = \boldsymbol{Q}(t_{k-1}) \times [\boldsymbol{q}(h) \times \boldsymbol{r}^{b(k)} \times \boldsymbol{q}^*(h)] \times \boldsymbol{Q}^*(t_{k-1})$$

根据四元数乘法的结合律,上式可以写成:

$$\boldsymbol{r}^n = [\boldsymbol{Q}(t_{k-1}) \times \boldsymbol{q}(h)] \times \boldsymbol{r}^{b(k)} \times [\boldsymbol{Q}(t_{k-1}) \times \boldsymbol{q}(h)]^* \tag{2.57}$$

比较式(2.56)和式(2.57),得

$$\boldsymbol{Q}(t_k) = \boldsymbol{Q}(t_{k-1}) \times \boldsymbol{q}(h)$$

或

$$\boldsymbol{Q}(t+h) = \boldsymbol{Q}(t) \times \boldsymbol{q}(h) \tag{2.58}$$

式中：$\boldsymbol{q}(h) = \cos\frac{\Phi}{2} + \frac{\boldsymbol{\Phi}}{\Phi}\sin\frac{\Phi}{2}$为姿态更新四元数，其中 $\boldsymbol{\Phi}$ 为 $b(k-1)$ 系至 $b(k)$ 系的等效旋转矢量；$\boldsymbol{Q}(t+h)$ 和 $\boldsymbol{Q}(t)$ 分别为机体在 $t+h$ 和 t 时刻的姿态四元数。

式(2.58)即为四元数更新方程，也称姿态更新方程。

捷联惯性导航姿态算法包括姿态矩阵的求取和姿态角的提取，而姿态算法是捷联惯性导航算法的核心，因此研究高精度的姿态更新算法具有重要的意义。由于四元数法只需解算 4 个联立微分方程，计算量小，算法简单，因而在工程实践中多采用这种方法。但是，采用毕卡逼近法求解四元数微分方程时使用了陀螺的角增量输出，角增量虽然微小，但不能视作无穷小，而刚体做有限转动时，刚体的空间角位置与旋转次序有关。这样，四元数法中不可避免地引入了不可交换性误差，特别是在一些载体做高动态飞行时，这种误差就会表现得十分明显，因而必须采取有效措施加以克服。等效旋转矢量法在利用陀螺角增量计算旋转矢量时，对这种不可交换误差做了适当补偿，正好弥补了四元数法的不足。

2.3.2.2 等效旋转矢量的求解

在 2.3.2.1 节的总述中我们已经给出了旋转矢量微分方程，接下来的问题就集中在旋转矢量的求解上。由于直接按式(2.55)求解旋转矢量有诸多不便，主要是：①激光陀螺等一般输出为角增量，如果将角增量折算成角速率，则微商运算将引起严重的噪声放大效应；②即使可获得陀螺的角速率输出，由于对上述方程只能采用数值求解，所以对角速率必须采样，采样就意味着仅采样点上的角速率得到了利用，而采样点之间的角速率信息并未利用，在姿态更新中实际上丢失了很多信息。因此，目前的旋转矢量算法多以角增量为参数进行求解。

1. 等效旋转矢量的单回路算法

等效旋转矢量的单回路算法是指在一个姿态更新周期内，旋转矢量的求解和姿态更新计算都发生在姿态更新时间点上。根据在姿态更新周期 $h = t_k - t_{k-1}$ 内对陀螺输出角增量等间隔采样数的不同，等效旋转矢量的求解分为单子样法、双子样法、三子样法和四子样法等。

(1) 单子样法。设 $\boldsymbol{\Phi}(t_{k-1}+h)$ 为 $[t_{k-1}, t_k]$ 时间段内的等效旋转矢量，载体角速度用一次曲线拟合，即

$$\omega(t_{k-1}+\tau) = a + b\tau \quad 0 \leqslant \tau \leqslant h \tag{2.59}$$

由式(2.55)知，旋转矢量微分方程的一阶精度的简化形式为

$$\dot{\boldsymbol{\Phi}} = \boldsymbol{\omega} + \frac{1}{2}\boldsymbol{\Phi} \times \boldsymbol{\omega} \tag{2.60}$$

将 $\boldsymbol{\Phi}(t_{k-1}+h)$ 做泰勒级数展开,得

$$\boldsymbol{\Phi}(t_{k-1}+h)=\boldsymbol{\Phi}(t_{k-1})+\dot{\boldsymbol{\Phi}}(t_{k-1})h+\frac{h^2}{2!}\ddot{\boldsymbol{\Phi}}(t_{k-1})+\cdots \tag{2.61}$$

式中:$\boldsymbol{\Phi}(t_{k-1})=\boldsymbol{\Phi}(t_{k-1}+0)=0$。

由式(2.59)和式(2.61)得

$$\dot{\boldsymbol{\Phi}}(t_{k-1})=a;\ddot{\boldsymbol{\Phi}}(t_{k-1})=b;$$

$$\dddot{\boldsymbol{\Phi}}(t_{k-1})=\frac{1}{2}a\times b;\boldsymbol{\Phi}^{(i)}(t_{k-1})=0(i\geqslant 4)。$$

将上式代入式(2.61)得

$$\boldsymbol{\Phi}(t_{k-1}+h)=ah+b\frac{h^2}{2}+\frac{1}{12}a\times bh^3 \tag{2.62}$$

(2)双子样法。双子样算法是指在更新周期 $h=t_k-t_{k-1}$ 内,进行两次等间隔采样,即提取两个角增量 θ_1 和 θ_2,记 $\theta_i=\int_{\frac{i-1}{2}h}^{\frac{i}{2}h}\omega(t_{k-1}+\tau)\mathrm{d}\tau$。当 i 取1、2时,可得关于 a 和 b 的两个独立方程,因此可唯一确定出这些系数。将所得系数代入式(2.62),得

$$\boldsymbol{\Phi}(t_{k-1}+h)=\boldsymbol{\theta}+\frac{2}{3}(\boldsymbol{\theta}_1\times\boldsymbol{\theta}_2) \tag{2.63}$$

式中:$\boldsymbol{\theta}=\boldsymbol{\theta}_1+\boldsymbol{\theta}_2$。

(3)三子样法。类似于双子样算法的求解过程,当载体角速度用二次曲线拟合

$$\boldsymbol{\omega}(t_{k-1}+\tau)=a+b\tau+c\tau^2 \tag{2.64}$$

可得等效旋转矢量的三子样算法式为

$$\boldsymbol{\Phi}(t_{k-1}+h)=\boldsymbol{\theta}+X(\boldsymbol{\theta}_1\times\boldsymbol{\theta}_3)+Y\boldsymbol{\theta}_2\times(\boldsymbol{\theta}_1-\boldsymbol{\theta}_3) \tag{2.65}$$

式中:$X=\frac{33}{88},Y=\frac{57}{80}$。

(4)四子样法。当载体角速度用三次曲线拟合 $\omega(t_{k-1}+\tau)=a+b\tau+c\tau^2+d\tau^3$,可得等效旋转矢量的四子样算法式为

$$\boldsymbol{\Phi}(t_{k-1}+h)=\boldsymbol{\theta}+k_1(\boldsymbol{\theta}_1\times\boldsymbol{\theta}_2+\boldsymbol{\theta}_3\times\boldsymbol{\theta}_4)+k_2(\boldsymbol{\theta}_1\times\boldsymbol{\theta}_3+\boldsymbol{\theta}_2\times\boldsymbol{\theta}_4)+k_3(\boldsymbol{\theta}_1\times\boldsymbol{\theta}_4)+k_1(\boldsymbol{\theta}_2\times\boldsymbol{\theta}_3) \tag{2.66}$$

式中:$\boldsymbol{\theta}=\boldsymbol{\theta}_1+\boldsymbol{\theta}_3+\boldsymbol{\theta}_2+\boldsymbol{\theta}_4,k_1=\frac{736}{945},k_2=\frac{334}{945},k_3=\frac{526}{945},k_4=\frac{654}{945}$。

当载体角速度用常矢量拟合 $\omega(t_{k-1}+\tau)=a$,可得等效旋转矢量的单子样算法式为

$$\boldsymbol{\Phi}(t_{k-1}+h)=\boldsymbol{\theta} \tag{2.67}$$

对于单子样算法，由旋转矢量 $\boldsymbol{\Phi}$ 构成的四元数 $\boldsymbol{q}(h)$ 为

$$\boldsymbol{q}(h) = \left[\cos\frac{\Phi}{2}, \frac{\boldsymbol{\Phi}}{\Phi_0}\sin\frac{\Phi_0}{2}\right]^{\mathrm{T}} = \left[\cos\frac{\theta_0}{2}, \frac{\theta}{\theta_0}\sin\frac{\theta_0}{2}\right]^{\mathrm{T}}$$

式中：$\theta_0 = \sqrt{\theta_x^2 + \theta_y^2 + \theta_z^2}$。

所以，由四元数更新方程得

$$\begin{aligned}\boldsymbol{Q}(t+h) &= \boldsymbol{Q}(t)\otimes\boldsymbol{q}(h)\\ &= \begin{bmatrix}\cos\frac{\theta_0}{2} & -\frac{\theta_x}{\theta_0}\sin\frac{\theta_0}{2} & -\frac{\theta_y}{\theta_0}\sin\frac{\theta_0}{2} & -\frac{\theta_z}{\theta_0}\sin\frac{\theta_0}{2}\\ \frac{\theta_x}{\theta_0}\sin\frac{\theta_0}{2} & \cos\frac{\theta_0}{2} & \frac{\theta_z}{\theta_0}\sin\frac{\theta_0}{2} & -\frac{\theta_y}{\theta_0}\sin\frac{\theta_0}{2}\\ \frac{\theta_y}{\theta_0}\sin\frac{\theta_0}{2} & -\frac{\theta_z}{\theta_0}\sin\frac{\theta_0}{2} & \cos\frac{\theta_0}{2} & \frac{\theta_x}{\theta_0}\sin\frac{\theta_0}{2}\\ \frac{\theta_z}{\theta_0}\sin\frac{\theta_0}{2} & \frac{\theta_y}{\theta_0}\sin\frac{\theta_0}{2} & -\frac{\theta_x}{\theta_0}\sin\frac{\theta_0}{2} & \cos\frac{\theta_0}{2}\end{bmatrix}\begin{bmatrix}q_0(t)\\ q_1(t)\\ q_2(t)\\ q_3(t)\end{bmatrix}\end{aligned}\tag{2.68}$$

而由 $\boldsymbol{Q}(t) = \left\{\boldsymbol{I}\cos\frac{\Delta\theta}{2} + \frac{[(\Delta\theta)\times]}{2}\right\}\times\boldsymbol{Q}(t_0)$ 给出的四元数微分方程解的形式为

$$\begin{aligned}\boldsymbol{Q}(t+h) &= \left\{\boldsymbol{I}\cos\frac{\Delta\theta}{2} + \frac{[(\Delta\theta)\times]}{\Delta\theta}\sin\frac{\Delta\theta}{2}\right\}\times\boldsymbol{Q}(t_0)\\ &= \begin{bmatrix}\cos\frac{\Delta\theta}{2} & -\frac{\Delta\theta_x}{\Delta\theta}\sin\frac{\Delta\theta}{2} & -\frac{\Delta\theta_y}{\Delta\theta}\sin\frac{\Delta\theta}{2} & -\frac{\Delta\theta_z}{\Delta\theta}\sin\frac{\Delta\theta}{2}\\ \frac{\Delta\theta_x}{\Delta\theta}\sin\frac{\Delta\theta}{2} & \cos\frac{\Delta\theta}{2} & \frac{\Delta\theta_z}{\Delta\theta}\sin\frac{\Delta\theta}{2} & -\frac{\Delta\theta_y}{\Delta\theta}\sin\frac{\Delta\theta}{2}\\ \frac{\Delta\theta_y}{\Delta\theta}\sin\frac{\Delta\theta}{2} & -\frac{\Delta\theta_z}{\Delta\theta}\sin\frac{\Delta\theta}{2} & \cos\frac{\Delta\theta}{2} & \frac{\Delta\theta_x}{\Delta\theta}\sin\frac{\Delta\theta}{2}\\ \frac{\Delta\theta_z}{\Delta\theta}\sin\frac{\Delta\theta}{2} & \frac{\Delta\theta_y}{\Delta\theta}\sin\frac{\Delta\theta}{2} & -\frac{\Delta\theta_x}{\Delta\theta}\sin\frac{\Delta\theta}{2} & \cos\frac{\Delta\theta}{2}\end{bmatrix}\begin{bmatrix}q_0(t)\\ q_1(t)\\ q_2(t)\\ q_3(t)\end{bmatrix}\end{aligned}\tag{2.69}$$

式中：$\Delta\theta = \sqrt{\Delta\theta_x^2 + \Delta\theta_y^2 + \Delta\theta_z^2}$。

比较式(2.68)和式(2.69)可见，二者具有相同的形式，因此四元数毕卡算法实质上就是等效旋转矢量的单子样算法。

以同样的方法，可以得到更高阶的旋转矢量算法。由于运载体的角运动具有很大的任意性，角速度的变化是十分复杂的，在姿态更新周期内用某一曲线来拟合角速度这种方法本身就是近似的。运载体的角运动机动越剧烈，用于拟合的曲线阶次应越高，这样才能较真实地反映运载体的角运动。因此，高子样算法

的计算量较大。在选择子样数时,应权衡利弊,兼顾精度要求和计算速度两个方面。

2. 等效旋转矢量的双回路迭代算法

等效旋转矢量双回路迭代算法的基本思想是将姿态更新分成快、慢两个回路。快速回路采用等效旋转矢量迭代算法(迭代周期为 T)计算姿态更新周期 h 内的等效旋转矢量 $\boldsymbol{\Phi}$,算式简单,因此迭代频率可高一些,以消除高频机动产生的不可交换误差;慢速回路求取姿态更新后的四元数,算式繁多,因此姿态更新频率可降低以减少计算量。对于不同的单回路子样算法均有其相应的双回路迭代算法,在此只研究双子样二次迭代算法。

设等效旋转矢量更新时间段为$[t_{k-1},t_{k-1}+iT]$内的等效旋转矢量,假定载体在迭代周期$[t_{k-1}+(i-1)T,t_{k-1}+iT]$内的角速度用一次曲线拟合,即

$$\boldsymbol{\omega}(t_{k-1}+(i-1)T+\tau)=a_i+2b_i\tau,0<\tau<T \tag{2.70}$$

式中:迭代周期 $T=\dfrac{h}{N}$,$i=1,2,3,\cdots,N-1,N$ (N 为迭代次数),当 $N=2$ 时,迭代周期 $T=\dfrac{h}{2}$,进行二次迭代。

在第一个迭代周期$[t_{k-1},t_{k-1}+T]$内,载体的角速度为

$$\boldsymbol{\omega}(t_{k-1}+\tau)=a_1+2b_1\tau,0<\tau<T \tag{2.71}$$

在等效旋转矢量更新时间$[t_{k-1},t_{k-1}+T]$内的等效旋转矢量 $\boldsymbol{\Phi}(t_{k-1}+T)$ 可展开为如下形式的泰勒级数:

$$\boldsymbol{\Phi}(t_{k-1}+T)=\boldsymbol{\Phi}(t_{k-1})+\dot{\boldsymbol{\Phi}}(t_{k-1})T+\frac{1}{2!}\ddot{\boldsymbol{\Phi}}(t_{k-1})T^2+\cdots \tag{2.72}$$

记 $\theta=\int_0^t\omega(t_{k-1}+\tau)\mathrm{d}\tau$。

由式(2.70)、式(2.71)和式(2.72)可得

$$\dot{\boldsymbol{\Phi}}(t_{k-1})=\omega(t_{k-1})=a_1$$

$$\ddot{\boldsymbol{\Phi}}(t_{k-1})=\dot{\omega}(t_{k-1})=2b_1$$

$$\dddot{\boldsymbol{\Phi}}(t_{k-1})=\frac{1}{2}\omega(t_{k-1})\times\dot{\omega}(t_{k-1})=a_1\times b_1$$

$$\boldsymbol{\Phi}^{(i)}(t_{k-1})=0,i\geqslant 4$$

将上述四式代入式(2.72),得

$$\boldsymbol{\Phi}(t_{k-1}+T)=a_1T+b_1T^2+\frac{1}{6}a_1\times b_1T^3 \tag{2.73}$$

在迭代周期$[t_{k-1},t_{k-1}+T]$内等间隔采样两次,得

$$\begin{cases}\theta_1 = \int_0^{\frac{T}{2}} \boldsymbol{\omega}(t_{k-1}+\tau)\mathrm{d}\tau = \frac{a_1}{2}T + \frac{b_1}{4}T^2 \\ \theta_2 = \int_{\frac{T}{2}}^{T} \boldsymbol{\omega}(t_{k-1}+\tau)\mathrm{d}\tau = \frac{a_1}{2}T + \frac{3b_1}{4}T^2\end{cases}$$

从上述方程组中解出 a_1,b_1 并代入式(2.73),得

$$\boldsymbol{\Phi}(t_{k-1}+T) = \boldsymbol{\theta}_1 + \boldsymbol{\theta}_2 + \frac{2}{3}\boldsymbol{\theta}_1 \times \boldsymbol{\theta}_2 \tag{2.74}$$

在第二个迭代周期$[t_{k-1}+T, t_{k-1}+2T]$内,载体的角速度为

$$\boldsymbol{\omega}(t_{k-1}+T+\tau) = a_2 + 2b_2\tau, 0 \leqslant \tau \leqslant T \tag{2.75}$$

在等效旋转矢量更新时间段$[t_{k-1}, t_{k-1}+2T]$内的等效旋转矢量 $\boldsymbol{\Phi}(t_{k-1}+2T)$可展开为如下形式的泰勒级数:

$$\boldsymbol{\Phi}(t_{k-1}+2T) = \boldsymbol{\Phi}(t_{k-1}+T) + \dot{\boldsymbol{\Phi}}(t_{k-1}+T)T + \frac{1}{2!}\ddot{\boldsymbol{\Phi}}(t_{k-1}+T)T^2 + \cdots$$

由式(2.59)和式(2.74),得

$$\dot{\boldsymbol{\Phi}}(t_{k-1}+T) = a_2 + \frac{1}{2}\boldsymbol{\Phi}(t_{k-1}+T) \times a_2$$

$$\ddot{\boldsymbol{\Phi}}(t_{k-1}+T) = b_2 + \boldsymbol{\Phi}(t_{k-1}+T) \times b_2$$

$$\dddot{\boldsymbol{\Phi}}(t_{k-1}+T) = a_2 \times b_2 + \frac{1}{2}\boldsymbol{\Phi}(t_{k-1}+T) \times a_2 \times b_2$$

$$\boldsymbol{\Phi}^{(i)}(t_{k-1}+T) = 0, \quad i \geqslant 4$$

将上述四式代入式(2.74)得

$$\begin{aligned}\boldsymbol{\Phi}(t_{k-1}+2T) = {} & a_2T + b_2T^2 + \frac{1}{6}a_2 \times b_2T^3 + \\ & \boldsymbol{\Phi}(t_{k-1}+T) + \frac{1}{2}\boldsymbol{\Phi}(t_{k-1}+T) \times \left(a_2T + b_2T^2 + \frac{1}{6}a_2 \times b_2T^3\right)\end{aligned} \tag{2.76}$$

又由式(2.73),有

$$\begin{cases}\theta_3 = \int_0^{\frac{T}{2}} \boldsymbol{\omega}(t_{k-1}+T+\tau)\mathrm{d}t = \frac{a_2}{2}T + \frac{b_2}{4}T^2 \\ \theta_4 = \int_{\frac{T}{2}}^{T} \boldsymbol{\omega}(t_{k-1}+T+\tau)\mathrm{d}t = \frac{a_2}{2}T + \frac{3b_2}{4}T^2\end{cases}$$

从上述方程组中解出 a_2,b_2 代入式(2.76),得

$$\boldsymbol{\Phi}(t_{k-1}+h) = \boldsymbol{\Phi} = (t_{k-1}+2T) = \sum_{i=1}^{4}\theta_i + k_1(\theta_1\theta_2 + \theta_3\theta_4) + k_2(\theta_1+\theta_2) \times (\theta_3+\theta_4) \tag{2.77}$$

式中：$k_1=\dfrac{2}{3}$，$k_2=\dfrac{1}{2}$。

得到等效旋转矢量 $\boldsymbol{\Phi}$ 后，可以用 $\boldsymbol{\Phi}$ 替换四元数解中的 $[(\Delta\theta)\times]$，然后计算姿态矩阵：也可以用 $\boldsymbol{\Phi}=[\boldsymbol{\Phi}_x \quad \boldsymbol{\Phi}_y \quad \boldsymbol{\Phi}_z]$ 构造一个变换四元数

$$\boldsymbol{q}(h)=\left[\cos\frac{\Phi_0}{2} \quad \frac{\boldsymbol{\Phi}_x}{\boldsymbol{\Phi}_0}\sin\frac{\Phi_0}{2} \quad \frac{\boldsymbol{\Phi}_y}{\boldsymbol{\Phi}_0}\sin\frac{\Phi_0}{2} \quad \frac{\boldsymbol{\Phi}_z}{\boldsymbol{\Phi}_0}\sin\frac{\Phi_0}{2}\right]^{\mathrm{T}}$$

式中：$\Phi_0=\sqrt{\boldsymbol{\Phi}_x^2+\boldsymbol{\Phi}_y^2+\boldsymbol{\Phi}_z^2}$。

然后按式 $\boldsymbol{Q}(t+h)=\boldsymbol{Q}(t)\otimes\boldsymbol{q}(h)$ 实时解算姿态矩阵。

2.3.3 等效旋转矢量法圆锥误差补偿算法

2.3.3.1 典型圆锥运动

锥运动的描述如下：设 XYZ 为参考坐标系，记为 R；xyz 为机体坐标系，记为 b；OL 为 YOZ 平面内的一条射线。xyz（b 系）是由 XYZ（R 系）绕 OL 旋转 α 后形成（图 2.11）；当 OL 以角速度 ω 绕原点 O 在 YOZ 平面内旋转时，则 OX 轴的轨迹形成一个锥面，锥顶位于 O 点，对称轴为 OX 轴。应注意，OL 并不与 b 系固联，而仅与 OX 轴具有固定的相对角关系。OX 轴的锥面轨迹的锥半角为 $\alpha/2$。载体的这种运动称为典型圆锥运动。对于捷联惯性导航姿态更新算法而言，圆锥运动会诱发数学平台的严重漂移，因此圆锥运动是一种最恶劣的动态环境条件，所以在等效旋转矢量优化算法中常以锥运动作为环境条件。

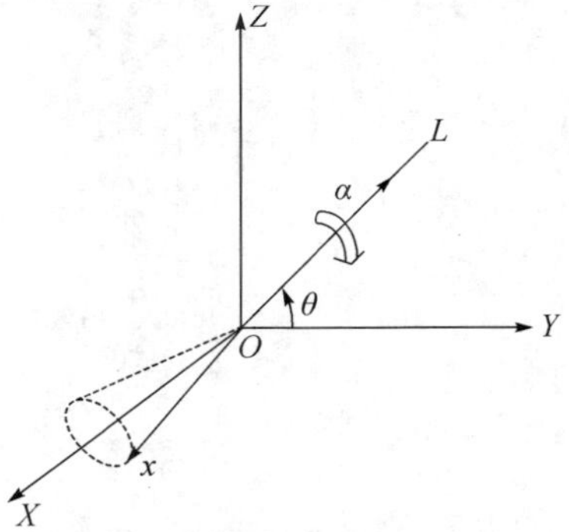

图 2.11 典型圆锥运动的示意图

根据欧拉定理，b 系可视为由 R 系的一次转动形成。设该旋转矢量为 $\boldsymbol{\Phi}$，$\boldsymbol{\Phi}$ 沿 OL 方向，大小为 $|\boldsymbol{\Phi}|=\alpha$。设 OL 的单位向量为 $\boldsymbol{u}_L$，并取 OL 与 OY 轴重合时的点为起点（$t=0$），则 $\boldsymbol{u}_L$ 在 R 系内的分量为

$$\boldsymbol{u}_L(t)=\begin{bmatrix}0\\ \cos\omega t\\ \sin\omega t\end{bmatrix}$$

所以

$$\boldsymbol{\Phi}(t)=|\boldsymbol{\Phi}|\times\boldsymbol{u}_L(t)=\begin{bmatrix}0\\ \alpha\cos\omega t\\ \alpha\sin\omega t\end{bmatrix}$$

由 $\boldsymbol{\Phi}$ 所形成的四元数,即表征 R 系到 b 系的锥运动四元数为

$$\boldsymbol{Q}(t)=\begin{bmatrix}\cos\dfrac{\alpha}{2}\\ 0\\ \sin\dfrac{\alpha}{2}\cos\omega t\\ \sin\dfrac{\alpha}{2}\sin\omega t\end{bmatrix}$$

设由 t 至 $t+h$ 时刻 b 系的更新四元数为 $\boldsymbol{q}(h)$,则在 t 和 $t+h$ 时刻 R 系至 b 系的旋转四元数有如下关系:

$$\boldsymbol{Q}(t+h)=\boldsymbol{Q}(t)\cdot\boldsymbol{q}(h)$$

$$\boldsymbol{q}(h)=\begin{bmatrix}q_0\\ q_1\\ q_2\\ q_3\end{bmatrix}=\boldsymbol{Q}^{-1}(t)\cdot\boldsymbol{Q}(t+h)$$

$$=\begin{bmatrix}\cos\dfrac{\alpha}{2} & 0 & \sin\dfrac{\alpha}{2}\cos\omega t & \sin\dfrac{\alpha}{2}\sin\omega t\\ 0 & \cos\dfrac{\alpha}{2} & \sin\dfrac{\alpha}{2}\sin\omega t & -\sin\dfrac{\alpha}{2}\cos\omega t\\ -\sin\dfrac{\alpha}{2}\cos\omega t & -\sin\dfrac{\alpha}{2}\sin\omega t & \cos\dfrac{\alpha}{2} & 0\\ -\sin\dfrac{\alpha}{2}\sin\omega t & \sin\dfrac{\alpha}{2}\cos\omega t & 0 & \cos\dfrac{\alpha}{2}\end{bmatrix}\times$$

$$\begin{bmatrix}\cos\dfrac{\alpha}{2}\\ 0\\ \sin\dfrac{\alpha}{2}\cos\omega(t+h)\\ \sin\dfrac{\alpha}{2}\sin\omega(t+h)\end{bmatrix}$$

$$
= \begin{bmatrix} 1-2\sin^2\dfrac{\alpha}{2}\sin^2\left(\dfrac{\omega h}{2}\right) \\ -\sin^2\dfrac{\alpha}{2}\sin(\omega h) \\ -\sin\alpha\sin\left(\dfrac{\omega h}{2}\right)\sin\left[\omega\left(t+\dfrac{h}{2}\right)\right] \\ \sin\alpha\sin\left(\dfrac{\omega h}{2}\right)\cos\left[\omega\left(t+\dfrac{h}{2}\right)\right] \end{bmatrix} \tag{2.78}
$$

2.3.3.2 姿态算法的精度准则

设 R^b,R^n 分别为同一个固定矢量在 b 坐标系和 n 坐标系上的三轴分量构成的四元数,$\boldsymbol{Q}$ 是坐标系 b 与坐标系 n 之间的变换四元数,则

$$
\boldsymbol{R}^n = \boldsymbol{Q} \otimes \boldsymbol{R}^b \otimes \boldsymbol{Q}^* \tag{2.79}
$$

考虑到实际上的计算得到的变换四元数为 $\hat{\boldsymbol{Q}}$,则

$$
\boldsymbol{R}^b = \hat{\boldsymbol{Q}}^* \otimes \boldsymbol{R}^n \otimes \hat{\boldsymbol{Q}} \tag{2.80}
$$

综上可得

$$
\boldsymbol{R}^n = (\boldsymbol{Q} \otimes \hat{\boldsymbol{Q}}^*) \otimes \boldsymbol{R}^{n\prime} \otimes (\hat{\boldsymbol{Q}} \otimes \boldsymbol{Q}^*) \tag{2.81}
$$

令 $\delta\boldsymbol{q} = \boldsymbol{Q} \otimes \hat{\boldsymbol{Q}}^*$,则

$$
\boldsymbol{R}^n = \delta\boldsymbol{q} \otimes \boldsymbol{R}^{n\prime} \otimes \delta\boldsymbol{q}^*
$$

$\delta\boldsymbol{q}$ 为 n 和 n'之间的误差变换四元数,即 n'相对 n 有一个误差等效转动,用 $\boldsymbol{\Phi}_e$ 表示,$\boldsymbol{\Phi} = |\boldsymbol{\Phi}_e|$为其转角,则

$$
\delta\boldsymbol{q} = \begin{bmatrix} \cos\dfrac{\varphi}{2} & \dfrac{\boldsymbol{\Phi}_e}{\varphi}\sin\dfrac{\varphi}{2} \end{bmatrix}^{\mathrm{T}} \tag{2.82}
$$

旋转矢量的幅度 $\boldsymbol{\Phi}$ 很小,此时 $\cos\dfrac{\varphi}{2} \approx 1$,$\sin\dfrac{\varphi}{2} \approx \dfrac{\varphi}{2}$,则式(2.82)近似为

$$
\delta\boldsymbol{q} \approx \begin{bmatrix} 1 & \dfrac{\boldsymbol{\Phi}_e}{2} \end{bmatrix}^{\mathrm{T}}
$$

令 $\delta\tilde{\boldsymbol{q}} = \dfrac{\boldsymbol{\Phi}_e}{2}$,则

$$
\boldsymbol{\Phi}_e = 2\delta\tilde{\boldsymbol{q}} \tag{2.83}
$$

其中 $\delta\tilde{\boldsymbol{q}}$ 为 $\delta\boldsymbol{q}$ 的矢量部分。则 $\boldsymbol{\Phi}_e$ 表征了计算得到的变换四元数 $\hat{\boldsymbol{Q}}$ 的计算误差,把它作为检验姿态更新算法精度的准则。

2.3.3.3 旋转矢量优化算法

旋转矢量优化算法的实质是把锥运动作为检验算法优劣的输入条件,以使锥误差达到最小为准则,这里以三子样为例进行推导。

设 $\boldsymbol{\Phi}(t_{k-1}+h)$ 为 $[t_{k-1},t_k]$ 时间段内的等效旋转矢量,载体角速度用二次曲线拟合,即

$$\omega(t_{k-1}+\tau)=a+b\tau+c\tau^2 \tag{2.84}$$

将等效旋转矢量微分方程 $\dot{\boldsymbol{\Phi}}=\boldsymbol{\omega}+\frac{1}{2}\boldsymbol{\Phi}\times\boldsymbol{\omega}+\frac{1}{\varphi^2}\left(1-\varphi\frac{\cos(\varphi/2)}{2\sin(\varphi/2)}\right)\boldsymbol{\Phi}\times(\boldsymbol{\Phi}\times\boldsymbol{\omega})$ 做泰勒级数展开:

$$\boldsymbol{\Phi}(t_{k-1}+h)=\boldsymbol{\Phi}(t_{k-1})+\ddot{\boldsymbol{\Phi}}(t_{k-1})h+\frac{h^2}{2!}\ddot{\boldsymbol{\Phi}}(t_{k-1})+\cdots \tag{2.85}$$

由式(2.84)得

$$\dot{\boldsymbol{\Phi}}(t_{k-1})=a,\ddot{\boldsymbol{\Phi}}(t_{k-1})=2b,\dddot{\boldsymbol{\Phi}}(t_{k-1})=6c+\frac{1}{2}a\times b$$

$$\boldsymbol{\Phi}^{(4)}(t_{k-1})=6(a\times c),\boldsymbol{\Phi}^{(5)}(t_{k-1})=12(b\times c),\boldsymbol{\Phi}^{(i)}(t_{k-1})=0\quad(i\geqslant 4)$$

将以上各式代入式(2.85)得

$$\boldsymbol{\Phi}(t_{k-1}+h)=ah+bh^2+ch^3+\frac{h^3}{6}(a\times b)+\frac{h^4}{4}(a\times c)+\frac{h^5}{10}(b\times c) \tag{2.86}$$

三子样算法是指在采样间隔 $h=t_k-t_{k-1}$ 内,进行三次等间隔采样,即提取三个角增量 θ_1,θ_2 和 θ_3,记 $\theta_i=\int_{\frac{i-1}{3}h}^{\frac{i}{3}h}\omega(t_{k-1}+\tau)\mathrm{d}\tau$。当 i 取 1,2,3 时,可得关于 a,b 和 c 的三个独立方程,因此可唯一确定出这些系数。将所得系数代入式(2.86),得

$$\boldsymbol{\Phi}(t_{k-1}+h)=\boldsymbol{\theta}+X(\boldsymbol{\theta}_1\times\boldsymbol{\theta}_3)+Y\boldsymbol{\theta}_2\times(\boldsymbol{\theta}_1-\boldsymbol{\theta}_3) \tag{2.87}$$

式中:$\boldsymbol{\theta}=\boldsymbol{\theta}_1+\boldsymbol{\theta}_2+\boldsymbol{\theta}_3,X=\frac{33}{80},Y=\frac{57}{80}$。

上述系数是根据角速度为二次抛物线的假设得出的,而实际角速度并非真正如此,所以所得系数并不能保证算法漂移最小。

根据锥运动的角速度 $\boldsymbol{\omega}(t)$,由

$$\boldsymbol{\theta}_i=\int_{i+\frac{i-1}{N}h}^{i+\frac{i}{N}h}\boldsymbol{\omega}(\tau)\mathrm{d}\tau=\begin{bmatrix}-\frac{2}{N}(\omega h)\sin^2\left(\frac{\alpha}{2}\right)\\-2\sin\alpha\sin\left(\frac{\omega h}{2N}\right)\sin\left[\omega\left(t+\frac{2i-1}{2N}h\right)\right]\\2\sin\alpha\sin\left(\frac{\omega h}{2N}\right)\cos\left[\omega\left(t+\frac{2i-1}{2N}h\right)\right]\end{bmatrix}\quad i=1,2,\cdots,N$$

$$\boldsymbol{\theta} = \sum_{i=1}^{N} \theta_i = \begin{bmatrix} -2(\omega h)\sin^2\left(\dfrac{\alpha}{2}\right) \\ -2\sin\alpha\sin\left(\dfrac{\omega h}{2}\right)\sin\left[\omega\left(t+\dfrac{h}{2}\right)\right] \\ 2\sin\alpha\sin\left(\dfrac{\omega h}{2}\right)\cos\left[\omega\left(t+\dfrac{h}{2}\right)\right] \end{bmatrix}$$

式中:N 为子样数。

得到 $\boldsymbol{\theta}, \theta_1, \theta_2$ 和 θ_3 后代入式(2.87),则计算得到的旋转矢量:

$$\boldsymbol{\Phi} = \begin{bmatrix} \Phi_x \\ \Phi_y \\ \Phi_z \end{bmatrix} = \begin{bmatrix} -2(\omega h)\sin^2\left(\dfrac{\alpha}{2}\right) + 8\sin^2\left(\dfrac{\omega h}{6}\right)\alpha\sin^2\left(\dfrac{\omega h}{3}\right)\left[X\cos\left(\dfrac{\omega h}{3}\right)+Y\right] \\ -2\sin\alpha\sin\left(\dfrac{\omega h}{2}\right) - \dfrac{8}{3}(\omega h)\sin^2\dfrac{\alpha}{2}\sin\alpha\sin\left(\dfrac{\omega h}{6}\right)\sin\left(\dfrac{\omega h}{3}\right)\sin\left[\omega\left(t+\dfrac{h}{2}\right)\right] \\ 2\sin\alpha\sin\left(\dfrac{\omega h}{2}\right) + \dfrac{8}{3}(\omega h)\sin^2\dfrac{\alpha}{2}\sin\alpha\sin\left(\dfrac{\omega h}{6}\right)\sin\left(\dfrac{\omega h}{3}\right)\sin\left[\omega\left(t+\dfrac{h}{2}\right)\right] \end{bmatrix} \tag{2.88}$$

由四元数的定义

$$\hat{q}_0 = \cos\left(\frac{\Phi_0}{2}\right), \hat{q}_1 = \frac{\Phi_x}{\Phi_0}\sin\left(\frac{\Phi_0}{2}\right), \hat{q}_2 = \frac{\Phi_y}{\Phi_0}\sin\left(\frac{\Phi_0}{2}\right), \hat{q}_3 = \frac{\Phi_z}{\Phi_0}\sin\left(\frac{\Phi_0}{2}\right)$$

式中:$\Phi_0 = (\boldsymbol{\Phi}^{\mathrm{T}}\boldsymbol{\Phi})^{\frac{1}{2}}$。

若 Φ_0 很小,则 $\hat{q}(h)$ 近似为

$$\hat{q}_0 = 1, \hat{q}_1 = \frac{\Phi_x}{2}, \hat{q}_2 = \frac{\Phi_y}{2}, \hat{q}_3 = \frac{\Phi_z}{2}$$

因而误差四元数为

$$\delta\boldsymbol{q} = \begin{bmatrix} \delta q_0 \\ \delta q_1 \\ \delta q_2 \\ \delta q_3 \end{bmatrix} = \begin{bmatrix} q_0 \\ q_1 \\ q_2 \\ q_3 \end{bmatrix} \cdot \begin{bmatrix} \hat{q}_0 \\ -\hat{q}_1 \\ -\hat{q}_2 \\ -\hat{q}_3 \end{bmatrix} = \begin{bmatrix} q_0 + \dfrac{1}{2}(q_1\Phi_x + q_2\Phi_y + q_3\Phi_z) \\ q_1 + \dfrac{1}{2}(-q_0\Phi_x + q_3\Phi_y - q_2\Phi_z) \\ q_2 + \dfrac{1}{2}(-q_3\Phi_x - q_0\Phi_y + q_1\Phi_z) \\ q_3 + \dfrac{1}{2}(q_2\Phi_x - q_1\Phi_y - q_0\Phi_z) \end{bmatrix} \tag{2.89}$$

将式(2.79)和式(2.88)代入式(2.89),通过观察可以看到 $\delta\boldsymbol{q}$ 中只有 $\delta\boldsymbol{q}_1$,包含直流分量,由于我们只关心可能引起平台漂移的直流分量部分,因此算法漂移误差式(2.83)可简化为

$$\boldsymbol{\Phi}_e \approx 2\tilde{\boldsymbol{q}} = 2q_1 - \Phi_x \tag{2.90}$$

将式(2.78)和式(2.89)中的 q_1 和 Φ_x 代入,做泰勒级数展开:

$$\Phi_e = -\frac{1}{2}\alpha^2\Big[\frac{(X+Y-9/8)}{432}(\omega h)^3 - \frac{(3X+Y-81/40)}{243}(\omega h)^5) + \frac{(23X+3Y-729/56)}{65610}(\omega h)^7\Big] + O(\omega h) \tag{2.91}$$

当 $\omega h = 1$ 时,令 $(\omega h)^3$ 和 $(\omega h)^5$ 项为零,得

$$X = \frac{9}{20}, Y = \frac{27}{40}, \Phi_e = \frac{1}{204120}\alpha^2 (\omega h)^7$$

即优化的三子样旋转矢量为

$$\boldsymbol{\Phi} = \boldsymbol{\theta} + \frac{9}{20}(\boldsymbol{\theta}_1 \times \boldsymbol{\theta}_3) + \frac{27}{40}\boldsymbol{\theta}_2 \times (\boldsymbol{\theta}_3 - \boldsymbol{\theta}_1) \tag{2.92}$$

定义算法漂移率为

$$\dot{\boldsymbol{\Phi}}_e = \Phi_e/h$$

则旋转矢量三子样优化算法的漂移率为

$$\dot{\boldsymbol{\Phi}}_e = \frac{1}{204120}\alpha^2\omega^7 h^6 \tag{2.93}$$

同理,推导出优化二子样旋转矢量为

$$\boldsymbol{\Phi} = \boldsymbol{\theta} + \frac{2}{3}(\boldsymbol{\theta}_1 \times \boldsymbol{\theta}_2) \tag{2.94}$$

算法漂移率为

$$\dot{\boldsymbol{\Phi}}_e = \frac{1}{960}\alpha^2\omega^5 h^4 \tag{2.95}$$

优化四子样旋转矢量为

$$\boldsymbol{\Phi} = \boldsymbol{\theta} + k_1(\boldsymbol{\theta}_1 \times \boldsymbol{\theta}_4) + k_2[b_1(\boldsymbol{\theta}_1 \times \boldsymbol{\theta}_3) + b_2(\boldsymbol{\theta}_2 \times \boldsymbol{\theta}_4)] + k_3[a_1(\boldsymbol{\theta}_1 \times \boldsymbol{\theta}_2) + a_2(\boldsymbol{\theta}_2 \times \boldsymbol{\theta}_3) + a_3(\boldsymbol{\theta}_3 \times \boldsymbol{\theta}_4)] \tag{2.96}$$

式中:$k_1 = \frac{54}{105}, k_2 = \frac{92}{105}, k_3 = \frac{214}{105}, a_1 + a_2 + a_3 = 1, b_1 + b_2 = 1$。

算法漂移率为

$$\dot{\boldsymbol{\Phi}}_e = \frac{1}{82575360}\alpha^2\omega^9 h^8 \tag{2.97}$$

2.3.3.4 双子样二次迭代优化算法

由等效旋转矢量的双回路迭代算法知

$$\boldsymbol{\Phi}(t_{k-1} + T) = \boldsymbol{\Phi}(t_{k-1} + 2T) = \sum_{i=1}^{4}\theta_1 + k_1(\theta_1 \times \theta_2 + \theta_3 \times \theta_4) + k_2(\theta_1 + \theta_2) \times (\theta_3 + \theta_4) \tag{2.98}$$

式中：$k_1=\frac{2}{3},k_2=\frac{1}{2}$。

其中系数是按一次曲线拟合角速度得出的，而实际角速度并不一定如此，因而需对这些系数进行修正以保证拟合所得的算法漂移最小。

对双子样二次迭代算法进行优化。取 $i=1,2,3,4$，将 $\theta_1,\theta_2,\theta_3,\theta_4$ 代入式(2.98)，可整理得在 t_{k-1} 至 t_k 时间段内对应于 b 系旋转的等效旋转矢量。

$$\boldsymbol{\Phi}_x=-2\omega h\sin^2\frac{\alpha}{2}+\sin^2\alpha\left[4k_1\sin\frac{1}{4}\omega h+(-2k_1+2k_2)\sin\frac{1}{2}\omega h-k_2\sin\omega h\right] \tag{2.99a}$$

$$\boldsymbol{\Phi}_y=-2\sin\alpha\sin\frac{\omega h}{2}\sin\omega\left(t+\frac{h}{2}\right)+(-2k_1)\sin\left(t_{k-1}+\frac{3}{4}h\right)+(k_1+k_2)\sin\omega(t_{k-1}+h) \tag{2.99b}$$

$$\begin{aligned}\boldsymbol{\Phi}_z=&-2\sin\alpha\sin\frac{\omega h}{2}\sin\left(t+\frac{h}{2}\right)+\frac{\omega h}{2}\sin\alpha\sin^2\frac{\alpha}{2}\\&\left[(-k_1-k_2)\cos\omega t_{k-1}+2k_1\cos\omega\left(t_{k-1}+\frac{1}{4h}\right)+\right.\\&(-2k_1+2k_2)\cos\omega\left(t_{k-1}+\frac{1}{2}h\right)+2k_1\cos\omega\left(t_{k-1}+\frac{3}{4}h\right)+\\&\left.(-k_1-k_2)\cos\omega(t_{k-1}+h)\right]\end{aligned} \tag{2.99c}$$

仅考虑直流分量时误差旋转矢量为 $\overline{\boldsymbol{\Phi}_e}=2q_1-\boldsymbol{\Phi}_x$，将式(2.78)和式(2.99a)代入得

$$\begin{aligned}\overline{\boldsymbol{\Phi}_e}=&2\sin^2\frac{\alpha}{2}(\omega h-\sin\omega h)-\\&\sin^2\alpha\left[4k_1\sin\frac{1}{4}\omega h+(-2k_1+2k_2)\sin\frac{1}{2}\omega h-k_2\sin\omega h\right]\end{aligned} \tag{2.100}$$

对三角函数展开成关于 ωh 的泰勒级数得

$$\begin{aligned}\overline{\boldsymbol{\Phi}_e}=&\alpha^2\left[\omega^3h^3\left(\frac{1}{12}+\frac{k_1}{96}+\frac{k_2-k_1}{24}-\frac{k_2}{6}\right)+\omega^5h^5\left(-\frac{1}{240}-\frac{k_1}{30720}-\frac{k_2-k_1}{1920}+\frac{k_2}{120}\right)+\right.\\&\left.\omega^7h^7\left(\frac{1}{5040}+\frac{k_1}{20643840}+\frac{k_2-k_1}{322560}-\frac{k_2}{5040}\right)\right]\end{aligned} \tag{2.101}$$

由式(2.100)和式(2.101)可见，为了尽量减少 $\overline{\boldsymbol{\Phi}_e}$，应确保 ωh 的低次幂项为0，为此 ωh 的3、5次幂的系数为0，得方程组

$$\begin{cases}3k_1+12k_2=8\\15k_1+240k_2=128\end{cases} \tag{2.102}$$

因此，$k_1=\frac{32}{45}, k_2=\frac{22}{45}$。将 k_1, k_2 代入式(2.102)，得二子样迭代优化算法为

$$\begin{aligned}\boldsymbol{\Phi}(t_{k-1}+h) &= \boldsymbol{\Phi}(t_{k-1}+2T) \\ &= \sum_{i=1}^{4}\theta_i+\frac{32}{45}(\theta_1\times\theta_2+\theta_3\times\theta_4)+\frac{22}{45}(\theta_1+\theta_2)\times(\theta_3+\theta_4)\end{aligned} \tag{2.103}$$

将 k_1, k_2 代入式(2.103)，且用 $2T$ 代替 h，得算法漂移为

$$\dot{\overline{\boldsymbol{\Phi}}}_e=\frac{\overline{\boldsymbol{\Phi}_e}}{T}=\frac{\alpha^2\omega\,(\omega T)^6}{9791} \tag{2.104}$$

2.3.3.5 数字仿真

为了了解圆锥算法的误差特性，对前几节讲述的内容做数字仿真，典型圆锥环境是测试圆锥补偿算法中最经常采用的环境，圆锥环境的设定参数为：半锥角 α，锥运动角频率 $\overline{\omega}$。传感器采样周期为 h，取姿态角（航向角、纵摇角、横摇角）初始值为零。

仿真算法分为二子样优化算法，三子样优化算法，四子样优化算法，双子样二次迭代优化算法和圆锥递推补偿优化算法。

在典型的圆锥环境下设置仿真条件如下：

条件1：$\alpha=1°, \overline{\omega}=2\pi\text{rad/s}, h=0.01\text{s}, t=12\text{s}$；

条件2：$\alpha=2°, \overline{\omega}=2\pi\text{rad/s}, h=0.01\text{s}, t=12\text{s}$；

条件3：$\alpha=1°, \overline{\omega}=5\pi\text{rad/s}, h=0.01\text{s}, t=12\text{s}$。

部分仿真结果如图2.12～图2.18所示。

分析算法的数字仿真结果可以得到以下结论。

(1) 算法的漂移主要体现在纵摇角上，算法的精度随半锥角幅值的增大而降低；算法的精度随锥运动角频率的增大而降低。

(2) 圆锥递推补偿算法的精度与二子样算法的精度相当，这是因为它们在推导过程中角速度都是用一次多项式近似。

(3) 双子样二次迭代优化算法计算量比二子样、三子样（优化）算法都小。双子样二次迭代优化算法的精度高于二子样，但低于三子样算法的精度。综合考虑算法计算量和精度，双子样二次迭代优化算法优于二子样，而与三子样算法相比，其算法精度略差，但其计算量仅为三子样算法的3/5，因此它与三子样算法各有所长。

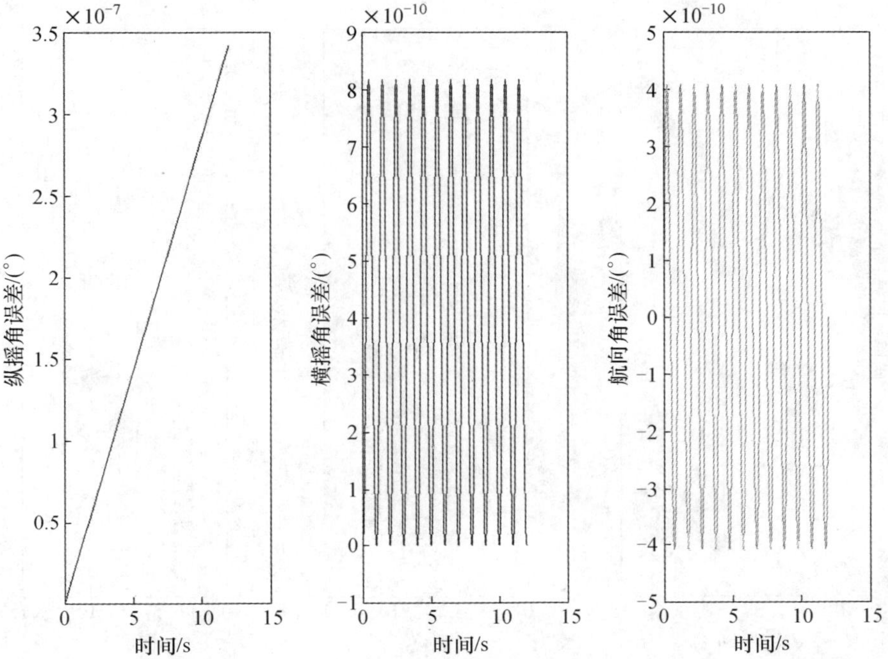

图 2.12　二子样优化算法在条件 l 下的仿真结果

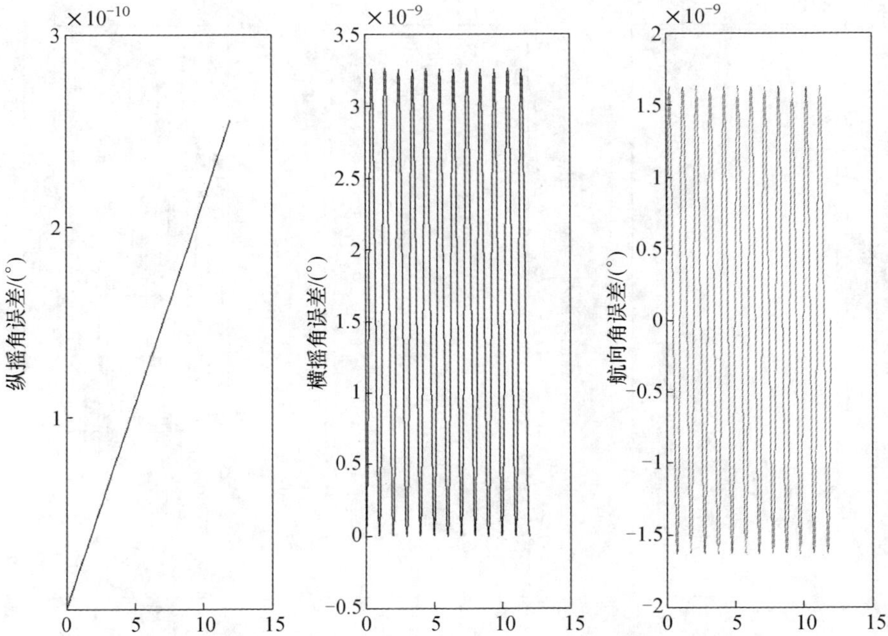

图 2.13　三子样优化算法在条件 1 下的仿真结果

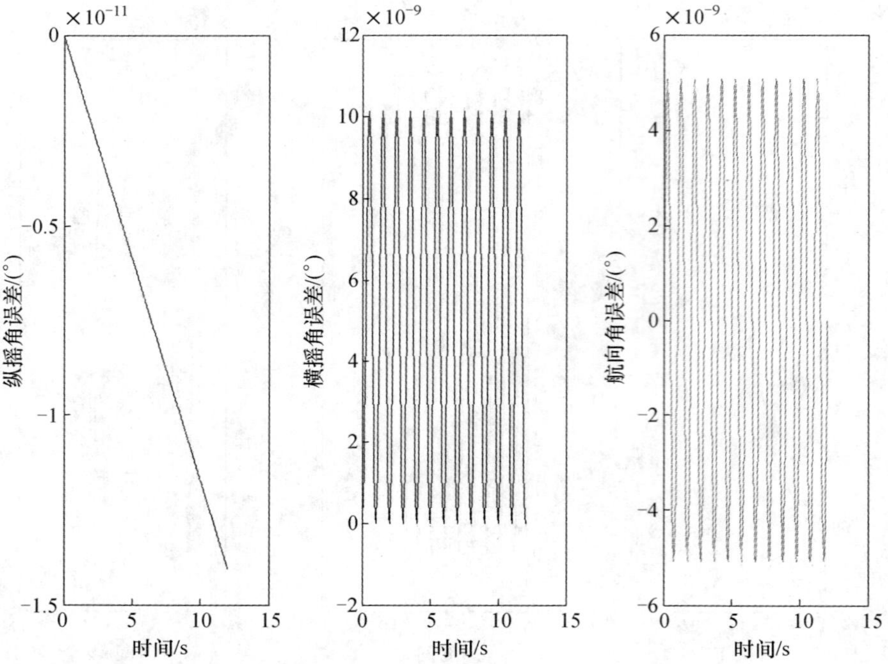

图 2.14　四子样优化算法在条件 1 下的仿真结果

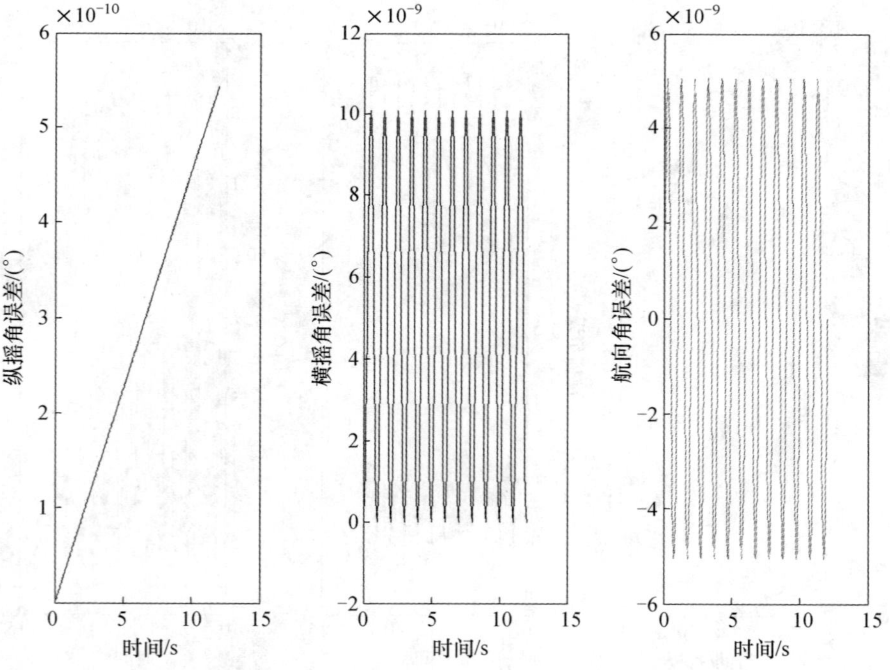

图 2.15　双子样二次迭代优化算法在条件 1 下的仿真结果

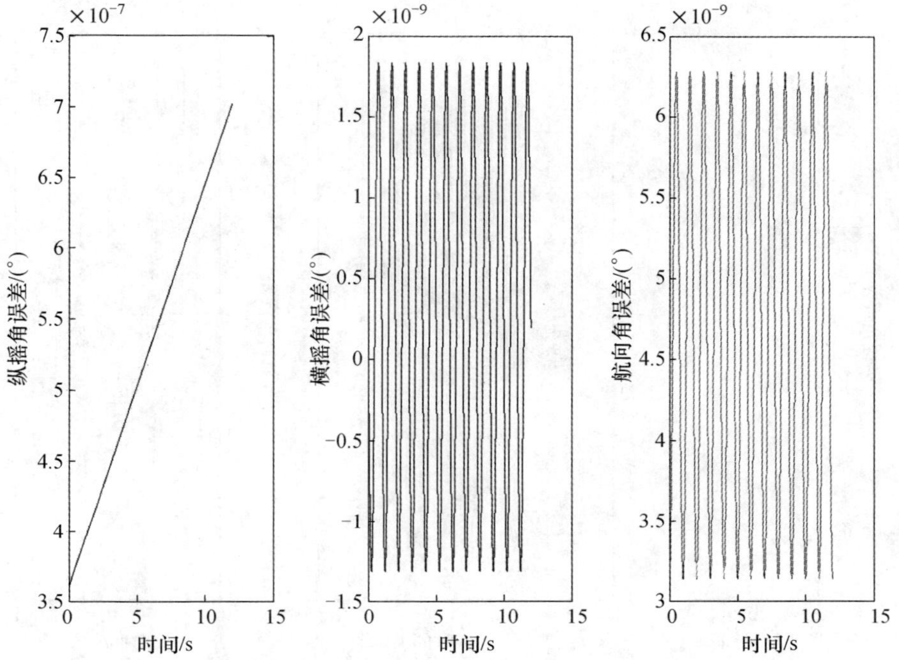

图 2. 16　圆锥递推优化算法在条件 1 下的仿真结果

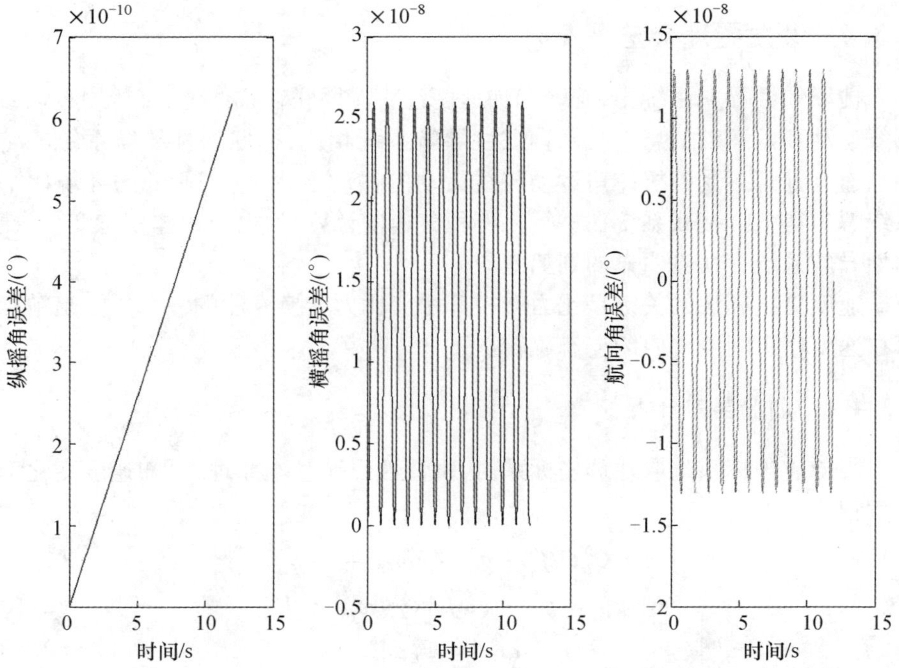

图 2. 17　四子样优化算法在条件 2 下的仿真结果

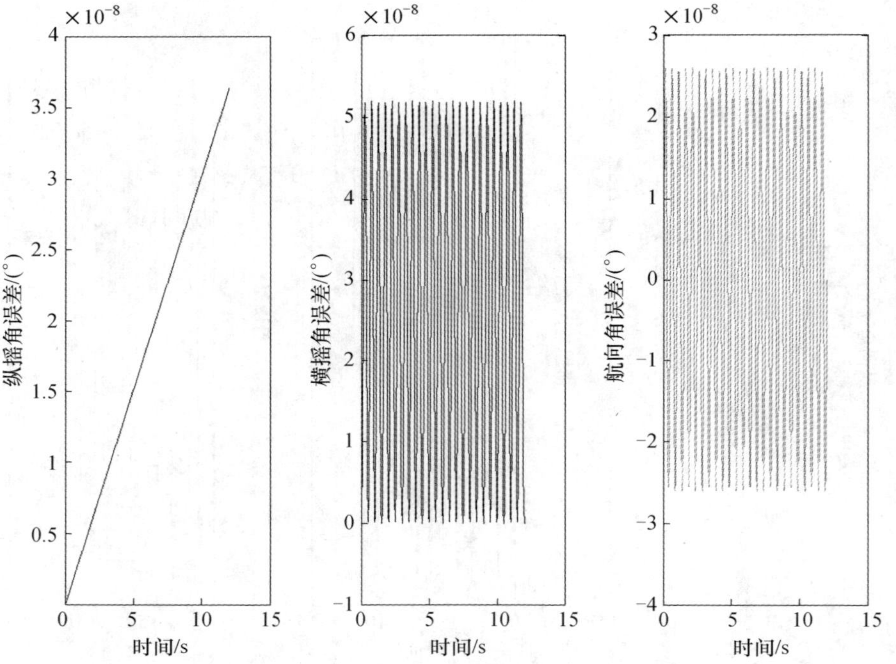

图 2.18　四子样优化算法在条件 3 下的仿真结果

2.3.4　速度更新算法

捷联惯性导航系统中,陀螺和加速度计直接固联在载体上,直接测量运载体的线运动和角运动信息。与平台惯性导航系统相比,捷联惯性导航系统的陀螺和加速度计直接受到机体角运动与线运动的振动干扰,它们所处的环境比平台系统恶劣得多。捷联系统在进行比例积分速度计算时,由于机体姿态变化,捷联惯性导航系统存在着明显的划船效应。

速度更新算法的关键是比力转换算法。比力转换算法的一个关键是精确计算在速度修正间隔期内的姿态旋转。

2.3.4.1　划船误差分析

当导航坐标系选取地理坐标系时,由惯性导航基本原理,可知速度变化率微分方程为

$$\dot{\boldsymbol{v}}^N = \boldsymbol{C}_L^N\boldsymbol{C}_B^L\boldsymbol{f}^B + \boldsymbol{g}_P^N - (\boldsymbol{\omega}_{EN}^N + 2\boldsymbol{\omega}_{IE}^N) \times \boldsymbol{v}^N \tag{2.105}$$

$$\boldsymbol{g}_P^N = \boldsymbol{g}^N - (\boldsymbol{\omega}_{IE}^N \times)(\boldsymbol{\omega}_{IE}^N \times)R^N \tag{2.106}$$

$$\boldsymbol{\omega}_{IE}^N = \boldsymbol{C}_E^N\boldsymbol{\omega}_{IE}^E \tag{2.107}$$

$$\boldsymbol{\omega}_{EN}^N = \boldsymbol{F}_C(\boldsymbol{u}_{ZN}^N \times \boldsymbol{v}^N) + \boldsymbol{r}_{ZN}\,\boldsymbol{u}_{ZN}^N \tag{2.108}$$

式中：v 为载体相对地球的速度；$\boldsymbol{g}_P$ 为铅垂重力；$\boldsymbol{f}^B$为比力加速度，定义为除去重力之外的合力产生的相对惯性空间的加速度，由加速度计测量；$\boldsymbol{F}_C$ 为曲率矩阵(3×3)，它是一位置函数，$(3,i)$和$(i,3)$元素是0，其余元素相对对角线对称；$\boldsymbol{u}_{ZN}$为沿大地垂线向上的单位向量（N 系的 Z 轴）。

对式(2.105)积分得到 t_m 时刻载体在导航系的速度为

$$\boldsymbol{v}_m^n = \boldsymbol{v}_{m-1}^n + \boldsymbol{C}_{b(m-1)}^{n(m-1)} \int_{t_{m-1}}^{t_m} \boldsymbol{C}_{b(t)}^{b(m-1)} \boldsymbol{f}^b \mathrm{d}t + \int_{t_{m-1}}^{t_m} [\boldsymbol{g}_p^n - (2\boldsymbol{\omega}_{ie}^n + \boldsymbol{\omega}_{en}^n) \times \boldsymbol{v}^n] \mathrm{d}t \tag{2.109}$$

式中：$\boldsymbol{v}_m$，$\boldsymbol{v}_{m-1}$分别为 t_{m-1}，t_m 时刻的载体速度；$\boldsymbol{C}_{b(m-1)}^{n(m-1)}$为上一个速度更新时刻的姿态矩阵。

式(2.109)可写成：

$$\boldsymbol{v}_m^N = \boldsymbol{v}_{m-1}^N + \boldsymbol{C}_L^N \Delta\boldsymbol{v}_{SF_m}^L + \Delta\boldsymbol{v}_{g/\mathrm{Cor}_m}^N \tag{2.110}$$

$$\Delta\boldsymbol{v}_{g/\mathrm{Cor}_m}^N = \int_{t_{m-1}}^{t_m} [\boldsymbol{g}_p^N - (2\boldsymbol{\omega}_{ie}^N + \boldsymbol{\omega}_{en}^N) \times \boldsymbol{v}^N] \mathrm{d}t \tag{2.111}$$

$$\Delta\boldsymbol{v}_{SF_m}^L = \int_{t_{m-1}}^{t_m} \boldsymbol{C}_B^L \boldsymbol{f}^B \mathrm{d}t \tag{2.112}$$

式中：m 为速度数字积分算法修正速度计算机循环下标；$\Delta\boldsymbol{v}_{g/\mathrm{Cor}_m}^N$为在时间间隔内由重力加速度和哥式加速度(Coriolis)引起的速度增量。位置在数字算法 m 循环周期内均匀变化，幅度变化很小（特别是高度），所以 $\boldsymbol{g}_p^N$ 能由它在 m 循环周期的平均值近似；$\Delta\boldsymbol{v}_{SF_m}^L$为在时间间隔内积分转换的比力增量，也就是由比力加速度引起的速度增量。

将式(2.112)写成如下形式：

$$\Delta\boldsymbol{v}_{SF_m}^L = \int_{t_{m-1}}^{t_m} \boldsymbol{C}_{L_I(m-1)}^{L_I(m)} \boldsymbol{C}_{B_I(m-1)}^{L_I(m-1)} \boldsymbol{C}_{B_I(t)}^{B_I(m-1)} \boldsymbol{f}^B \mathrm{d}t \tag{2.113}$$

$$\Delta\boldsymbol{v}_{SF_m}^{L_I(m-1)} = \boldsymbol{C}_{B_I(m-1)}^{L_I(m-1)} \Delta\boldsymbol{v}_{SF_m}^{B_I(m-1)} \tag{2.114}$$

$$\Delta\boldsymbol{v}_{SF_m}^{B_I(m-1)} = \int_{t_{m-1}}^{t_m} \boldsymbol{C}_{B_I(t)}^{B_I(m-1)} \boldsymbol{f}^B \mathrm{d}t \tag{2.115}$$

$$\Delta\boldsymbol{v}_{SF_m}^L = \boldsymbol{C}_{L_I(m-1)}^{L_I(m)} \Delta\boldsymbol{v}_{SF_m}^{L_I(m-1)} = \Delta\boldsymbol{v}_{SF_m}^{L_I(m-1)} + (\boldsymbol{C}_{L_I(m-1)}^{L_I(m)} - \boldsymbol{I}) \Delta\boldsymbol{v}_{SF_m}^{L_I(m-1)} \tag{2.116}$$

在式(2.113)～式(2.116)中，m 为用于 B 坐标系旋转的周期的循环下标，n 为用于 L 坐标系旋转周期的循环下标。在尽量减少对计算机性能的要求下，软件结构可把 n 循环周期的 L 坐标系修正速度设置成3～5倍慢于 m 循环周期的 B 坐标系的修正速度。式(2.114)是基于利用在前一时刻 B 坐标系 m 循环修正周期的 $\boldsymbol{C}_B^L$，式中的 $\boldsymbol{C}_B^L$ 随着(2.114)的变换运算而修正。式(2.115)主要用于计算载体坐标系上的积分比力增量，随着载体坐标系 B 系的修正而修正。式(2.116)计算当地水平坐标系的循环，其中 $\boldsymbol{C}_{L_I(m-1)}^{L_I(m)}$ 计算方法是其中的核心，因为当地水平坐标系相对惯性空间的转动角速度缓慢,式(2.116)中的 $\boldsymbol{C}_{L_I(m-1)}^{L_I(m)}$ 近似于单位阵 $\boldsymbol{I}$。

由方向余弦与旋转矢量之间的关系为

$$\boldsymbol{C}_{B_I(t)}^{B_I(m-1)} = \boldsymbol{I} + \frac{\sin\boldsymbol{\phi}(t)}{\boldsymbol{\phi}(t)}[\boldsymbol{\phi}(t)\times] + \frac{1-\cos\boldsymbol{\phi}(t)}{\boldsymbol{\phi}(t)^2}[\boldsymbol{\phi}(t)\times]^2 \quad (2.117)$$

式中:$\boldsymbol{\phi}(t)$为旋转矢量,定义 B 坐标系相对 $B_{I(m-1)}$ 坐标系在 t 大于 t_{m-1}时的方位信息。

$$\boldsymbol{\phi}(t) \approx \boldsymbol{\alpha}(t) = \int_{t_{m-1}}^{t_m} \boldsymbol{\omega}_{IB}^{B}\mathrm{d}\boldsymbol{\tau} \quad (2.118)$$

$$\sin\boldsymbol{\phi} \approx \boldsymbol{\phi},\quad \frac{1-\cos\boldsymbol{\phi}}{\boldsymbol{\phi}^2} \approx \frac{1}{2}$$

式中:$\boldsymbol{\tau}$ 为积分时间常数。

将式(2.118)代入式(2.117)中,做一阶近似,忽略$[\boldsymbol{\phi}(t)\times]^2$,并考虑$\boldsymbol{\phi}(t)$为小量,式(2.117)可简化为

$$\boldsymbol{C}_{B_I(t)}^{B_I(m-1)} = \boldsymbol{I} + [\boldsymbol{\alpha}(t)\times]$$

$[\boldsymbol{\alpha}(t)\times]$表示由角增量的分量组成的反对称阵。将式(2.118)代入式(2.115)得一阶的表达式:

$$\Delta\boldsymbol{v}_{SF_m}^{B_I(m-1)} = \int_{t_{m-1}}^{t_m}[\boldsymbol{I} + [\boldsymbol{\alpha}(t)\times]]\boldsymbol{f}^{B}\mathrm{d}t = \int_{t_{m-1}}^{t_m}\boldsymbol{f}^{B}\mathrm{d}t + \int_{t_{m-1}}^{t_m}(\boldsymbol{\alpha}(t)\times\boldsymbol{f}^{B})\mathrm{d}t \quad (2.119)$$

把式(2.118)代入,得

$$\Delta\boldsymbol{v}_{SF_m}^{B_I(m-1)} = \boldsymbol{v}_m + \int_{t_{m-1}}^{t_m}(\boldsymbol{\alpha}(t)\times\boldsymbol{f}^{B})\mathrm{d}t$$

$$\boldsymbol{\alpha}(t) = \int_{t_{m-1}}^{t_m}\boldsymbol{\omega}_{IB}^{B}\mathrm{d}\boldsymbol{\tau},\boldsymbol{v}(t) = \int_{t_{m-1}}^{t_m}\boldsymbol{f}^{B}\mathrm{d}\boldsymbol{\tau},\boldsymbol{v}_m = \boldsymbol{v}(t_m) \quad (2.120)$$

其中,式(2.120)定义了计算式(2.114)的 $\Delta\boldsymbol{v}_{SF_m}^{B_I(m-1)}$ 的方法。在通常情况下,角速率/比力的变化都不是固定的,所以式(2.120)对一般情况而言是个合理的选择。下面对其积分项计算做如下推导。

$$\frac{\mathrm{d}}{\mathrm{d}t}[\boldsymbol{\alpha}(t)\times\boldsymbol{v}(t)] = \boldsymbol{\alpha}(t)\times\dot{\boldsymbol{v}}(t) + \dot{\boldsymbol{\alpha}}(t)\times\boldsymbol{v}(t) = \boldsymbol{\alpha}(t)\times\dot{\boldsymbol{v}}(t) - \boldsymbol{v}(t)\times\dot{\boldsymbol{\alpha}}(t) \quad (2.121)$$

$$\boldsymbol{\alpha}(t)\times\dot{\boldsymbol{v}}(t) = \frac{\mathrm{d}}{\mathrm{d}t}[\boldsymbol{\alpha}(t)\times\boldsymbol{v}(t)] + \boldsymbol{v}(t)\times\dot{\boldsymbol{\alpha}}(t) \quad (2.122)$$

由于

$$\boldsymbol{\alpha}(t)\times\dot{\boldsymbol{v}}(t)=\frac{1}{2}\boldsymbol{\alpha}(t)\times\dot{\boldsymbol{v}}(t)+\frac{1}{2}\boldsymbol{\alpha}(t)\times\dot{\boldsymbol{v}}(t) \tag{2.123}$$

可以把式(2.121)代入式(2.123)的右式,得

$$\boldsymbol{\alpha}(t)\times\dot{\boldsymbol{v}}(t)=\frac{1}{2}\frac{\mathrm{d}}{\mathrm{d}t}[\boldsymbol{\alpha}(t)\times\boldsymbol{v}(t)]+\frac{1}{2}[\boldsymbol{\alpha}(t)\times\dot{\boldsymbol{v}}(t)+\boldsymbol{v}(t)\times\dot{\boldsymbol{\alpha}}(t)] \tag{2.124}$$

由式(2.120)可知

$$\dot{\boldsymbol{\alpha}}(t)=\boldsymbol{\omega}_{IB}^{B},\dot{\boldsymbol{v}}(t)=\boldsymbol{f}^{B} \tag{2.125}$$

将式(2.125)代入式(2.124),得

$$\boldsymbol{\alpha}(t)\times\boldsymbol{f}^{B}=\frac{1}{2}\frac{\mathrm{d}}{\mathrm{d}t}[\boldsymbol{\alpha}(t)\times\boldsymbol{v}(t)]+\frac{1}{2}[\boldsymbol{\alpha}(t)\times\boldsymbol{f}^{B}+\boldsymbol{v}(t)\times\boldsymbol{\omega}_{IB}^{B}] \tag{2.126}$$

用式(2.126)替换式(2.120)中的 $\Delta\boldsymbol{v}_{SF_m}^{B_I(m-1)}$ 被积函数,得到的等价形式为

$$\Delta\boldsymbol{v}_{SF_m}^{B_I(m-1)}=\boldsymbol{v}_m+\frac{1}{2}\boldsymbol{\alpha}_m\times\boldsymbol{v}_m+\frac{1}{2}\int_{t_{m-1}}^{t_m}[\boldsymbol{\alpha}(t)\times\boldsymbol{f}^{B}+\boldsymbol{v}(t)\times\boldsymbol{\omega}_{IB}^{B}]\mathrm{d}t \tag{2.127}$$

式(2.127)可写成:

$$\Delta\boldsymbol{v}_{SF_m}^{B_I(m-1)}=\boldsymbol{v}_m+\Delta\boldsymbol{v}_{rot_m}+\Delta\boldsymbol{v}_{\mathrm{scul}_m} \tag{2.128}$$

$$\Delta\boldsymbol{v}_{\mathrm{scul}_m}=\frac{1}{2}\int_{t_{m-1}}^{t_m}(\boldsymbol{\alpha}(t)\times\boldsymbol{f}^{B}+\boldsymbol{v}(t)\times\boldsymbol{\omega}_{IB}^{B})\mathrm{d}\tau \tag{2.129}$$

$$\Delta\boldsymbol{v}_{scul_m}=\Delta\boldsymbol{v}_{scul}(t_m)$$

$$\Delta\boldsymbol{v}_{rot_m}=\frac{1}{2}\boldsymbol{\alpha}_m\times\boldsymbol{v}_m \tag{2.130}$$

$$\boldsymbol{\alpha}(t)=\int_{t_{m-1}}^{t_m}\boldsymbol{\omega}_{IB}^{B}\mathrm{d}\tau,\boldsymbol{\alpha}_m=\boldsymbol{\alpha}(t_m)$$

$$\boldsymbol{v}(t)=\int_{t_{m-1}}^{t_m}\boldsymbol{f}^{B}\mathrm{d}\tau,\boldsymbol{v}_m=\boldsymbol{v}(t_m) \tag{2.131}$$

式中:$\boldsymbol{v}_m$ 为由惯性测量装置得到的速度测量值增量的和;式(2.130)称为速度旋转补偿项,只要运载体旋转角速度与加速度不共线,该项总不为零,它是由运载体的线运动方向在空间旋转引起的,所以称为旋转补偿项;$\Delta\boldsymbol{v}_{\mathrm{scul}_m}$ 为动态积分项,即划船运动 Sculling 补偿项。

2.3.4.2 划船补偿算法

1. 典型的 Sculling 运动环境

定义载体的角速度向量 $\boldsymbol{\omega}$ 和比力向量 $\boldsymbol{f}$ 分别为

$$\boldsymbol{\omega} = [\,b\Omega\cos\Omega t \quad 0 \quad 0\,]^{\mathrm{T}}$$
$$\boldsymbol{f} = [\,0 \quad c\sin\Omega t \quad 0\,]^{\mathrm{T}} \tag{2.132}$$

式中：b 和 c 为沿载体坐标系两坐标轴的角振动和线振动幅度；Ω 为角振动频率。

在此环境下有

$$\delta\boldsymbol{v}(m) = \int_{t_{m-1}}^{t_m} (\boldsymbol{\alpha}(t) \times \boldsymbol{f}^B)\,\mathrm{d}t = \int_{t_{m-1}}^{t_m} \left(\int_{t_{m-1}}^{t_m} \boldsymbol{\omega}\mathrm{d}\tau \times \boldsymbol{f}\right)\mathrm{d}t \tag{2.133}$$

式(2.133)中，$\delta\boldsymbol{v}$ 包括速度旋转项和 Sculling 补偿项，将式(2.132)代入式(2.133)中，得

$$\delta\boldsymbol{v}(m) = \left[0 \quad 0 \quad bc\int_{t_{m-1}}^{t_m} (\sin\Omega t - \sin\Omega t_{m-1})\sin\Omega t\mathrm{d}t\right]^{\mathrm{T}}$$
$$\int_{t_{m-1}}^{t_m} (\boldsymbol{\alpha}(t) \times \boldsymbol{f}^B)\,\mathrm{d}t = \int_{t_{m-1}}^{t_m} \left(\int_{t_{m-1}}^{t_m} \boldsymbol{\omega}\mathrm{d}\tau \times \boldsymbol{f}\right)\mathrm{d}t \tag{2.134}$$

所以

$$\begin{aligned}\delta\boldsymbol{v}^Z(m) &= bc\int_{t_{m-1}}^{t_m} (\sin\Omega t - \sin\Omega t_{m-1})\sin\Omega t\mathrm{d}t \\ &= bc\left[\int_{t_{m-1}}^{t_m}\left(\frac{1-\cos2\Omega t}{2}\right)\mathrm{d}t - \sin\Omega t_{m-1}\int_{t_{m-1}}^{t_m}\sin\Omega t\mathrm{d}t\right] \\ &= \frac{bc}{2}\left[\delta t - \frac{1}{2\Omega}(\sin2\Omega(t_{m-1}+\delta t) - \sin2\Omega t_{m-1}\right] + \\ &\quad \frac{\sin2\Omega t_{m-1}}{\Omega}(\cos\Omega(t_{m-1}+\delta t) - \cos\Omega t_{m-1})\end{aligned} \tag{2.135}$$

式(2.135)中 $t_m - t_{m-1} = \delta t$，包含周期项和常值项，记为如下形式：

$$\delta\boldsymbol{v}^Z(m) = \frac{bc}{2\Omega}(\Omega\delta t - \sin(\Omega\delta t)) \tag{2.136}$$

周期项的误差在经过有限次的 δt 时间段的计算后，其均值趋向于零，对速度误差的均值上没有影响，因此仅考虑常值项的速度误差。

接下来推导典型 Sculling 环境下各个子时间段的角增量和比力增量的叉乘项的关系。

$$\begin{aligned}\Delta\boldsymbol{\theta}_m &= \int_{t_{m-1}}^{t_m}\boldsymbol{\omega}\mathrm{d}t = \left[b\Omega\int_{t_{m-1}}^{t_m}\cos\Omega t \quad 0 \quad 0\right]^{\mathrm{T}} \\ &= [\,b(p\cos\Omega t_{m-1} - q\sin\Omega t_{m-1}) \quad 0 \quad 0\,]^{\mathrm{T}}\end{aligned} \tag{2.137}$$

其中

$$p = \sin\lambda, q = 1 - \cos\lambda$$
$$\lambda = \Omega(t_m - t_{m-1}) = \Omega\delta t$$

相应地

$$\Delta \boldsymbol{v}_m = \int_{t_{m-1}}^{t_m} \boldsymbol{f} \mathrm{d}t = \begin{bmatrix} 0 & c\int_{t_{m-1}}^{t_m} \sin\Omega t \mathrm{d}t & 0 \end{bmatrix}^{\mathrm{T}}$$

$$= \begin{bmatrix} 0 & \frac{c}{\Omega}(p\sin\Omega t_{m-1} + q\cos\Omega t_{m-1}) & 0 \end{bmatrix}^{\mathrm{T}} \tag{2.138}$$

利用式(2.137)和式(2.138)得到在补偿计算周期内任意两增量叉乘表达式为

$$\Delta \boldsymbol{\theta}_m \times \Delta \boldsymbol{v}_{m+j} = [0 \quad 0 \quad \Delta\theta_m^X \cdot \Delta v_{m+j}^Y]^{\mathrm{T}} \tag{2.139}$$

式中：$\Delta \boldsymbol{v}_{m+j}$为在 $t_m + j\delta t$ 时刻的速度增量($j=0,1,2,3\cdots$)。

由三角函数的性质知式(2.140)成立：

$$\begin{cases} \sin\Omega t_{m-1+j} = \sin(\Omega t_{m-1})\cos(j\Omega\delta t) + \cos(\Omega t_{m-1})\sin(j\Omega\delta t) \\ \cos\Omega t_{m-1+j} = \cos(\Omega t_{m-1})\cos(j\Omega\delta t) - \sin(\Omega t_{m-1})\sin(j\Omega\delta t) \end{cases} \tag{2.140}$$

令

$$S_{m-1} = \sin(\Omega t_{m-1}), C_{m-1} = \cos(\Omega t_{m-1})$$

$$S_j = \sin(j\Omega\delta t), C_j = \cos(j\Omega\delta t)$$

则式(2.140)可写成如下形式：

$$\sin\Omega t_{m-1+j} = S_{m-1}C_j + C_{m-1}S_j \tag{2.141}$$

$$\cos\Omega t_{m-1+j} = C_{m-1}C_j - S_{m-1}S_j \tag{2.142}$$

综上可得典型 Sculling 环境下各个子时间段的角增量和比力增量的叉乘项为

$$(\Delta \boldsymbol{\theta}_m \times \Delta \boldsymbol{v}_{m+j})^Z = \frac{bc}{\Omega}(pC_{m-1} - qS_{m-1})[p(C_{m-1}C_j - S_{m-1}S_j) + q(S_{m-1}C_j + C_{m-1}S_j)] \tag{2.143}$$

只考虑式(2.143)的常值项：

$$<(\Delta \boldsymbol{\theta}_m \times \Delta \boldsymbol{v}_{m+j})^Z> = \frac{bc}{\Omega}\left(\frac{pq}{2}C_j + \frac{p^2}{2}S_j + \frac{q^2}{2}S_j - \frac{pq}{2}S_j\right)$$

$$= \frac{bc}{\Omega}(S^2\lambda + (1 - C\lambda)^2)S_j \tag{2.144}$$

式中：< · >代表常数项。

简化式(2.144)得到结果为

$$<(\Delta \boldsymbol{\theta}_m \times \Delta \boldsymbol{v}_{m+j})^Z> = \frac{bc}{\Omega}[2Sj\lambda - S(j+1)\lambda - S(j-1)\lambda] \tag{2.145}$$

通过以上的推导过程还可得到如下关系：

$$
\begin{cases} <(\Delta \boldsymbol{v}_m \times \Delta \boldsymbol{\theta}_{m+j})^Z> = <(\Delta \boldsymbol{\theta}_m \times \Delta \boldsymbol{v}_{m+j})^Z> \\ <(\Delta \boldsymbol{\theta}_m \times \Delta \boldsymbol{v}_m)^Z> = 0, j = 0 \end{cases} \tag{2.146}
$$

由此可以看出,在划船运动条件下,角增量和比力增量的叉乘项只与相对时间有关,而与绝对时间无关。

2. 划船算法的一般形式

假设在速度更新周期内,将载体角速度和比力加速度分别用线性斜坡模型拟合,即

$$
\boldsymbol{\omega}(t) = a + b(t - t_{m-1}) + c(t - t_{m-1})^2 + d(t - t_{m-1})^3 \tag{2.147}
$$

$$
\boldsymbol{f}(t) = a_1 + b_1(t - t_{m-1}) + c_1(t - t_{m-1})^2 + d_1(t - t_{m-1})^3 \tag{2.148}
$$

则

$$
\boldsymbol{\alpha}(t) = \int_{t_{m-1}}^{t_m} \boldsymbol{\omega}(t)\mathrm{d}t = a(t - t_{m-1}) + b(t - t_{m-1})^2 + c(t - t_{m-1})^3 + d(t - t_{m-1})^4 \tag{2.149}
$$

$$
\Delta \boldsymbol{v}(t) = \int_{t_{m-1}}^{t_m} \boldsymbol{f}(t)\mathrm{d}t = a_1(t - t_{m-1}) + b(t - t_{m-1})^2 + c_1(t - t_{m-1})^3 + d(t - t_{m-1})^4 \tag{2.150}
$$

设在第 m 更新周期上均匀取 4 个采样点:$t_1 = t_{m-1} + i\Delta T, i = 1,2,3,4$,其中 $\Delta T = T/4$,均匀采集 4 个角 $\Delta\theta_m(1), \Delta\theta_m(2), \Delta\theta_m(3), \Delta\theta_m(4)$ 和速度增量 $\Delta v_m(1), \Delta v_m(2), \Delta v_m(3), \Delta v_m(4)$,则

$$
\Delta \boldsymbol{\theta}_m(1) = a\Delta T + b\Delta T^2/2 + c\Delta T^3/3 + d\Delta T^4/4 \tag{2.151a}
$$

$$
\Delta \boldsymbol{\theta}_m(2) = a\Delta T + 3b\Delta T^2/2 + 7c\Delta T^3/3 + 15d\Delta T^4/4 \tag{2.151b}
$$

$$
\Delta \boldsymbol{\theta}_m(3) = a\Delta T + 5b\Delta T^2/2 + 19c\Delta T^3/3 + 65d\Delta T^4/4 \tag{2.151c}
$$

$$
\Delta \boldsymbol{\theta}_m(4) = a\Delta T + 7b\Delta T^2/2 + 37c\Delta T^3/3 + 175d\Delta T^4/4 \tag{2.151d}
$$

$$
\Delta \boldsymbol{v}_m(1) = a_1\Delta T + b_1\Delta T^2/2 + c_1\Delta T^3/3 + d_1\Delta T^4/4 \tag{2.152a}
$$

$$
\Delta \boldsymbol{v}_m(2) = a_1\Delta T + 3b_1\Delta T^2/2 + 7c_1\Delta T^3/3 + 15d_1\Delta T^4/4 \tag{2.152b}
$$

$$
\Delta \boldsymbol{v}_m(3) = a_1\Delta T + 5b_1\Delta T^2/2 + 19c_1\Delta T^3/3 + 65d_1\Delta T^4/4 \tag{2.152c}
$$

$$
\Delta \boldsymbol{v}_m(1) = a_1\Delta T + 7b_1\Delta T^2/2 + 37c_1\Delta T^3/3 + 175d_1\Delta T^4/4 \tag{2.152d}
$$

由式(2.151a)~式(2.152d)整理后得划船效应补偿的四子样算法式为

$$
\begin{aligned}
\Delta \boldsymbol{v}_{\mathrm{scul}_m} = {} & k_1[\Delta \boldsymbol{\theta}_m(1) \times \Delta \boldsymbol{v}_m(2) + \Delta \boldsymbol{\theta}_m(3) \times \Delta \boldsymbol{v}_m(4) + \Delta \boldsymbol{v}_m(1) \times \\
& \Delta \boldsymbol{\theta}_m(2) + \Delta \boldsymbol{v}_m(3) \times \Delta \boldsymbol{\theta}_m(4)] + \\
& k_2[\Delta \boldsymbol{\theta}_m(1) \times \Delta \boldsymbol{v}_m(3) + \Delta \boldsymbol{\theta}_m(2) \times \Delta \boldsymbol{v}_m(4) + \Delta \boldsymbol{v}_m(1) \times \\
& \Delta \boldsymbol{\theta}_m(3) + \Delta \boldsymbol{v}_m(2) \times \Delta \boldsymbol{\theta}_m(4)] + \\
& k_3[\Delta \boldsymbol{\theta}_m(1) \times \Delta \boldsymbol{v}_m(4) + \Delta \boldsymbol{v}_m(1) \times \Delta \boldsymbol{\theta}_m(4)] + \\
& k_4[\Delta \boldsymbol{\theta}_m(2) \times \Delta \boldsymbol{v}_m(3) + \Delta \boldsymbol{v}_m(2) \times \Delta \boldsymbol{\theta}_m(3)]
\end{aligned} \tag{2.153}
$$

式中

$$k_1 = \frac{736}{945}, k_2 = \frac{334}{945}, k_3 = \frac{526}{945}, k_4 = \frac{654}{945}$$

同理,用二次曲线拟合载体角速度和比力加速度,推导出三子样算法公式:

$$\begin{aligned}\Delta \boldsymbol{v}_{\mathrm{scul}_m} = & k_1[\Delta\boldsymbol{\theta}_m(1) \times \Delta\boldsymbol{v}_m(3) + \Delta\boldsymbol{v}_m(1) \times \Delta\boldsymbol{\theta}_m(3)] + \\ & k_2[\Delta\boldsymbol{\theta}_m(1) \times \Delta\boldsymbol{v}_m(2) + \Delta\boldsymbol{\theta}_m(2) \times \Delta\boldsymbol{v}_m(3) + \\ & \Delta\boldsymbol{v}_m(1) \times \Delta\boldsymbol{\theta}_m(2) + \Delta\boldsymbol{v}_m(2) \times \Delta\boldsymbol{\theta}_m(3)]\end{aligned}$$

式中

$$k_1 = \frac{33}{80}, k_2 = \frac{57}{80}$$

根据以上的推导进一步可以归纳出划船算法的一般形式:

$$\Delta \hat{\boldsymbol{v}}_{\mathrm{scul}_m} = \sum_{i=1}^{N-1} \sum_{j=i+1}^{N} k_{ij}[\Delta\boldsymbol{\theta}_m(i) \times \Delta\boldsymbol{v}_m(j) + \Delta\boldsymbol{v}_m(i) \times \Delta\boldsymbol{\theta}_m(j)] \quad (2.154)$$

3. 漂移最小的优化算法

设典型划船运动中的角速度和比力分别为

$$\begin{cases}\boldsymbol{\omega}(\tau) = B\Omega\cos\Omega\tau \boldsymbol{I} \\ \boldsymbol{f}(\tau) = C\sin\Omega\tau \boldsymbol{J}\end{cases} \quad (2.155)$$

式中:Ω 为振动的角频率;B,C 分别为沿两正交轴的角振动和线振动的幅度;$\boldsymbol{I}$,$\boldsymbol{J}$ 分别为沿两正交轴的单位矢量。则

$$\begin{cases}\boldsymbol{\alpha}(t) = \int_{t_{m-1}}^{t_m} \boldsymbol{\omega}(\tau)\mathrm{d}\tau = B(\sin\Omega t - \sin\Omega t_{m-1})\boldsymbol{I} \\ \Delta\boldsymbol{v}(t) = \int_{t_{m-1}}^{t_m} \boldsymbol{f}(\tau)\mathrm{d}\tau = -\dfrac{C}{\Omega}(\cos\Omega t - \cos\Omega t_{m-1})\boldsymbol{J}\end{cases} \quad (2.156)$$

将式(2.154)和式(2.156)代入式(2.139),得

$$\Delta \boldsymbol{v}_{\mathrm{scul}_m} = \frac{BC}{2\Omega}(\Omega T - \sin\Omega T) \quad (2.157)$$

若 $\Omega = 100\pi$,$B = 0.1°$,$C = 10g$,采样频率为 100Hz 时产生的最大加速度误差为 $8.7g$,采样频率为 500Hz 时产生的最大加速度误差为 $0.5g$。

由此可以看出,当采样频率不高时,高频率运动下的划船误差不可忽略。对于四子样情况,有

$$\Delta \boldsymbol{v}_{\mathrm{scul}_m} = \frac{BC}{2\Omega}(4\Omega\Delta T - \sin4\Omega\Delta T) = \frac{BC}{2\Omega}(4\lambda - \sin4\lambda) \quad (2.158)$$

式中:$\lambda = \Omega\Delta T$,ΔT 为陀螺仪和加速度计的采样周期;T 为速度更新周期。

在划船运动条件下角增量和速度增量为

$$\begin{cases}\Delta\boldsymbol{\theta}_k = \int_{t_{k-1}}^{t_{k-1}+\Delta t}\omega(\tau)\mathrm{d}\tau I = B(\rho\cos\Omega t_{k-1} - \beta\sin\Omega t_{k-1})I \\ \Delta\boldsymbol{v}_k = \int_{t_{k-1}}^{t_{k-1}+\Delta t} f(\tau)\mathrm{d}\tau J = \dfrac{C}{\Omega}(\rho\sin\Omega t_{k-1} + \beta\cos\Omega t_{k-1})J\end{cases} \tag{2.159}$$

$$\Delta\boldsymbol{\theta}_k \times \Delta\boldsymbol{v}_k = \frac{BC}{\Omega}(\rho\cos\Omega t_{k-1} - \beta\sin\Omega t_{k-1})I \times (\rho\sin\Omega t_{k-1} + \beta\cos\Omega t_{k-1})J \tag{2.160}$$

式中：$\rho = \sin\lambda, \beta = 1 - \cos\lambda, \lambda = \Omega\Delta T$。

由三角函数公式

$$\sin\Omega t_{k-1+j} = \sin(\Omega t_{k-1})\cos(j\Omega\delta t) + \cos(\Omega t_{k-1})\sin(j\Omega\delta t)$$

$$\cos\Omega t_{k-1+j} = \cos(\Omega t_{k-1})\cos(j\Omega\delta t) - \sin(\Omega t_{k-1})\sin(j\Omega\delta t)$$

得

$$\Delta\boldsymbol{\theta}_k \times \Delta\boldsymbol{v}_{k+j} = \frac{BC}{2\Omega}[2\sin(j\lambda) - \sin(j+1)\lambda - \sin(j-1)\lambda]K \tag{2.161}$$

$$\Delta\boldsymbol{v}_k \times \Delta\boldsymbol{\theta}_{k+j} = \frac{BC}{2\Omega}[2\sin(j\lambda) - \sin(j+1)\lambda - \sin(j-1)\lambda]K \tag{2.162}$$

$$\Delta\boldsymbol{\theta}_k \times \Delta\boldsymbol{v}_k = 0 \tag{2.163}$$

上述各式中的 I, J, K 分别表示 X, Y, Z 轴的单位向量。

通过上述各式可以看出，在划船运动条件下，$\Delta\boldsymbol{\theta}_k$ 与 $\Delta\boldsymbol{v}_{k+j}$ 的叉乘积只与相对时间 j 有关，而与绝对时间 k 无关，因此划船算法的一般形式(2.154)可简化为

$$\Delta\hat{\boldsymbol{v}}_{\mathrm{scul}_m} = \sum_{i=1}^{N-1} k_i[\Delta\boldsymbol{\theta}_m(i) \times \Delta\boldsymbol{v}_m(N) + \Delta\boldsymbol{v}_m(i) \times \Delta\boldsymbol{\theta}_m(N)] \tag{2.164}$$

则四子样划船效应补偿算法的计算式简化为

$$\begin{aligned}\Delta\boldsymbol{v}_{\mathrm{scul}_m} = & k_1[\Delta\boldsymbol{\theta}_m(1) \times \Delta\boldsymbol{v}_m(4) + \Delta\boldsymbol{v}_m(1) \times \Delta\boldsymbol{\theta}_m(4)] + \\ & k_2[\Delta\boldsymbol{\theta}_m(2) \times \Delta\boldsymbol{v}_m(4) + \Delta\boldsymbol{v}_m(2) \times \Delta\boldsymbol{\theta}_m(4)] + \\ & k_3[\Delta\boldsymbol{\theta}_m(3) \times \Delta\boldsymbol{v}_m(4) + \Delta\boldsymbol{v}_m(3) \times \Delta\boldsymbol{\theta}_m(4)]\end{aligned} \tag{2.165}$$

式中：$k_1 = \dfrac{526}{945}, k_2 = \dfrac{668}{945}, k_3 = \dfrac{2126}{945}$。

将式(2.161)和式(2.163)代入式(2.165)，得

$$\Delta\boldsymbol{v}_{\mathrm{scul}_m} = \frac{BC}{2\Omega}\left[\frac{7168}{945}\sin\lambda - \frac{2632}{945}\sin 2\lambda + \frac{768}{945}\sin 3\lambda - \frac{1052}{945}\sin 4\lambda\right] \tag{2.166}$$

以划船运动条件下算法漂移率作为精度准则，即

$$\dot{e}(\lambda) = \frac{e(\lambda)}{T} = \frac{< \delta\hat{\boldsymbol{v}}(m) > - < \delta\boldsymbol{v}(m) >}{T} \tag{2.167}$$

将式(2.158)和式(2.164)代入式(2.165),得三种算法下的误差漂移率,见表2.1。

表2.1　三种算法下的误差漂移率

算法	二子样算法	三子样算法	四子样算法
误差漂移率	$\dot{e}(\lambda)=\frac{BC}{2}\left(-\frac{1}{30}\lambda^3\right)$	$\dot{e}(\lambda)=\frac{BC}{2}\left(\frac{1}{40}\lambda^4\right)$	$\dot{e}(\lambda)=\frac{BC}{2}\left(\frac{4}{189}\lambda^6\right)$

由于船舶实际的运动环境十分恶劣,因此必须针对划船运动对算法进行优化。基于算法漂移误差最小的划船算法本质即是推导在划船环境下,速度误差项最精确的估计。速度估计误差最小,即能达到算法漂移最小。定义 Sculling 算法漂移如下

$$e(\lambda) = < \delta\hat{\boldsymbol{v}}(m) - \delta\boldsymbol{v}(m) > = < \delta\hat{\boldsymbol{v}}(m) > - < \delta\boldsymbol{v}(m) > \tag{2.168}$$

式中:λ, < · > 的定义同前面所述。

划船补偿计算周期下标用 m 表示,每个补偿周期包含 N 次传感器采样,称为 N 子样补偿算法。根据式(2.131)对式(2.120)中的积分项进行估计,得到的简化形式为

$$\delta\hat{\boldsymbol{v}}(m) = \frac{1}{2}\Delta\boldsymbol{\theta}_m \times \Delta\boldsymbol{v}_m + \left[\sum_{i=1}^{N} b_i\Delta\boldsymbol{\theta}_m(i)\right] \times \Delta\boldsymbol{v}_m(N) + \left[\sum_{i=1}^{N} b_i\Delta\boldsymbol{v}_m(i)\right] \times \Delta\boldsymbol{\theta}_m(N) \tag{2.169}$$

现取 $N=3$,以三子样为例进行推导,实现漂移误差最小的 Sculling 算法。将 $N=3$ 代入式(2.169),得

$$\begin{aligned}\delta\hat{\boldsymbol{v}}(m) = &\frac{1}{2}\Delta\boldsymbol{\theta}_m \times \Delta\boldsymbol{v}_m + [k_1\Delta\boldsymbol{\theta}_m(1) + k_2\Delta\boldsymbol{\theta}_m(2)] \times \\ &\Delta\boldsymbol{v}_m(3) + [k_m\Delta\boldsymbol{v}_m(1) + k_2\Delta\boldsymbol{v}_m(2)] \times \Delta\boldsymbol{\theta}_m(3)\end{aligned} \tag{2.170}$$

在典型 Sculling 环境下,准确的补偿为

$$\langle \delta\boldsymbol{v}(m) \rangle = \frac{bc}{2\Omega}(3\lambda - \sin(3\lambda))\boldsymbol{K} \tag{2.171}$$

式中:$\boldsymbol{K}$ 为向量$[0\quad 0\quad 1]^{\mathrm{T}}$。

利用典型 Sculling 环境下各个子时间段的角增量和比力增量的叉乘公式,得

$$\langle \delta\hat{\boldsymbol{v}}(m) \rangle = \frac{bc}{2\Omega}[2k_1(2\sin2\lambda - \sin3\lambda - \sin\lambda) + 2k_2(2\sin\lambda - \sin2\lambda)]\boldsymbol{K} \tag{2.172}$$

将式(2.171)和式(2.172)的三角级数进行泰勒展开,得

$$\langle \delta \boldsymbol{v}(m) \rangle = \frac{bc}{2\Omega}\left[\frac{(3\lambda)^3}{6} - \frac{(3\lambda)^5}{120} + \frac{(3\lambda)^7}{5040} - \cdots\right]\boldsymbol{K} \tag{2.173}$$

$$\langle \delta \hat{\boldsymbol{v}}(m) \rangle = \frac{bc}{2\Omega}\left[2k_1\left(2\lambda^3 - \frac{3\lambda^5}{2} + \frac{161\lambda^7}{420} - \cdots\right) + 2k_2\left(\lambda^3 - \frac{\lambda^5}{4} + \frac{63\lambda^7}{2520} - \cdots\right)\right]\boldsymbol{K} \tag{2.174}$$

将式(2.173)和式(2.174)代入漂移表达式式(2.168),为使漂移误差$e(\lambda)$最小,需要$e(\lambda)$式中各阶次λ项的系数为零。因为低次项的影响较大,忽略高次项仅考虑λ^3,λ^5项,得到如下方程组:

$$\begin{cases} 2k_1 + k_2 - 9/4 = 0 \\ 6k_1 + k_2 - 81/20 = 0 \end{cases} \tag{2.175}$$

解得

$$k_1 = \frac{9}{20}, k_2 = \frac{27}{20}$$

由此可得,算法漂移最小的 Sculling 算法,在三子样情况下 Sculling 积分项部分的表达式为

$$\Delta \boldsymbol{v}_{\text{scul}_m} = \left[\frac{9}{20}\Delta\boldsymbol{\theta}_m(1) + \frac{27}{20}\Delta\boldsymbol{\theta}_m(2)\right] \times \Delta\boldsymbol{v}_m(3) + \left[\frac{9}{20}\Delta\boldsymbol{v}_m(1) + \frac{27}{20}\Delta\boldsymbol{v}_m(2)\right] \times \Delta\boldsymbol{\theta}_m(3) \tag{2.176}$$

利用上面介绍的方法,可以很简单地推导出四子样的 Sculling 补偿表达式:

$$\begin{aligned} \Delta \boldsymbol{v}_{\text{scul}_m} = & \left[\frac{54}{105}\Delta\boldsymbol{\theta}_m(1) + \frac{92}{105}\Delta\boldsymbol{\theta}_m(2) + \frac{214}{105}\Delta\boldsymbol{\theta}_m(3)\right] \times \Delta\boldsymbol{v}_m(4)) + \\ & \left[\frac{54}{105}\Delta\boldsymbol{v}_m(1) + \frac{92}{105}\Delta\boldsymbol{v}_m(2) + \frac{214}{105}\Delta\boldsymbol{v}_m(3)\right] \times \Delta\boldsymbol{\theta}_m(4) \end{aligned} \tag{2.177}$$

以划船运动条件下算法漂移率作为精度准则,有

$$\dot{e}(\lambda) = \frac{e(\lambda)}{T} = \frac{<\delta\hat{\boldsymbol{v}}(m)> - <\delta\boldsymbol{v}(m)>}{T} \tag{2.178}$$

忽略λ的高次项后得三种算法下的误差漂移率,见表2.2。

表2.2 三种算法下的误差漂移率

算法	二子样算法	三子样算法	四子样算法
误差漂移率	$\dot{e}(\lambda) = \frac{BC}{2}\left(-\frac{\lambda^4}{30}\right)$	$\dot{e}(\lambda) = \frac{BC}{2}\left(-\frac{\lambda^6}{140}\right)$	$\dot{e}(\lambda) = \frac{BC}{2}\left(-\frac{\lambda^8}{630}\right)$

2.3.4.3 Sculling 递推算法

式(2.131)中的 Sculling 补偿项可写成如下两部分:

$$\Delta \boldsymbol{v}_{\text{scul}}(t) = \Delta \boldsymbol{v}_{\text{scul}_{l-1}} + \delta \boldsymbol{v}_{\text{scul}}(t)$$

$$\delta v_{\text{scul}}(t) = \frac{1}{2}\int_{t_{l-1}}^{t}(\boldsymbol{\alpha}(\tau) \times \boldsymbol{f}^B + \boldsymbol{v}(\tau) \times \boldsymbol{\omega}_{IB}^B)\mathrm{d}\tau \tag{2.179}$$

定义 l 循环周期为高速循环周期，即陀螺仪和加速度计采样周期，m 为 l 周期的 $1 \sim N$ 倍，即速度更新周期。N 为递推算法的子样数。t_l 是 t_{m-1} 到 t_m 期间的某一时刻，可推导出式(2.180)～式(2.182)。

$$\begin{cases}\boldsymbol{\alpha}(t) = \boldsymbol{\alpha}_{l-1} + \Delta\boldsymbol{\alpha}(t) \\ \Delta\boldsymbol{\alpha}(t) = \int_{t_{l-1}}^{t} \omega_{IB}^B \mathrm{d}\tau, \Delta\boldsymbol{\alpha}_l = \Delta\boldsymbol{\alpha}(t_l) \\ \boldsymbol{\alpha}_l = \boldsymbol{\alpha}_{l-1} + \Delta\boldsymbol{\alpha}_l, \boldsymbol{\alpha}_m = \boldsymbol{\alpha}_l(t_l = t_m) \\ \boldsymbol{\alpha}_l = 0 \text{ 在 } t = t_{m-1} \text{ 时刻}\end{cases} \tag{2.180}$$

$$\begin{cases}\boldsymbol{v}(t) = \boldsymbol{v}_{l-1} + \Delta\boldsymbol{v}(t) \\ \Delta\boldsymbol{v}(t) = \int_{t_{l-1}}^{t} \boldsymbol{f}^B \mathrm{d}\tau, \Delta\boldsymbol{v}_l = \Delta\boldsymbol{v}(t_l) \\ \boldsymbol{v}_l = \boldsymbol{v}_{l-1} + \Delta\boldsymbol{v}_l, \boldsymbol{v}_m = \boldsymbol{v}_l(t_l = t_m) \\ \boldsymbol{v}_l = 0 \text{ 在 } t = t_{m-1} \text{ 时刻}\end{cases} \tag{2.181}$$

$$\begin{cases}\Delta\boldsymbol{v}_{\text{scul}_l} = \Delta\boldsymbol{v}_{\text{scul}_{l-1}} + \delta\boldsymbol{v}_{\text{scul}_l} \\ \delta\boldsymbol{v}_{\text{scul}}(t) = \frac{1}{2}\int_{t_{l-1}}^{t}(\boldsymbol{\alpha}(\tau) \times \boldsymbol{f}^B + \boldsymbol{v}(\tau) \times \boldsymbol{\omega}_{IB}^B)\mathrm{d}\tau \\ \delta\boldsymbol{v}_{\text{scul}_l} = \delta\boldsymbol{v}_{\text{scul}}(t_l) \\ \Delta\boldsymbol{v}_{\text{scul}_m} = \Delta\boldsymbol{v}_{\text{scul}_l}(t_l = t_m) \\ \Delta\boldsymbol{v}_{\text{scul}_l} = 0 \text{ 在 } t = t_{m-1} \text{ 时刻}\end{cases} \tag{2.182}$$

式中，l 为高速计算机循环下标，即传感器采样周期下标。式(2.180)～式(2.182)构成了数字循环算法，将式(2.180)和式(2.181)代入式(2.182)，得

$$\delta\boldsymbol{v}_{\text{scul}_l} = \frac{1}{2}(\boldsymbol{\alpha}_{l-1} \times \Delta\boldsymbol{v}_l + \boldsymbol{v}_{l-1} \times \Delta\boldsymbol{\alpha}_l) + \frac{1}{2}\int_{t_{l-1}}^{t_l}(\Delta\boldsymbol{\alpha}(\tau) \times \boldsymbol{f}^B + \Delta\boldsymbol{v}(\tau) \times \boldsymbol{\omega}_{IB}^B)\mathrm{d}\tau \tag{2.183}$$

计算式(2.183)的积分数字项，假定在 $t_{l-1} \sim t_l$ 期间的角速度/比力呈线性变化

$$\boldsymbol{\omega}_{IB}^B \approx \boldsymbol{A} + \boldsymbol{B}(t - t_{l-1}), \boldsymbol{f}^B \approx \boldsymbol{C} + \boldsymbol{D}(t - t_{l-1}) \tag{2.184}$$

式中：$\boldsymbol{A},\boldsymbol{B},\boldsymbol{C},\boldsymbol{D}$ 为常值向量。

在 $t_{l-2} \sim t_l$ 的时间里，得到关于 $\boldsymbol{A},\boldsymbol{B},\boldsymbol{C},\boldsymbol{D}$ 的方程

$$\begin{cases}\Delta\boldsymbol{\alpha}_{l-1} = \boldsymbol{A}(t_{l-1} - t_{l-2}) - \frac{\boldsymbol{B}}{2}(t_{l-2} - t_{l-1})^2 \\ \Delta\boldsymbol{\alpha}_l = \boldsymbol{A}(t_l - t_{l-1}) + \frac{\boldsymbol{B}}{2}(t_l - t_{l-1})^2\end{cases} \tag{2.185}$$

$$\begin{cases}\Delta\boldsymbol{v}_{l-1} = \boldsymbol{C}(t_{l-1} - t_{l-2}) - \dfrac{\boldsymbol{D}}{2}(t_{l-2} - t_{l-1})^2 \\ \Delta\boldsymbol{v}_l = \boldsymbol{C}(t_l - t_{l-1}) + \dfrac{\boldsymbol{D}}{2}(t_l - t_{l-1})^2\end{cases} \tag{2.186}$$

解式(2.186)和式(2.187)可得

$$\begin{aligned}\boldsymbol{A} &= \frac{1}{2}(\Delta\boldsymbol{\alpha}_l + \Delta\boldsymbol{\alpha}_{l-1})/(t_l - t_{l-1}) \\ \boldsymbol{B} &= (\Delta\boldsymbol{\alpha}_l - \Delta\boldsymbol{\alpha}_{l-1})/(t_l - t_{l-1})^2\end{aligned} \tag{2.187}$$

$$\begin{aligned}\boldsymbol{C} &= \frac{1}{2}(\Delta\boldsymbol{v}_l + \Delta\boldsymbol{v}_{l-1})/(t_l - t_{l-1}) \\ \boldsymbol{D} &= (\Delta\boldsymbol{v}_l - \Delta\boldsymbol{v}_{l-1})/(t_l - t_{l-1})^2\end{aligned} \tag{2.188}$$

将式(2.184)代入式(2.183)中,求积分项:

$$\begin{aligned}&\frac{1}{2}\int_{t_{l-1}}^{t_l}(\Delta\boldsymbol{\alpha}(t)\times\boldsymbol{f}^B + \Delta\boldsymbol{v}(t)\times\boldsymbol{\omega}_{IB}^B)\mathrm{d}t \\ &= \frac{1}{2}\int_{t_{l-1}}^{t_l}\Big[\Big(\boldsymbol{A}(t - t_{l-1}) + \frac{\boldsymbol{B}}{2}(t - t_{l-1})^2\Big)\times(\boldsymbol{C} + \boldsymbol{D}(t - t_{l-1})) + \\ &\quad \Big(\boldsymbol{C}(t - t_{l-1}) + \frac{\boldsymbol{D}}{2}(t - t_{l-1})^2\Big)\times(\boldsymbol{A} + \boldsymbol{B}(t - t_{l-1}))\Big]\mathrm{d}t\end{aligned} \tag{2.189}$$

将式(2.187)和式(2.188)代入式(2.189),简化后得

$$\frac{1}{2}\int_{t_{l-1}}^{t_l}(\Delta\boldsymbol{\alpha}(t)\times\boldsymbol{f}^B + \Delta\boldsymbol{v}(t)\times\boldsymbol{\omega}_{IB}^B)\mathrm{d}t = \frac{1}{12}(\Delta\boldsymbol{\alpha}_{l-1}\times\Delta\boldsymbol{v}_l + \Delta\boldsymbol{v}_{l-1}\times\Delta\boldsymbol{\alpha}_l) \tag{2.190}$$

将式(2.190)代入式(2.183),得

$$\delta\boldsymbol{v}_{\mathrm{scul}_l} = \frac{1}{2}\Big[\Big(\boldsymbol{\alpha}_{l-1} + \frac{1}{6}\Delta\boldsymbol{\alpha}_{l-1}\Big)\times\Delta\boldsymbol{v}_l + \Big(\boldsymbol{v}_{l-1} + \frac{1}{6}\Delta\boldsymbol{v}_{l-1}\Big)\times\Delta\boldsymbol{\alpha}_l\Big] \tag{2.191}$$

考虑式(2.182),可以归纳出 Sculling 递推算法的公式:

$$\begin{aligned}\Delta\boldsymbol{v}_{\mathrm{scul}_l} &= \Delta\boldsymbol{v}_{\mathrm{scul}_{l-1}} + \delta\boldsymbol{v}_{\mathrm{scul}_l} \\ \delta\boldsymbol{v}_{\mathrm{scul}_l} &= \frac{1}{2}\Big[\Big(\boldsymbol{\alpha}_{l-1} + \frac{1}{6}\Delta\boldsymbol{\alpha}_{l-1}\Big)\times\Delta\boldsymbol{v}_l + \Big(\boldsymbol{v}_{l-1} + \frac{1}{6}\Delta\boldsymbol{v}_{l-1}\Big)\times\Delta\boldsymbol{\alpha}_l\Big] \\ \Delta\boldsymbol{v}_{\mathrm{scul}_m} &= \Delta\boldsymbol{v}_{\mathrm{scul}_l}(t_l = t_m),\Delta\boldsymbol{v}_{\mathrm{scul}_l} = 0(t = t_{m-1})\end{aligned} \tag{2.192}$$

计算 $\Delta\boldsymbol{v}_{\mathrm{scul}_m}$的式(2.192)包含了 l 循环周期 $\Delta\boldsymbol{\alpha}$ 和 $\Delta\boldsymbol{v}$ 乘积过去与现在的值,可以认为是二阶算法。在 $\delta\boldsymbol{v}_{\mathrm{scul}_l}$中 l 和 $l-1$ 循环周期 $\Delta\boldsymbol{\alpha},\Delta\boldsymbol{v}$ 的乘积因子。例如1/6,源于线性斜坡角速度/比力在 $t_{l-2}\sim t_l$ 的期间的近似值。如果角速度/比力近似成抛物线型的时变函数,结果将产生三阶算法,包括 $l,l-1,l-2$ 循环周期内的角增量和比力增量的乘积。假如角速度/比力在 $t_{l-1}\sim t_l$ 期间近似为常数,

式(2.192)中的1/6因子就会消失,产生Sculling补偿的一阶算法。最后如果角速度/比力缓慢变化,可把Sculling补偿项$\Delta\boldsymbol{v}_{\mathrm{scul}_m}$近似为零。在计算机运算速度允许的情况下,为了获得更高的计算精度,可把l循环周期速度与m循环周期速度设置成相等,这样$\Delta\boldsymbol{v}_{\mathrm{scul}_m}$等于式(2.192)中的$\delta\boldsymbol{v}_{\mathrm{scul}_l}$,它在$t_m$时刻计算一次,需要注意的是式中$\alpha_{l-1}$和$v_{l-1}$必须为零。把$l$和$m$速度设成相等可通过增加$m$速度以匹配$l$速度。相比双速算法,会得到精度更高、软件结构更为简单的算法,但需要更高的计算机容量。

2.3.4.4 迭代补偿算法

载体的绝对加速度可表示为

$$\left.\frac{\mathrm{d}\boldsymbol{v}}{\mathrm{d}t}\right|_i = \left.\frac{\mathrm{d}\boldsymbol{v}}{\mathrm{d}t}\right|_b + \boldsymbol{\omega}_b \times \boldsymbol{v}_b$$

等式左边为绝对速度矢量相对惯性系的导数;等式右边的第一项是绝对速度矢量相对载体系的导数;等式右边第二项为绝对速度矢量的牵连变化率。

将上式投影在载体系上,并表示成绝对速度关于载体系的局部变化率的微分形式:

$$\mathrm{d}\tilde{\boldsymbol{v}}_b = \mathrm{d}\boldsymbol{v}_b - \boldsymbol{\omega}_b \times \boldsymbol{v}_b \mathrm{d}t$$

将上式写成分量形式,可得

$$\begin{cases}\mathrm{d}\tilde{v}_x = \mathrm{d}v_x + (\omega_z v_y - \omega_y v_z)\mathrm{d}t \\ \mathrm{d}\tilde{v}_y = \mathrm{d}v_y + (\omega_x v_z - \omega_z v_x)\mathrm{d}t \\ \mathrm{d}\tilde{v}_z = \mathrm{d}v_z + (\omega_y v_x - \omega_x v_y)\mathrm{d}t\end{cases}$$

在时间间隔$[t_k, t_{k+1}]$($t_{k+1} - t_k = T$)内对上式进行积分,即可得到以下划船误差补偿公式:

$$\begin{cases}v_{bx,k+1} = v_{bx,k} + v_{by,k}\theta_{bz,k+1} - v_{bz,k}\theta_{by,k+1} + \Delta v_{x,b} \\ v_{by,k+1} = v_{by,k} + v_{bz,k}\theta_{bx,k+1} - v_{bx,k}\theta_{bz,k+1} + \Delta v_{y,b} \\ v_{bz,k+1} = v_{bz,k} + v_{bx,k}\theta_{by,k+1} - v_{by,k}\theta_{bx,k+1} + \Delta v_{z,b}\end{cases} \tag{2.193}$$

为提高划船误差的补偿精度,可在式(2.193)基础上再进行一次迭代计算,即

$$\begin{cases}v_{bx,k+1} = v_{bx,k} + v_{by,k+1}\theta_{bz,k+1} - v_{bz,k+1}\theta_{by,k+1} + \Delta v_{x,b} \\ v_{by,k+1} = v_{by,k} + v_{bz,k+1}\theta_{bx,k+1} - v_{bx,k+1}\theta_{bz,k+1} + \Delta v_{y,b} \\ v_{bz,k+1} = v_{bz,k} + v_{bx,k+1}\theta_{by,k+1} - v_{by,k+1}\theta_{bx,k+1} + \Delta v_{z,b}\end{cases} \tag{2.194}$$

2.3.4.5 数字仿真

与在姿态算法中采用圆锥环境来检验算法的性能类似,可在典型Sculling

运动下评估 Sculling 算法的性能，取典型 Sculling 运动数学模型为

$$\boldsymbol{\omega} = [\, b\Omega\cos\Omega t \quad 0 \quad 0\,]^{\mathrm{T}}$$

$$\boldsymbol{f} = [\,0 \quad c\sin\Omega t \quad 0\,]^{\mathrm{T}}$$

在 $[t,t+h]$ 间隔内，h 为补偿周期，对传感器输出信号进行 N 次采样，θ_i 表示第 i 次采样的陀螺输出的增量角信号，v_i 表示第 i 次加速度计输出的速度增量信号：

$$\theta = \sum_{i=1}^{N} \theta_i, v = \sum_{i=1}^{N} v_i$$

式中

$$\theta_i = \int_{t+(i-1)h/N}^{t+ih/N} \omega \mathrm{d}t = \left[b\Omega\cos\Omega\left(t + \frac{2i-1}{2N}h\right)\sin\frac{\Omega h}{2N} \quad 0 \quad 0 \right]^{\mathrm{T}}$$

$$v_i = \int_{t+(i-1)h/N}^{t+ih/N} f \mathrm{d}t = = \left[0 \quad \frac{2c}{\Omega}\sin\Omega\left(t + \frac{2i-1}{2N}h\right)\sin\frac{\Omega h}{2N} \quad 0 \right]^{\mathrm{T}}$$

N 为子样数，增量间的叉乘运算可通过编写子程序实现。仿真中把采样频率为 2000Hz 时计算结果作为理论值。采样为 200Hz 时，加入划船误差补偿。仿真条件：在划船运动条件下，角振动幅值 $b=0.1°$，线振动幅值 $c=10$，速度更新周期 $T=0.036\mathrm{s}$，划船运动的频率为 $\Omega=10\pi$。仿真时间为 60s。

仿真结果如图 2.19 ~ 图 2.22 所示。

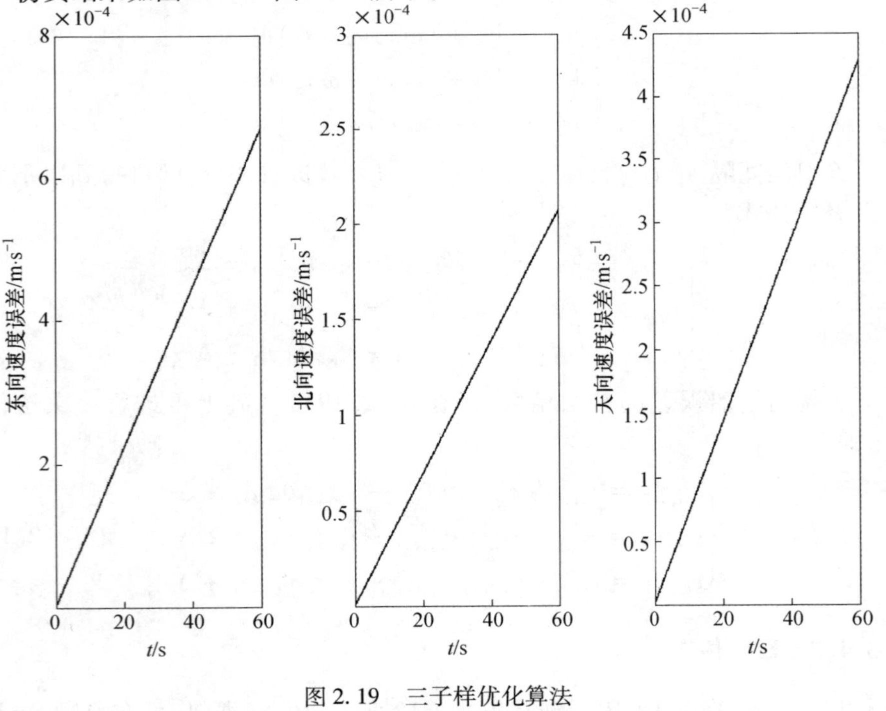

图 2.19　三子样优化算法

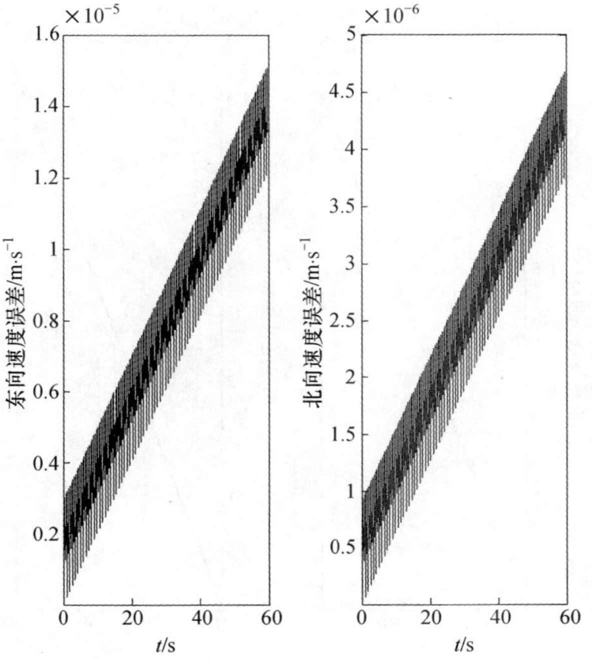

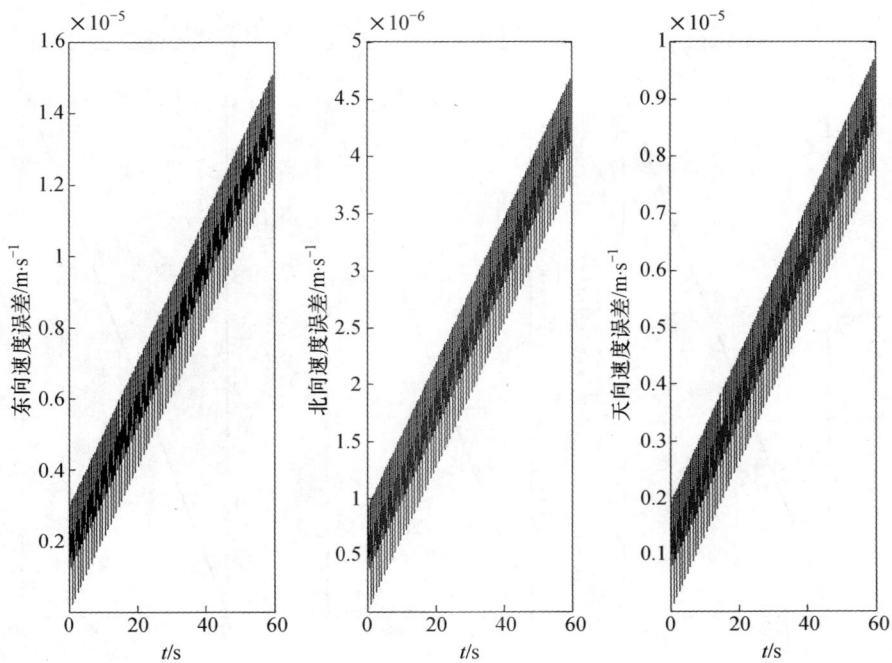

图 2.20　四子样优化算法

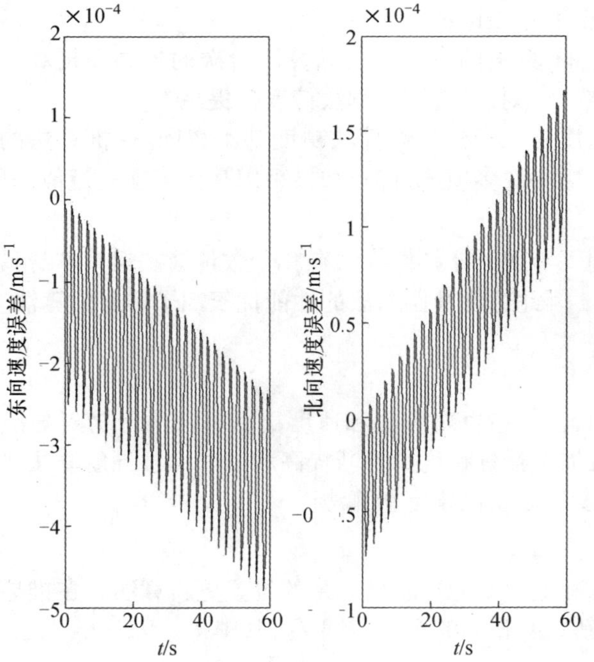

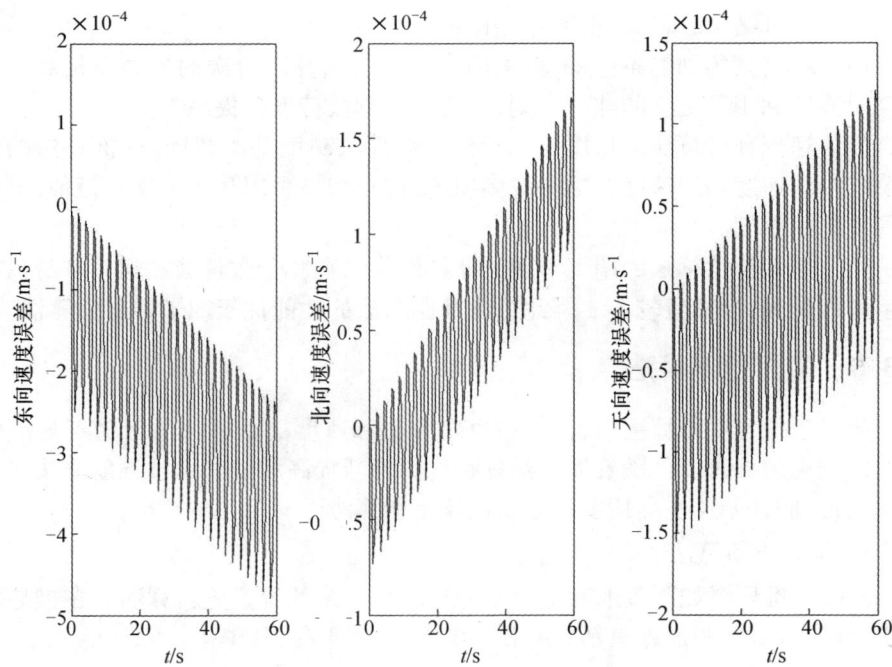

图 2.21　递推补偿算法

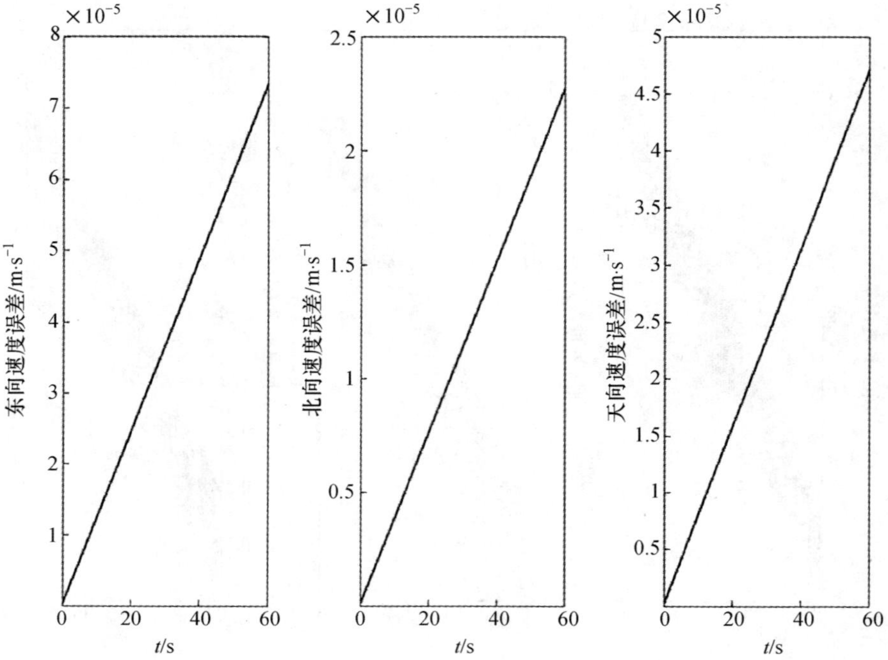

图 2.22　迭代补偿算法

分析仿真结果,可以得出下列结论:

(1) 在高频的划船条件下,算法的补偿精度随算法阶次的提高而提高。因为高阶算法利用了更多的前一时刻信息,所以算法精度会提高。

(2) 递推补偿算法的精度与三子样补偿算法精度基本相同,递推算法的递推公式中角速度和线速度采用一次多项式近似,如果采用高次多项式近似,可以获得更高的精度。

(3) 迭代补偿算法的精度与四子样补偿算法在一个数量级。但其本身具有数字离散形式,计算量较小。因此迭代补偿算法的性能优于四子样补偿算法。

2.3.5　位置更新算法

相对于位置更新算法而言,姿态更新算法和速度更新算法的优劣对导航精度的影响更为显著。但随着惯性器件精度的不断提高和捷联惯性导航算法研究的深入,人们开始关注高精度的捷联位置更新算法。

1. 位置更新算法

Savage 推导了如下以地理坐标系为导航坐标系的位置更新算法。在推导过程中,设位置更新和速度更新具有相同的更新周期 T_m,其中 $T_m = t_m - t_{m-1}$。

$$\Delta \boldsymbol{R}^n(t_m) = \int_{t_{m-1}}^{t_m} \boldsymbol{v}^n(t)\,\mathrm{d}t$$

$$= \left\{\boldsymbol{v}^n(t_{m-1}) + \frac{1}{2}\Delta\boldsymbol{v}^n_{G/Gor}(t_m) - \frac{1}{3}\boldsymbol{\eta}(t_m) \times [\boldsymbol{C}^n_b(t_{m-1})\Delta\boldsymbol{v}^b_{SF}(t_m)]\right\}\cdot T_m + \boldsymbol{C}^n_b(t_{m-1})\Delta\boldsymbol{R}^b_{SF}(t_m) \tag{2.195}$$

式中：$\Delta\boldsymbol{R}^n(t_m)$为$[t_{m-1},t_m]$时间段内的位置增量；$\Delta\boldsymbol{v}^n_{G/Gor}(t_m)$为$[t_{m-1},t_m]$时间段内有害加速度引起的速度增量；$\boldsymbol{\eta}(t_m) = \int_{t_{m-1}}^{t_m}\omega^n_{in}(t)\mathrm{d}t \approx \omega^n_{in}(t_{m-1})\cdot T_m$，$\boldsymbol{\omega}^n_{in}(t_{m-1})$为$t_{m-1}$时刻$n$系相对于$i$系转动的角速度；$\Delta\boldsymbol{R}^b_{SF}(t_m)$为$[t_{m-1},t_m]$时间段内比力二次积分引起的位置增量。

且有

$$\Delta\boldsymbol{R}^b_{SF}(t_m) = \boldsymbol{S}_{\Delta\boldsymbol{v}_m}(t_m) + \Delta\boldsymbol{R}_{rot}(t_m) + \Delta\boldsymbol{R}_{\mathrm{scul}}(t_m) \tag{2.196}$$

$$\Delta\boldsymbol{R}_{\mathrm{rot}}(t_m) = \frac{1}{6}[\boldsymbol{S}_{\Delta\theta_m}(t_m) \times \Delta\boldsymbol{v}_m(t_m) + \Delta\boldsymbol{\theta}_m(t_m) \times \boldsymbol{S}_{\Delta\boldsymbol{v}_m}(t_m)] \tag{2.197}$$

$$\Delta\boldsymbol{R}_{\mathrm{scul}}(t_m) = \frac{1}{6}\int_{t_{m-1}}^{t_m}[6\Delta\boldsymbol{v}_{scul}(t) - \boldsymbol{S}_{\Delta\theta_m}(t) \times \boldsymbol{f}^B(t) + \boldsymbol{S}_{\Delta v_m}(t) \times \boldsymbol{\omega}^b_{ib}(t) + \Delta\boldsymbol{\theta}_m(t) \times \Delta\boldsymbol{v}_m(t)] \tag{2.198}$$

$$\Delta\boldsymbol{\theta}_m(t) = \int_{t_{m-1}}^{t_m}\boldsymbol{\omega}^b_{ib}(\tau)\mathrm{d}\tau, \Delta\boldsymbol{v}_m(t) = \int_{t_{m-1}}^{t_m}\boldsymbol{f}^B(\tau)\mathrm{d}\tau \tag{2.199}$$

$$\boldsymbol{S}_{\Delta\theta_m}(t) = \int_{t_{m-1}}^{t_m}\Delta\boldsymbol{\theta}_m(\tau)\mathrm{d}\tau, \boldsymbol{S}_{\Delta v_m}(t) = \int_{t_{m-1}}^{t_m}\Delta\boldsymbol{v}_m(\tau)\mathrm{d}\tau \tag{2.200}$$

式中：$\Delta\boldsymbol{R}_{\mathrm{rot}}(t_m)$为位置旋转补偿项；$\Delta\boldsymbol{R}_{\mathrm{scul}}(t_m)$为位置涡卷补偿项；$\Delta\boldsymbol{\theta}_m(t)$为陀螺输出角增量；$\Delta\boldsymbol{v}_m(t)$为加速度计输出的速度增量。

2. 涡卷补偿算法

划船运动是两正交轴上高频角振动和线振动的交互作用产生的，在此环境下涡卷补偿项的第三个分量上会产生常值增量，由于该增量会随时间累加，由此将对涡卷补偿计算乃至位置增量计算的精度产生很大的影响，对应于速度计算中的划船效应，在位置计算中产生的相应现象称为涡卷效应。

在位置更新周期$[t_{m-1},t_m]$内，以一次多项式拟合角速率ω和比力f，即

$$\omega(t) = a + b(t - t_{m-1}) \tag{2.201}$$

$$f(t) = A + B(t - t_{m-1}) \tag{2.202}$$

对式(2.201)和式(2.202)在$\left[t_{m-1} + \frac{i-1}{N}T, t_{m-1} + \frac{i}{N}T\right]$上积分，得

$$\Delta\theta_m(i) = \int_{t_{m-1}+\frac{i-1}{N}T}^{t_{m-1}+\frac{i}{N}T}\omega(t)\mathrm{d}t(i = 1,2,\cdots,N) \tag{2.203}$$

$$\Delta v_m(i) = \int_{t_{m-1}+\frac{i-1}{N}T}^{t_{m-1}+\frac{i}{N}T}f(t)\mathrm{d}t, i = 1,2,\cdots,N \tag{2.204}$$

式中：$\Delta\theta_m(i)$ 和 $\Delta v_m(i)$ 分别为采样周期 $\left[t_{m-1}+\frac{i-1}{N}T, t_{m-1}+\frac{i}{N}T\right]$ 上陀螺和加速度计输出的载体角增量和速度增量。

当取 $N=2$ 时，则

$$\Delta\theta_m(1) = \int_{t_{m-1}}^{t_{m-1}+\frac{T}{2}} \omega(t)\,\mathrm{d}t = a\left(\frac{T}{2}\right) + \frac{b}{2}\left(\frac{T}{2}\right)^2 \tag{2.205}$$

$$\Delta\theta_m(2) = \int_{t_{m-1}+\frac{T}{2}}^{t_{m-1}+T} \omega(t)\,\mathrm{d}t = a\left(\frac{T}{2}\right) + \frac{3b}{2}\left(\frac{T}{2}\right)^2 \tag{2.206}$$

$$\Delta v_m(1) = \int_{t_{m-1}}^{t_{m-1}+\frac{T}{2}} f(t)\,\mathrm{d}t = A\left(\frac{T}{2}\right) + \frac{B}{2}\left(\frac{T}{2}\right)^2 \tag{2.207}$$

$$\Delta v_m(2) = \int_{t_{m-1}+\frac{T}{2}}^{t_{m-1}+T} f(t)\,\mathrm{d}t = A\left(\frac{T}{2}\right) + \frac{3B}{2}\left(\frac{T}{2}\right)^2 \tag{2.208}$$

由式(2.205)～式(2.208)得

$$a = \frac{1}{T}[3\Delta\theta_m(1) - \Delta\theta_m(2)]$$

$$b = \frac{4}{T^2}[\Delta\theta_m(2) - \Delta\theta_m(1)]$$

$$A = \frac{1}{T}[3\Delta v_m(1) - \Delta v_m(2)]$$

$$B = \frac{4}{T^2}[\Delta v_m(2) - \Delta v_m(1)]$$

又

$$\alpha(t) = \int_{t_{m-1}}^{t_m} \omega\,\mathrm{d}\tau = a(t-t_{m-1}) + \frac{b}{2}(t-t_{m-1})^2$$

$$\Delta v(t) = \int_{t_{m-1}}^{t_m} f\,\mathrm{d}\tau = A(t-t_{m-1}) + \frac{B}{2}(t-t_{m-1})^2 \tag{2.209}$$

$$S_a(t) = \int_{t_{m-1}}^{t_m}\int_{t_{m-1}}^{t_m} \omega\,\mathrm{d}\tau\,\mathrm{d}\mu = \frac{a}{2}(t-t_{m-1})^2 + \frac{b}{6}(t-t_{m-1})^3 \tag{2.210}$$

$$S_{\Delta v}(t) = \int_{t_{m-1}}^{t_m}\int_{t_{m-1}}^{t_m} f\,\mathrm{d}\tau\,\mathrm{d}\mu = \frac{A}{2}(t-t_{m-1})^2 + \frac{B}{6}(t-t_{m-1})^3 \tag{2.211}$$

$$\begin{aligned}\Delta v_{\mathrm{scul}}(t) &= \frac{1}{2}\int_{t_{m-1}}^{t} [\alpha(t)\times f(t) + \Delta v(t)\times\omega(t)]\,\mathrm{d}t \\ &= \frac{1}{4}(a\times A)(t-t_{m-1})^2 + \left(\frac{1}{12}b\times A + \frac{1}{6}a\times B\right) \\ &\quad (t-t_{m-1})^3 + \frac{1}{16}(b\times B)(t-t_{m-1})^4\end{aligned} \tag{2.212}$$

将式(2.209)～式(2.212)代入式(2.197)，代入后得到二子样涡卷补偿算

法式为

$$\Delta\hat{\boldsymbol{R}}_{\mathrm{scul}_m}=\Big\{\Delta\boldsymbol{\theta}_m(1)\times\Big[\frac{11}{90}\Delta\boldsymbol{v}_m(1)+\frac{1}{10}\Delta\boldsymbol{v}_m(2)\Big]+\Delta\boldsymbol{\theta}_m(2)\times\Big[-\frac{7}{30}\Delta\boldsymbol{v}_m(1)+\frac{1}{90}\Delta\boldsymbol{v}_m(2)\Big]\Big\}^{\mathrm{T}} \tag{2.213}$$

同理,当角速度和比力分别用二次曲线拟合时可推出三子样涡卷补偿算法式为

$$\begin{aligned}\Delta\hat{\boldsymbol{R}}_{\mathrm{scul}_m}=\Big\{&\Delta\boldsymbol{\theta}_m(1)\times\Big[\frac{17}{140}\Delta\boldsymbol{v}_m(1)+\frac{16}{35}\Delta\boldsymbol{v}_m(2)-\frac{51}{560}\Delta\boldsymbol{v}_m(3)\Big]+\\&\Delta\boldsymbol{\theta}_m(2)\times\Big[-\frac{227}{560}\Delta\boldsymbol{v}_m(1)+\frac{69}{560}\Delta\boldsymbol{v}_m(2)+\frac{2}{35}\Delta\boldsymbol{v}_m(3)\Big]+\\&\Delta\boldsymbol{\theta}_m(3)\times\Big[-\frac{9}{70}\Delta\boldsymbol{v}_m(1)-\frac{73}{560}\Delta\boldsymbol{v}_m(2)-\frac{1}{280}\Delta\boldsymbol{v}_m(3)\Big]\Big\}^{\mathrm{T}}\end{aligned} \tag{2.214}$$

同理,当角速度和比力分别用三次曲线拟合时可推出四子样涡卷补偿算法式为

$$\begin{aligned}\Delta\hat{\boldsymbol{R}}_{\mathrm{scul}_m}=\Big\{&\Delta\boldsymbol{\theta}_m(1)\times\Big[\frac{797}{5670}\Delta\boldsymbol{v}_m(1)+\frac{1103}{1890}\Delta\boldsymbol{v}_m(2)+\frac{47}{630}\Delta\boldsymbol{v}_m(3)-\frac{47}{810}\Delta\boldsymbol{v}_m(4)\Big]+\\&\Delta\boldsymbol{\theta}_m(2)\times\Big[-\frac{307}{630}\Delta\boldsymbol{v}_m(1)+\frac{43}{378}\Delta\boldsymbol{v}_m(2)+\frac{629}{1890}\Delta\boldsymbol{v}_m(3)-\frac{13}{270}\Delta\boldsymbol{v}_m(4)\Big]+\\&\Delta\boldsymbol{\theta}_m(3)\times\Big[-\frac{37}{3780}\Delta\boldsymbol{v}_m(1)-\frac{79}{270}\Delta\boldsymbol{v}_m(2)+\frac{173}{1890}\Delta\boldsymbol{v}_m(3)+\frac{61}{1890}\Delta\boldsymbol{v}_m(4)\Big]+\\&\Delta\boldsymbol{\theta}_m(4)\times\Big[-\frac{1091}{5670}\Delta\boldsymbol{v}_m(1)-\frac{59}{630}\Delta\boldsymbol{v}_m(2)-\frac{187}{1890}\Delta\boldsymbol{v}_m(3)-\frac{1}{5670}\Delta\boldsymbol{v}_m(4)\Big]\Big\}^{\mathrm{T}}\end{aligned} \tag{2.215}$$

3. 划船运动下涡卷补偿算法的优化

为了具体说明划船运动对涡卷补偿计算的影响,下面将导出划船运动下涡卷补偿项的优化算式。

假设载体的 X 轴存在角振动,Y 轴存在线振动,则载体的角速率和比力可描述为

$$\boldsymbol{\omega}(\tau)=C\Omega\cos\Omega\tau\boldsymbol{I},\boldsymbol{f}(\tau)=D\sin(\Omega\tau+\varphi)\boldsymbol{J} \tag{2.216}$$

式中:C,D 分别为角振动和线振动的幅值;Ω 为振动的角频率;φ 为相角。

将式(2.216)代入式(2.199)、式(2.200)及划船补偿项式(2.129),整理后并略去交流分量,可以看到在 Z 轴上得到了以上形式的常值增量:

$$\Delta\boldsymbol{R}_{\mathrm{scul}_m}=\frac{BC}{4\Omega^2}[\Omega^2T^2+2\cos(\Omega T)-2]\cos\varphi+$$

$$\frac{BC}{2\Omega^2}\left[\frac{2}{3}\Omega T+\frac{1}{3}\Omega T\cos(\Omega T)-\sin\Omega T\right]\sin\varphi \tag{2.217}$$

由式(2.203)、式(2.204)和式(2.216)，$N=2$ 可得

$$\Delta\boldsymbol{\theta}_i\times\Delta\boldsymbol{v}_j=\begin{bmatrix}0\\0\\\frac{4CD}{\Omega}\sin^2\frac{\Omega T}{4}\sin\left[\Omega\left(t_{m-1}+\frac{2i-1}{4}T\right)+\varphi\right]\cos\Omega\left(t_{m-1}+\frac{2i-1}{4}T\right)\end{bmatrix} \tag{2.218}$$

则取 Z 轴上的分量：

$$\Delta\boldsymbol{\theta}_i\times\Delta\boldsymbol{v}_j=\frac{CD}{\Omega}\left[1-\cos\frac{\Omega T}{2}\right]\left[\sin\frac{\Omega T}{2}(i-j)\cdot\cos\varphi+\cos\frac{\Omega T}{2}(i-j)\cdot\sin\varphi\right] \tag{2.219}$$

将式(2.217)代入式(2.213)，可得

$$\begin{aligned}\Delta\hat{\boldsymbol{R}}_{\mathrm{scul}_m}=\frac{BCT}{2\Omega}\{&[(4k_1-k_2-k_3)+(-4k_1+2k_2+2k_3)\cos\left(\frac{\Omega T}{2}\right)+\\&(-k_2-k_3)\cos(\Omega T)]\sin\varphi+[(2k_2-2k_3)\sin\left(\frac{\Omega T}{2}\right)+\\&(-k_2+k_3)\sin(\Omega T)]\cos\varphi\}\end{aligned} \tag{2.220}$$

式中：k_1,k_2,k_3 为式(2.213)中 $\Delta\boldsymbol{\theta}_1\times\Delta\boldsymbol{v}_1,\Delta\boldsymbol{\theta}_2\times\Delta\boldsymbol{v}_2,\Delta\boldsymbol{\theta}_3\times\Delta\boldsymbol{v}_3$ 的系数。

通过式(2.220)可知，在这个式子中除了待优化的系数 k_1,k_2,k_3 外，同时还有不确定参数 ΩT 和 φ，由于无法确定使 $\Delta\hat{R}_{\mathrm{scul}_m}$ 达到最大的 φ 值，因此优化算法要考虑对任意 φ 都具有优化性。

将式(2.217)和式(2.220)中的三角函数展开成 ΩT 的泰勒级数，并用 λ 代替 ΩT 得

$$\Delta\boldsymbol{R}_{\mathrm{scul}_m}=\frac{BCT}{2\Omega}\left[\left(\frac{\lambda^3}{24}-\frac{\lambda^5}{720}\right)\cos\varphi+\left(\frac{2}{360}\lambda^4-\frac{2}{7560}\lambda^6\right)\sin\varphi\right]+\cdots \tag{2.221}$$

$$\begin{aligned}\Delta\hat{\boldsymbol{R}}_{\mathrm{scul}_m}=&\frac{BCT}{2\Omega}\left[\left(\frac{1}{2}K_1+\frac{1}{4}K_2+\frac{1}{4}K_3\right)\lambda^2+\frac{1}{384}(-4K_1-14K_2-14K_3)\lambda^4\right]\sin\varphi+\\&\frac{BCT}{2\Omega}\left[\left(\frac{1}{8}K_2-\frac{1}{8}K_3\right)\lambda^3+\frac{1}{3840}(-30K_2+30K_3)\lambda^5\right]\cos\varphi+\cdots\end{aligned} \tag{2.222}$$

通过式(2.221)和式(2.222)可知，当 φ 在 $\left[0,\frac{\pi}{2}\right]$ 内变化时，$\sin\varphi$ 和 $\cos\varphi$ 的系数在 $\Delta\hat{R}_{\mathrm{scul}_m}$ 中所占的比例要发生变化，为了保证 φ 在 $\left[0,\frac{\pi}{2}\right]$ 内变化时，$\Delta\hat{R}_{\mathrm{scul}_m}$ 与 $\Delta R_{\mathrm{scul}_m}$ 的差值尽可能小又能稳定地保持在一定的范围内，因此当 $\Omega T=1$ 时令

式(2.221)和式(2.222)中的 $\lambda^2,\lambda^3,\lambda^4$ 项系数对应相等，于是可以得到一组三元的线性方程组，求解该线性方程组得二子样涡卷补偿算法优化系数为

$$K_1 = \frac{4}{45}, K_2 = \frac{7}{90}, K_3 = -\frac{23}{90}$$

则二子样涡卷补偿优化算法为

$$\begin{aligned}\Delta\hat{\boldsymbol{R}}_{\mathrm{scul}_m} = \Big\{&\Delta\boldsymbol{\theta}_m(1) \times \left[\frac{4}{45}\Delta\boldsymbol{v}_m(1) + \frac{7}{90}\Delta\boldsymbol{v}_m(2)\right] + \\ &\Delta\boldsymbol{\theta}_m(2) \times \left[-\frac{23}{90}\Delta\boldsymbol{v}_m(1) + \frac{4}{45}\Delta\boldsymbol{v}_m(2)\right]\Big\}^{\mathrm{T}}\end{aligned} \tag{2.223}$$

算法漂移率为

$$\dot{\boldsymbol{e}}(\boldsymbol{\lambda}) = \frac{\Delta\hat{\boldsymbol{R}}_{\mathrm{scul}_m} - \Delta\boldsymbol{R}_{\mathrm{scul}_m}}{T} \tag{2.224}$$

则二子样涡卷补偿算法的误差为

$$\dot{\boldsymbol{e}}(\boldsymbol{\lambda}) = \frac{7BC}{11520}\boldsymbol{\lambda}^4 T\cos\varphi + \frac{BC}{4032}\boldsymbol{\lambda}^5 T\sin\varphi \tag{2.225}$$

参考文献

[1] 高钟毓. 惯性导航系统技术. 北京:清华大学出版社,2012.

[2] Titterton D H, Weston J L. 捷联惯性导航技术.2 版. 张天光,王秀萍,王丽霞,等,译. 北京:国防工业出版社,2007.

[3] Jkeli C. Inertial navigation system with Geodetic Application. Berlin, New York: Walter de Gruyter, 2001.

[4] Farrell J, Barth M. The Global Positioning System and Inertial Navigation. New York: McGraw – Hill, 1999.

[5] 陈哲编. 捷联惯性导航系统原理. 北京:宇航出版社,1986.

[6] 黄德鸣,程禄. 惯性导航系统. 北京:国防工业出版社,1986.

[7] Chatfield A B. 高精度惯性导航基础. 武凤德,李凤山,等,译. 北京:国防工业出版社,2002.

[8] Britting K R. Inertial Navigation System Analysis. New York: John Wiley & Sons, Inc, 1971.

第3章

惯性导航系统的误差分析

3.1 惯性导航系统的基本方程

本章以平台系统为例,介绍了固定指北惯性导航系统的导航计算方程和误差方程,并分析了系统的误差传播特性。

基本方程从运动学角度出发,建立惯性导航系统的完整方程式。惯性导航系统的导航计算方程分成两类,一是导航定位参数的计算,二是陀螺控制量的计算。由加速度计测得的加速度,经过有害加速度的补偿,得到运载体相对地球运动的加速度,经过一次积分得运载体相对地球运动的速度,经过一次积分与必要的运算就可得到运载体所在地的瞬时地理位置,即经纬度。另外,由地球自转角速度 Ω 及运载体相对地球的运动速度,经过计算得到控制陀螺跟踪地理坐标系的控制量,并通过稳定回路使平台坐标系跟踪地理坐标系。[1]

3.1.1 平台运动基本方程

在研究平台运动时,假定稳定回路工作在理想状态,平台与陀螺仪运动完全一致。并假设初始时平台坐标系与地理坐标系重合,但由于存在各种误差源,使平台出现误差角 α,β 和 γ。

如果令 $v_N/R_M=\omega_N$,$v_E/R_M=\omega_E$,地理坐标系在惯性空间的旋转角速度在地理坐标系上的分量写成:

$$\begin{cases}\omega_E = -\dfrac{v_N}{R_M} = -\omega_N \\ \omega_N = \Omega\cos L + \dfrac{v_E}{R_N} = \Omega\cos L + \omega_E \\ \omega_U = \Omega\sin L + \dfrac{v_E}{R_N}\tan L = \Omega\sin L + \omega_E\tan L\end{cases} \tag{3.1}$$

平台坐标系在惯性空间的旋转角速度为 ω_{pE},ω_{pN}及 ω_{pU},它们是在平台坐标系轴上，分别等于加给陀螺仪控制信息 $\omega_{cE},\omega_{cN},\omega_{cU}$ 与平台漂移 $\varepsilon_E,\varepsilon_N,\varepsilon_U$ 之和，即

$$\begin{cases}\omega_{pE} = \omega_{cE} + \varepsilon_E \\ \omega_{pN} = \omega_{cN} + \varepsilon_N \\ \omega_{pU} = \omega_{cU} + \varepsilon_U\end{cases} \tag{3.2}$$

$\omega_{cE},\omega_{cN},\omega_{cU}$ 是实现固定指北半解析式惯性导航系统平台控制指令角速度，它由计算机算出并经转换，以电流形式输入到陀螺仪力矩器，使陀螺仪进动，并通过稳定回路作用使平台按式(3.1)旋转，这样平台就跟踪地理坐标系，实现当地水平指北惯性平台。实际上地球自转角速度 Ω 是常数，$\Omega = 7.2921158 \times 10^{-5}$ rad/s，而 v_E,v_N 及 L 必须用计算值 v_{cE},v_{cN} 及 L_c 来代替，这样式(3.1)变为

$$\begin{cases}\omega_{cE} = -\dfrac{v_{cN}}{R_M} \\ \omega_{cN} = \Omega\cos L_c + \dfrac{v_{cE}}{R_N} \\ \omega_{cU} = \Omega\sin L_c + \dfrac{v_{cE}}{R_N}\tan L_c\end{cases} \tag{3.3}$$

式(3.3)即为平台的控制基本方程。

平台误差角速度 $\dot{\alpha},\dot{\beta}$ 及 $\dot{\gamma}$ 是平台坐标系在惯性空间旋转角速度 $\omega_{pE},\omega_{pN},\omega_{pU}$，与地理坐标系旋转角速度 $\omega_E,\omega_N,\omega_U$ 在平台坐标系轴上的分量 $\omega'_E,\omega'_N,\omega'_U$ 的差值，即

$$\begin{cases}\dot{\alpha} = \omega_{pE} - \omega'_E \\ \dot{\beta} = \omega_{pN} - \omega'_N \\ \dot{\gamma} = \omega_{pU} - \omega'_U\end{cases} \tag{3.4}$$

利用方向余弦表或方向余弦矩阵，ω'_E,ω'_N 及 ω'_U 可以写成：

$$\begin{cases}\omega'_E = \omega_E + \gamma\omega_N - \beta\omega_U \\ \omega'_N = \omega_N + \alpha\omega_U - \gamma\omega_E \\ \omega'_U = \omega_U + \beta\omega_E - \alpha\omega_N\end{cases} \tag{3.5}$$

将式(3.2)、式(3.5)代入式(3.4)，得平台运动基本方程：

$$\begin{cases}\dot{\alpha} = \omega_{cE} - \omega_E - \gamma\omega_N + \beta\omega_U + \varepsilon_E \\ \dot{\beta} = \omega_{cN} - \omega_N - \alpha\omega_U + \gamma\omega_E + \varepsilon_N \\ \dot{\gamma} = \omega_{cU} - \omega_U - \beta\omega_E + \alpha\omega_N + \varepsilon_U\end{cases} \tag{3.6}$$

3.1.2 速度基本方程

惯性导航系统中需要知道运载体相对地球运动的加速度，但是加速度计是

安装在平台上，它所测的加速度是沿平台坐标系轴向加速度分量。[2] 从平台运动基本方程可求得误差角 α，β 及 γ（数学上），这就可以求出平台坐标系轴向加速度 a_{pE}，a_{pN}，它们是地理坐标系轴向加速度 a_E，a_N，a_U 在平台坐标系轴上的分量 a'_E，a'_N 与加速度计零位误差 Δa_E，Δa_N 之和，即

$$\begin{cases} a_{pE} = a'_E + \Delta a_E \\ a_{pN} = a'_N + \Delta a_N \end{cases} \tag{3.7}$$

利用方向余弦矩阵 a'_E，a'_N 为

$$\begin{cases} a'_E = a_E + \gamma a_N - \beta a_U = a_E + \gamma a_N - \beta g \\ a'_N = a_N + \alpha a_U - \gamma a_E = a_N - \gamma a_E + \alpha g \end{cases} \tag{3.8}$$

将式（3.8）代入式（3.7），得

$$\begin{cases} a_{pE} = a_E + \gamma a_N - \beta g + \Delta a_E \\ a_{pN} = a_N - \gamma a_E + \alpha g + \Delta a_N \end{cases} \tag{3.9}$$

式（3.9）称为加速度计输出数学模型。

地理坐标系轴向加速度与速度的关系可表示为

$$\begin{cases} a_E = \dot{v}_E - \left(2\Omega\sin L + \dfrac{v_E}{R_N}\tan L\right)\cdot v_N \\ a_N = \dot{v}_N + \left(2\Omega\sin L + \dfrac{v_E}{R_N}\tan L\right)\cdot v_E \\ a_U = g \end{cases} \tag{3.10}$$

对于舰船来说，只考虑水平方向的运动，式（3.10）变为

$$\begin{cases} \dot{v}_E = a_E + \left(2\Omega\sin L + \dfrac{v_E}{R_N}\tan L\right)\cdot v_N \\ \dot{v}_N = a_N - \left(2\Omega\sin L + \dfrac{v_E}{R_N}\tan L\right)\cdot v_E \end{cases} \tag{3.11}$$

式中：a_E，a_N 为地理坐标系上测得的加速度量，而实际加速度计是安装在水平坐标系内，加速度计测得的加速度是沿平台坐标系轴向的。平台坐标系与地理坐标系存在误差角 α，β 和 γ，而实际系统又得不到误差角值，只能用近似办法代替，即用沿平台坐标系轴向得到的加速度 a_{pE}，a_{pN}来代替 a_E，a_N。平台误差角越小，a_{pE}与 a_E，a_{pN}与 a_N 越接近，所以要求平台误差角要很小才行。

在式（3.11）中，v_E，v_N，L 是客观真实值，也是不可能得到的，在实际惯性导航系统中是由计算机计算出来的，所以用 v_{cE}，v_{cN}，L_c 代替 v_E，v_N，L。这样式（3.11）变为

$$
\begin{cases}
\dot{v}_{cE} = a_{pE} + \left(2\Omega\sin L_c + \dfrac{v_{cE}}{R_N}\tan L_c\right)\cdot v_{cN} \\
\dot{v}_{cN} = a_{pN} - \left(2\Omega\sin L_c + \dfrac{v_{cE}}{R_N}\tan L_c\right)\cdot v_{cE}
\end{cases}
\tag{3.12}
$$

式(3.12)就是惯性导航系统的速度计算方程。其中 R_N 认为是常数,微分方程的初始条件为 $v_{cE}(0)=v_{E0}$,$v_{cN}(0)=v_{N0}$。加速度计输出加速度 a_{pE},a_{pN}经过有害加速度的补偿,再经过一次积分得到舰船运动速度计算值,分速度合成,得合成速度计算值。

将式(3.9)代入式(3.12),得

$$
\begin{cases}
\dot{v}_{cE} = a_E + \left(2\Omega\sin L_c + \dfrac{v_{cE}}{R_N}\tan L_c\right)\cdot v_{cN} + \gamma a_N - \beta g + \Delta a_E \\
\dot{v}_{cN} = a_N - \left(2\Omega\sin L_c + \dfrac{v_{cE}}{R_N}\tan L_c\right)\cdot v_{cE} - \gamma a_E + \alpha g + \Delta a_N
\end{cases}
\tag{3.13}
$$

通常情况下,忽略交叉耦合项 γa_N,γa_E,则式(3.13)变为

$$
\begin{cases}
\dot{v}_{cE} = a_E + \left(2\Omega\sin L_c + \dfrac{v_{cE}}{R_N}\tan L_c\right)\cdot v_{cN} - \beta g + \Delta a_E \\
\dot{v}_{cN} = a_N - \left(2\Omega\sin L_c + \dfrac{v_{cE}}{R_N}\tan L_c\right)\cdot v_{cE} + \alpha g + \Delta a_N
\end{cases}
\tag{3.14}
$$

式(3.14)即是速度基本方程。

3.1.3 位置基本方程

由于运载体的运动,而使运载体所在的地理经纬度变化。纬度变化与运载体北向速度 v_N 变化相联系,所以纬度变化率 $\dot{L}$ 为

$$
\dot{L} = \frac{v_N}{R_M} \tag{3.15}
$$

同理,经度变化率与东向速度 v_E 有关,并且还与纬度 L 有关。经度变化率 $\dot{\lambda}$ 为

$$
\dot{\lambda} = \frac{v_E}{R_N\cos L} = \frac{v_E}{R_N}\sec L \tag{3.16}
$$

式(3.15)与式(3.16)就是惯性导航系统理想的位置方程,这里 v_E,v_N,L 是客观真实的,是得不到的量,只能用计算机计算值 v_{cE},v_{cN},L_c 代替,而 R_N 认为是常值,所以将式(3.15)和式(3.16)写成

$$
\begin{cases}
\dot{L}_c = \dfrac{v_{cN}}{R_M} \\
\dot{\lambda}_c = \dfrac{v_{cE}}{R_N}\sec L
\end{cases}
\tag{3.17}
$$

式(3.17)就是计算机计算地理位置的位置基本方程。

归纳以上,得到惯性导航系统的基本导航方程为

$$
\begin{cases}
\dot{v}_{cE} = a_E + \left(2\Omega\sin L_c + \dfrac{v_{cE}}{R_N}\tan L_c\right)\cdot v_{cN} - \beta g + \Delta a_E \\
\dot{v}_{cN} = a_N - \left(2\Omega\sin L_c + \dfrac{v_{cE}}{R_N}\tan L_c\right)\cdot v_{cE} + \alpha g + \Delta a_N \\
\dot{L}_c = \dfrac{v_{cN}}{R_M} = \omega_{cN} \\
\dot{\lambda}_c = \dfrac{v_{cE}}{R_N}\sec L = \omega_{cE}\sec L_c \\
\omega_{cE} = -\dfrac{v_{cN}}{R_M} = -\omega_{cN} \\
\omega_{cN} = \Omega\cos L_c + \dfrac{v_{cE}}{R_N} = \Omega\cos L_c + \omega_{cE} \\
\omega_{cU} = \Omega\sin L_c + \dfrac{v_{cE}}{R_N}\tan L_c = \Omega\sin L_c + \omega_{cE}\tan L_c \\
\dot{\alpha} = \omega_{cE} - \omega_E - \gamma\omega_N + \beta\omega_U + \varepsilon_E \\
\dot{\beta} = \omega_{cN} - \omega_N - \alpha\omega_U + \gamma\omega_E + \varepsilon_N \\
\dot{\gamma} = \omega_{cU} - \omega_U - \beta\omega_E + \alpha\omega_N + \varepsilon_U
\end{cases}
\tag{3.18}
$$

从方程组(3.18)可以看出,惯性导航系统输入量是加速度 a_E,a_N 和地理坐标系旋转角速度 ω_E,ω_N 及 ω_U,而输出量是位置(L_c,λ_c),平台误差角 α,β 和 γ,运载体计算速度 v_{cE},v_{cN}。这组方程的数学描述反映了实际工程中的惯性导航系统,在研究惯性导航系统性能时可用它在计算机上进行模拟[3]。

3.2 惯性导航系统的误差方程

误差方程是用来分析各误差源对惯性导航系统的影响,这里主要以无阻尼工作状态惯性导航系统作为分析对象。

3.2.1 平台运动误差方程

平台运动基本方程(3.6),描述了平台误差角 α,β 和 γ 的运动规律,所以它也是误差方程。计算 $\omega_{cE}-\omega_E$,$\omega_{cN}-\omega_N$ 及 $\omega_{cU}-\omega_U$,代入式(3.6),就可得到平台运动误差方程。

$$
\omega_{cE} - \omega_E = -\frac{v_{cN}}{R_M} + \frac{v_N}{R_M} = -\frac{1}{R_M}(v_{cN} - v_N) = -\frac{1}{R_M}\delta v_N
$$

令 $v_{cN}-v_N=\delta v_N$，得

$$\omega_{cE}-\omega_E=-\frac{\delta v_N}{R_M} \tag{3.19}$$

$$\omega_{cN}-\omega_N=\Omega(\cos L_c-\cos L)+\frac{1}{R_N}(v_{cE}-v_E)$$

令 $v_{cE}-v_E=\delta v_E, L_c-L=\delta L$，则由一阶泰勒展开得

$$\cos L_c=\cos L-\delta L\sin L$$

则

$$\omega_{cN}-\omega_N=-\delta L\Omega\sin L+\frac{\delta v_E}{R_N} \tag{3.20}$$

$$\omega_{cU}-\omega_U=\Omega(\sin L_c-\sin L)+\frac{1}{R_N}(v_{cE}\tan L_c-v_E\tan L)$$

由一阶泰勒展开得

$$\sin L_c=\sin L+\delta L\cos L$$
$$\tan L_c=\tan L+\delta L\sec^2 L$$

忽略二阶小量得

$$\omega_{cU}-\omega_U=\delta L\left(\Omega\cos L+\frac{v_E}{R_N}\sec^2 L\right)+\frac{\delta v_E}{R_N}\tan L \tag{3.21}$$

将式(3.19)、式(3.20)、式(3.21)代入式(3.6)，得

$$\begin{cases}\dot{\alpha}=-\dfrac{\delta v_N}{R_M}-\gamma\left(\Omega\cos L+\dfrac{v_E}{R_N}\right)+\beta\left(\Omega\sin L+\dfrac{v_E}{R_N}\tan L\right)+\varepsilon_E\\ \dot{\beta}=-\delta L\Omega\sin L+\dfrac{\delta v_E}{R_N}-\alpha\left(\Omega\sin L+\dfrac{v_E}{R_N}\tan L\right)-\gamma\dfrac{v_N}{R_M}+\varepsilon_N\\ \dot{\gamma}=\delta L\left(\Omega\cos L+\dfrac{v_E}{R_N}\sec^2 L\right)+\dfrac{\delta v_E}{R_N}\tan L+\beta\dfrac{v_N}{R_M}+\alpha\left(\Omega\cos L+\dfrac{v_E}{R_N}\right)+\varepsilon_U\end{cases} \tag{3.22}$$

3.2.2 速度误差方程

推导速度误差方程从式(3.14)和式(3.11)出发，用式(3.14)减去式(3.11)，并经一阶泰勒展开化简得

$$\begin{aligned}\delta\dot{v}_E=&\frac{v_N}{R_N}\cdot\tan L\cdot\delta v_E+\left(2\Omega\sin L+\frac{v_E}{R_N}\cdot\tan L\right)\delta v_N+\\&\left(2\Omega\cos Lv_N+\frac{v_Nv_E}{R_N}\cdot\sec^2 L\right)\delta L-\beta g+\Delta a_E\end{aligned} \tag{3.23}$$

$$\delta\dot{v}_N = -\left(2\Omega\sin L + \frac{v_E}{R_N}\cdot\tan L\right)\cdot\delta v_E - \left(2\Omega\cos L v_E + \frac{v_E^2}{R_N}\cdot\sec^2 L\right)\delta L + \alpha g + \Delta a_N \tag{3.24}$$

3.2.3 位置误差方程

位置误差方程就是经纬度的误差方程。同理,用式(3.17)减去式(3.15)和式(3.16),并经一阶泰勒展开化简,即可得位置误差方程

$$\delta\dot{L} = \frac{\delta v_N}{R_M} \tag{3.25}$$

$$\delta\dot{\lambda} = \frac{\delta v_E}{R_N}\sec L + \frac{V_E}{R_N}\tan L\sec L\delta L \tag{3.26}$$

由式(3.22)~式(3.26)所构成的方程即为整个固定指北半解析式惯性导航系统的动态误差方程,即

$$\begin{cases}\delta\dot{v}_E = \dfrac{v_N}{R_N}\cdot\tan L\cdot\delta v_E + \left(2\Omega\sin L + \dfrac{v_E}{R_N}\cdot\tan L\right)\delta v_N + \\ \qquad \left(2\Omega\cos L v_N + \dfrac{v_N v_E}{R_N}\cdot\sec^2 L\right)\delta L - \beta g + \Delta a_E \\ \delta\dot{v}_N = -\left(2\Omega\sin L + \dfrac{v_E}{R_N}\cdot\tan L\right)\cdot\delta v_E - \\ \qquad \left(2\Omega\cos L v_E + \dfrac{v_E^2}{R_N}\cdot\sec^2 L\right)\delta L + \alpha g + \Delta a_N \\ \dot{\alpha} = -\dfrac{\delta v_N}{R_M} - \gamma\left(\Omega\cos L + \dfrac{v_E}{R_N}\right) + \beta\left(\Omega\sin L + \dfrac{v_E}{R_N}\tan L\right) + \varepsilon_E \\ \dot{\beta} = -\delta L\Omega\sin L + \dfrac{\delta v_E}{R_N} - \alpha\left(\Omega\sin L + \dfrac{v_E}{R_N}\tan L\right) - \gamma\dfrac{v_N}{R_M} + \varepsilon_N \\ \dot{\gamma} = \delta L\left(\Omega\cos L + \dfrac{v_E}{R_N}\sec^2 L\right) + \dfrac{\delta v_E}{R_N}\tan L + \beta\dfrac{v_N}{R_M} + \alpha\left(\Omega\cos L + \dfrac{v_E}{R_N}\right) + \varepsilon_U \\ \delta\dot{L} = \dfrac{\delta v_N}{R_M} \\ \delta\dot{\lambda} = \dfrac{\delta v_E}{R_N}\sec L + \dfrac{v_E}{R_N}\tan L\sec L\delta L \end{cases} \tag{3.27}$$

当考虑静基座条件,$v_E = v_N = 0$,并认为地球为圆球体,$R_M = R_N = R$,则式(3.27)可化简为

$$
\begin{cases}
\delta\dot{v}_E = 2\Omega\sin L \cdot \delta v_N - \beta g + \Delta a_x \\
\delta\dot{v}_N = -2\Omega\sin L \cdot \delta v_E + \alpha g + \Delta a_N \\
\dot{\alpha} = -\dfrac{\delta v_N}{R} + \Omega\sin L \cdot \beta - \Omega\cos L \cdot \gamma + \varepsilon_E \\
\dot{\beta} = \dfrac{\delta v_E}{R} - \Omega\sin L \cdot (\alpha + \delta L) + \varepsilon_N \\
\dot{\gamma} = \dfrac{\delta v_E}{R}\tan L + \Omega\cos L \cdot (\alpha + \delta L) + \varepsilon_U \\
\delta\dot{L} = \dfrac{\delta v_N}{R} \\
\delta\dot{\lambda} = \dfrac{\delta v_E}{R}\sec L
\end{cases}
\tag{3.28}
$$

式(3.28)即为 INS 静态误差方程。

3.3 误差的传播特性

本节主要针对惯性导航系统静态误差方程展开分析,研究惯性导航系统的误差传播特性。

3.3.1 特征方程式分析

从方程组(3.28)不难看出,前六个微分方程是联立的,而最后经度误差微分方程是独立的,作为变量 $\delta\lambda$ 在前六个方程中并没有出现,因此经度误差是开环的。为此可将(3.28)分为两组加以讨论分析。

将前六个微分方程进行拉氏变换,并写成矩阵形式为

$$
\begin{pmatrix} s\delta v_E(s) \\ s\delta v_N(s) \\ s\delta L(s) \\ s\alpha(s) \\ s\beta(s) \\ s\gamma(s) \end{pmatrix}
=
\begin{pmatrix}
0 & 2\Omega\sin L & 0 & 0 & -g & 0 \\
-2\Omega\sin L & 0 & 0 & g & 0 & 0 \\
0 & \dfrac{1}{R} & 0 & 0 & 0 & 0 \\
0 & -\dfrac{1}{R} & 0 & 0 & \Omega\sin L & -\Omega\cos L \\
\dfrac{1}{R} & 0 & -\Omega\sin L & -\Omega\sin L & 0 & 0 \\
\dfrac{1}{R}\tan L & 0 & \Omega\cos L & \Omega\cos L & 0 & 0
\end{pmatrix} \times
$$

$$\begin{pmatrix}\delta v_E(s)\\ \delta v_N(s)\\ \delta L(s)\\ \alpha(s)\\ \beta(s)\\ \gamma(s)\end{pmatrix}+\begin{pmatrix}\delta v_{E0}\\ \delta v_{N0}\\ \delta L_0\\ \alpha_0\\ \beta_0\\ \gamma_0\end{pmatrix}+\begin{pmatrix}\Delta a_E(s)\\ \Delta a_N(s)\\ 0\\ \varepsilon_E(s)\\ \varepsilon_N(s)\\ \varepsilon_U(s)\end{pmatrix} \tag{3.29}$$

用单个符号表示式(3.29)为

$$s\boldsymbol{X} = \boldsymbol{AX} + \boldsymbol{X}_0 + \boldsymbol{W} \tag{3.30}$$

式中：$\boldsymbol{X} = [\delta v_E \quad \delta v_N \quad \delta L \quad \alpha \quad \beta \quad \gamma]^{\mathrm{T}}$，$\boldsymbol{X}_0 = [\delta v_{E0} \quad \delta v_{N0} \quad \delta v_0 \quad \alpha_0 \quad \beta_0 \quad \gamma_0]^{\mathrm{T}}$，$\boldsymbol{W} = [\Delta a_E \quad \Delta a_N \quad 0 \quad \varepsilon_E \quad \varepsilon_N \quad \varepsilon_U]^{\mathrm{T}}$，$\boldsymbol{A} = 6\times6$ 的方阵；T 表示转置。

误差方程(3.29)的前六个微分方程是联立的，它的特征方程式是其行列式等于零，即用 $\Delta(s)$ 表示。

$$\Delta(s) = \begin{vmatrix} s & -2\Omega\sin L & 0 & 0 & g & 0\\ 2\Omega\sin L & s & 0 & -g & 0 & 0\\ 0 & -\dfrac{1}{R} & s & 0 & 0 & 0\\ 0 & \dfrac{1}{R} & 0 & s & -\Omega\sin L & \Omega\mathrm{cso}L\\ -\dfrac{1}{R} & 0 & \Omega\sin L & \Omega\sin L & s & 0\\ -\dfrac{1}{R}\tan L & 0 & \Omega\cos L & \Omega\cos L & 0 & s \end{vmatrix} = 0 \tag{3.31}$$

按高阶行列式展开法则，计算方程(3.31)得

$$\Delta(s) = \left[s^4 + \left(2\frac{g}{R} + 4\Omega^2\sin^2 L\right)s^2 + \left(\frac{g}{R}\right)^2\right](s^2 + \Omega^2) \tag{3.32}$$

将方程(3.32)改写成：

$$\left(s^2 + \frac{g}{R}\right)^2 + (2\Omega\sin L \cdot s)^2 = 0 \tag{3.33}$$

和

$$s^2 + \Omega^2 = 0 \tag{3.34}$$

首先解方程(3.33)，移项后变为

$$\left(s^2 + \frac{g}{R}\right)^2 = -(2\Omega\sin L \cdot s)^2$$

两边开方得

$$s^2 + \frac{g}{R} = \pm \mathrm{i}(2\Omega \sin L \cdot s)$$

即

$$\begin{cases} s^2 - \mathrm{i}(2\Omega \sin L \cdot s) + \dfrac{g}{R} = 0 \\ s^2 + \mathrm{i}(2\Omega \sin L \cdot s) + \dfrac{g}{R} = 0 \end{cases} \tag{3.35}$$

方程(3.35)的根为

$$\begin{cases} s_{1,2} = \mathrm{i}\Omega \sin L \pm \mathrm{i}\sqrt{(\Omega \sin L)^2 + \dfrac{g}{R}} = 0 \\ s_{3,4} = -\mathrm{i}\Omega \sin L \pm \mathrm{i}\sqrt{(\Omega \sin L)^2 + \dfrac{g}{R}} = 0 \end{cases} \tag{3.36}$$

令 $\omega_s = \sqrt{\dfrac{g}{R}}$,称为舒勒角频率,$\omega_s = 1.24 \times 10^{-3}\,\mathrm{rad/s}$,而地球自转角速度 $\Omega \approx 0.729 \times 10^{-4}\,\mathrm{rad/s}$,所以 $\omega_s^2 \gg \Omega$,因此式(3.33)的4个根近似为

$$\begin{cases} s_{1,2} = \pm \mathrm{i}(\omega_s + \Omega \sin L) \\ s_{3,4} = \pm \mathrm{i}(\omega_s - \Omega \sin L) \end{cases} \tag{3.37}$$

方程(3.34)的解为

$$s_{5,6} = \pm \mathrm{i}\Omega \tag{3.38}$$

上述无阻尼惯性导航系统误差方程的特征根共有6个(因是六阶微分方程),它们是三对共轭虚数,说明系统误差呈正余弦函数,系统在外激励作用下将产生三种周期的等幅振荡。三种振荡角频率分别是舒勒振荡角频率 ω_s、地球振荡角频率 Ω 及傅科振荡角频率 $\Omega \sin L$。对应三个角频率有三种振荡周期,它们为

舒勒振荡周期 T_s:

$$T_s = 2\pi/\omega_s = 2\pi\sqrt{\frac{g}{R}} \approx 84.8\,\mathrm{min}$$

地球振荡周期 T_e:

$$T_e = 2\pi/\Omega = 24\mathrm{h}$$

傅科振荡周期 T_c:

$$T_c = 2\pi/(\Omega \sin L)$$

3.3.2 误差分析

误差分析的目的是掌握惯性导航系统误差对导航参数的影响,从而对惯性导航系统中所用主要元部件(陀螺仪、加速度计)提出精度指标要求。现在以系

统的主要误差源(陀螺常值漂移、加速度计零位误差及初始值误差)来分析它们对系统的影响。

3.3.2.1 误差方程的解

在3.3.1节中已经讨论了惯性导航系统的误差是按三种周期振荡进行传播的。为了简化问题,忽略由于有害加速度补偿不完全而引入的误差项,即不考虑傅科周期振荡的影响,这样方程(3.29)可写成:

$$\begin{bmatrix} s\delta v_E(s) \\ s\delta v_N(s) \\ s\delta L(s) \\ s\alpha(s) \\ s\beta(s) \\ s\gamma(s) \end{bmatrix} = \begin{bmatrix} 0 & 0 & 0 & 0 & -g & 0 \\ 0 & 0 & 0 & g & 0 & 0 \\ 0 & \frac{1}{R} & 0 & 0 & 0 & 0 \\ 0 & -\frac{1}{R} & 0 & 0 & \Omega\sin L & -\Omega\cos L \\ \frac{1}{R} & 0 & -\Omega\sin L & -\Omega\sin L & 0 & 0 \\ \frac{1}{R}\tan L & 0 & \Omega\cos L & \Omega\cos L & 0 & 0 \end{bmatrix} \times$$

$$\begin{bmatrix} \delta v_E(s) \\ \delta v_N(s) \\ \delta L(s) \\ \alpha(s) \\ \beta(s) \\ \gamma(s) \end{bmatrix} + \begin{bmatrix} \delta v_{E0} \\ \delta v_{N0} \\ \delta L_0 \\ \alpha_0 \\ \beta_0 \\ \gamma_0 \end{bmatrix} + \begin{bmatrix} \Delta a_E(s) \\ \Delta a_N(s) \\ 0 \\ \varepsilon_E(s) \\ \varepsilon_N(s) \\ \varepsilon_U(s) \end{bmatrix} \tag{3.39}$$

用单个符号形式表示方程(3.39)为

$$s\boldsymbol{X} = \boldsymbol{A}'\boldsymbol{X} + \boldsymbol{X}_0 + \boldsymbol{W} \tag{3.40}$$

式(3.40)与式(3.30)比较,只是$\boldsymbol{A}'$和$\boldsymbol{A}$不同,$\boldsymbol{A}'$是式(3.39)中的6×6方阵(不含哥氏加速度项),其他符号含义相同。

矩阵方程(3.40)的解写成:

$$\boldsymbol{X} = -(\boldsymbol{A}' - \boldsymbol{I}s)^{-1}[\boldsymbol{X}_0 + \boldsymbol{W}] \tag{3.41}$$

其中$\boldsymbol{I}$为单位矩阵,或者将式(3.41)表示为

$$\boldsymbol{X} = -\frac{\boldsymbol{N}(s)}{\Delta(s)}(\boldsymbol{X}_0 + \boldsymbol{W}) \tag{3.42}$$

这里$\Delta(s)$为$|\boldsymbol{A}' - \boldsymbol{I}s|$行列式,而$\boldsymbol{N}(s)$是$\boldsymbol{A}' - \boldsymbol{I}s$的每个元素由其余因子式代替并加以转置而得到的矩阵。根据式(3.41)可以将式(3.39)解的形式写成

$$
\begin{bmatrix} \delta v_E(s) \\ \delta v_N(s) \\ \delta L(s) \\ \alpha(s) \\ \beta(s) \\ \gamma(s) \end{bmatrix} = \begin{bmatrix} -s & 0 & 0 & 0 & -g & 0 \\ 0 & -s & 0 & g & 0 & 0 \\ 0 & \frac{1}{R} & -s & 0 & 0 & 0 \\ 0 & -\frac{1}{R} & 0 & -s & \Omega\sin L & -\Omega\cos L \\ \frac{1}{R} & 0 & -\Omega\sin L & -\Omega\sin L & -s & 0 \\ \frac{1}{R}\tan L & 0 & \Omega\cos L & \Omega\cos L & 0 & -s \end{bmatrix}^{-1} \times
$$

$$
\begin{bmatrix} \delta v_{E0} + \Delta a_E(s) \\ \delta v_{N0} + \Delta a_N(s) \\ \delta L_0 \\ \alpha_0 + \varepsilon_E(s) \\ \beta_0 + \varepsilon_N(s) \\ \gamma_0 + \varepsilon_U(s) \end{bmatrix} = \begin{bmatrix} s & 0 & 0 & 0 & g & 0 \\ 0 & s & 0 & -g & 0 & 0 \\ 0 & -\frac{1}{R} & s & 0 & 0 & 0 \\ 0 & \frac{1}{R} & 0 & s & -\Omega\sin L & \Omega\cos L \\ -\frac{1}{R} & 0 & \Omega\sin L & \Omega\sin L & s & 0 \\ -\frac{1}{R}\tan L & 0 & -\Omega\cos L & -\Omega\cos L & 0 & s \end{bmatrix}^{-1} \times
$$

$$
\begin{bmatrix} \delta v_{E0} + \Delta a_E(s) \\ \delta v_{N0} + \Delta a_N(s) \\ \delta L_0 \\ \alpha_0 + \varepsilon_E(s) \\ \beta_0 + \varepsilon_N(s) \\ \gamma_0 + \varepsilon_U(s) \end{bmatrix} \tag{3.43}
$$

方程(3.43)的特征方程如式(3.31)求法一样,即按高阶行列式展开法则得到

$$
\Delta(s) = (s^2 + \omega_s^2)^2(s^2 + \Omega^2) = 0 \tag{3.44}
$$

式(3.44)说明系统只有两种振荡,一是舒勒周期振荡,二是地球周期振荡。忽略了傅科周期的影响。

假设式(3.43)中逆阵为 $\boldsymbol{B}^{-1} = (s\boldsymbol{I} - \boldsymbol{A}')^{-1}$,这样有

$$
\boldsymbol{B}^{-1} = \begin{bmatrix} B_{11} & B_{12} & \cdots & B_{16} \\ B_{21} & B_{22} & \cdots & B_{26} \\ \vdots & \vdots & \ddots & \vdots \\ B_{61} & B_{62} & \cdots & B_{66} \end{bmatrix}^{-1} \tag{3.45}
$$

如果令 $\boldsymbol{B}^{-1}=\boldsymbol{C}$，则 $\boldsymbol{C}$ 为

$$\boldsymbol{C}=\begin{bmatrix} c_{11} & c_{12} & \cdots & c_{16} \\ c_{21} & c_{22} & \cdots & c_{26} \\ \vdots & \vdots & \ddots & \vdots \\ c_{61} & c_{62} & \cdots & c_{66} \end{bmatrix} \tag{3.46}$$

其中

$$\begin{cases} c_{11}=\dfrac{s}{s^2+\omega_s^2} \\ c_{12}=0 \\ c_{13}=\dfrac{g\Omega\sin L\cdot s}{(s^2+\omega_s^2)(s^2+\Omega^2)} \\ c_{14}=\dfrac{g\Omega\sin L\cdot s}{(s^2+\omega_s^2)(s^2+\Omega^2)} \\ c_{15}=-\dfrac{g(s^2+\Omega^2\cos^2 L)}{(s^2+\omega_s^2)(s^2+\Omega^2)} \\ c_{16}=-\dfrac{g\Omega\sin L\cos L}{(s^2+\omega_s^2)(s^2+\Omega^2)} \end{cases} \tag{3.47a}$$

$$\begin{cases} c_{21}=0 \\ c_{22}=\dfrac{s}{s^2+\omega_s^2} \\ c_{23}=-\dfrac{g\Omega^2}{(s^2+\omega_s^2)(s^2+\Omega^2)} \\ c_{24}=\dfrac{gs^2}{(s^2+\omega_s^2)(s^2+\Omega^2)} \\ c_{25}=\dfrac{g\Omega\sin L\cdot s}{(s^2+\omega_s^2)(s^2+\Omega^2)} \\ c_{26}=-\dfrac{g\Omega\cos L\cdot s}{(s^2+\omega_s^2)(s^2+\Omega^2)} \end{cases} \tag{3.47b}$$

$$\begin{cases} c_{31}=0 \\ c_{32}=\dfrac{1}{R(s^2+\omega_s^2)} \\ c_{33}=\dfrac{(s^2+\omega_s^2+\Omega^2)s}{(s^2+\omega_s^2)(s^2+\Omega^2)} \\ c_{34}=\dfrac{\omega_s^2 s}{(s^2+\omega_s^2)(s^2+\Omega^2)} \\ c_{35}=\dfrac{\omega_s^2\Omega\sin L}{(s^2+\omega_s^2)(s^2+\Omega^2)} \\ c_{36}=\dfrac{\omega_s^2\Omega\cos L}{(s^2+\omega_s^2)(s^2+\Omega^2)} \end{cases} \tag{3.47c}$$

$$
\begin{cases}
c_{41} = 0 \\
c_{42} = \dfrac{1}{R(s^2 + \omega_s^2)} \\
c_{43} = \dfrac{\Omega^2 s}{(s^2 + \omega_s^2)(s^2 + \Omega^2)} \\
c_{44} = \dfrac{s^3}{(s^2 + \omega_s^2)(s^2 + \Omega^2)} \\
c_{45} = \dfrac{\Omega \sin L s^2}{(s^2 + \omega_s^2)(s^2 + \Omega^2)} \\
c_{46} = \dfrac{\Omega \cos L \cdot s^2}{(s^2 + \omega_s^2)(s^2 + \Omega^2)}
\end{cases}
\tag{3.47d}
$$

$$
\begin{cases}
c_{51} = \dfrac{1}{R(s^2 + \omega_s^2)} \\
c_{52} = 0 \\
c_{53} = \dfrac{\Omega \sin L s^2}{(s^2 + \omega_s^2)(s^2 + \Omega^2)} \\
c_{54} = \dfrac{\Omega \sin L s^2}{(s^2 + \omega_s^2)(s^2 + \Omega^2)} \\
c_{55} = \dfrac{(s^2 + \Omega^2 \cos^2 L) s}{(s^2 + \omega_s^2)(s^2 + \Omega^2)} \\
c_{56} = \dfrac{\Omega^2 \sin L \cos L s}{(s^2 + \omega_s^2)(s^2 + \Omega^2)}
\end{cases}
\tag{3.47e}
$$

$$
\begin{cases}
c_{61} = \dfrac{\tan L}{R(s^2 + \omega_s^2)} \\
c_{62} = 0 \\
c_{63} = \dfrac{\Omega(s^2 \cos L + \omega_s^2 \sec L)}{(s^2 + \omega_s^2)(s^2 + \Omega^2)} \\
c_{64} = \dfrac{\Omega(s^2 \cos L + \omega_s^2 \sec L)}{(s^2 + \omega_s^2)(s^2 + \Omega^2)} \\
c_{65} = \dfrac{\Omega^2 \sin L \cos L - \omega_s^2 \tan L}{(s^2 + \omega_s^2)(s^2 + \Omega^2)} \\
c_{66} = \dfrac{(s^2 + \omega_s^2 + \Omega^2 \sin^2 L) s}{(s^2 + \omega_s^2)(s^2 + \Omega^2)}
\end{cases}
\tag{3.47f}
$$

下面讨论陀螺漂移 $\varepsilon_E,\varepsilon_N,\varepsilon_U$ 和加速度计零位误差 $\Delta a_E,\Delta a_N$ 为常值时误差方程的解,也将讨论初始值误差对系统的影响。

3.3.2.2 陀螺漂移引起的系统误差

设陀螺漂移为常值,且不考虑傅科周期振荡的影响。

由方程(3.43)可知,陀螺漂移原函数与象函数关系为 $\varepsilon(s)=\dfrac{\varepsilon}{s}$。这样,将式(3.43)写成:

$$\begin{bmatrix}\delta v_E(s)\\ \delta v_N(s)\\ \delta L(s)\\ \alpha(s)\\ \beta(s)\\ \gamma(s)\end{bmatrix}=\begin{bmatrix}c_{14} & c_{15} & c_{16}\\ c_{24} & c_{25} & c_{26}\\ c_{34} & c_{35} & c_{36}\\ c_{44} & c_{45} & c_{46}\\ c_{54} & c_{55} & c_{56}\\ c_{64} & c_{65} & c_{66}\end{bmatrix}\begin{bmatrix}\dfrac{\varepsilon_E}{s}\\ \dfrac{\varepsilon_N}{s}\\ \dfrac{\varepsilon_U}{s}\end{bmatrix} \tag{3.48}$$

将式(3.48)进行拉氏反变换,得到陀螺漂移为常值时对惯性导航系统输出各量的影响的解析表达式为

$$\begin{aligned}\delta v_E(t)=&\frac{g\sin L}{\omega_s^2-\Omega^2}\left(\sin\Omega t-\frac{\Omega}{\omega_s}\sin\omega_s t\right)\varepsilon_E+\left(\frac{\omega_s^2-\Omega^2\cos^2 L}{\omega_s^2-\Omega^2}\cos\omega_s t-\right.\\&\left.\frac{\omega_s^2\sin^2 L}{\omega_s^2-\Omega^2}\cos\Omega t-\cos^2 L\right)R\varepsilon_N+\left(\frac{\omega_s^2}{\omega_s^2-\Omega^2}\cos\Omega t-\right.\\&\left.\frac{\Omega^2}{\omega_s^2-\Omega^2}\cos\omega_s t-1\right)R\sin L\cos L\varepsilon_U\end{aligned} \tag{3.49a}$$

$$\begin{aligned}\delta v_N(t)=&\frac{g}{\omega_s^2-\Omega^2}(\cos\Omega t-\cos\omega_s t)\varepsilon_E+\frac{g\sin L}{\omega_s^2-\Omega^2}\left(\sin\Omega t-\frac{\Omega}{\omega_s}\sin\omega_s t\right)\varepsilon_N+\\&\left(\frac{\omega_s\Omega\cos L}{\omega_s^2-\Omega^2}\sin\omega_s t-\frac{\omega_s^2\cos L}{\omega_s^2-\Omega^2}\sin\Omega t\right)R\varepsilon_U\end{aligned} \tag{3.49b}$$

$$\begin{aligned}\delta L(t)=&\frac{\omega_s^2}{\omega_s^2-\Omega^2}\left(\frac{1}{\Omega}\sin\Omega t-\frac{1}{\omega_s}\sin\omega_s t\right)\varepsilon_E+\frac{\omega_s^2\Omega\sin L}{\omega_s^2-\Omega^2}\left(\frac{1}{\omega_s}\cos\omega_s t-\right.\\&\left.\frac{1}{\Omega^2}\cos\Omega t\right)+\frac{\sin L}{\Omega}]\varepsilon_N+\left[\frac{\omega_s^2\cos L}{\Omega(\omega_s^2-\Omega^2)}\cos\Omega t-\right.\\&\left.\frac{\Omega\cos L}{\omega_s^2-\Omega^2}\cos\omega_s t-\frac{\cos L}{\Omega}\right]\varepsilon_U\end{aligned} \tag{3.49c}$$

$$\begin{aligned}\alpha(t)=&\frac{1}{\omega_s^2-\Omega^2}(\omega_s\sin\omega_s t-\Omega\sin\Omega t)\varepsilon_E+\frac{\Omega\sin L}{\omega_s^2-\Omega^2}(\cos\Omega t-\cos\omega_s t)\varepsilon_N+\\&\frac{\Omega\cos L}{\omega_s^2-\Omega^2}(\cos\omega_s t-\cos\Omega t)\varepsilon_U\end{aligned} \tag{3.49d}$$

$$\beta(t)=\frac{\Omega\sin L}{\omega_s^2-\Omega^2}(\cos\omega_s t-\cos\Omega t)\varepsilon_E+\left[\frac{\omega_s^2-\Omega^2\cos^2 L}{\omega_s(\omega_s^2-\Omega^2)}\sin\omega_s t-\right.$$

$$\frac{\Omega\sin^2 L}{\omega_s^2-\Omega^2}\sin\Omega t\Big]\varepsilon_N+\frac{\Omega\sin L\cos L}{\omega_s^2-\Omega^2}\Big(\sin\Omega t-\frac{\Omega}{\omega_s}\sin\omega_s t\Big)\varepsilon_U \tag{3.49e}$$

$$\gamma(t)=\Big\{\frac{1}{\Omega\cos L}+\frac{\cos L}{\Omega(\omega_s^2-\Omega^2)}[\Omega^2\tan^2 L\cos\omega_s t-(\Omega^2-\omega_s^2\sec^2 L)\cos\Omega t]\Big\}\varepsilon_E+$$
$$\Big[\frac{\Omega^2\sin L\cos L-\omega_s^2\tan L}{\omega_s^2-\Omega^2}\Big(\frac{1}{\Omega}\sin\Omega t-\frac{1}{\omega_s}\sin\omega_s t\Big)\Big]\varepsilon_N+$$
$$\Big[\frac{\omega_s^2-\Omega^2\cos^2 L}{\Omega(\omega_s^2-\Omega^2)}\sin\Omega t-\frac{\Omega^2\sin^2 L}{\omega_s(\omega_s^2-\Omega^2)}\sin\omega_s t\Big]\varepsilon_U \tag{3.49f}$$

经度误差是开环的，它与东向速度误差有关，即 $\delta\dot{\lambda}=\frac{\delta v_E}{R}\sec L$，所以陀螺常值漂移对经度误差的影响为

$$\delta\lambda(s)=\begin{bmatrix}\frac{\sec L}{Rs}c_{14} & \frac{\sec L}{Rs}c_{15} & \frac{\sec L}{Rs}c_{16}\end{bmatrix}\begin{bmatrix}\frac{\varepsilon_E}{s}\\ \frac{\varepsilon_N}{s}\\ \frac{\varepsilon_U}{s}\end{bmatrix} \tag{3.50}$$

将式(3.47a)的 c_{14}，c_{15} 及 c_{16} 代入式(3.50)，并进行拉氏反变换得

$$\delta\lambda(t)=\Big[\frac{\tan L}{\Omega}(1-\cos\Omega t)-\frac{\Omega\tan L}{\omega_s^2-\Omega^2}(\cos\Omega t-\cos\omega_s t)\Big]\varepsilon_E+$$
$$\Big[\frac{\sec L(\omega_s^2-\Omega^2\cos^2 L)}{\omega_s(\omega_s^2-\Omega^2)}\sin\omega_s t-\frac{\omega_s^2\sin L\tan L}{\Omega(\omega_s^2-\Omega^2)}\sin\Omega t-\cos L\cdot t\Big]\varepsilon_N+$$
$$\Big[\frac{\omega_s^2\sin L}{\Omega(\omega_s^2-\Omega^2)}\sin\Omega t-\frac{\Omega^2\sin L)}{\omega_s(\omega_s^2-\Omega^2)}\sin\omega_s t-\sin L\cdot t\Big]\varepsilon_U \tag{3.51}$$

将式(3.49a)～式(3.49f)及式(3.51)中的振荡项去掉，认为振荡项为零，得到

$$\begin{cases}\delta v_{Es}=-R\cos^2 L\varepsilon_N-R\sin L\cos L\varepsilon_U\\ \delta v_{Ns}=0\\ \delta L_s=\frac{\sin L}{\Omega}\varepsilon_N-\frac{\cos L}{\Omega}\varepsilon_U\\ \delta\lambda_s=\frac{\tan L}{\Omega}\varepsilon_E-\cos L\varepsilon_N t-\sin L\varepsilon_U t\\ \alpha_s=0\\ \beta_s=0\\ \gamma_s=\frac{1}{\Omega\cos L}\varepsilon_E\end{cases} \tag{3.52}$$

解析表达式(3.52)表明陀螺常值漂移还引起惯性导航系统导航参数的常值偏差,更严重的是产生经度随时间增长而增加的积累误差。

综上所述,东向陀螺漂移对经度及方位产生常值分量误差分别为$\frac{\tan L}{\Omega}\varepsilon_E$及$\frac{1}{\Omega\cos L}\varepsilon_E$,而不引起随时间累积的误差,对所有输出的7个导航参数均存在舒勒和地球周期振荡误差。

北向陀螺漂移ε_N及方位陀螺漂移ε_U引起的系统误差是相似的,它们产生纬度常值误差分别为$\frac{\sin L}{\Omega}\varepsilon_N$及$-\frac{\cos L}{\Omega}\varepsilon_U$,产生东向速度常值误差为$-R\cos^2 L\varepsilon_N$及$-R\sin L\cos L\varepsilon_U$。除产生常值误差外,还产生随时间积累的经度误差$-\cos L\varepsilon_N t$及$-\sin L\varepsilon_U t$,这说明惯性导航系统定位误差随时间而积累。$\varepsilon_N$和$\varepsilon_U$也同样对7个输出的导航参数产生舒勒和地球周期振荡的误差。

3.3.2.3 加速度计零位误差引起的系统误差

假设加速度计零位误差为常值,其原函数与象函数关系$\Delta a(s)=\Delta a/s$。从式(3.43)及式(3.46)不难得到

$$\begin{bmatrix}\delta v_E(s)\\ \delta v_N(s)\\ \delta L(s)\\ \alpha(s)\\ \beta(s)\\ \gamma(s)\end{bmatrix}=\begin{bmatrix}c_{11} & c_{12}\\ c_{21} & c_{22}\\ c_{31} & c_{32}\\ c_{41} & c_{42}\\ c_{51} & c_{52}\\ c_{61} & c_{62}\end{bmatrix}\begin{bmatrix}\dfrac{\Delta a_E}{s}\\ \dfrac{\Delta a_N}{s}\end{bmatrix}\tag{3.53}$$

将式(3.47a)~式(3.47f)代入式(3.53),并展开得

$$\begin{cases}\delta v_E(s)=\dfrac{s}{s^2+\omega_s^2}\cdot\dfrac{\Delta a_E}{s}\\ \delta v_N(s)=\dfrac{s}{s^2+\omega_s^2}\cdot\dfrac{\Delta a_N}{s}\\ \delta L(s)=\dfrac{1}{R(s^2+\omega_s^2)}\cdot\dfrac{\Delta a_N}{s}\\ \alpha(s)=-\dfrac{1}{R(s^2+\omega_s^2)}\cdot\dfrac{\Delta a_N}{s}\\ \beta(s)=\dfrac{1}{R(s^2+\omega_s^2)}\cdot\dfrac{\Delta a_E}{s}\\ \gamma(s)=\dfrac{\tan L}{R(s^2+\omega_s^2)}\cdot\dfrac{\Delta a_E}{s}\end{cases}\tag{3.54}$$

将式(3.54)进行拉氏反变换得

$$
\begin{cases}
\delta v_E(t) = \dfrac{1}{\omega_s}\sin\omega_s t \cdot \Delta a_E \\
\delta v_N(t) = \dfrac{1}{\omega_s}\sin\omega_s t \cdot \Delta a_N \\
\delta L(t) = \dfrac{1}{R\omega_s^2}(1 - \cos\omega_s t) \cdot \Delta a_N \\
\alpha(t) = -\dfrac{1}{R\omega_s^2}(1 - \cos\omega_s t) \cdot \Delta a_N \\
\beta(t) = \dfrac{1}{R\omega_s^2}(1 - \cos\omega_s t) \cdot \Delta a_E \\
\gamma(t) = \dfrac{\tan L}{R\omega_s^2}(1 - \cos\omega_s t) \cdot \Delta a_E
\end{cases}
\tag{3.55}
$$

从 $\delta\dot{\lambda} = \dfrac{\delta v_E}{R}\sec L$ 的关系式看,不难得到

$$
\delta\lambda(t) = \frac{\sec L}{R\omega_s^2}(1 - \cos\omega_s t) \cdot \Delta a_E \tag{3.56}
$$

从式(3.55)和式(3.56)看出,加速度计零位误差为常值时,它引起惯性导航系统所有7个导航定位参数误差均包含舒勒周期振荡项,而不包含地球周期振荡项。

由加速度计零位误差 Δa_E,Δa_N 引起的惯性导航系统误差常值分量为

$$
\begin{cases}
\delta v_{Es} = 0 \\
\delta v_{Ns} = 0 \\
\delta L_s = \dfrac{\Delta a_y}{g} \\
\alpha_s = \dfrac{\Delta a_y}{g} \\
\beta_s = \dfrac{\Delta a_x}{g} \\
\gamma_s = \dfrac{\Delta a_x}{g}\tan L \\
\delta\lambda_s = \dfrac{\Delta a_x}{g}\sec L
\end{cases}
\tag{3.57}
$$

由式(3.57)看出,加速度计零位误差引起经纬度误差及平台误差角的常值分量,而不引起速度误差的常值分量。可以说,惯性导航系统的水平精度是由加速度计的零位误差决定的,即由加速度计的精度决定。

3.3.2.4 初始值误差引起的系统误差

假设初始误差均为非阶跃性的常值误差,即是说,在 $t=0$ 时系统已加入误差。在不考虑初始经度误差影响下,由初始误差引起的导航定位参数误差,根据式(3.43)及式(3.47a)~式(3.47f)可写为

$$\begin{bmatrix} \delta v_E(s) \\ \delta v_N(s) \\ \delta L(s) \\ \alpha(s) \\ \beta(s) \\ \gamma(s) \end{bmatrix} = \begin{bmatrix} c_{11} & c_{12} & c_{13} & c_{14} & c_{15} & c_{16} \\ c_{21} & c_{22} & c_{23} & c_{24} & c_{25} & c_{26} \\ c_{31} & c_{32} & c_{33} & c_{34} & c_{35} & c_{36} \\ c_{41} & c_{42} & c_{43} & c_{44} & c_{45} & c_{46} \\ c_{51} & c_{52} & c_{53} & c_{54} & c_{55} & c_{56} \\ c_{61} & c_{62} & c_{63} & c_{64} & c_{65} & c_{66} \end{bmatrix} \begin{bmatrix} \delta v_{E0} \\ \delta v_{N0} \\ \delta L_0 \\ \alpha_0 \\ \beta_0 \\ \gamma_0 \end{bmatrix} \tag{3.58}$$

式(3.58)可拆分为

$$\begin{bmatrix} \delta v_E(s) \\ \delta v_N(s) \\ \delta L(s) \\ \alpha(s) \\ \beta(s) \\ \gamma(s) \end{bmatrix} = \begin{bmatrix} c_{14} & c_{15} & c_{16} \\ c_{24} & c_{25} & c_{26} \\ c_{34} & c_{35} & c_{36} \\ c_{44} & c_{45} & c_{46} \\ c_{54} & c_{55} & c_{56} \\ c_{64} & c_{65} & c_{66} \end{bmatrix} \begin{bmatrix} \alpha_0 \\ \beta_0 \\ \gamma_0 \end{bmatrix} \tag{3.59}$$

$$\begin{bmatrix} \delta v_E(s) \\ \delta v_N(s) \\ \delta L(s) \\ \alpha(s) \\ \beta(s) \\ \gamma(s) \end{bmatrix} = \begin{bmatrix} c_{11} & c_{12} \\ c_{21} & c_{22} \\ c_{31} & c_{32} \\ c_{41} & c_{42} \\ c_{51} & c_{52} \\ c_{61} & c_{62} \end{bmatrix} \begin{bmatrix} \delta v_{E0} \\ \delta v_{N0} \end{bmatrix} \tag{3.60}$$

将式(3.59)进行拉氏反变换,得到平台初始误差角对惯性导航系统输出各

量的影响的解析表达式为

$$\delta v_E(t) = -\frac{g\Omega\sin L}{\omega_s^2-\Omega^2}(\cos\Omega t-\cos\omega_s t)\alpha_0-\left(\frac{\omega_s^2-\Omega^2\cos^2L}{\omega_s^2-\Omega^2}\omega_s\sin\omega_s t-\frac{\omega_s^2\sin^2L}{\omega_s^2-\Omega^2}\Omega\sin\Omega t\right)R\beta_0-\left(\frac{\omega_s^2}{\omega_s^2-\Omega^2}\Omega\sin\Omega t-\frac{\Omega^2}{\omega_s^2-\Omega^2}\omega_s\sin\omega_s t\right)\times R\sin L\cos L\gamma_0 \tag{3.61a}$$

$$\delta v_N(t) = -\frac{g}{\omega_s^2-\Omega^2}(\Omega\sin\Omega t-\omega_s\sin\omega_s t)\alpha_0+\frac{g\sin L}{\omega_s^2-\Omega^2}(\Omega\cos\Omega t-\Omega\cos\omega_s t)\beta_0+\left(\frac{\omega_s^2\Omega\cos L}{\omega_s^2-\Omega^2}\cos\omega_s t-\frac{\omega_s^2\Omega\cos L}{\omega_s^2-\Omega^2}\sin\Omega t\right)R\gamma_0 \tag{3.61b}$$

$$\delta L(t) = \frac{\omega_s^2}{\omega_s^2-\Omega^2}(\cos\Omega t-\cos\omega_s t)\alpha_0-\frac{\omega_s^2\Omega\sin L}{\omega_s^2-\Omega^2}\left(\sin\omega_s t-\frac{1}{\Omega}\sin\Omega t\right)\beta_0-\left[\frac{\omega_s^2\cos L}{\omega_s^2-\Omega^2}\sin\Omega t-\frac{\omega_s\Omega\cos L}{\omega_s^2-\Omega^2}\sin\omega_s t\right]\gamma_0 \tag{3.61c}$$

$$\alpha(t) = \frac{1}{\omega_s^2-\Omega^2}(\omega_s^2\cos\omega_s t-\Omega^2\cos\Omega t)\alpha_0-\frac{\Omega\sin L}{\omega_s^2-\Omega^2}(\Omega\sin\Omega t-\omega_s\sin\omega_s t)\beta_0-\frac{\Omega\cos L}{\omega_s^2-\Omega^2}(\omega_s\sin\omega_s t-\Omega\sin\Omega t)\gamma_0 \tag{3.61d}$$

$$\beta(t) = -\frac{\Omega\sin L}{\omega_s^2-\Omega^2}(\omega_s\sin\omega_s t-\Omega\sin\Omega t)\alpha_0+\left[\frac{\omega_s^2-\Omega^2\cos^2L}{\omega_s^2-\Omega^2}\cos\omega_s t-\frac{\Omega^2\sin^2L}{\omega_s^2-\Omega^2}\cos\Omega t\right]\beta_0+\frac{\Omega^2\sin L\cos L}{\omega_s^2-\Omega^2}(\cos\Omega t-\cos\omega_s t)\gamma_0 \tag{3.61e}$$

$$\gamma(t) = -\frac{\cos L}{\omega_s^2-\Omega^2}[\omega_s\Omega\tan^2L\sin\omega_s t-(\Omega^2-\omega_s^2\sec^2L)\sin\Omega t]\alpha_0+\left[\frac{\Omega^2\sin L\cos L-\omega_s^2\tan L}{\omega_s^2-\Omega^2}(\cos\Omega t-\cos\omega_s t)\right]\beta_0+\left[\frac{\omega_s^2-\Omega^2\cos^2L}{\omega_s^2-\Omega^2}\cos\Omega t-\frac{\Omega^2\sin^2L}{\omega_s^2-\Omega^2}\cos\omega_s t\right]\gamma_0 \tag{3.61f}$$

经度误差是开环的，它与东向速度误差有关，即 $\delta\dot{\lambda}=\frac{\delta v_E}{R}\sec L$，所以初始平台误差角对经度误差的影响为

$$\delta\lambda(s)=\left[\frac{\sec L}{Rs}c_{14}\quad \frac{\sec L}{Rs}c_{15}\quad \frac{\sec L}{Rs}c_{16}\right]\begin{bmatrix}\alpha_0\\ \beta_0\\ \gamma_0\end{bmatrix} \tag{3.62}$$

将式(3.47a)的 c_{14},c_{15}及 c_{16}代入式(3.62),并进行拉氏反变换得

$$\begin{aligned}\delta\lambda(t)=&\left[-\tan L\sin\Omega t+\frac{\Omega\tan L}{\omega_s^2-\Omega^2}(\Omega\sin\Omega t-\omega_s\sin\omega_s t)\right]\alpha_0+\\&\left[\frac{\sec L(\omega_s^2-\Omega^2\cos^2 L)}{\omega_s^2-\Omega^2}\cos\omega_s t-\frac{\omega_s^2\sin L\tan L}{\omega_s^2-\Omega^2}\cos\Omega t-\cos L\right]\beta_0+\\&\left[\frac{\omega_s^2\sin L}{\omega_s^2-\Omega^2}\cos\Omega t-\frac{\Omega^2\sin L}{\omega_s^2-\Omega^2}\cos\omega_s t-\sin L\right]\gamma_0\end{aligned} \tag{3.63}$$

将式(3.61a)~式(3.61f)及式(3.63)中的振荡项去掉,认为振荡项为零,得到

$$\begin{cases}\delta v_{Es}=0\\ \delta v_{Ns}=0\\ \delta L_s=0\\ \delta\lambda_s=-\beta_0\cos L-\gamma_0\sin L\\ \alpha_s=0\\ \beta_s=0\\ \gamma_s=0\end{cases} \tag{3.64}$$

综上所述,东向水平误差角对所有输出的7个导航参数均存在舒勒和地球周期振荡误差。北向水平误差角及方位误差角引起的系统误差是相似的,它们产生经度常值误差分别为 $-\beta_0\cos L$ 及 $\gamma_0\sin L$,也同样对7个输出的导航参数产生舒勒和地球周期振荡的误差。

将式(3.47a)~式(3.47f)代入式(3.60),并展开得

$$\begin{cases}\delta v_E(s)=\dfrac{s}{s^2+\omega_s^2}\cdot\delta v_{E0}\\ \delta v_N(s)=\dfrac{s}{s^2+\omega_s^2}\cdot\delta v_{N0}\\ \delta L(s)=\dfrac{1}{R(s^2+\omega_s^2)}\cdot\delta v_{N0}\\ \alpha(s)=-\dfrac{1}{R(s^2+\omega_s^2)}\cdot\delta v_{N0}\\ \beta(s)=\dfrac{1}{R(s^2+\omega_s^2)}\cdot\delta v_{E0}\\ \gamma(s)=\dfrac{\tan L}{R(s^2+\omega_s^2)}\cdot\delta v_{E0}\end{cases} \tag{3.65}$$

将式(3.54)进行拉氏反变换得

$$
\begin{cases}
\delta v_E(t) = \cos\omega_s t \cdot \delta v_{E0} \\
\delta v_N(t) = \cos\omega_s t \cdot \delta v_{N0} \\
\delta L(t) = \dfrac{1}{R\omega_s}\sin\omega_s t \cdot \delta v_{N0} \\
\alpha(t) = -\dfrac{1}{R\omega_s}\sin\omega_s t \cdot \delta v_{N0} \\
\beta(t) = \dfrac{1}{R\omega_s}\sin\omega_s t \cdot \delta v_{E0} \\
\gamma(t) = \dfrac{\tan L}{R\omega_s}\sin\omega_s t \cdot \delta v_{E0}
\end{cases}
\tag{3.66}
$$

从 $\delta\dot{\lambda} = \dfrac{\delta v_E}{R}\sec L$ 的关系式看,不难得到

$$
\delta\lambda(t) = \frac{\sec L}{R\omega_s}\sin\omega_s t \cdot \delta v_{E0} \tag{3.67}
$$

从式(3.66)和式(3.67)看出,初始速度误差为常值时,它引起惯性导航系统所有7个导航定位参数误差均包含舒勒周期振荡项,而不包含地球周期振荡项,且不引起常值误差分量。

3.3.2.5 结论

在上面误差方程求解时,只引入了三种误差源,即陀螺常值漂移,加速度计常值零位误差,初始误差为非阶跃性常值误差。当忽略傅科周期振荡时,所得结论为:

(1) 陀螺漂移是惯性导航系统误差的主要来源。它能激励舒勒和地球两种周期振荡,并使速度、位置及方位产生常值误差分量,特别严重的是使经度误差产生随时间增长的误差,因此惯性导航系统的位置误差是随时间积累的。

(2) 加速度计零位误差只产生舒勒周期振荡分量,而不产生地球周期振荡。它使平台误差产生常值分量和位置误差产生常值分量。但加速度计零位误差的影响比陀螺常值漂移的影响要小得多,且惯性平台误差主要是由加速度计零位误差决定的。

(3) 初始误差 $\delta L_0,\alpha_0,\beta_0,\lambda_0$ 激励舒勒和地球两种周期振荡,除 β_0,λ_0 对 $\delta\lambda(t)$ 产生常值分量外,其他均为振荡性误差。初始误差 $\delta v_{E0},\delta v_{N0}$ 只产生舒勒周期振荡分量,而不产生地球周期振荡项。

(4) 地球周期振荡在水平误差角 α,β 及速度误差 $\delta v_E,\delta v_N$ 中表现不明显,主要是舒勒周期振荡。在纬度误差 δL、经度误差 $\delta\lambda$ 及方位误差 γ 中,舒勒和地球两种周期振荡均表现明显。

3.3.3 计算机模拟

下面对惯性导航系统进行模拟,并给出模拟结果。模拟时,假设载体不动,即速度为零,在经度 126. 6705°,纬度 45. 7796°(哈尔滨)工作。给定误差源$\Delta a_E = \Delta a_N = 10^{-4}g$;$\varepsilon_E = \varepsilon_N = \varepsilon_U = 0.01(°)/h$。所得误差曲线如图 3. 1 ~ 图 3. 3 所示。

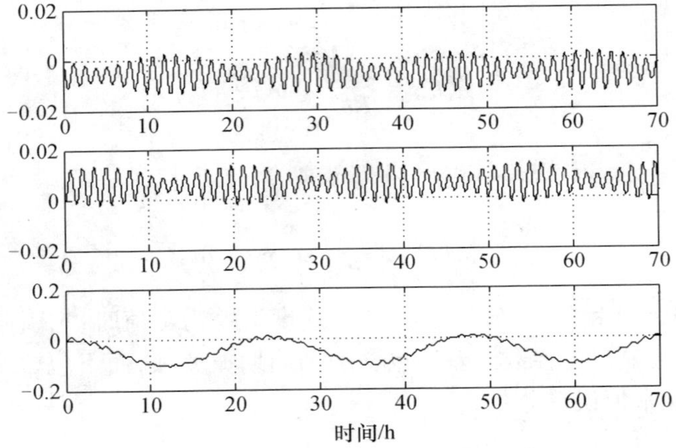

图 3. 1　平台运动误差曲线

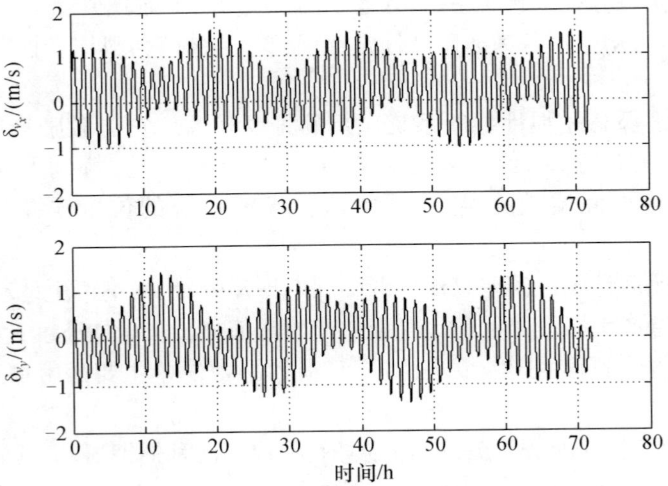

图 3. 2　速度误差曲线

从图 3. 1、图 3. 2 可见,在水平误差角 α,β 及水平速度误差 δv_E,δv_N 中,傅科周期振荡调制舒勒周期振荡,它们是主要误差源,且水平误差角 α,β 中有明显的常值偏差;在方位、纬度和经度误差中,地球周期振荡表现明显,且经度误差随时间增长。

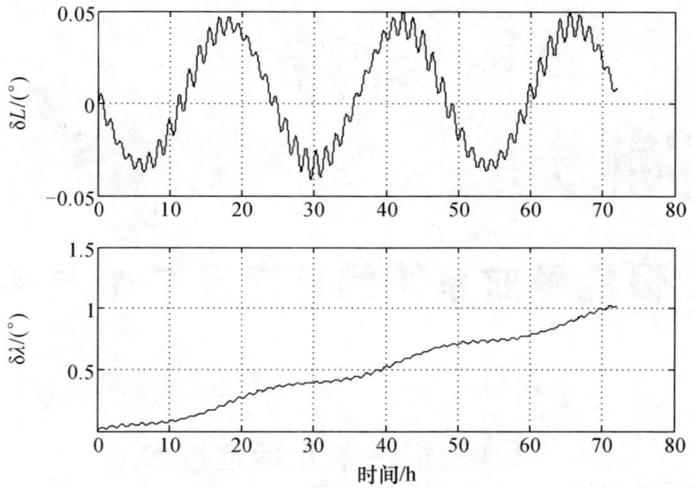

图 3.3　位置误差曲线

参 考 文 献

[1] Pitman G. Inertial Guidance. New York: Wiley, 1962.

[2] 黄德鸣,程禄. 惯性导航系统. 北京: 国防工业出版社, 1986.

[3] 雷渊超. 惯性导航系统. 哈尔滨: 哈尔滨船舶工程学院, 1978.

第4章

惯性导航系统的标定及初始对准

4.1 惯性单元标定技术

实际的惯性导航系统中存在各种误差源,主要误差源包括以下几个方面。

(1) 安装误差:主要指加速度计和陀螺敏感轴在平面上的安装误差。

(2) 惯性组件误差:主要是由温度、磁场、质量不平衡等干扰引起的陀螺漂移,以及加速度计零偏和标度因数误差。

(3) 初始对准误差:主要指系统在进入导航状态工作之前,给计算机引入的初始信息误差。

通常情况下,可以认为惯性导航系统的各种误差源之间相互统计独立,它们所产生的导航误差可以分别计算并按最小二乘法原理叠加。惯性导航系统主要误差之一是来源于惯性组件的漂移,这种漂移一般可以分为两类,一类是可预测的误差,另一类是随机误差。误差补偿的基本思路是修正可预测的一种或多种系统误差。所采用的方法即对敏感器建立合理的误差模型,包括标度因数、安装误差、常值漂移,将其装入软件中,对误差进行补偿提高仪表的使用精度。对于随机误差由于误差源的不确定性,可用不同的误差补偿方法。对于高频随机噪声的抑制,传统的数字滤波器,如IIR,FIR等,具有一定的效果,但基于现代信息理论的卡尔曼滤波器更是强有力的工具[1]。

这些系数和误差可以通过高精度的转台进行标定。

4.1.1 惯性器件误差源分析及数学模型

1. 光纤陀螺

当环境温度变化时,光纤陀螺光源的波长随之变化,而敏感器的灵敏度与光源的波长成反比。温度的变化引起光导纤维折射率的变化,从而又导致调制器性能的变化。此外,光学纤维与线圈骨架的膨胀系数也应当严格匹配,否则热膨胀引起的应力差就会导致测量误差。温度的变化还会导致线圈尺寸的变化,继而引起陀螺标度因数的变化。

如果线圈上的温度梯度导致沿光导纤维出现随时间变化的温度梯度，就会发生零偏。当反向传播的激光相应的波峰在不同的时间通过同一区域，则会导致非互易性，即产生舒普(Shupe)效应。

当给线圈加上一个加速度的时候，会导致线圈变形，继而导致陀螺标度因数的改变。光纤线圈或者一段光纤在受到振动的时候，根据振动的幅度不同，线圈或光纤也会发生某些变形。

杂散磁场的存在也会带来负面影响，因为磁场与非光学部件会发生相互作用，还会导致光导纤维中光束的偏振状态发生变化。使用磁屏蔽可以减轻这种影响。

输出信号的零偏和漂移主要来源于光导纤维的双折射、包层模的传播及光学信号的偏振调制。

光纤陀螺的输出 $\bar{\omega}_x$ 可以用数学的方法表示为 $\omega_x, \omega_y, \omega_z$ 的函数，其中 ω_x 为输入速率，ω_y 和 ω_z 分别为绕激光平面内的两条轴线的速率，有

$$\bar{\omega}_x = (1 + S_x)\omega_x + M_y\omega_y + M_z\omega_z + B_x + n_x \tag{4.1}$$

式中：S_x 为标度因数误差；M_y 和 M_z 为陀螺仪激光平面与标称输入轴线的对准误差；B_x 为固定零偏；n_x 为随机零偏误差。

随机零偏包括随机游走误差，这项误差在机械式陀螺中尽管也有某种程度的存在，但在光学敏感器中，它的影响一般要大一个数量级。

2. 加速度计

力反馈摆式加速度计具有很高的性能：线性好、零偏小、动态范围 0 ~ 10^5m/s^2。这是一个无量纲量值，是由敏感器可测的最大加速度除以其分辨率得到的。其主要误差源如下。

(1) 测量零偏：是由剩余弹性力和所用电传感器的零位移动产生的。

(2) 标度因数误差：主要由温度影响和非理想构件产生。

(3) 交叉耦合：当敏感器在铰链轴或摆轴方向有 g 过载时产生的测量零偏。

(4) 振摆误差：在某些条件下，当敏感器同时沿敏感轴和摆轴受到振动时产生的测量零偏。

(5) 随机零偏：由敏感器组件内部的不稳定引起。

摆式加速度计还有其他测量误差，如迟滞效应误差、非重复性零偏和高阶标度因数误差。由于老化过程，永久磁铁的特性变化也会引起标度因数的变化。这可以通过定期校准来纠正。

敏感器 $\bar{a}_x$ 提供的测量可分别用沿其敏感轴 a_x 的加速度及其垂直面上两个加速度 a_y 和 a_z 来表示，即

$$\bar{a}_x = (1 + S_x)a_x + M_y a_y + M_z a_z + B_f + n_x \tag{4.2}$$

式中：S_x 为标度因数误差，通常用多项式形式表达，以便包含非线性影响；M_y 和 M_z 为交叉耦合因子；B_f 为测量零偏；n_x 为随机零偏。

4.1.2 惯性测量单元误差模型

对于捷联惯性导航系统，三个陀螺与三个加速度计正交安装，6 个传感器组成惯性测量单元（IMU）。捷联系统工作时，IMU 是固联在一起的一个整体，并且相对位置固定，因此对 IMU 进行误差补偿的时候需要整体考虑，其误差模型也需整体设计。从理论上讲，误差数学模型的阶次越高、项数越多，对误差的描述越精确、补偿效果越好，但是要通过试验计算出误差系数的难度就越大。所以结合单个器件误差模型，从补偿精度和试验难度的综合考虑，加速度计采用了 8 个误差项的静态误差数学模型：

$$\begin{cases} N_{ax} = A_0 + A_1A_x + A_2A_y + A_3A_z + A_4A_xA_z + A_5A_xA_y + A_6A_yA_z + A_7A_x^2 \\ N_{ay} = B_0 + B_1A_x + B_2A_y + B_3A_z + B_4A_xA_z + B_5A_xA_y + B_6A_yA_z + B_7A_y^2 \\ N_{az} = C_0 + C_1A_x + C_2A_y + C_3A_z + C_4A_xA_z + C_5A_xA_y + C_6A_yA_z + C_7A_z^2 \end{cases} \tag{4.3}$$

式中：N_{ax}，N_{ay}，N_{az}分别为 x，y，z 三个轴加速度计的输出；A_0，B_0，C_0 分别为三个轴加速度计的零位误差；A_1，B_1，C_1 分别为三个轴加速度计的标度因数；A_2，A_3，B_2，B_3，C_2，C_3 分别为三个轴加速度计的安装误差；A_4，A_5，A_6，B_4，B_5，B_6，C_4，C_5，C_6 分别为三个轴加速度计的二次耦合项误差；A_7，B_7，C_7 分别为三个轴加速度计的二次非线性误差。

光纤陀螺误差的数学模型：

$$\begin{cases} N_{gx} = A_0 + A_1\omega_x + A_2\omega_y + A_3\omega_z \\ N_{gy} = B_0 + B_1\omega_x + B_2\omega_y + B_3\omega_z \\ N_{gz} = C_0 + C_1\omega_x + C_2\omega_y + C_3\omega_z \end{cases} \tag{4.4}$$

式中：N_{gx}，N_{gy}，N_{gz}分别为 x，y，z 三个轴光纤陀螺的输出；A_0，B_0，C_0 分别为三个轴光纤陀螺的零位误差；A_1，B_1，C_1 分别为三个轴光纤陀螺的标度因数；A_2，A_3，B_2，B_3，C_2，C_3 分别为三个轴光纤陀螺的安装误差。

4.1.3 标定方案设计

捷联系统的组合标定试验以三轴惯性导航试验转台为基础，设计了速率试验和位置试验，分别对加速度计和光纤陀螺的模型系数进行辨识。

4.1.3.1 速率试验

速率试验的目的是确定三个光纤陀螺的标度因数和安装误差系数。试验的过程可以总结为对陀螺施加定量的角速率,检测并记录其输出信号,通过两者的定量关系拟合出光纤陀螺误差模型中的参数。定量角速率的施加需要借助惯性导航试验转台,它可以提供精确的转动角速率和转动角度。试验的方法是多种多样的,如将 IMU 三个坐标轴分别指天,以多个角速率转动转台外框,以此激励出光纤陀螺的标度因数和安装误差系数。在小角速率情况下,转台转动速率太小,耗时相对较长,不利于快速试验情况。下面详细描述提高试验速度的标定原理及过程。

以单个陀螺速率试验为例,图 4.1 所示为单轴陀螺速率试验的基本原理。图中 OX 表示水平面,OY 表示垂直指天的方向,OA 所指方向为陀螺的敏感轴方向。陀螺绕着 OY 轴以角速率 Ω 进行转动,此时陀螺敏感轴所敏感到的角速率为 $\Omega\sin\psi$。当 $\psi=90°$时,陀螺所敏感到的角速率为 Ω;当 $\psi=0°$时,陀螺所敏感到的角速率为 0。因此可以通过改变陀螺敏感轴的倾角 ψ 来改变陀螺的激励输入角速率,只要设定 Ω 为一个合理的角速率值,就可以达到既激励出陀螺的模型参数,又节省试验时间的目的。

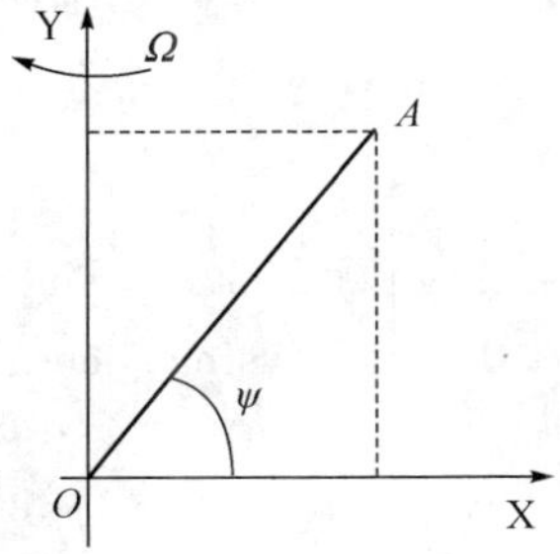

图 4.1　单轴陀螺速率试验的基本原理

下面详细介绍 IMU 速率试验的过程。

(1) 将捷联系统 IMU 安装在转台的基座上,使其 X,Y,Z 主轴分别与转台的内、中、外框的自转轴相一致。

(2) 按照表 4.1 中角度控制转台角度,并以 20(°)/s 的角速率转动转台外框,记录每个位置下转台旋转一周过程中 IMU 的采样数据,最终记录 33 组数据。

表 4.1　IMU 速率试验位置编排　　　　单位:(°)

位置 A(X 轴陀螺)			位置 B(Y 轴陀螺)			位置 C(Z 轴陀螺)		
编号	内框	中框	编号	内框	中框	编号	内框	中框
1	90	0	1	0	90	1	0	0
2	53.1301	0	2	0	53.1301	2	0	36.8699
3	36.8699	0	3	0	36.8699	3	0	53.1301

（续）

位置 A（X 轴陀螺）			位置 B（Y 轴陀螺）			位置 C（Z 轴陀螺）		
编号	内框	中框	编号	内框	中框	编号	内框	中框
4	23.5370	0	4	0	23.5370	4	0	66.4218
5	11.5370	0	5	0	11.5370	5	0	78.4630
6	0	0	6	0	0	6	0	90
7	-11.537	0	7	0	-11.537	7	0	101.5370
8	-23.5782	0	8	0	-23.5782	8	0	113.5782
9	-36.8699	0	9	0	-36.8699	9	0	126.8699
10	-53.1301	0	10	0	-53.1301	10	0	143.1301
11	-90	0	11	0	-90	11	0	180

假设速率试验中外框转动角速率为 ω，且方向与平台坐标系 Z 轴方向成右手螺旋定则。在任意时刻 t，IMU 三个陀螺敏感轴所敏感到的角速率 ω_x、ω_y、ω_z 分别为

A 位置

$$\begin{bmatrix}\omega_x\\ \omega_y\\ \omega_z\end{bmatrix}=\begin{bmatrix}\cos\gamma & 0 & -\sin\gamma\\ 0 & 1 & 0\\ \sin\gamma & 0 & \cos\gamma\end{bmatrix}\cdot\begin{bmatrix}\cos\varphi & \sin\varphi & 0\\ -\sin\varphi & \cos\varphi & 0\\ 0 & 0 & 1\end{bmatrix}\cdot\begin{bmatrix}0\\ \Omega\cos L\\ \Omega\sin L+\omega\end{bmatrix} \tag{4.5}$$

B 位置

$$\begin{bmatrix}\omega_x\\ \omega_y\\ \omega_z\end{bmatrix}=\begin{bmatrix}1 & 0 & 0\\ 0 & \cos\theta & \sin\theta\\ 0 & -\sin\theta & \cos\theta\end{bmatrix}\cdot\begin{bmatrix}\cos\varphi & \sin\varphi & 0\\ -\sin\varphi & \cos\varphi & 0\\ 0 & 0 & 1\end{bmatrix}\cdot\begin{bmatrix}0\\ \Omega\cos L\\ \Omega\sin L+\omega\end{bmatrix} \tag{4.6}$$

C 位置

$$\begin{bmatrix}\omega_x\\ \omega_y\\ \omega_z\end{bmatrix}=\begin{bmatrix}1 & 0 & 0\\ 0 & \cos\theta & \sin\theta\\ 0 & -\sin\theta & \cos\theta\end{bmatrix}\cdot\begin{bmatrix}\cos\varphi & \sin\varphi & 0\\ -\sin\varphi & \cos\varphi & 0\\ 0 & 0 & 1\end{bmatrix}\cdot\begin{bmatrix}0\\ \Omega\cos L\\ \Omega\sin L+\omega\end{bmatrix} \tag{4.7}$$

式中：$\Omega=15.0411°/\mathrm{h}$ 为地球自转速率。

设 K_{gx}，K_{gy}，K_{gz} 分别为 x，y，z 三个轴陀螺的标度因数；E_{gxz}，E_{gxy} 为敏感 ω_y，ω_z 的安装误差角；E_{gyz}，E_{gyx} 为敏感 ω_x，ω_z 的安装误差角；E_{gzy}，E_{gzx} 为敏感 ω_x，ω_y 安装误差角；D_{x0}，D_{y0}，D_{z0} 分别为三个陀螺的零位误差，则陀螺误差方程可改写为

$$
\begin{cases}
\dfrac{N_{gx}}{K_{gx}} = \omega_x + E_{gxz}\omega_y + E_{gxy}\omega_z + D_{x0} \\
\dfrac{N_{gy}}{K_{gy}} = E_{gyz}\omega_x + \omega_y + E_{gyx}\omega_z + D_{y0} \\
\dfrac{N_{gz}}{K_{gz}} = E_{gzy}\omega_x + \omega_y + E_{gzx}\omega_z + \omega_z + D_{z0}
\end{cases}
\tag{4.8}
$$

将式(4.5)代入误差方程(4.8)中,可得

$$
\begin{cases}
\dfrac{N_{gxA}}{K_{gx}} = \cos\gamma \cdot \sin\omega t \cdot \Omega\cos L - \sin\gamma(\Omega\sin L + \omega) + E_{gxz}\cos\omega t \cdot \Omega\cos L + \\
\qquad E_{gxy}[\sin\gamma\sin\omega t \cdot \Omega\cos L + \cos\gamma(\Omega\sin L + \omega)] \\
\dfrac{N_{gyA}}{K_{gy}} = \cos\omega t \cdot \Omega\cos L + E_{gyz}[\cos\gamma\sin\omega t \cdot \Omega\cos L - \sin\gamma(\Omega\sin L + \omega)] + \\
\qquad E_{gyx}[\sin\gamma\sin\omega t \cdot \Omega\cos L + \cos\gamma(\Omega\sin L + \omega)] \\
\dfrac{N_{gzA}}{K_{gz}} = \sin\gamma\sin\omega t \cdot \Omega\cos L + \cos\gamma(\Omega\sin L + \omega) + E_{gzy}[\cos\omega t \cdot \Omega\cos L] + \\
\qquad E_{gzx}[\cos\gamma\sin\omega t \cdot \Omega\cos L - \sin\gamma(\Omega\sin L + \omega)]
\end{cases}
\tag{4.9}
$$

记录数据的时候是每个姿态转台外框旋转一周记录一组数据,将每组数据按通道求和。则式(4.9)中凡是与 ωt 相关的三角函数项全部相互抵消,得

$$
\begin{cases}
\dfrac{N_{gxA}}{K_{gx}} = -\sin\gamma(\Omega\sin L + \omega) + E_{gxy}\cos\gamma(\Omega\sin L + \omega) \\
\dfrac{N_{gyA}}{K_{gy}} = -E_{gyz}\sin\gamma(\Omega\sin L + \omega) + E_{gyx}\cos\gamma(\Omega\sin L + \omega) \\
\dfrac{N_{gzA}}{K_{gz}} = \cos\gamma(\Omega\sin L + \omega) - E_{gzy}\sin\gamma(\Omega\sin L + \omega)
\end{cases}
\tag{4.10}
$$

由于式中 $\gamma \in (-90°, 90°)$,将角度绝对值相同的各组数据对应相减,则与 $\sin\gamma$ 相关项异号做差为 $2\sin\gamma$,与 $\cos\gamma$ 相关项同号做差之后为 0,得

$$
\begin{cases}
\dfrac{\Delta N_{gxA}}{K_{gx}} = 2\sin\gamma(\Omega\sin L + \omega) \\
\dfrac{\Delta N_{gyA}}{K_{gy}} = 2E_{gyz}\sin\gamma(\Omega\sin L + \omega) \\
\dfrac{\Delta N_{gzA}}{K_{gz}} = 2E_{gzy}\sin\gamma(\Omega\sin L + \omega)
\end{cases}
\tag{4.11}
$$

同理可得

$$\begin{cases}\dfrac{\Delta N_{gxB}}{K_{gx}} = 2E_{gxz}\sin\theta(\Omega\sin L + \omega) \\ \dfrac{\Delta N_{gyB}}{K_{gy}} = 2\sin\theta(\Omega\sin L + \omega) \\ \dfrac{\Delta N_{gzB}}{K_{gz}} = 2E_{gzx}\sin\theta(\Omega\sin L + \omega)\end{cases} \tag{4.12}$$

同理可得

$$\begin{cases}\dfrac{\Delta N_{gxC}}{K_{gx}} = 2E_{gxy}\sin\theta(\Omega\sin L + \omega) \\ \dfrac{\Delta N_{gyC}}{K_{gy}} = 2E_{gyx}\cos\theta(\Omega\sin L + \omega) \\ \dfrac{\Delta N_{gzC}}{K_{gz}} = 2\cos\theta(\Omega\sin L + \omega)\end{cases} \tag{4.13}$$

由式(4.11)~式(4.13)可得陀螺的标度因数及安装误差系数的计算公式为

$$\begin{cases}K_{gx} = \dfrac{\Delta N_{gxA}}{2\sin\gamma(\Omega\sin L + \omega)} \\ K_{gy} = \dfrac{\Delta N_{gyB}}{2\sin\theta(\Omega\sin L + \omega)} \\ K_{gz} = \dfrac{\Delta N_{gzC}}{2\cos\theta(\Omega\sin L + \omega)}\end{cases} \tag{4.14}$$

$$\begin{cases}E_{gxy} = \dfrac{\Delta N_{gxC}\sin\gamma}{\Delta N_{gxA}\cos\theta} \\ E_{gyx} = \dfrac{\Delta N_{gyC}\sin\theta}{\Delta N_{gyB}\cos\theta} \\ E_{gxz} = \dfrac{\Delta N_{gxB}\sin\gamma}{\Delta N_{gxA}\sin\theta} \\ E_{gzx} = \dfrac{\Delta N_{gzB}\cos\theta}{\Delta N_{gzA}\sin\theta} \\ E_{gyz} = \dfrac{\Delta N_{gyA}\sin\theta}{\Delta N_{gyB}\sin\gamma} \\ E_{gzy} = \dfrac{\Delta N_{gzA}\cos\theta}{\Delta N_{gzC}\sin\gamma}\end{cases} \tag{4.15}$$

4.1.3.2 位置试验

位置试验的目的是确定光纤陀螺的零位误差,加速度计的标度因数、零位误差、安装误差。位置试验方法简述如下:

(1) 捷联 IMU 安装在转台的基座上,其 x,y,z 轴陀螺的主轴分别与转台的中、内、外框的自转轴平行,转台姿态角为 0 时,三轴分别指向东、北、天方向。

(2) 按照图 4.2 所示的方位依次将 x,y,z 轴陀螺的主轴分别指北,并且每个陀螺主轴指北情况下,绕该轴一次转动22.5°,每个位置陀螺和加速度计的采样为 20s 时间,共计 48 组数据。位置试验转台姿态见表 4.2。

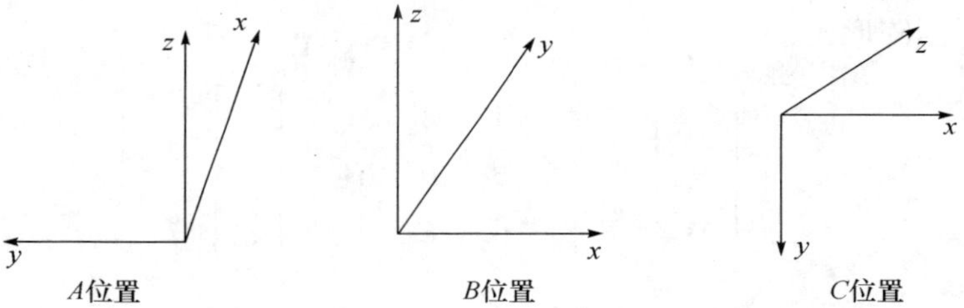

图 4.2 x,y,z 轴陀螺的主轴分别指北的示意图

表 4.2 位置试验转台姿态 单位:(°)

A 位置(x 轴指北)				B 位置(y 轴指北)				C 位置(z 轴指北)			
序号	内框	中框	外框	序号	内框	中框	外框	序号	内框	中框	外框
1	0	0	90	1	0	0	0	1	90	0	90
2	0	22.5	90	2	22.5	0	0	2	90	22.5	90
3	0	45	90	3	45	0	0	3	90	45	90
⋮	⋮	⋮	⋮	⋮	⋮	⋮	⋮	⋮	⋮	⋮	⋮
15	0	315	90	15	315	0	0	15	90	315	90
16	0	337.5	90	16	337.5	0	0	16	90	337.5	90

试验过程中,由于转台的运动控制需要一个稳定的时间。因此,在做位置试验时,需要等转台停稳了再开始保存数据。试验总共包括 48 个位置,因此又被称为"48 位置静态试验"。

1. 加速度计标定参数的计算

在任意位置,转台上的 IMU 所敏感到的加速度值,即为平台坐标系下东北天三轴的加速度转化到载体坐标系下,式中 γ,θ,φ 分别对应转台的内框、中框、外框的转动角度。

$$\begin{bmatrix} a_x \\ a_y \\ a_z \end{bmatrix} = \begin{bmatrix} \cos\gamma & 0 & -\sin\gamma \\ 0 & 1 & 0 \\ \sin\gamma & 0 & \cos\gamma \end{bmatrix} \cdot \begin{bmatrix} 1 & 0 & 0 \\ 0 & \cos\theta & \sin\theta \\ 0 & -\sin\theta & \cos\theta \end{bmatrix} \cdot \begin{bmatrix} \cos\varphi & \sin\varphi & 0 \\ -\sin\varphi & \cos\varphi & 0 \\ 0 & 0 & 1 \end{bmatrix} \begin{bmatrix} 0 \\ 0 \\ -g \end{bmatrix} \tag{4.16}$$

对式(4.3)进行化简,省略掉模型中的二次耦合项和二次非线性误差误差系数,得到的简化模型为

$$\begin{cases} N_{ax} = A_0 + A_1 a_x + A_2 a_y + A_3 a_z \\ N_{ay} = B_0 + B_1 a_x + B_2 a_y + B_3 a_z \\ N_{az} = C_0 + C_1 a_x + C_2 a_y + C_3 a_z \end{cases} \tag{4.17}$$

将其写成矩阵形式:

$$\begin{bmatrix} N_{ax} \\ N_{ay} \\ N_{az} \end{bmatrix} = \begin{bmatrix} A_0 & A_1 & A_2 & A_3 \\ B_0 & B_1 & B_2 & B_3 \\ C_0 & C_1 & C_2 & C_3 \end{bmatrix} \cdot \begin{bmatrix} 1 \\ a_x \\ a_y \\ a_z \end{bmatrix} \tag{4.18}$$

式(4.18)等号两端同时转置,有

$$\begin{bmatrix} N_{ax} & N_{ay} & N_{az} \end{bmatrix} = \begin{bmatrix} 1 & a_x & a_y & a_z \end{bmatrix} \begin{bmatrix} A_0 & B_0 & C_0 \\ A_1 & B_1 & C_1 \\ A_2 & B_2 & C_2 \\ A_3 & B_3 & C_3 \end{bmatrix} \tag{4.19}$$

将48组数据每一组按通道求平均值,然后代入式(4.19)得

$$\begin{bmatrix} N_{ax}(1) & N_{ay}(1) & N_{az}(1) \\ N_{ax}(2) & N_{ay}(2) & N_{az}(2) \\ \vdots & \vdots & \vdots \\ N_{ax}(48) & N_{ay}(48) & N_{az}(48) \end{bmatrix} = \begin{bmatrix} 1 & a_x(1) & a_y(1) & a_z(1) \\ 1 & a_x(2) & a_y(2) & a_z(2) \\ \vdots & \vdots & \vdots & \\ 1 & a_x(48) & a_y(48) & a_z(48) \end{bmatrix} \begin{bmatrix} A_0 & B_0 & C_0 \\ A_1 & B_1 & C_1 \\ A_2 & B_2 & C_2 \\ A_3 & B_3 & C_3 \end{bmatrix} \tag{4.20}$$

式中:$N_{ax}(i)$,$N_{ay}(i)$,$N_{az}(i)$($i=1,2,\cdots,48$)分别为x,y,z轴加速度计的48组采样值的平均值;$a_x(i)$,$a_y(i)$,$a_z(i)$($i=1,2,\cdots,48$)为载体坐标系下,三个轴向加速度在48个位置的真实值;A_i,B_i,C_i($i=1,2,\cdots,48$)为加速度计误差模型系数。将式(4.20)写成$\boldsymbol{Z}=\boldsymbol{AX}+\boldsymbol{U}$的形式,根据最小二乘法原理,待求量的估计值为$\hat{\boldsymbol{X}}=[\boldsymbol{A}'\boldsymbol{A}]^{-1}\boldsymbol{A}'\boldsymbol{Z}$,其中$\boldsymbol{X}$为误差模型系数$A_i$,$B_i$,$C_i$($i=1,2,\cdots,48$)。

2. 陀螺零偏的计算

48位置静态试验中,陀螺敏感到角速度为

$$\begin{bmatrix}\omega_x\\\omega_y\\\omega_z\end{bmatrix}=\begin{bmatrix}\cos\gamma & 0 & -\sin\gamma\\0 & 1 & 0\\\sin\gamma & 0 & \cos\gamma\end{bmatrix}\cdot\begin{bmatrix}1 & 0 & 0\\0 & \cos\theta & \sin\theta\\0 & -\sin\theta & \cos\theta\end{bmatrix}\cdot\begin{bmatrix}\cos\varphi & \sin\varphi & 0\\-\sin\varphi & \cos\varphi & 0\\0 & 0 & 1\end{bmatrix}\cdot\begin{bmatrix}0\\\Omega\cos L\\\Omega\sin L\end{bmatrix} \tag{4.21}$$

式中：$\omega_x,\omega_y,\omega_z$ 为三个轴的角速度，将式(4.8)改写成为如下形式：

$$\begin{bmatrix}\dfrac{N_{gx}}{K_{gx}} & \dfrac{N_{gy}}{K_{gy}} & \dfrac{N_{gz}}{K_{gz}}\end{bmatrix}=\begin{bmatrix}\omega_x & \omega_y & \omega_z\end{bmatrix}\cdot\begin{bmatrix}1 & E_{gyz} & E_{gzy}\\E_{gxz} & 1 & E_{gzx}\\E_{gxy} & E_{gyx} & 1\end{bmatrix}+\begin{bmatrix}D_{x0} & D_{y0} & D_{z0}\end{bmatrix} \tag{4.22}$$

将48位置试验数据代入式(4.22)，有

$$\begin{bmatrix}\dfrac{N_{gx}(1)}{K_{gx}} & \dfrac{N_{gy}(1)}{K_{gy}} & \dfrac{N_{gz}(1)}{K_{gz}}\\\dfrac{N_{gx}(2)}{K_{gx}} & \dfrac{N_{gy}(2)}{K_{gy}} & \dfrac{N_{gz}(2)}{K_{gz}}\\\vdots & \vdots & \vdots\\\dfrac{N_{gx}(48)}{K_{gx}} & \dfrac{N_{gy}(48)}{K_{gy}} & \dfrac{N_{gz}(48)}{K_{gz}}\end{bmatrix}=\begin{bmatrix}\omega_x(1) & \omega_y(1) & \omega_z(1)\\\omega_x(2) & \omega_y(2) & \omega_z(2)\\\vdots & \vdots & \vdots\\\omega_x(48) & \omega_y(48) & \omega_z(48)\end{bmatrix}\cdot$$

$$\begin{bmatrix}1 & E_{gyz} & E_{gzy}\\E_{gxz} & 1 & E_{gzx}\\E_{gxy} & E_{gyx} & 1\end{bmatrix}+\begin{bmatrix}D_{x0} & D_{y0} & D_{z0}\end{bmatrix}+\begin{bmatrix}1\\1\\\vdots\\1\end{bmatrix}\cdot\begin{bmatrix}D_{x0} & D_{y0} & D_{z0}\end{bmatrix} \tag{4.23}$$

将式(4.23)写成 $\boldsymbol{N}=\boldsymbol{WE}+\boldsymbol{ID}$ 的形式，根据最小二乘法原理，待求量的估计值为 $\hat{\boldsymbol{D}}=[\boldsymbol{I}_0'\boldsymbol{I}_0]^{-1}\boldsymbol{I}_0'(\boldsymbol{N}-\boldsymbol{WE})$，其中 $\boldsymbol{D}$ 为陀螺零位误差系数。由此完成了对惯性测量单元的标定。

4.2 平台惯性导航系统的静基座对准

4.2.1 指北方位惯性导航系统误差方程

从惯性导航系统的误差方程入手研究平台初始精对准[2]。假设载体所在的地理位置已精确测得，并略去系统交叉耦合项 $-2\Omega\sin L\delta v_E$ 和 $2\Omega\sin L\delta v_N$，在以上假设下，静基座指北方位惯性导航系统误差方程可以简化为

$$
\begin{cases}
\delta\dot{v}_E = -\phi_N g + \nabla_E \\
\delta\dot{v}_N = \phi_E g + \nabla_N \\
\dot{\phi}_E = -\dfrac{\delta v_N}{R} - \Omega\cos L \cdot \phi_D + \Omega\sin L \cdot \phi_N + \varepsilon_E \\
\dot{\phi}_N = \dfrac{\delta v_E}{R} - \Omega\sin L \cdot \phi_E + \varepsilon_N \\
\dot{\phi}_D = -\dfrac{\tan L}{R}\delta v_E - \phi_E \Omega\cos L + \varepsilon_D
\end{cases}
\tag{4.24}
$$

在设计精对准方案时，可以将水平对准和方位对准分开进行。首先进行水平对准，方位陀螺自锁，不参与系统对准工作。由于在进入水平精对准时平台的方位误差角 ϕ_D 较大，因此交叉耦合项 $\Omega\cos L \cdot \phi_D$ 对北向加速度计和东向陀螺所组成的水平通道影响也较大，故不能忽略，可当作常值误差源处理，于是得到图 4.3 所示的平台水平姿态误差方块图。

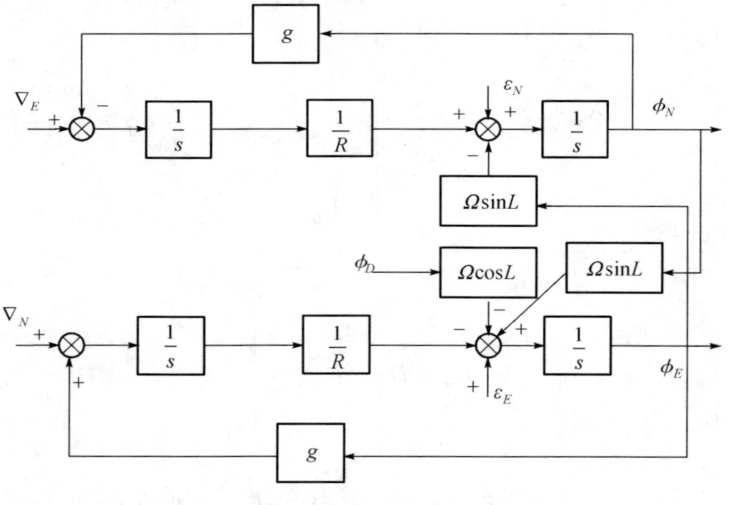

图 4.3 静基座下平台水平姿态误差方块图

4.2.2 单轴水平回路的初始对准

在平台水平精对准时，平台的水平姿态误差角所产生的交叉耦合影响比其他误差源的影响小得多，故可忽略，于是得到两个独立的水平回路误差方块图，如图 4.4 所示。

两个水平通道所对应的误差方程为

$$
\begin{cases}
\delta\dot{v}_E = -\phi_N g + \nabla_E \\
\dot{\phi}_N = \dfrac{\delta v_E}{R} + \varepsilon_N
\end{cases}
\tag{4.25}
$$

$$
\begin{cases}
\delta\dot{v}_N = \phi_E g + \nabla_N \\
\dot{\phi}_E = -\dfrac{\delta v_N}{R} + \Omega\cos L \cdot \phi_D + \varepsilon_E
\end{cases}
\tag{4.26}
$$

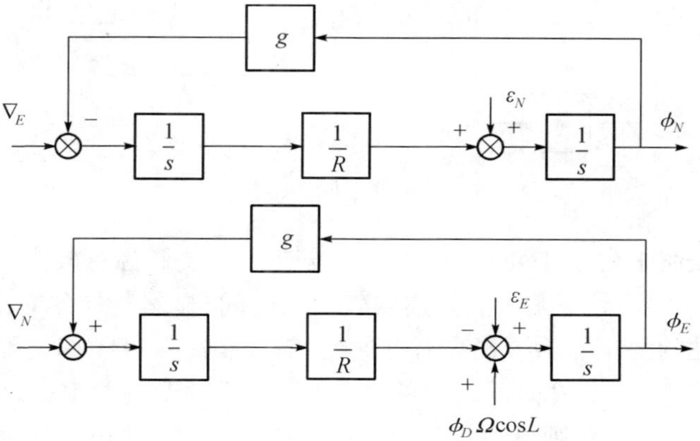

图 4.4　两个独立的水平回路误差方块图

从图 4.4 中可以看出,两个水平通道的形式相似,因此这里仅以北向加速度计和东向陀螺仪所组成的单轴水平回路讨论水平初始对准问题。

1. 一阶调平回路

根据误差分析可知,当系统有 ϕ_E,ε_E,$\phi_D\Omega\cos L$,∇_N 常值误差源时,由误差方程(4.26)可以求得平台绕东向轴的误差角

$$
\phi_E(t) = \frac{1}{\omega_s}(\varepsilon_E + \phi_D\Omega\cos L)\sin\omega_s t - \frac{\nabla_N}{g}(1 - \cos\omega_s t) + A\sin\omega_s t \tag{4.27}
$$

式中:A 由平台的初始水平倾角 $\phi_E(0)$ 确定。

由式(4.27)可以看出,平台绕平衡位置 $-\nabla_N/g$ 做舒拉振荡,振荡幅值与误差源密切相关。图 4.5 所示的误差方块图是一个具有周期为 84.4min 的无阻尼振荡回路,这不能使平台在某一平衡位置稳定下来,因而不能完成水平初始对准任务。显然,须给回路增加阻尼环节,使平台的振荡衰减且收敛到平衡位置。

2. 二阶调平回路

从阻尼角度分析,若能把加速度的积分环节变为惯性环节,回路将处于阻尼工作状态。为此,在回路中设置传递函数为 k_1 的环节,该环节的输入取积分环节 $1/s$ 的输出信号 δv_N,输出信号 $k_1\delta v_N$ 反馈至加速度计的输出端,其方块图如图 4.5 所示,回路的特征方程式为

$$
s^2 + k_1 s + \omega_s^2 = 0 \tag{4.28}
$$

当 k_1 大于零时,回路是阻尼振荡系统,使平台绕东向轴的振荡幅值不断减小,趋于平衡位置;但阻尼环节并不能改变回路的固有频率 ω_s,其周期仍为

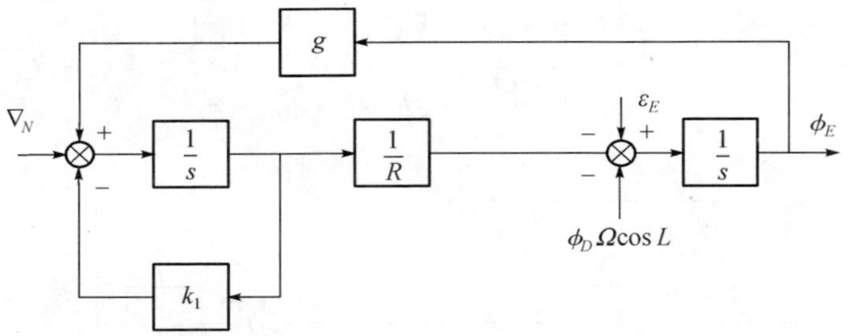

图 4.5　二阶调平回路方块图(一)

84.4min,这表明平台水平对准速度非常缓慢。如果平台有较大的初始误差角 $\phi_E(0)$,要使平台达到平衡位置则需要较长的时间,显然这样的对准回路不能满足对准快速性的要求。为了提高对准速度,需要提高振荡频率。因为 $\omega_s = g/R$,其中 g 无法改变,而 $1/R$ 是回路中的一个环节,可以设法调整此环节,如在 $1/R$ 环节上并联一个 k_2/R,则可等效为 $(1+k_2)/R$,其方块图如图 4.6 所示。

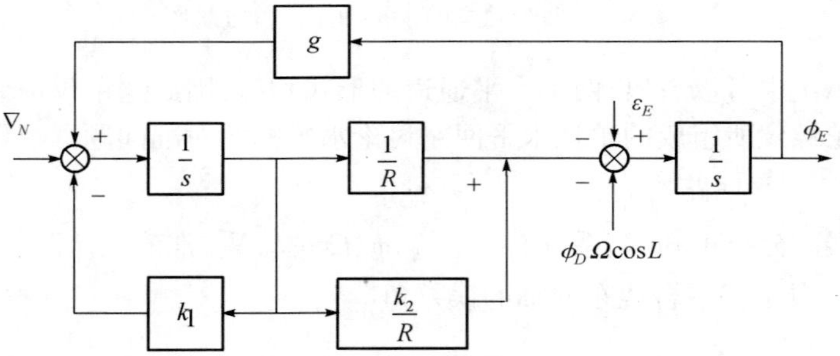

图 4.6　二阶调平回路方块图(二)

此时回路的特征方程为

$$s^2 + k_1 s + (1 + k_2)\omega_s^2 = 0 \tag{4.29}$$

可以看出,相应的振荡频率为 $\sqrt{(1+k_2)}\,\omega_s$。

这样,通过 k_1 控制阻尼大小,k_2 控制振荡周期长短,将无阻尼的振荡回路变成阻尼振荡回路。

3. 二阶调平回路的精度分析

下面分析在常值误差源的情况下二阶调平回路的对准精度。从图 4.6 可求得 $\phi_E(s)$ 与误差源 $\phi_{E0}(s)$,$\nabla_N(s)$,$\varepsilon_E(s)$,$\phi_D(s)\Omega\cos L$ 的关系:

$$\phi_E(s) = \frac{sR(1+k_2)}{G(s)} \cdot \phi_{E0}(s) - \frac{1+k_2}{G(s)} \cdot \nabla_N(s) + \frac{(s+k_1)R}{G(s)} \cdot [\varepsilon_E(s) - \phi_D(s)\Omega\cos L] \tag{4.30}$$

式中：$G(s)=s(s+k_1)R+(1+k_2)g$。

从而可得到平台绕东向轴的稳态误差为

$$\phi_{ESS}=\frac{k_1}{(1+k_2)\omega_s^2}(\varepsilon_E-\phi_D\Omega\cos L)-\frac{\nabla_N}{g} \tag{4.31}$$

由式(4.31)可以看出，$\nabla_N,\varepsilon_E,\phi_D$ 均可引起平台的稳态误差。二阶调平回路平台的水平稳态误差的物理意义在于，由 ϕ_{ESS} 形成的 $\phi_{ESS}g$ 经变换后具有抵消其他三个常值误差（$\nabla_N,\varepsilon_E,\phi_D\Omega\cos L$）的作用，故平台水平对准精度与这三个误差源相关。

当然，适当选择 k_1 和 k_2 可以降低误差源 $\varepsilon_E,\phi_D\Omega\cos L$ 对对准精度的影响，但终究不可消除。

4．三阶调平回路

为了使平台的对准精度不受 $\varepsilon_E,\phi_D\Omega\cos L$ 两项误差源的影响，常常采用三阶调平回路，以提高水平对准精度，于是在 δv_N 输出与陀螺力矩器之间再并联积分环节 k_3/s，如图4.7所示。当 $\delta v_N=0$ 时，积分环节 k_3/s 的输出端仍有前一步积分过程所产生的信号以抵消误差源（$\varepsilon_E-\phi_D\Omega\cos L$），无须平台额外增大水平误差角。该积分环节相当于一个储存能量的环节，利用它积蓄的能量来补偿（$\varepsilon_E-\phi_D\Omega\cos L$）误差源，这样平台的水平稳态误差就只受 ∇_N 的影响，而平台的稳态倾斜角 ϕ_{ESS} 所产生的 $\phi_{ESS}g$ 可用来补偿加速度计零偏 ∇_N。下面通过三阶调平回路的稳态精度分析来进一步说明这一问题。

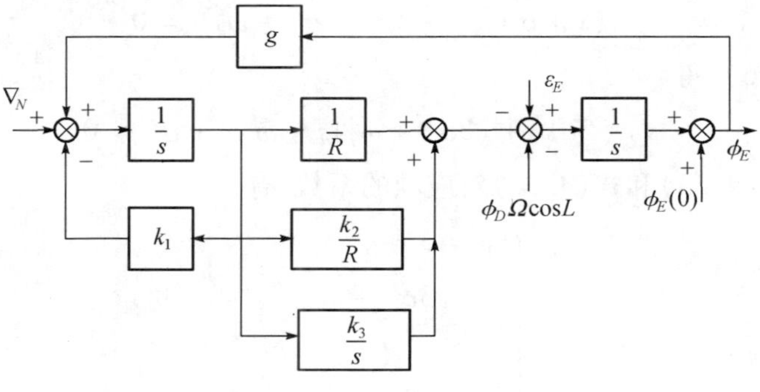

图4.7　三阶调平回路方块图

可得到误差 $\phi_E(s)$ 与误差源之间的关系为

$$\phi_E(s)=-\frac{\frac{1}{(s+k_1)}\cdot\left(\frac{1+k_2}{R}+\frac{k_3}{s}\right)\frac{1}{s}}{G(s)}\nabla_N(s)+$$

$$\frac{\frac{1}{s}}{G(s)}\cdot[\varepsilon_E(s)-\phi_D(s)\Omega\cos L]+\frac{1}{G(s)}\cdot\phi_{E0}(s) \tag{4.32}$$

其中

$$G(s) = 1 + \frac{s(1 + k_2) + Rk_3}{s(s + k_1)} \cdot \frac{g}{Rs} \tag{4.33}$$

设$\nabla_N, \varepsilon_E, \phi_{E0}(\phi_E(0))$均为常值，由式(4.32)可得到三阶调平回路的稳态误差为

$$\phi_{ESS} = -\frac{\nabla_N}{g} \tag{4.34}$$

由此可见，采用三阶调平回路进行水平对准，其平台的水平对准精度只与加速度计的零偏有关，而与陀螺的漂移ε_E及交叉耦合误差$\phi_D \Omega \cos L$无关。平台惯性导航系统的水平对准（调平）多采用此类方案，因此加速度计成为水平对准的关键元件，一般要求$\nabla_N \leqslant 10^{-5} g$。

5. 三阶调平回路的参数选择

下面根据对准的要求讨论三阶水平对准方案的参数k_1, k_2, k_3的选取问题。由图4.7可得三阶调平回路的特征方程为

$$s^3 + k_1 s^2 + (1 + k_2)\omega_s^2 s + Rk_3 \omega_s^2 = 0 \tag{4.35}$$

令特征方程的根为

$$s_1 = -\sigma,\ s_{2,3} = -\sigma \pm \mathrm{j}\omega_d$$

式中：σ为衰减系数；ω_d为阻尼振荡频率。

对应于上述根的特征方程为

$$(s + \sigma)(s^2 + 2\sigma s + \sigma^2 + \omega_d^2) = 0 \tag{4.36}$$

展开式(4.36)，得

$$s^3 + 3\sigma s^2 + (3\sigma^2 + \omega_d^2)s + \omega_d^2 \sigma + \sigma^3 = 0 \tag{4.37}$$

比较式(4.35)和式(4.36)对应项的系数，有

$$\begin{cases} k_1 = 3\sigma \\ k_2 = \dfrac{3\sigma^2 + \omega_d^2}{\omega_s^2} - 1 \\ k_3 = \dfrac{1}{R\omega_s^2}(\omega_d^2 \sigma + \sigma^3) \end{cases} \tag{4.38}$$

式(4.38)说明，三阶调平系统的特征根具有上述s_1, s_2, s_3的形式和k_1, k_2, k_3需要满足的条件。设计的目的是计算出k_1, k_2, k_3能满足对准过程的动态特性要求。然而，阻尼振荡频率ω_d很难与调平回路的动态特性直接联系起来，因此采用衰减系数σ和阻尼比ξ来表征k_1, k_2和k_3。

从式(4.36)可以看出，三阶调平系统的一对复根决定于二阶系统特征方程

$$s^2 + 2\sigma s + \sigma^2 + \omega_d^2 = 0 \tag{4.39}$$

二阶系统的标准形式为

$$s^2 + 2\xi\omega_n s + \omega_n^2 = 0 \tag{4.40}$$

比较式(4.39)和式(4.40),有

$$\begin{cases} \xi = \dfrac{\sigma}{\omega_n} \\ \omega_n^2 = \sigma^2 + \omega_d^2 \end{cases} \tag{4.41}$$

且

$$\omega_d^2 = \sigma^2\left(\frac{1}{\xi^2} - 1\right) \tag{4.42}$$

将式(4.42)代入式(4.38),可得以阻尼比 ξ 及衰减系数 σ 表示的系数参数 k_1,k_2 和 k_3。

$$\begin{cases} k_1 = 3\sigma \\ k_2 = \dfrac{\sigma^2}{\omega_s^2}\left(2 + \dfrac{1}{\xi^2}\right) - 1 \\ k_3 = \dfrac{\sigma^2}{g\xi^2} \end{cases} \tag{4.43}$$

如果 σ 和 ξ 确定,则系统参数 k_1,k_2 和 k_3 便可以确定,而 σ 和 ξ 可根据水平对准要求的指标确定。

根据式(4.32),可以求出 $\phi_E(t)$ 与平台初始偏差 ϕ_{E0} 的时间函数式:

$$\begin{aligned} \phi_E(t) &= \phi_{E0}\mathrm{e}^{-\sigma t}\left(\frac{1+\xi^2}{1-\xi^2}\cos\omega_d t + \sqrt{\frac{\xi^2}{1-\xi^2}}\sin\omega_d t - \frac{2\xi^2}{1-\xi^2}\right) \\ &= \phi_{E0}\mathrm{e}^{-\sigma t}\left[\frac{1+\xi^2}{1-\xi^2}\cos\left(\sigma\sqrt{\frac{1-\xi^2}{\xi^2}}\right)t + \sqrt{\frac{\xi^2}{1-\xi^2}}\sin\left(\sigma\sqrt{\frac{1-\xi^2}{\xi^2}}\right)t - \frac{2\xi^2}{1-\xi^2}\right] \end{aligned} \tag{4.44}$$

4.2.3 方位罗经对准原理及精度分析

1. 方位罗经对准原理

指北方位惯性导航系统平台的方位对准是通过方位对准回路将平台系的 N_p 轴自动调整到指北方向。平台的方位对准一般是在水平对准的基础上进行的。

为使平台跟踪地理系的北向分量,在平台的北向陀螺上加跟踪指令。当平台的 N_p 轴在北方向上有误差角 ϕ_D(方位精对准前在1°之内)时,陀螺的指令角速率 $\Omega\cos L$ 使平台绕 N_p 轴转动,平台的这一转动可等效为在地理坐标系上的两个分转动:一是绕 N 轴的 $\Omega\cos L\cos\phi_D$,因为 ϕ_D 是小量,可近似为 $\Omega\cos L$,此分量用来跟踪地理坐标系的北向转动分量,其结果北向水平方向不出现表观运动;另

一转动分量是绕 E 轴的 $\Omega\cos L\sin\phi_D$，可近似为 $\phi_D\Omega\cos L$，它使平台产生绕东向轴的误差，于是 $\phi_D\Omega\cos L$ 将平台的方位误差角与平台绕东向轴的水平误差角联系起来。平台方位轴误差角越大，平台水平倾斜也越严重，正是由于两者有如此密切的对应关系，才使得平台方位自动对准成为可能。一种利用 $\phi_D\Omega\cos L$ 使平台水平倾斜，从而由北向加速度计上输出信息控制方位轴自动寻北的原理，叫作方位罗经对准。

为了说明罗经对准的工作原理，现将北向加速度计与东向陀螺组成的二阶调平回路与方位轴之间的耦合关系示于图 4.8。

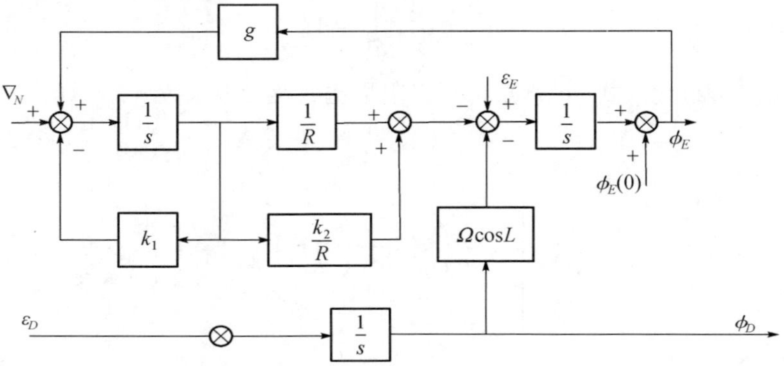

图 4.8　$\phi_D\Omega\cos L$ 对水平回路的影响

当平台的 N_p 轴与地理坐标系的 N 轴之间有方位误差角 ϕ_D 时，平台绕 E 轴负向产生水平倾斜角 ϕ_E；在平台水平倾斜的同时，北向加速度计输出 $\phi_E g$，经过积分得速度误差 δv_N。由此可见，δv_N 是 $\phi_D\Omega\cos L$ 所造成的结果，或者说 δv_N 是平台方位误差角 ϕ_D 的一种表现，利用 δv_N 为控制信号，设计一个控制环节 $k(s)$ 来控制方位陀螺，使方位误差角 ϕ_D 不断减小，直到方位对准到允许的误差范围，这就是方位罗经对准的物理过程。方位罗经自对准原理如图 4.9 所示。

罗经回路从 ϕ_D 开始，经过受 $\phi_D\Omega\cos L$ 影响的各个环节到 δv_N，然后再经方位控制环节 $k(s)$ 到方位陀螺，直到平台绕 D_p 轴反向转动 ϕ_D 角为止，这是一个负反馈闭合回路。

在方位罗经对准原理中，关键是平台的水平倾斜角 ϕ_E 与方位误差角 ϕ_D 之间存在联系。由水平对准的分析可知，这种对应关系只有采用二阶水平对准回路才会出现，因此在方位罗经对准回路中，水平回路只采用二阶调平回路，而不可能采用三阶调平回路，因为三阶调平回路中的积分环节 k_3/s 所积蓄的能量将 ε_E 与 $\phi_D\Omega\cos L$ 相互抵消，使平台的稳态倾斜角 ϕ_E 与 $\phi_D\Omega\cos L$ 失去联系，从而不能利用 δv_N 进一步控制 ϕ_D 角。

2. 方位罗经对准原理的精度分析

根据方位罗经对准原理图 4.9 写出方位对准方程：

$$
\begin{cases}
\delta\dot{v}_N = \phi_E g + \nabla_N - k_1\delta v_N \\
\dot{\phi}_E = -\dfrac{1+k_2}{R}\delta v_N + \phi_D \Omega\cos L + \varepsilon_E \\
\dot{\phi}_D = k(s)\delta v_N + \varepsilon_D
\end{cases}
\tag{4.45}
$$

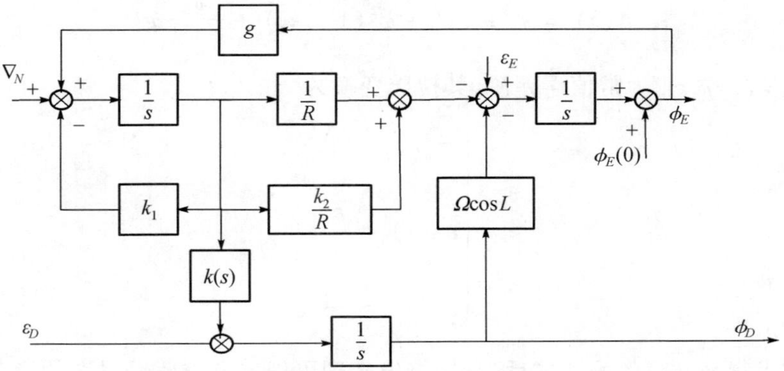

图 4.9　方位罗经自对准原理

将式(4.45)进行拉氏变换,并写成矩阵形式:

$$
\begin{bmatrix} s+k_1 & -g & 0 \\ \dfrac{1+k_2}{R} & s & -\Omega\cos L \\ -k(s) & 0 & s \end{bmatrix}
\begin{bmatrix} \delta v_N \\ \phi_E \\ \phi_D \end{bmatrix}
=
\begin{bmatrix} \delta v_N(0) + \nabla_N(0) \\ \phi_E(0) + \varepsilon_E(0) \\ \phi_D(0) + \varepsilon_D(0) \end{bmatrix}
\tag{4.46}
$$

于是误差列向量的拉氏变换为

$$
\begin{bmatrix} \delta v_N \\ \phi_E \\ \phi_D \end{bmatrix}
=
\begin{bmatrix} s+k_1 & -g & 0 \\ \dfrac{1+k_2}{R} & s & -\Omega\cos L \\ -k(s) & 0 & s \end{bmatrix}^{-1}
\begin{bmatrix} \delta v_N(0) + \nabla_N(0) \\ \phi_E(0) + \varepsilon_E(0) \\ \phi_D(0) + \varepsilon_D(0) \end{bmatrix}
\tag{4.47}
$$

由式(4.47)可得系统特征多项式:

$$
\begin{aligned}
\Delta(s) &= \begin{vmatrix} s+k_1 & -g & 0 \\ \dfrac{1+k_2}{R} & s & -\Omega\cos L \\ -k(s) & 0 & s \end{vmatrix} \\
&= s^3 + k_1 s^2 + \omega_s^2(1+k_2) - \Omega\cos L k(s) g
\end{aligned}
\tag{4.48}
$$

设

$$
k(s) = -\frac{k_3}{\Omega\cos L(s+k_4)}
\tag{4.49}
$$

$k(s)$环节之所以设计成这样的形式，为的是使特征多项式简单，其中$\frac{1}{(s+k_4)}$为惯性环节，以增强方位回路的滤波作用。将式(4.49)代入式(4.48)，得

$$\Delta(s) = s^3 + k_1 s^2 + \omega_s^2(1+k_2) + \frac{k_3}{s+k_4}g \tag{4.50}$$

设$\nabla_N, \varepsilon_E, \varepsilon_D$为常值误差源，其拉氏变换为

$$\begin{cases} \nabla_N(s) = \dfrac{\nabla_N}{s} \\ \varepsilon_E(s) = \dfrac{\varepsilon_E}{s} \\ \varepsilon_D(s) = \dfrac{\varepsilon_D}{s} \end{cases} \tag{4.51}$$

在求得$\phi_D(s)$的表达式后，利用终值定理可得出方位罗经对准的稳态误差：

$$\phi_{DSS} = -\frac{\varepsilon_E}{\Omega\cos L} + \frac{(1+k_2)k_4}{Rk_3}\varepsilon_D \tag{4.52}$$

由式(4.52)可以看出，方位罗经对准的稳态误差主要取决于东向陀螺偏移ε_E的大小，通过适当地选择参数k_2, k_3, k_4使ε_E的影响降低到最小程度。如果略去ε_D的影响，则有$-\phi_D\Omega\cos L = \varepsilon_E$。方位对准稳态误差表达式有明显的物理意义，即$\phi_D\Omega\cos L$对水平回路的影响与东向陀螺漂移$\varepsilon_E$是等效的。如果$\varepsilon_E = 0.01°/\mathrm{h}$，则稳态误差$\phi_{DSS} = 2' \sim 3'$。由此可见，东向陀螺漂移$\varepsilon_E$直接影响方位罗经对准精度。如果在系统中能测出$\varepsilon_E$，并可将其补偿或大部分补偿，则会大大减小方位稳态误差，提高方位对准精度。

4.3 捷联惯性导航系统的静基座对准

4.3.1 粗对准公式的推导

重力加速度和地球自转角速度在导航坐标系上的投影分别为

$$\begin{cases} \boldsymbol{g}^n = [0 \quad 0 \quad -g]^{\mathrm{T}} \\ \boldsymbol{\omega}_{ie}^n = [0 \quad \Omega\cos L \quad \Omega\sin L]^{\mathrm{T}} \end{cases} \tag{4.53}$$

重力加速度和地球自转角速度在载体坐标系上的投影为$\boldsymbol{g}^b$和$\boldsymbol{\omega}_{ie}^b$。为了求姿态矩阵$\boldsymbol{C}_b^n$中的全部9个元素，需要构造新的向量来增加方程的数目。通过矢量相乘，可以得出另外3个矢量，5个矢量的方向矢量图如图4.10所示，根据这5个矢量可以产生六种组合结果(除了$\boldsymbol{g} \times \boldsymbol{\omega}$，再从4个向量中任选两个向

量)[3]。六种组合中选择哪一种较好呢？这需要具体研究讨论，这里只讨论下面两种情况。

$$\boldsymbol{r}_1 = [\boldsymbol{g} \quad \boldsymbol{\omega}_{ie} \quad \boldsymbol{g} \times \boldsymbol{\omega}_{ie}]$$

$$\boldsymbol{r}_2 = [\boldsymbol{g} \quad \boldsymbol{g} \times \boldsymbol{\omega}_{ie} \quad \boldsymbol{g} \times \boldsymbol{\omega}_{ie} \times \boldsymbol{g}] \tag{4.54}$$

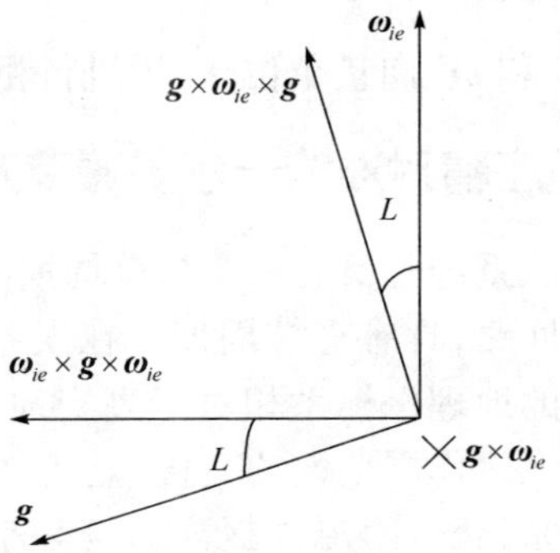

图 4.10　5 个矢量的方向矢量图

(1) 选择矢量组合 $\boldsymbol{r}_1$ 在导航坐标系和机体坐标系中的分量存在如下变换关系：

$$[\boldsymbol{\omega}_{ie}^n \quad \boldsymbol{g}^n \quad \boldsymbol{g}^n \times \boldsymbol{\omega}_{ie}^n] = \boldsymbol{C}_b^n [\boldsymbol{\omega}_{ie}^b \quad \boldsymbol{g}^b \quad \boldsymbol{g}^b \times \boldsymbol{\omega}_{ie}^b] \tag{4.55}$$

因为 $\boldsymbol{C}_b^n$ 是正交的，所以 $\boldsymbol{C}_b^n$ 可以写成：

$$\boldsymbol{C}_b^n = (\boldsymbol{C}_n^b)^{\mathrm{T}} = \begin{bmatrix} (\boldsymbol{g}^n)^{\mathrm{T}} \\ (\boldsymbol{\omega}_{ie}^n)^{\mathrm{T}} \\ (\boldsymbol{g}^n \times \boldsymbol{\omega}_{ie}^n)^{\mathrm{T}} \end{bmatrix}^{-1} \begin{bmatrix} (\boldsymbol{g}^b)^{\mathrm{T}} \\ (\boldsymbol{\omega}_{ie}^b)^{\mathrm{T}} \\ (\boldsymbol{g}^b \times \boldsymbol{\omega}_{ie}^b)^{\mathrm{T}} \end{bmatrix} \tag{4.56}$$

设 $\tilde{\boldsymbol{f}}^b = -\boldsymbol{g}^b + \tilde{\boldsymbol{N}}^b$ 和 $\tilde{\boldsymbol{\omega}}^b = \tilde{\boldsymbol{\omega}}^b + \boldsymbol{\varepsilon}^b$ 分别代表加速度计和陀螺在载体坐标系中的测量值，定义它们在载体坐标系中的分量表达式为

$$\tilde{\boldsymbol{f}}^b = [\tilde{f}_y \quad \tilde{f}_z]^{\mathrm{T}}, \tilde{\boldsymbol{\omega}}_b = [\tilde{\omega}_y \quad \tilde{\omega}_z]^{\mathrm{T}} \tag{4.57}$$

在实际实现时，式(4.56)中的 $\boldsymbol{g}^b$ 和 $\boldsymbol{\omega}_{ie}^b$ 分别由 $\tilde{\boldsymbol{f}}^b$ 和 $\tilde{\boldsymbol{\omega}}^b$ 代替，即

$$\hat{\boldsymbol{C}}_b^n = \begin{bmatrix} (\boldsymbol{g}^n)^{\mathrm{T}} \\ (\boldsymbol{\omega}_{ie}^n)^{\mathrm{T}} \\ (\boldsymbol{g}^n \times \boldsymbol{\omega}_{ie}^n)^{\mathrm{T}} \end{bmatrix}^{-1} \begin{bmatrix} (-\tilde{\boldsymbol{f}}^b)^{\mathrm{T}} \\ (\tilde{\boldsymbol{\omega}}^b)^{\mathrm{T}} \\ (\tilde{\boldsymbol{f}}^b \times \tilde{\boldsymbol{\omega}}^b)^{\mathrm{T}} \end{bmatrix} \tag{4.58}$$

(2) 选择矢量组合 $\boldsymbol{r}_2$ 的 3 个矢量，得到计算 $\hat{\boldsymbol{C}}_b^n$ 的表达式为

$$
\hat{C}_b^n = \begin{bmatrix} (g^n)^{\mathrm{T}} \\ (g^n \times \omega_{ie}^n)^{\mathrm{T}} \\ (g^n \times \omega_{ie}^n \times g^n)^{\mathrm{T}} \end{bmatrix}^{-1} \begin{bmatrix} (-\tilde{f}^b)^{\mathrm{T}} \\ (\tilde{f}^b \times \tilde{\omega}^b)^{\mathrm{T}} \\ (\tilde{f}^b \times \tilde{\omega}^b \times \tilde{f}^b)^{\mathrm{T}} \end{bmatrix} \tag{4.59}
$$

在实际计算中,重力加速度和地球自转角速度在数值上相差很大,为了减小计算误差,先将 g^n,ω_{ie}^n,$\tilde{f}^b$ 和 $\tilde{\omega}^b$ 向量单位化,再进行粗对准计算。

4.3.2 捷联系统静基座精对准的卡尔曼滤波方法

由误差分析可知,捷联系统是具有三个振荡周期的不稳定系统,水平通道都是二阶系统,且都是舒拉回路,具有舒拉周期。在误差源的作用下,失准角作等幅舒拉周期振荡,即计算的地理坐标系相对于真实地理坐标系作等幅舒拉周期振荡,表现为捷联矩阵的元素作周期性的变化,显然这样的回路不能完成初始对准的任务。为了使对准回路获得阻尼并提高振荡频率,考虑采用反馈控制。应用状态空间法研究捷联系统的初始对准时,在对准回路中采用的反馈控制既可以是输出反馈也可以是状态反馈。当采用状态反馈时,其前提条件是要求所有状态都能测量出来,这实际上是不可能的。因此,要采用状态反馈控制就必须采用状态估计器对状态做出估计。当把系统考虑为确定性系统时,则状态估计器是状态观测器;而当把系统考虑成随机系统时,则状态估计器常用卡尔曼滤波器。

由于加速度计误差和陀螺误差均含有随机误差,故捷联系统为随机系统。采用卡尔曼滤波技术进行初始对准,就是将失准角从随机误差和随机干扰中估计出来,通过系统的校正使计算坐标系与导航坐标系对准。为了提高对准精度,也需要尽可能将惯性仪表的误差(陀螺零偏和加速度计零偏)估计出来,由于地面初始对准时间不长,陀螺零偏和加速度计零偏可以看作随机常数。根据分离定理,对随机系统的最优估计和最优控制可以分离开单独考虑。

1. 捷联系统静基座初始对准卡尔曼滤波模型的建立

在 3.2 节给出了惯性导航系统静基座下的误差方程,对于捷联系统,考虑对准过程时间较短,将加速度计误差近似为常值零偏加白噪声,陀螺误差也近似为常值零偏加白噪声,为了将惯性仪表常值误差估计出来,可将其作为状态变量。

对于观测量的选择,通常选择水平速度误差作为观测量。为了提高精度和速度,也会选择外部辅助观测信息,通常的辅助观测信息可以来自 GPS、罗兰 C、多普勒计程仪、陀螺罗经等。对于自主式对准,可以选作观测量的有两个水平速度误差和经、纬度误差,分析可知,经、纬度误差分别由水平速度误差积分得到。因此,选择水平速度误差作为观测量。

综合以上分析可以建立卡尔曼滤波模型,状态方程和观测方程分别为

$$\begin{bmatrix} \boldsymbol{X}_a^g(t) \\ \boldsymbol{X}_b^g(t) \end{bmatrix} = \begin{bmatrix} F & T \\ 0_{5\times5} & 0_{5\times5} \end{bmatrix} \begin{bmatrix} \boldsymbol{X}_a(t) \\ \boldsymbol{X}_b(t) \end{bmatrix} + \begin{bmatrix} \boldsymbol{W}_a(t) \\ 0_{5\times1} \end{bmatrix} = \boldsymbol{A}_i\boldsymbol{X}(t) + \boldsymbol{W}(t) \quad (4.60)$$

$$\boldsymbol{Z}(t) = \begin{bmatrix} 1 & 0 & 0 & 0 & 0 & 0 & 0 & 0 & 0 & 0 \\ 0 & 1 & 0 & 0 & 0 & 0 & 0 & 0 & 0 & 0 \end{bmatrix} \begin{bmatrix} \boldsymbol{X}_a(t) \\ \boldsymbol{X}_b(t) \end{bmatrix} + \begin{bmatrix} \boldsymbol{\eta}_E \\ \boldsymbol{\eta}_N \end{bmatrix} = \boldsymbol{HX}(t) + \boldsymbol{\eta}(t) \quad (4.61)$$

式中：状态矢量 $\boldsymbol{X}_a(t) = [\delta v_E \quad \delta v_N \quad \phi_E \quad \phi_N \quad \phi_U]^{\mathrm{T}}$，$\boldsymbol{X}_b(t) = [\delta v_x \quad \delta v_y \quad \varepsilon_x \quad \varepsilon_y \quad \varepsilon_z]^{\mathrm{T}}$，随机白噪声矢量 $\boldsymbol{W}(t) = [w_{dv_E} \quad w_{dv_N} \quad w_{j_E} \quad w_{j_N} \quad w_{j_U}]^{\mathrm{T}}$，

$$\boldsymbol{F} = \begin{bmatrix} 0 & 2\Omega\sin L & 0 & -g & 0 \\ -2\Omega\sin L & 0 & g & 0 & 0 \\ 0 & -\dfrac{1}{R} & 0 & \Omega\sin L & -\Omega\sin L \\ \dfrac{1}{R} & 0 & -\Omega\sin L & 0 & 0 \\ \dfrac{\tan L}{R} & 0 & \Omega\cos L & 0 & 0 \end{bmatrix},$$

$$\boldsymbol{T}_i = \begin{bmatrix} c_{11} & c_{12} & 0 & 0 & 0 \\ c_{21} & c_{22} & 0 & 0 & 0 \\ 0 & 0 & c_{11} & c_{12} & c_{13} \\ 0 & 0 & c_{21} & c_{22} & c_{23} \\ 0 & 0 & c_{31} & c_{32} & c_{33} \end{bmatrix}$$

在捷联系统初始对准的过程中，系统的捷联矩阵是变化的，所以系统矩阵严格地讲是一个时变矩阵，但由于地面静基座精对准是小失准角，且对准时间短，捷联矩阵各元素在对准过程中变化非常小，所以捷联系统可近似看作线性定常系统，将系统离散化后就可以应用离散卡尔曼滤波方程进行递推滤波。

静基座卡尔曼滤波初始对准的原理框图如图 4.11 所示。捷联系统误差源主要包括陀螺和加速度计常值零偏、随机白噪声和捷联矩阵的失准角。常值零偏和随机白噪声都从惯性器件进入系统，而失准角从图 4.11 中的捷联矩阵进入系统。以速度误差作为观测量，进行卡尔曼滤波，可以估计出捷联系统的状态估计值。用估计出来的失准角对捷联矩阵进行修正，逐步减小失准角，最终得到对准后的捷联矩阵。此外，用陀螺和加速度计常值零偏的估计值，对输入的陀螺和加速度计误差进行补偿。考虑到捷联系统的舒拉振荡，系统中还设计了最优控制器。

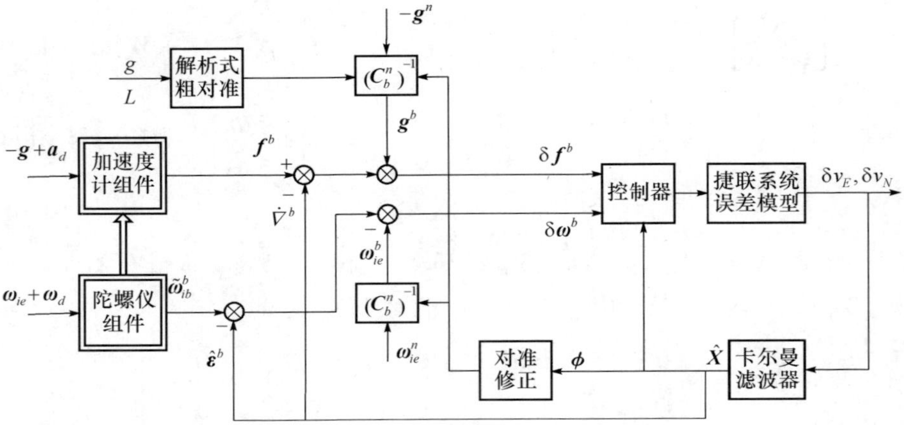

图 4.11　静基座卡尔曼滤波初始对准的原理框图

2. 卡尔曼滤波使用要点

(1) 卡尔曼滤波初始值的选取。卡尔曼滤波是一种递推算法，启动时必须先给定初始值 $\hat{X}(0|0)$ 和 $\hat{P}(0|0)$，在已知初值 $X(0)$ 统计特性的情况下，选取

$$\hat{X}(0|0) = \mu_{X(0)}, P(0|0) = P(0) \tag{4.62}$$

但通常情况 $X(0)$ 的统计特性是不知道的，常令

$$\hat{X}(0|0) = 0, P(0|0) = \alpha I \tag{4.63}$$

为了防止局部最优，α 选为很大的正数。

(2) 估计均方差阵的等价形式的选用。式(4.64)～式(4.66)给出了估计均方差阵的三种等价形式：

$$P(k|k) = I - K(k)H(k)P(k|k-1) \tag{4.64}$$

$$P(k|k) = I - K(k)H(k)P(k|k-1)\ (I - K(k)H(k))^{\mathrm{T}} + K(k)R(k)K^{\mathrm{T}}(k) \tag{4.65}$$

$$P^{-1}(k|k) = P^{-1}(k|k-1) + H^{\mathrm{T}}(k)R^{-1}(k)H(k) \tag{4.66}$$

式(4.64)形式简单，计算量较小，但计算中的积累误差容易使 $P(k|k)$ 失去非负定性甚至对称性。所以实际应用中常使用式(4.65)。如果在滤波初始时刻对被估计量的统计特性缺乏了解，此时 $P(0|0)$ 选得就十分巨大，计算 $P(1|1)$ 和 $K(1)$ 就十分困难，在这种情况下，宜采用式(4.66)。一步预测误差方差阵也用逆矩阵来表示。这种逆矩阵称为信息矩阵，采用信息矩阵表示的滤波方程称为信息滤波方程。

4.3.3 最优多位置对准技术

当采用卡尔曼滤波法进行静基座精对准时，通过对其可观测性进行分析可知,在单一固定位置对准时系统的可观测性矩阵的秩为7,所以是不能对所有的状态进行估计的,为了提高系统的可观测性,得到较好的初始对准效果,需要增加量测信息。这可以通过改变载体坐标系与导航坐标系之间捷联矩阵来达到目的。在静基座上改变捷联矩阵的方法有两种:一种是改变载体的姿态;另一种是转动IMU(惯性测量单元),即多位置对准技术,多位置对准法比较常用的是两位置对准、三位置对准和快速多位置对准。

1. 两位置对准的实现

两位置对准,通常是先在某一位置进行对准,方位失准角基本稳定后,绕IMU的一个轴转过一个角度,作为第二位置继续进行对准。研究表明,航向角的变化总能使系统变为完全可观测;纵摇角的变化不能使系统变为完全可观测;横摇角的变化有时会使系统完全可观测。所以,两位置对准中改变航向角要比改变纵摇或横摇角产生的效果好,并且工程上更容易实现。

通过研究转过角度的大小对系统可观测度的影响,得出航向角变化180°是最优的。因此,两位置对准就是通过转动航向角180°的前后两位置作为对准位置,在每个位置用卡尔曼滤波实现两位置对准。

2. 三位置对准的实现

在两位置对准的基础上,再增加一个对准位置,就可以实现三位置对准。通过三位置对准的可观测性分析可知,所增加的第三位置,可以提高天向轴陀螺的零偏ε_U的可观测度。

在最优两位置对准的基础上将IMU绕纵摇轴转动90°得到最优三位置对准。

3. 快速多位置对准

在某一固定位置的精对准过程中,两个水平失准角收敛得比较快,基本上在10s左右达到稳态,而方位失准角收敛得慢。如果在第一位置采用卡尔曼滤波估计航向角,并等到方位失准角稳定后再引入第二位置,这势必会使对准时间很长。所以可考虑在第一位置两个水平失准角稳定时就引入第二位置,因为引入第二位置使系统完全可观测,可观测度也得到提高,这样在第二位置收敛后,在提高对准精度的同时,总的对准时间也有所减少。

另一种快速对准方法为在第一位置采用卡尔曼滤波估计状态变量,当两个水平失准角"接近"稳定时,将东向失准角接入低通数字滤波器的输入端,用快速方法估计方位失准角,当水平失准角收敛时,方位失准角也收敛了,这时引入第二位置。

4.4 动基座对准

机载武器、舰载武器和战术导弹等的应用环境决定了它的初始对准通常需要在动基座条件下进行，由于存在基座运动产生的各种干扰，以及受惯性元件的精度限制，无法采用自对准方式在较短的时间进行较高精度的初始对准。为了有效地解决上述问题，kain 提出了传递对准原理，即利用运载体上高精度的主惯导系统（MINS）的信息作为信息源，采用惯性信息匹配的方法，实时递推估计子惯导系统（SINS）的导航坐标系相对于主惯导导航坐标系的水平和方位失准角，从而达到初始对准的目的，传递对准的时间一般较短，但是需要有高精度的主惯导进行辅助对准。

传递对准通常可以分为计算参数匹配和测量参数匹配法。一般说来测量参数匹配由于方法直接，其快速性优于计算参数匹配方法，但载体结构挠曲运动比计算参数要敏感，即在同等条件下，其精度要低于计算参数匹配方法。传递对准具体又分为角速率匹配、加速度匹配、位置匹配、速度匹配、姿态匹配、速度加姿态匹配、速度加角速度匹配等匹配方法。其中速度匹配和位置匹配是两种较为成熟的匹配方法。下面分别对角速度匹配、速度匹配、姿态匹配和速度加姿态匹配传递对准方法进行说明。

4.4.1 角速度匹配传递对准

4.4.1.1 角速度匹配传递对准原理

角速度匹配传递对准是测量参数匹配法的典型代表，它依靠物理矢量在主、子惯导各自测量轴上分量的差异来进行对准，具有方法直接、对准时间短的特点，但其精度因为船体动态变形的影响而受到限制。

角速度匹配法利用主惯导和子惯导输出的角速度之差作为观测量，估计主、子惯导载体坐标系之间的失准角，即安装误差角，来修正子惯导系统的姿态矩阵，角速度传递对准原理方框图如图 4.12 所示。

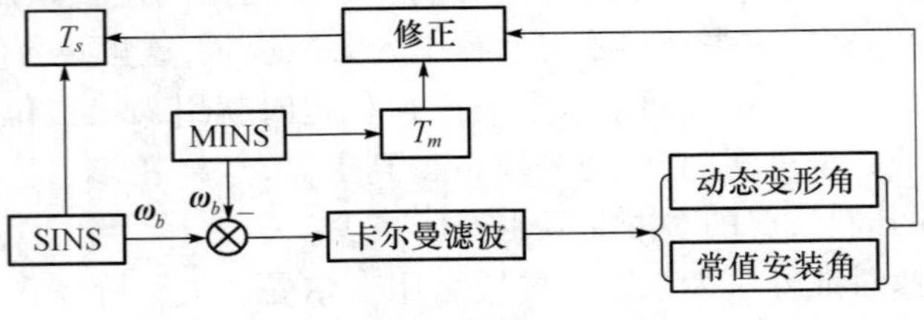

图 4.12　角速度传递对准原理方框图

4.4.1.2 角速度匹配卡尔曼滤波器设计

设船体的动态变形角为

$$\boldsymbol{\theta} = [\theta_x \quad \theta_y \quad \theta_z]^{\mathrm{T}} \tag{4.67}$$

动态变形是由海浪和风导致船体旋转时产生的，在进行导航计算时常采用白噪声驱动的二阶马尔可夫过程来描述这种运动,并且假设绕船体三个轴向的变形过程是相互独立的,令 $\boldsymbol{\mu}_\theta = [\mu_{\theta_x} \quad \mu_{\theta_y} \quad \mu_{\theta_z}]^{\mathrm{T}}$ 为舰船的动态变形引起的子惯导载体坐标系相对主惯导载体坐标系三个轴的变形角速度,则有

$$\begin{cases} \dot{\theta}_x = \mu_{\theta_x} \\ \dot{\theta}_y = \mu_{\theta_y} \\ \dot{\theta}_z = \mu_{\theta_z} \\ \dot{\mu}_{\theta_x} = -\beta_x^2\theta_x - 2\beta_x\mu_{\theta_x} + w_{\theta_x} \\ \dot{\mu}_{\theta_y} = -\beta_y^2\theta_y - 2\beta_y\mu_{\theta_y} + w_{\theta_y} \\ \dot{\mu}_{\theta_z} = -\beta_z^2\theta_z - 2\beta_z\mu_{\theta_z} + w_{\theta_z} \end{cases} \tag{4.68}$$

式中:$w_{\theta_x}, w_{\theta_y}, w_{\theta_z}$ 为白噪声,$\beta_i = 2.146/\tau_i \ (i = x, y, z)$,$\tau_i$ 为三个轴变形角的相关时间。

设 ψ_x, ψ_y, ψ_z 为静态变形角。这时取状态变量 $\boldsymbol{X} = [\psi_x \quad \psi_y \quad \psi_z \quad \theta_x \quad \theta_y \quad \theta_z \quad \mu_{\theta_x} \quad \mu_{\theta_y} \quad \mu_{\theta_z}]^{\mathrm{T}}$,则由式(4.68)可得完整的状态方程:

$$\dot{\boldsymbol{X}} = \boldsymbol{A}\boldsymbol{X} + \boldsymbol{W} \tag{4.69}$$

$$\boldsymbol{A} = \begin{bmatrix} 0 & 0 & 0 & 0 & 0 & 0 & 0 & 0 & 0 \\ 0 & 0 & 0 & 0 & 0 & 0 & 0 & 0 & 0 \\ 0 & 0 & 0 & 0 & 0 & 0 & 0 & 0 & 0 \\ 0 & 0 & 0 & 0 & 0 & 0 & 1 & 0 & 0 \\ 0 & 0 & 0 & 0 & 0 & 0 & 0 & 1 & 0 \\ 0 & 0 & 0 & 0 & 0 & 0 & 0 & 0 & 1 \\ 0 & 0 & 0 & -\beta_x^2 & 0 & 0 & -2\beta_x & 0 & 0 \\ 0 & 0 & 0 & 0 & -\beta_y^2 & 0 & 0 & -2\beta_y & 0 \\ 0 & 0 & 0 & 0 & 0 & -\beta_z^2 & 0 & 0 & -2\beta_z \end{bmatrix} \tag{4.70}$$

$\boldsymbol{W} = [0 \quad 0 \quad 0 \quad 0 \quad 0 \quad 0 \quad w_{\theta_x} \quad w_{\theta_y} \quad w_{\theta_z}]^{\mathrm{T}}$,它是 9×1 维零均值均匀分布且谱线密度为 $\boldsymbol{Q}$ 的白噪声过程向量,即满足

$$\boldsymbol{W} \sim N(0, \boldsymbol{Q}) \tag{4.71}$$

$\boldsymbol{Q}$ 是 9×9 维矩阵,其中元素 Q_{77}, Q_{88} 和 Q_{99} 是矩阵中唯一的非零元素,每个元素代表白噪声的谱线密度,并驱动变形。白噪声的谱线密度、常量 β_i 和变形角输出的方差 σ_i 之间存在简单的关系为

$$Q_{77} = 4\beta_x^3\sigma_x^2 \tag{4.72}$$

$$Q_{88} = 4\beta_y^3\sigma_y^2 \tag{4.73}$$

$$Q_{99} = 4\beta_z^3\sigma_z^2 \tag{4.74}$$

当考虑船体的动态变形时,舰船主惯导载体坐标系与子惯导载体坐标系之间的转换矩阵 $\boldsymbol{C}_m^s$ 是由安装误差角 $\boldsymbol{\psi}$ 和船体动态变形 $\boldsymbol{\theta}$ 同时引起的,则 $\boldsymbol{C}_m^s$ 可以表示为

$$\boldsymbol{C}_m^s = \boldsymbol{I}_{3\times3} - [(\boldsymbol{\psi})\times] - [(\boldsymbol{\theta})\times] \tag{4.75}$$

式中:$\boldsymbol{I}_{3\times3}$为 3×3 单位矩阵;$[(\boldsymbol{\psi})\times]$为 $\boldsymbol{\psi}$ 的反对称矩阵;$[(\boldsymbol{\theta})\times]$为 $\boldsymbol{\theta}$ 的反对称矩阵。考虑到船体动态变形角速度的影响,主、子惯导系统测量的角速度之间的关系为

$$\boldsymbol{\omega}_{ib}^s = \boldsymbol{C}_m^s\boldsymbol{\omega}_{ib}^m + \boldsymbol{\mu}_\theta = (\boldsymbol{I}_{3\times3} - [(\boldsymbol{\psi})\times] - [(\boldsymbol{\theta})\times])\boldsymbol{\omega}_{ib}^m + \boldsymbol{\mu}_\theta \tag{4.76}$$

展开式(4.76),得到

$$\boldsymbol{\omega}_{ib}^s - \boldsymbol{\omega}_{ib}^m = -([(\boldsymbol{\psi})\times] - [(\boldsymbol{\theta})\times])\boldsymbol{\omega}_{ib}^m + \boldsymbol{\mu}_\theta \tag{4.77}$$

同样,用 $\hat{\boldsymbol{\omega}}_{ib}^m$表示 $\boldsymbol{\omega}_{ib}^m$的反对称矩阵,则

$$-([(\boldsymbol{\psi})\times] - [(\boldsymbol{\theta})\times])\boldsymbol{\omega}_{ib}^m = \hat{\boldsymbol{\omega}}_{ib}^m(\boldsymbol{\psi} + \boldsymbol{\theta}) \tag{4.78}$$

$$\boldsymbol{\omega}_{ib}^s - \boldsymbol{\omega}_{ib}^m = \hat{\boldsymbol{\omega}}_{ib}^m(\psi + \theta) \tag{4.79}$$

观测量

$$\boldsymbol{Z} = \begin{bmatrix} \omega_{ibx}^s - \omega_{ibx}^m \\ \omega_{iby}^s - \omega_{iby}^m \\ \omega_{ibz}^s - \omega_{ibz}^m \end{bmatrix} \tag{4.80}$$

则得到系统观测方程

$$\boldsymbol{Z} = \boldsymbol{HX} + \boldsymbol{V} \tag{4.81}$$

其中

$$\boldsymbol{H} = \begin{bmatrix} 0 & -\omega_{ibz}^m & \omega_{iby}^m & 0 & -\omega_{ibz}^m & \omega_{iby}^m & 1 & 0 & 0 \\ \omega_{ibz}^m & 0 & -\omega_{ibx}^m & \omega_{ibz}^m & 0 & -\omega_{ibx}^m & 0 & 1 & 0 \\ -\omega_{iby}^m & \omega_{ibx}^m & 0 & -\omega_{iby}^i & \omega_{ibx}^m & 0 & 0 & 0 & 1 \end{bmatrix} \tag{4.82}$$

$\boldsymbol{V}$ 为 3×1 维均匀分布、零均值的白噪声。

4.4.2 速度匹配传递对准

速度匹配传递对准是目前为止较为成熟的匹配方法之一,它利用主惯导和子惯导之间的速度差作为观测量。美国的制导航弹联合直接攻击弹药(JDAM)就运用了这种匹配方法。本节将对速度匹配的原理及其误差模型进行详细的研究,最后通过仿真来验证其有效性。

4.4.2.1 速度误差微分方程

假定 $i(x,y,z)$ 为地心惯性坐标系，主坐标系 $t(x,y,z)$、子坐标系 $t'(x,y,z)$ 分别为主惯导 IMU_m 和子惯导 IMU_s 的标称导航坐标系，坐标系 n、n' 分别代表 IMU_m 和 IMU_s 的计算导航坐标系；在理想的情况下 t 和 t' 是一致的；$\boldsymbol{R}_{it}$ 和 $\boldsymbol{R}_{in}$ 分别为主惯导的标称导航系和计算导航系的位置矢量，$\boldsymbol{R}_0$ 是 $t \sim t'$ 的距离矢量；$\delta\boldsymbol{R}_{it}$ 是主惯导的标称位置误差矢量，$\delta\boldsymbol{R}_{it'}$ 为子惯导的标称位置误差矢量，它们是相对于惯性坐标系的位置矢量；$\boldsymbol{D}_n$ 和 $\boldsymbol{D}_{n'}$ 代表载体随机振动的挠曲位移矢量，是相对于载体坐标系 $b(x,y,z)$ 的位置矢量；载体相对于惯性坐标系的角速度矢量为 $\boldsymbol{\omega}_{ib}$，主、子惯导位置关系如图 4.13 所示，显然对于主惯导而言有

$$\boldsymbol{R}_{in} = \boldsymbol{R}_{it} + \delta\boldsymbol{R}_{it} + \boldsymbol{D}_n \tag{4.83}$$

则

$$\begin{aligned}\left.\frac{\mathrm{d}\boldsymbol{R}_{in}}{\mathrm{d}t}\right|_i &= \left.\frac{\mathrm{d}\boldsymbol{R}_{it}}{\mathrm{d}t}\right|_i + \left.\frac{\mathrm{d}\delta\boldsymbol{R}_{it}}{\mathrm{d}t}\right|_i + \left.\frac{\mathrm{d}\boldsymbol{D}_n}{\mathrm{d}t}\right|_i \\ &= \left.\frac{\mathrm{d}\boldsymbol{R}_{it}}{\mathrm{d}t}\right|_i + \boldsymbol{\omega}_{ib} \times (\delta\boldsymbol{R}_{it} + \boldsymbol{D}_n) + \left.\frac{\mathrm{d}}{\mathrm{d}t}(\delta\boldsymbol{R}_{it} + \boldsymbol{D}_n)\right|_b\end{aligned} \tag{4.84}$$

认为 $\left.\frac{\mathrm{d}\delta\boldsymbol{R}_{it}}{\mathrm{d}t}\right|_b = \boldsymbol{0}$，则式(4.84)化为

$$\left.\frac{\mathrm{d}\boldsymbol{R}_{in}}{\mathrm{d}t}\right|_i = \left.\frac{\mathrm{d}\boldsymbol{R}_{it}}{\mathrm{d}t}\right|_i + \boldsymbol{\omega}_{ib} \times (\delta\boldsymbol{R}_{it} + \boldsymbol{D}_n) + \left.\frac{\mathrm{d}\boldsymbol{D}_n}{\mathrm{d}t}\right|_b \tag{4.85}$$

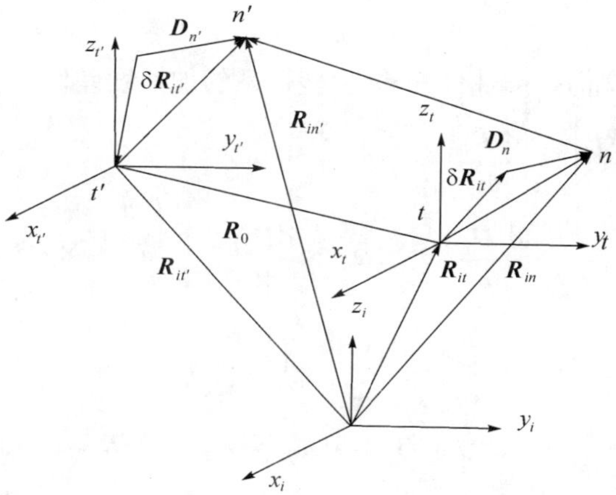

图 4.13 主、子惯导位置关系

对式(4.85)在惯性坐标系内对时间求导：

$$\left.\frac{\mathrm{d}^2\boldsymbol{R}_{in}}{\mathrm{d}t^2}\right|_i = \frac{\mathrm{d}}{\mathrm{d}t}\left(\left.\frac{\mathrm{d}\boldsymbol{R}_{it}}{\mathrm{d}t}\right|_i + \boldsymbol{\omega}_{ib}\times(\delta\boldsymbol{R}_{it}+\boldsymbol{D}_n) + \left.\frac{\mathrm{d}\boldsymbol{D}_n}{\mathrm{d}t}\right|_b\right)\Bigg|_i$$

$$= \left.\frac{\mathrm{d}^2\boldsymbol{R}_{it}}{\mathrm{d}t^2}\right|_i + \left.\frac{\mathrm{d}\boldsymbol{\omega}_{ib}}{\mathrm{d}t}\right|_i\times(\delta\boldsymbol{R}_{it}+\boldsymbol{D}_n) + \boldsymbol{\omega}_{ib}\times\frac{\mathrm{d}}{\mathrm{d}t}(\delta\boldsymbol{R}_{it}+\boldsymbol{D}_n)\Big|_i +$$

$$\boldsymbol{\omega}_{ib}\times\left.\frac{\mathrm{d}\boldsymbol{D}_n}{\mathrm{d}t}\right|_b + \left.\frac{\mathrm{d}^2\boldsymbol{D}_n}{\mathrm{d}t^2}\right|_b$$

$$= \left.\frac{\mathrm{d}^2\boldsymbol{R}_{it}}{\mathrm{d}t^2}\right|_i + \left.\frac{\mathrm{d}\boldsymbol{\omega}_{ib}}{\mathrm{d}t}\right|_i\times(\delta\boldsymbol{R}_{it}+\boldsymbol{D}_n) + \boldsymbol{\omega}_{ib}\times\left[\left.\frac{\mathrm{d}\boldsymbol{D}_n}{\mathrm{d}t}\right|_b + \boldsymbol{\omega}_{ib}\times(\delta\boldsymbol{R}_{it}+\boldsymbol{D}_n)\right] -$$

$$\boldsymbol{\omega}_{ib}\times\left.\frac{\mathrm{d}\boldsymbol{D}_n}{\mathrm{d}t}\right|_b + \left.\frac{\mathrm{d}^2\boldsymbol{D}_n}{\mathrm{d}t^2}\right|_b$$

$$= \left.\frac{\mathrm{d}^2\boldsymbol{R}_{it}}{\mathrm{d}t^2}\right|_i + \left.\frac{\mathrm{d}^2\boldsymbol{D}_n}{\mathrm{d}t^2}\right|_b + 2\boldsymbol{\omega}_{ib}\times\left.\frac{\mathrm{d}\boldsymbol{D}_n}{\mathrm{d}t}\right|_b + \left.\frac{\mathrm{d}\boldsymbol{\omega}_{ib}}{\mathrm{d}t}\right|_i\times(\delta\boldsymbol{R}_{it}+\boldsymbol{D}_n) +$$

$$\boldsymbol{\omega}_{ib}\times\boldsymbol{\omega}_{ib}\times(\delta\boldsymbol{R}_{it}+\boldsymbol{D}_n) \tag{4.86}$$

对于子惯导系统同理可得

$$\boldsymbol{R}_{in'} = \boldsymbol{R}_{it'} + \delta\boldsymbol{R}_{it'} + \boldsymbol{D}_{n'} \tag{4.87}$$

$$\left.\frac{\mathrm{d}\boldsymbol{R}_{in'}}{\mathrm{d}t}\right|_i = \left.\frac{\mathrm{d}\boldsymbol{R}_{in'}}{\mathrm{d}t}\right|_i + \boldsymbol{\omega}_{ib}\times(\delta\boldsymbol{R}_{it'}+\boldsymbol{D}_{n'}) + \left.\frac{\mathrm{d}\boldsymbol{D}_{n'}}{\mathrm{d}t}\right|_b \tag{4.88}$$

$$\left.\frac{\mathrm{d}^2\boldsymbol{R}_{in'}}{\mathrm{d}t^2}\right|_i = \left.\frac{\mathrm{d}^2\boldsymbol{R}_{it'}}{\mathrm{d}t^2}\right|_i + \left.\frac{\mathrm{d}^2\boldsymbol{D}_{n'}}{\mathrm{d}t^2}\right|_b + 2\boldsymbol{\omega}_{ib}\times\left.\frac{\mathrm{d}\boldsymbol{D}_{n'}}{\mathrm{d}t}\right|_b +$$

$$\left.\frac{\mathrm{d}\boldsymbol{\omega}_{ib}}{\mathrm{d}t}\right|_i\times(\delta\boldsymbol{R}_{it'}+\boldsymbol{D}_{n'}) + \boldsymbol{\omega}_{ib'}\times\boldsymbol{\omega}_{ib'}\times(\delta\boldsymbol{R}_{it'}+\boldsymbol{D}_{n'}) \tag{4.89}$$

因此主惯导和子惯导相对于惯性坐标系的加速度差值为

$$\left.\frac{\mathrm{d}^2\boldsymbol{R}_{nn'}}{\mathrm{d}t_2}\right|_i = \left.\frac{\mathrm{d}^2\boldsymbol{R}_{in}}{\mathrm{d}t_2}\right|_i - \left.\frac{\mathrm{d}^2\boldsymbol{R}_{in'}}{\mathrm{d}t_2}\right|_i$$

$$= \left.\frac{\mathrm{d}^2\boldsymbol{R}_{it}}{\mathrm{d}t^2}\right|_i + \left.\frac{\mathrm{d}^2\boldsymbol{D}_n}{\mathrm{d}t^2}\right|_b + 2\boldsymbol{\omega}_{ib}\times\left.\frac{\mathrm{d}\boldsymbol{D}_n}{\mathrm{d}t}\right|_b + \left.\frac{\mathrm{d}\boldsymbol{\omega}_{ib}}{\mathrm{d}t}\right|_i\times(\delta\boldsymbol{R}_{it}+\boldsymbol{D}_n) +$$

$$\boldsymbol{\omega}_{ib}\times\boldsymbol{\omega}_{ib}\times(\delta\boldsymbol{R}_{it}+\boldsymbol{D}_n) - \left(\left.\frac{\mathrm{d}^2\boldsymbol{R}_{it'}}{\mathrm{d}t^2}\right|_i + \left.\frac{\mathrm{d}^2\boldsymbol{D}_{n'}}{\mathrm{d}t^2}\right|_b + 2\omega_{ib}\times\left.\frac{\mathrm{d}\boldsymbol{D}_{n'}}{\mathrm{d}t}\right|_b +\right.$$

$$\left.\left.\frac{\mathrm{d}\boldsymbol{\omega}_{ib}}{\mathrm{d}t}\right|_i\times(\delta\boldsymbol{R}_{it'}+\boldsymbol{D}_{n'}) + \boldsymbol{\omega}_{ib}\times\boldsymbol{\omega}_{ib}\times(\delta\boldsymbol{R}_{it'}+\boldsymbol{D}_{n'})\right) \tag{4.90}$$

因为

$$\boldsymbol{R}_{it} - \boldsymbol{R}_{it'} = \boldsymbol{R}_0 \tag{4.91}$$

并且令 $\boldsymbol{D}_{nn'} = \boldsymbol{D}_n - \boldsymbol{D}_{n'}, \delta\boldsymbol{R}_{it} - \delta\boldsymbol{R}_{it'} = \delta\boldsymbol{R}_0$

因此式(4.90)可以化为

$$\left.\frac{d^2\boldsymbol{R}_{nn'}}{dt_2}\right|_i=\left.\frac{d^2\boldsymbol{R}_0}{dt^2}\right|_i+\left.\frac{d^2\boldsymbol{D}_{nn'}}{dt^2}\right|_b+2\boldsymbol{\omega}_{ib}\times\left.\frac{d\boldsymbol{D}_{nn'}}{dt}\right|_b\left.\frac{d\boldsymbol{\omega}_{ib}}{dt}\right|_i\times(\delta\boldsymbol{R}_0+\boldsymbol{D}_{nn'})+$$
$$\boldsymbol{\omega}_{ib}\times\boldsymbol{\omega}_{ib}\times(\delta\boldsymbol{R}_0+\boldsymbol{D}_{nn'})\tag{4.92}$$

式中：$\left.\frac{d^2\boldsymbol{R}_0}{dt^2}\right|_i=\boldsymbol{g}(\boldsymbol{R}_{it})-\boldsymbol{g}(\boldsymbol{R}_{it'})+\left[\boldsymbol{\omega}_{ib}\times\boldsymbol{\omega}_{ib}+\left(\left.\frac{d\boldsymbol{\omega}_{ib}}{dt}\right|_i\right)\right]\times\boldsymbol{R}_0$，$\boldsymbol{g}(\boldsymbol{R}_{it})$和$\boldsymbol{g}(\boldsymbol{R}_{it'})$为由重力产生的加速度，$\left[\boldsymbol{\omega}_{ib}\times\boldsymbol{\omega}_{ib}+\left(\left.\frac{d\boldsymbol{\omega}_{ib}}{dt}\right|_i\right)\right]\times\boldsymbol{R}_0$为杆臂加速度。

由于主惯导和子惯导之间测量的比力$\boldsymbol{f}^n$,$\boldsymbol{f}^{n'}$和$\left.\frac{d^2\boldsymbol{R}_{nn'}}{dt^2}\right|_i$之间的关系为

$$\boldsymbol{f}^{n'}=\boldsymbol{C}_n^{n'}\left(\boldsymbol{f}^n+\left.\frac{d^2\boldsymbol{R}_{nn'}}{dt^2}\right|_i^n\right)\tag{4.93}$$

式中：$\boldsymbol{C}_n^{n'}$为主惯导导航坐标系到子惯导导航坐标系的方向余弦矩阵，并且

$$\boldsymbol{C}_n^{n'}=\begin{bmatrix}1 & \phi_z & -\phi_y\\ -\phi_z & 1 & \phi_x\\ \phi_y & -\phi_x & 1\end{bmatrix}=\boldsymbol{I}-(\boldsymbol{\phi})\times\tag{4.94}$$

将式(4.94)代入式(4.93)可以得到

$$\boldsymbol{f}^{n'}=[\boldsymbol{I}-(\boldsymbol{\phi})\times]\left(\boldsymbol{f}^n+\left.\frac{d^2\boldsymbol{R}_{nn'}}{dt_2}\right|_i^n\right)=\boldsymbol{f}^n-\boldsymbol{\phi}\times\boldsymbol{f}^n+\left.\frac{d^2\boldsymbol{R}_{nn'}}{dt_2}\right|_i^n-\boldsymbol{\phi}\times\left.\frac{d^2\boldsymbol{R}_{nn'}}{dt_2}\right|_i^n\tag{4.95}$$

所以

$$\boldsymbol{f}^{n'}-\boldsymbol{f}^n==\boldsymbol{\phi}\times\boldsymbol{f}^n+\left.\frac{d^2\boldsymbol{R}_{nn'}}{dt_2}\right|_i^n-\boldsymbol{\phi}\times\left.\frac{d^2\boldsymbol{R}_{nn'}}{dt_2}\right|_i^n\tag{4.96}$$

忽略掉小量后式(4.96)变为

$$\boldsymbol{f}^{n'}-\boldsymbol{f}^n=-\boldsymbol{\phi}\times\boldsymbol{f}^n+\left.\frac{d^2\boldsymbol{R}_{nn'}}{dt_2}\right|_i^n\tag{4.97}$$

对于主惯导系统，根据惯性导航基本方程有

$$\dot{\boldsymbol{v}}^n=\boldsymbol{f}^n-(2\boldsymbol{\omega}_{ie}^n+\boldsymbol{\omega}_{en}^n)\times\boldsymbol{v}^n+\boldsymbol{g}^n\tag{4.98}$$

同样对于子惯导有

$$\dot{\boldsymbol{v}}^{n'}=\boldsymbol{f}^{n'}-(2\boldsymbol{\omega}_{ie}^{n'}+\boldsymbol{\omega}_{en}^{n'})\times\boldsymbol{v}^{n'}+\boldsymbol{g}^{n'}\tag{4.99}$$

则式(4.98)与式(4.99)作差，并且令

$$\delta\dot{\boldsymbol{v}}^{n'}=\boldsymbol{v}^{n'}-\boldsymbol{v}^n,\boldsymbol{\omega}_{ie}^n=\boldsymbol{\omega}_{ie}^{n'},\boldsymbol{g}^n=\boldsymbol{g}^{n'},\boldsymbol{\omega}_{en}^n=\boldsymbol{\omega}_{en}^{n'}$$

则

$$
\begin{aligned}
\delta\dot{\boldsymbol{v}}^{n'} &= \boldsymbol{f}^{n'} - \boldsymbol{f}^{n} - (2\boldsymbol{\omega}_{ie}^{n'} + \boldsymbol{\omega}_{en}^{n'}) \times \delta\boldsymbol{v}^{n'} \\
&= -\boldsymbol{\phi} \times \boldsymbol{f}^{n} + \left.\frac{\mathrm{d}^2\boldsymbol{R}_{nn'}}{\mathrm{d}t_2}\right|_i^n - (2\boldsymbol{\omega}_{ie}^{n'} + \boldsymbol{\omega}_{en}^{n'}) \times \delta\boldsymbol{v}^{n'} \\
&= \boldsymbol{f}^{n} \times \boldsymbol{\phi} - (2\boldsymbol{\omega}_{ie}^{n'} + \boldsymbol{\omega}_{en}^{n'}) \times \delta\boldsymbol{v}^{n'} + \left.\frac{\mathrm{d}^2\boldsymbol{R}_0}{\mathrm{d}t^2}\right|_i^n
\end{aligned}
\tag{4.100}
$$

将式(4.92)代入式(4.100)得

$$
\begin{aligned}
\delta\dot{\boldsymbol{v}} =& \boldsymbol{f}^{n} \times \boldsymbol{\phi} - (2\boldsymbol{\omega}_{ie}^{n'} + \boldsymbol{\omega}_{en}^{n'}) \times \delta\boldsymbol{v}^{n'} + \left.\frac{\mathrm{d}^2\boldsymbol{D}_{nn'}}{\mathrm{d}t^2}\right|_b + \left.\frac{\mathrm{d}^2\boldsymbol{R}_0}{\mathrm{d}t_2}\right|_i + \\
& 2\boldsymbol{\omega}_{ib} \times \left.\frac{\mathrm{d}\boldsymbol{D}_{nn'}}{\mathrm{d}t}\right|_b + \dot{\boldsymbol{\omega}}_{ib} \times (\delta\boldsymbol{R}_0 + \boldsymbol{D}_{nn'}) + \boldsymbol{\omega}_{ib} \times \boldsymbol{\omega}_{ib} \times (\delta\boldsymbol{R}_0 \times \boldsymbol{D}_{nn'})
\end{aligned}
\tag{4.101}
$$

认为

$$
\boldsymbol{g}(\boldsymbol{R}_{it}) = \boldsymbol{g}(\boldsymbol{R}_{it'}) \tag{4.102}
$$

则

$$
\left.\frac{\mathrm{d}^2\boldsymbol{R}_0}{\mathrm{d}t^2}\right|_i = (\boldsymbol{\omega}_{ib} \times \boldsymbol{\omega}_{ib} + (\dot{\boldsymbol{\omega}}_{ib})\times) \times \boldsymbol{R}_0 \tag{4.103}
$$

所以式(4.103)化为

$$
\begin{aligned}
\delta\dot{\boldsymbol{v}} =& \boldsymbol{f}^{n} \times \boldsymbol{\phi} - (2\boldsymbol{\omega}_{ie}^{n'} + \boldsymbol{\omega}_{en}^{n'}) \times \delta\boldsymbol{v}^{n'}\left.\frac{\mathrm{d}^2\boldsymbol{D}_{nn'}}{\mathrm{d}t^2}\right|_b + (\boldsymbol{\omega}_{ib} \times \boldsymbol{\omega}_{ib} + (\dot{\boldsymbol{\omega}}_{ib})\times) \times \boldsymbol{R}_0 + \\
& 2\boldsymbol{\omega}_{ib} \times \left.\frac{\mathrm{d}\boldsymbol{D}_{nn'}}{\mathrm{d}t}\right|_b + \dot{\boldsymbol{\omega}}_{ib} \times (\delta\boldsymbol{R}_{0_i} + \boldsymbol{D}_{nn'}) + \boldsymbol{\omega}_{ib} \times \boldsymbol{\omega}_{ib} \times (\delta\boldsymbol{R}_{0_i} + \boldsymbol{D}_{nn'}) \\
=& \boldsymbol{f}^{n} \times \boldsymbol{\phi} - (2\boldsymbol{\omega}_{ie}^{n'} + \boldsymbol{\omega}_{en}^{n'} + \delta\boldsymbol{v}^{n'} + \left.\frac{\mathrm{d}^2\boldsymbol{D}_{nn'}}{\mathrm{d}t^2}\right|_b + (\boldsymbol{\omega}_{ib} \times \boldsymbol{\omega}_{ib} + (\dot{\boldsymbol{\omega}}_{ib})\times) \times \boldsymbol{D}_{nn'} + \\
& 2\boldsymbol{\omega}_{ib} \times \left.\frac{\mathrm{d}\boldsymbol{D}_{nn'}}{\mathrm{d}t}\right|_b + (\boldsymbol{\omega}^{ib} \times \boldsymbol{\omega}_{ib} + (\dot{\boldsymbol{\omega}}_{ib})\times) \times \delta\boldsymbol{R}_0 + \\
& (\boldsymbol{\omega}_{ib} \times \boldsymbol{\omega}_{ib} + \dot{\boldsymbol{\omega}}_{ib}\times) \times \boldsymbol{R}_0 + \delta\nabla
\end{aligned}
\tag{4.104}
$$

式(4.104)即为主、子惯导间的速度差微分方程，其中右边第一项为与主、子惯导相对失准角有关的分量，它是速度匹配传递对准的依据；第二项为哥氏加速度补偿项；第三、四、五项为挠曲振动引起的误差项；第六、七项为杆臂效应加速度误差补偿项；最后一项为主、子惯导加速度计零偏的差值。

通常情况下认为主惯导安装在载体的中心位置，并且中心位置的振动 $\boldsymbol{D}_n$ 很小，在传递对准中通常对每组速度差值进行预滤波处理消除高频振动引起的误差，并且经过杆臂效应补偿后，同时忽略主惯导加速度计零偏，用 $\boldsymbol{f}^{n'}$ 代替 $\boldsymbol{f}^{n}$，

最终速度误差微分方程为

$$\delta\dot{\boldsymbol{v}}^{n'} = \boldsymbol{f}^{n'} \times \boldsymbol{\phi} - (2\boldsymbol{\omega}_{ie}^{n'} + \boldsymbol{\omega}_{en}^{n'}) \times \delta\boldsymbol{v}^{n'} + \nabla^{n'} + \boldsymbol{\eta} \tag{4.105}$$

式中：$\boldsymbol{\eta}$ 为不相关噪声。

4.4.2.2 失准角微分方程

设主、子惯导间的失准角为 $\boldsymbol{\phi} = [\phi_x \quad \phi_y \quad \phi_z]^{\mathrm{T}}$，由于失准角的微分即为主、子惯导的导航坐标系相对于惯性坐标系的角速度差，因此有

$$\dot{\boldsymbol{\phi}} = \boldsymbol{\omega}_{in'}^{n'} - \boldsymbol{C}_n^{n'}\boldsymbol{\omega}_{in}^{n} \tag{4.106}$$

又因为

$$\boldsymbol{C}_n^{n'} = \boldsymbol{I} - (\boldsymbol{\phi}) \times \tag{4.107}$$

因此式(4.106)变为

$$\dot{\boldsymbol{\phi}} = \boldsymbol{\omega}_{in'}^{n'} - \boldsymbol{\omega}_{in}^{n} + \boldsymbol{\phi} \times \boldsymbol{\omega}_{in}^{n} \tag{4.108}$$

对于主惯导，导航解算得到的 $\boldsymbol{\omega}_{in}^{n}$ 为

$$\boldsymbol{\omega}_{in}^{n} = \boldsymbol{\omega}_{it}^{n} + \boldsymbol{\varepsilon}^{n} + \boldsymbol{\mu}^{n} \tag{4.109}$$

式中：ε^n 为主惯导的陀螺漂移；μ^n 为噪声项。

同理对于子惯导，导航解算得到的 $\boldsymbol{\omega}_{in}^{n'}$ 为

$$\boldsymbol{\omega}_{in'}^{n'} = \boldsymbol{\omega}_{it'}^{n'} + \boldsymbol{\varepsilon}^{n'} + \boldsymbol{\mu}^{n'} \tag{4.110}$$

式中：$\varepsilon^{n'}$ 为子惯导的陀螺漂移；$\mu^{n'}$ 为噪声项。

将式(4.109)和式(4.110)代入式(4.108)，并且忽略二阶项，以及主惯导陀螺漂移，并用 $\boldsymbol{\omega}_{in'}^{n'}$ 代替 $\boldsymbol{\omega}_{in}^{n}$，得到

$$\dot{\boldsymbol{\phi}} = \boldsymbol{\phi} \times \boldsymbol{\omega}_{in'}^{n'} + \boldsymbol{\varepsilon}^{n'} + \boldsymbol{\mu}^{n'} = -\boldsymbol{\omega}_{in'}^{n'} \times \boldsymbol{\phi} + \boldsymbol{\varepsilon}^{n'} + \boldsymbol{\mu}^{n'} \tag{4.111}$$

式(4.111)即为速度匹配传递对准的失准角微分方程。

4.4.2.3 惯性器件误差模型

1. 陀螺仪误差模型

陀螺仪是捷联惯性导航系统的一个主要测量元件，用于测量载体的角运动参数，获得载体坐标系相对于惯性坐标系的旋转角速度，根据大量统计规律，可以认为陀螺仪误差主要由以下三部分组成：

$$\boldsymbol{\varepsilon}^{b} = \boldsymbol{\varepsilon}_c + \boldsymbol{\varepsilon}_r + \boldsymbol{w}_g \tag{4.112}$$

式中：$\boldsymbol{\varepsilon}_c$ 为随机常值漂移；$\boldsymbol{w}_g$ 为随机白噪声漂移，其均方差为 σ_g；ε_r 为随机一阶马尔可夫过程漂移，其数学模型为 $\dot{\boldsymbol{\varepsilon}}_r = -\frac{1}{T_r}\boldsymbol{\varepsilon}_r + \boldsymbol{w}_r$，$T_r$ 是马尔可夫过程的相关时间，$\boldsymbol{w}_r$ 是均方差为 $\boldsymbol{\sigma}_r$ 的马尔可夫过程驱动白噪声。

由于一阶马尔可夫过程漂移的相关时间 T_r 一般大于 1h，所以可以将相关漂移视为随机常数，同时它与随机常值漂移相比，这种漂移小 1 ~ 2 个数量级。因此将式(4.112)简化为 $\boldsymbol{\varepsilon}^b = \boldsymbol{\varepsilon}_c + \boldsymbol{w}_g$。陀螺仪漂移微分方程简化为

$$\dot{\boldsymbol{\varepsilon}}^b = \mathbf{0} \tag{4.113}$$

捷联惯性导航系统中，由于陀螺仪直接安装在载体上，而直接被陀螺感受到的是载体坐标系中的陀螺漂移 $\boldsymbol{\varepsilon}^b$，必须将它转换到导航坐标系中的量 $\boldsymbol{\varepsilon}^n = \boldsymbol{C}_b^n \boldsymbol{\varepsilon}^b$，其中 $\boldsymbol{C}_b^n$ 为捷联姿态矩阵。

2. 加速度计误差模型

加速度计是捷联惯性导航中另一个重要元件，用于测量载体的线运动参数（比力），考虑主要误差项，其误差模型为

$$\nabla^b = \nabla_r + \boldsymbol{w}_a \tag{4.114}$$

式中：$\boldsymbol{w}_a$ 为随机白噪声漂移，其均方差为 $\boldsymbol{\sigma}_a$；∇_r 为随机一阶马尔可夫过程漂移，其数学模型为$\dot{\nabla}_r = -\frac{1}{T_r'}\nabla_r + w_r'$，$T_r'$ 为马尔可夫过程的相关时间，w_r' 为均方差为 σ_r 的马尔可夫过程驱动白噪声。

加速度计的情况和陀螺仪类似，要将载体坐标系中的误差∇^b 转换到导航坐标系中的误差∇^n：$\nabla^n = \boldsymbol{C}_b^n \nabla^b$，其中 $\boldsymbol{C}_b^n$ 捷联姿态矩阵。同时由于 T_r 较大，相对于时间较短的传递对准可以将∇_r 视为常量，因此加速度的模型简化为

$$\dot{\nabla}^b = \mathbf{0} \tag{4.115}$$

4.4.2.4 速度匹配的滤波模型

综合式(4.105)、式(4.111)、式(4.113)和式(4.115)可以得到速度匹配传递对准的状态方程为

$$\begin{cases} \delta\dot{\boldsymbol{v}}^{n'} = \boldsymbol{f}^{n'} \times \boldsymbol{\phi} - (2\boldsymbol{\omega}_{ie}^{n'} + \boldsymbol{\omega}_{en}^{n'}) \times \delta\boldsymbol{v}^{n'} + \nabla^{n'} + \boldsymbol{\eta} \\ \dot{\boldsymbol{\phi}} = -\boldsymbol{\omega}_{in'}^{n'} \times \boldsymbol{\phi} + \boldsymbol{\varepsilon}^{n'} + \boldsymbol{\mu}^{n'} \\ \dot{\nabla}^b = \mathbf{0} \\ \dot{\boldsymbol{\varepsilon}}^b = \mathbf{0} \end{cases} \tag{4.116}$$

速度匹配传递对准以主、子惯导间的速度差作为观测量，因此得到速度匹配的滤波模型为

$$\begin{cases} \dot{\boldsymbol{X}} = \boldsymbol{AX} + \boldsymbol{BW} \\ \boldsymbol{Z} = \boldsymbol{HX} + \boldsymbol{V} \end{cases} \tag{4.117}$$

式中：$\boldsymbol{X}$ 为系统的状态变量，且

$$\boldsymbol{X} = [\delta v_E \quad \delta v_N \quad \phi_E \quad \phi_N \quad \phi_U \quad \nabla_x \quad \nabla_y \quad \nabla_z \quad \varepsilon_x \quad \varepsilon_y \quad \varepsilon_z]^{\mathrm{T}}$$

$\boldsymbol{W}$ 为系统噪声,并且

$$\boldsymbol{W} = [w_{ax} \quad w_{ay} \quad w_{az} \quad w_{\varepsilon x} \quad w_{\varepsilon y} \quad w_{\varepsilon z} \quad 0 \quad 0 \quad 0 \quad 0 \quad 0 \quad 0]^{\mathrm{T}}$$

其中,w_{ax}、w_{ay}、w_{az}为加速度计零偏随机白噪声;$w_{\varepsilon x}$、$w_{\varepsilon y}$、$w_{\varepsilon z}$为陀螺仪漂移随机白噪声。

$$\boldsymbol{A} = \begin{bmatrix} \boldsymbol{A}_{11} & \boldsymbol{A}_{12} & \boldsymbol{C}_{2\times3} & \boldsymbol{0}_{2\times3} \\ \boldsymbol{A}_{21} & \boldsymbol{A}_{22} & \boldsymbol{0}_{3\times3} & C_b^n \\ \boldsymbol{0}_{3\times3} & \boldsymbol{0}_{3\times3} & \boldsymbol{0}_{3\times3} & \boldsymbol{0}_{3\times3} \\ \boldsymbol{0}_{3\times3} & \boldsymbol{0}_{3\times3} & \boldsymbol{0}_{3\times3} & \boldsymbol{0}_{3\times3} \end{bmatrix}, \boldsymbol{B} = \begin{bmatrix} \boldsymbol{C}_{2\times3} & \boldsymbol{0}_{2\times3} & \boldsymbol{0}_{6\times6} \\ \boldsymbol{0}_{3\times3} & \boldsymbol{C}_b^n & \boldsymbol{0}_{6\times6} \\ \boldsymbol{0}_{6\times6} & \boldsymbol{0}_{6\times6} & \boldsymbol{0}_{6\times6} \end{bmatrix}$$

$$\boldsymbol{A}_{11} = \begin{bmatrix} 0 & 2\omega_{ie}\sin L + \dfrac{v_x \tan L}{R_e} \\ -\left(2\omega_{ie}\sin L + \dfrac{v_x \tan L}{R_e}\right) & 0 \end{bmatrix}, \boldsymbol{A}_{12} = \begin{bmatrix} 1 & -f_U & f_N \\ f_U & 0 & -f_E \end{bmatrix}$$

$$\boldsymbol{A}_{21} = \begin{bmatrix} 0 & -\dfrac{1}{R_e} \\ \dfrac{1}{R_e} & 0 \\ \dfrac{\tan L}{R_e} & 0 \end{bmatrix}, \boldsymbol{A}_{22} = \begin{bmatrix} 0 & \omega_{inU}^n & -\omega_{inN}^n \\ -\omega_{inU}^n & 0 & \omega_{inE}^n \\ \omega_{inN}^n & -\omega_{inE}^n & 0 \end{bmatrix}$$

$$\boldsymbol{C}_{2\times3} = \begin{bmatrix} c_{11} & c_{12} & c_{13} \\ c_{21} & c_{22} & c_{23} \end{bmatrix}, \boldsymbol{C}_b^n = \begin{bmatrix} c_{11} & c_{12} & c_{13} \\ c_{21} & c_{22} & c_{23} \\ c_{31} & c_{32} & c_{33} \end{bmatrix}$$

$\boldsymbol{H}$ 为量测矩阵,速度匹配传递对准取主惯导和子惯导间的速度差作为观测量,因此有

$$\boldsymbol{H} = \begin{bmatrix} 1 & 0 & 0 & 0 & 0 & 0 & 0 & 0 & 0 & 0 & 0 \\ 0 & 1 & 0 & 0 & 0 & 0 & 0 & 0 & 0 & 0 & 0 \end{bmatrix}$$

$\boldsymbol{V}$ 为测量噪声。

速度匹配传递对准利用失准角 $\boldsymbol{\phi}$ 通过比力 $\boldsymbol{f}$ 使速度差产生变化,利用速度差作为观测量,通过卡尔曼滤波器估计出 $\boldsymbol{\phi}$,实现传递对准,同时载体在有水平机动时,方位失准角可以通过比力的水平分量反应到速度差的水平分量中,能够极大地提高系统的可观测性,缩短对准时间,提高估计精度。

4.4.3 姿态匹配传递对准

在姿态匹配传递对准中,主惯导系统和子惯导系统之间存在安装误差,引起主惯导系统和子惯导系统输出的姿态信息偏差。捷联系统的初始对准,实质上

就是确定捷联矩阵的值，在传递对准开始时，主惯导系统将自身的捷联矩阵值传递给子惯导系统，这个过程也叫作一步传递。由于工程实际应用中，主惯导系统和子惯导系统在安装时必定会引入安装误差，使主惯导系统的载体坐标系和子惯导系统的载体坐标系不重合，它们之间的不重合角就是安装误差角。在理想条件下，不考虑船体的挠曲形变且假设主、子惯导系统之间不存在安装误差，即主、子惯导载体系完全重合，通过一步传递对准，可将主惯导系统的捷联矩阵传递给子惯导系统，这样就完成了子惯导系统的初始对准。但是在工程应用中安装误差角不可避免，因此需要设法得到主、子惯导系统之间的安装误差角来修正子惯导系统的捷联矩阵。

在讨论姿态匹配传递对准前，首先假定 $i(x,y,z)$ 为地心惯性坐标系，$e(x,y,z)$ 为地球坐标系，导航坐标系 n 取向为当地水平指北地理坐标系；MINS 的载体坐标系为 m，SINS 的载体坐标系为 s，SINS 的计算载体坐标系为 $\hat{s}$；其中 s 系与 m 系之间的夹角为 $\boldsymbol{\phi}_a$，也就是主、子惯导系统之间的安装误差角；$\hat{s}$ 系与 m 系之间的夹角为 $\boldsymbol{\phi}_m$，是主、子惯导系统之间的姿态误差角。在姿态匹配传递对准中，以主、子惯导系统之间的姿态误差作为观测量，通过卡尔曼滤波来估计主、子惯导系统之间的安装误差角，从而修正子惯导捷联矩阵。

4.4.3.1 姿态匹配传递对准微分方程

相对姿态误差即为 $\boldsymbol{\phi}_m$，在进行传递对准之前，对于子惯导来说需要确立一个初始的姿态矩阵，而初始的姿态矩阵是直接将主惯导的姿态信息传递给子惯导的，也称一次快速传递对准，即

$$\boldsymbol{C}_{\hat{s}}^{n}(0) = \boldsymbol{C}^{n}(0) \tag{4.118}$$

也就是说 $\boldsymbol{\phi}_m(0)=0$。

初始化之后相对失准角通过下式计算：

$$\boldsymbol{I} - [\boldsymbol{\phi}_m \times] = \boldsymbol{C}_n^{\hat{s}}(t)\boldsymbol{C}_m^n(t) = \boldsymbol{C}_m^{\hat{s}} \tag{4.119}$$

初始化后 $\hat{s}$ 与 m 系之间有一个小的偏差角 $\boldsymbol{\phi}_m$，此偏差角即为实际测量的主、子惯导的相对姿态误差角，它是实际不对准角 $\boldsymbol{\phi}_a$ 与陀螺测量误差的函数。姿态匹配方法需要估计的量就是 $\boldsymbol{\phi}_a$，它是主、子惯导载体坐标系之间的夹角，也就是说在理论上如果主惯导载体坐标系和子惯导载体坐标系在安装的时候不存在失准角，也不存在挠曲变形运动，那么通过一次传递对准就可以完成整个对准过程，但实际上是不可能的，$\boldsymbol{\phi}_a$ 是不可能为零的，因此需要将它估计出来以修正子惯导的姿态矩阵。

对式(4.119)进行微分，有

$$[\dot{\boldsymbol{\phi}}_m \times] = -\dot{\boldsymbol{C}}_n^{\hat{s}}(t)\boldsymbol{C}_m^n(t) - \boldsymbol{C}_n^{\hat{s}}(t)\dot{\boldsymbol{C}}_m^n(t) \tag{4.120}$$

由方向余弦矩阵的微分方程可得

$$\dot{C}_n^{\hat{s}} = -[\hat{\omega}_{ns}^s \times]C_n^{\hat{s}} \tag{4.121}$$

$$\dot{C}_m^n = C_m^n[\omega_{nm}^m \times] \tag{4.122}$$

$$C_m^{\hat{s}}(t) = I - [\phi_m \times] \tag{4.123}$$

将式(4.121)~式(4.123)代入式(4.120)得

$$\begin{aligned}[\dot{\phi}_m \times] &= [\hat{\omega}_{ns}^s \times]C_n^{\hat{s}}(t)C_m^n(t) - C_n^{\hat{s}}(t)C_m^n(t)[\omega_{nm}^m \times] \\ &= [\hat{\omega}_{ns}^s \times]C_m^{\hat{s}}(t) - C_m^{\hat{s}}(t)[\omega_{nm}^m \times] \\ &= [\hat{\omega}_{ns}^s \times](I - [\phi_m \times]) - (I - [\phi_m \times])[\omega_{nm}^m \times]\end{aligned} \tag{4.124}$$

又由于

$$[\omega_{nm}^m \times] = [(C_s^m \omega_{nm}^s) \times] \tag{4.125}$$

$$C_s^m = I + [\phi_a \times] \tag{4.126}$$

将式(4.125)和式(4.126)代入式(4.124)得

$$[\dot{\phi}_m \times] = [\hat{\omega}_{ns}^s \times](I - [\phi_m \times]) - (I - [\phi_m \times](I + [\phi_a \times])[\omega_{nm}^s \times] \tag{4.127}$$

将式(4.127)展开并忽略二阶小量得

$$\begin{aligned}[\dot{\phi}_m \times] = [\hat{\omega}_{ns}^s \times] - [\hat{\omega}_{ns}^s \times][\phi_s \times] - [\omega_{nm}^s \times] + \\ [\phi_m \times][\omega_{nm}^s \times] - [\phi_a \times][\omega_{nm}^s \times]\end{aligned} \tag{4.128}$$

由主、子惯导陀螺仪输出间的关系得

$$\hat{\omega}_{ns}^s = \omega_{nm}^s + \omega_{fs}^s + \varepsilon^s \tag{4.129}$$

式中:ω_{fs}^s为子惯导陀螺仪敏感到而主惯导陀螺仪没有敏感到的挠性变形角速度。

将式(4.129)代入式(4.128)得

$$\begin{aligned}[\dot{\phi}_m \times] = &[\omega_{nm}^s \times] + [\omega_{fs}^s \times] + [\varepsilon^s \times] - \\ &([\omega_{nm}^s \times] + [\omega_{fs}^s \times] + [\varepsilon^s \times])[\phi_m \times] - \\ &[\omega_{nm}^s \times] + [\phi_m \times][\omega_{nm}^s \times] - [\phi_a \times][\omega_{nm}^s \times]\end{aligned} \tag{4.130}$$

忽略小量$([\omega_{fs}^s \times] + [\varepsilon^s \times])[\phi_m \times]$得

$$\begin{aligned}[\dot{\phi}_m \times] &= [\omega_{nm}^s \times] + [\omega_{fs}^s \times] + [\varepsilon^s \times] - [\omega_{nm}^s \times][\phi_m \times] - [\omega_{nm}^s \times] + \\ &\quad [\phi_m \times][\omega_{nm}^s \times] - [\phi_a \times][\omega_{nm}^s \times] \\ &= [\phi_m \times][\omega_{nm}^s \times] - [\phi_a \times][\omega_{nm}^s \times] - \\ &\quad [\omega_{nm}^s \times][\phi_m \times] + [\omega_{fs}^s \times] + [\varepsilon^s \times]\end{aligned} \tag{4.131}$$

利用矢量的三重积等式

$$\boldsymbol{v}_1 \times (\boldsymbol{v}_2 \times \boldsymbol{v}_3) - \boldsymbol{v}_2 \times (\boldsymbol{v}_1 \times \boldsymbol{v}_3) = (\boldsymbol{v}_1 \times \boldsymbol{v}_2) \times \boldsymbol{v}_3 \tag{4.132}$$

可得

$$[\boldsymbol{\phi}_m \times][\boldsymbol{\omega}_{nm}^s \times] - [\boldsymbol{\omega}_{nm}^s \times][\boldsymbol{\phi}_m \times] = [(\boldsymbol{\phi}_m \times \boldsymbol{\omega}_{nm}^s) \times] \tag{4.133}$$

将式(4.133)代入式(4.131)得

$$\begin{aligned}[\dot{\boldsymbol{\phi}}_m \times] &= [(\boldsymbol{\phi}_m \times \boldsymbol{\omega}_{nm}^s) \times] - [\boldsymbol{\phi}_a \times][\boldsymbol{\omega}_{nm}^s \times] + [\boldsymbol{\omega}_{fs}^s \times] + [\boldsymbol{\varepsilon}^s \times] \\ &= [(\boldsymbol{\phi}_m \times \boldsymbol{\omega}_{nm}^s) \times] - [(\boldsymbol{\phi}_a \times \boldsymbol{\omega}_{nm}^s) \times] + [\boldsymbol{\omega}_{fs}^s \times] + [\boldsymbol{\varepsilon}^s \times]\end{aligned} \tag{4.134}$$

将式(4.134)写成矢量形式即得到相对失准角的微分方程,即

$$\dot{\boldsymbol{\phi}}_m = (\boldsymbol{\phi}_m \times \boldsymbol{\omega}_{nm}^s) - (\boldsymbol{\phi}_a \times \boldsymbol{\omega}_{nm}^s) + \boldsymbol{\omega}_{fs}^s + \boldsymbol{\varepsilon}^s = (\boldsymbol{\phi}_m - \boldsymbol{\phi}_a) \times \boldsymbol{\omega}_{nm}^s + \boldsymbol{\omega}_{fs}^s + \boldsymbol{\varepsilon}^s \tag{4.135}$$

4.4.3.2 姿态匹配滤波器设计

选取姿态匹配传递对准的状态变量为

$$\boldsymbol{X} = [\phi_{mx} \quad \phi_{my} \quad \phi_{mz} \quad \phi_{ax} \quad \phi_{ay} \quad \phi_{az} \quad \varepsilon_x \quad \varepsilon_y \quad \varepsilon_z]^{\mathrm{T}}$$

其中,$\boldsymbol{\phi}_a = [\phi_{ax} \quad \phi_{ay} \quad \phi_{az}]$为主惯导系统载体坐标系与子惯导系统载体坐标系之间的失准角,是要通过卡尔曼滤波估计出来的值,并且它是一个常值,即$\dot{\boldsymbol{\phi}}_a = 0$。

根据式(4.135)可得姿态匹配状态方程:

$$\begin{cases}\dot{\boldsymbol{\phi}}_m = (\boldsymbol{\phi}_m - \boldsymbol{\phi}_a) \times \boldsymbol{\omega}_{ns}^s + \boldsymbol{\varepsilon}^s \\ \dot{\boldsymbol{\phi}}_a = \boldsymbol{0} \\ \dot{\boldsymbol{\varepsilon}}^s = \boldsymbol{0}\end{cases} \tag{4.136}$$

姿态匹配传递对准是以主、子惯导系统之间的姿态误差作为观测量来估计主、子惯导系统之间的安装误差,因此选取观测量为

$$\boldsymbol{Z} = [\phi_{mx} \quad \phi_{my} \quad \phi_{mz}] \tag{4.137}$$

由此系统的卡尔曼滤波模型的向量形式为

$$\begin{cases}\dot{\boldsymbol{X}} = \boldsymbol{AX} + \boldsymbol{BW} \\ \boldsymbol{Z} = \boldsymbol{HX} + \boldsymbol{V}\end{cases} \tag{4.138}$$

其中

$$\boldsymbol{A} = \begin{bmatrix}\boldsymbol{A}_1 & -\boldsymbol{A}_1 & \boldsymbol{C}_{\hat{s}}^n \\ \boldsymbol{0}_{3\times3} & \boldsymbol{0}_{3\times3} & \boldsymbol{0}_{3\times3} \\ \boldsymbol{0}_{3\times3} & \boldsymbol{0}_{3\times3} & \boldsymbol{0}_{3\times3}\end{bmatrix}, \boldsymbol{A}_1 = \begin{bmatrix}0 & \omega_z & -\omega_y \\ -\omega_z & 0 & \omega_x \\ \omega_y & -\omega_x & 0\end{bmatrix},$$

$$\hat{\boldsymbol{\omega}}_{ns}^{s} = [\omega_x \quad \omega_y \quad \omega_z]^{\mathrm{T}}, \boldsymbol{C}_{\hat{s}}^{n} = \begin{bmatrix} c_{11} & c_{12} & c_{13} \\ c_{21} & c_{22} & c_{23} \\ c_{31} & c_{32} & c_{33} \end{bmatrix}, \boldsymbol{B} = \begin{bmatrix} \boldsymbol{C}_{\hat{s}}^{n} & \boldsymbol{0}_{3\times3} & \boldsymbol{0}_{3\times3} \\ \boldsymbol{0}_{3\times3} & \boldsymbol{I}_{3\times3} & \boldsymbol{0}_{3\times3} \\ \boldsymbol{0}_{3\times3} & 0 & \boldsymbol{I}_{3\times3} \end{bmatrix},$$

$$\boldsymbol{H} = [\boldsymbol{I}_{3\times3} \quad \boldsymbol{0}_{3\times3} \quad \boldsymbol{0}_{3\times3}]$$

$\boldsymbol{W} = [w_{\phi mx} \quad w_{\phi my} \quad w_{\phi mz} \quad w_{\phi ax} \quad w_{\phi ay} \quad w_{\phi az} \quad w_{\varepsilon x} \quad w_{\varepsilon y} \quad w_{\varepsilon z}]^{\mathrm{T}}$ 为系统的噪声阵；$\boldsymbol{V} = [\boldsymbol{v}_{\phi mx} \quad \boldsymbol{v}_{\phi my} \quad \boldsymbol{v}_{\phi mz}]^{\mathrm{T}}$ 为量测噪声阵；$\boldsymbol{\omega}_{ns}^{s}$ 为子惯导系统测量得到的角速度；$\boldsymbol{\varepsilon}^{s}$ 为子惯导陀螺漂移测量误差。

4.4.4 速度加姿态匹配传递对准

速度加姿态匹配传递对准是目前为止对准速度最快的一种匹配方法，相对于速度匹配方法，速度加姿态匹配方法由于引入了姿态差作为观测量，提高了失准角的可观测度，在很大程度上缩短了对准时间。美国在 F-16 上进行了飞行实验，对准时间在 5s 以内，精度可以达到 1mrad。

在推导速度加姿态匹配传递对准的数学模型之前，首先给出一些定义如下：

i——惯性坐标系；

e——地球坐标系；

n——导航坐标系（当地水平指北地理坐标系）；

m——主惯导载体坐标系；

s——子惯导载体坐标系；

$\hat{s}$——计算的子惯导载体坐标系；

ϕ_m——$\hat{s}$ 与 m 系间的夹角；

ϕ_a——s 与 m 系间的夹角。

4.4.4.1 主子惯导间的速度差微分方程

对于子惯导有

$$\boldsymbol{v}_s^n = \boldsymbol{v}_{ie}^n + \boldsymbol{v}_{en}^n + \boldsymbol{v}_{ns}^n \tag{4.139}$$

由于子惯导载体坐标系相对于导航坐标系没有线运动，所以有 $\boldsymbol{v}_{ns}^n = 0$，因此

$$\boldsymbol{v}_s^n = \boldsymbol{v}_{ie}^n + \boldsymbol{v}_{en}^n \tag{4.140}$$

式(4.140)两边在导航坐标系内对时间求导得

$$\left.\frac{\mathrm{d}\boldsymbol{v}_s^n}{\mathrm{d}t}\right|_n = \left.\frac{\mathrm{d}\boldsymbol{v}_{ie}^n}{\mathrm{d}t}\right|_n + \left.\frac{\mathrm{d}\boldsymbol{v}_{en}^n}{\mathrm{d}t}\right|_n \tag{4.141}$$

根据惯性导航基本方程，对于子惯导有

$$\left.\frac{\mathrm{d}\boldsymbol{v}_{en}^n}{\mathrm{d}t}\right|_n = \boldsymbol{f}_s^n - (2\boldsymbol{\omega}_{ie}^n + \boldsymbol{\omega}_{en}^n) \times \boldsymbol{v}_{en}^n + \boldsymbol{g}^n \tag{4.142}$$

将式(4.142)代入式(4.141)得

$$\left.\frac{\mathrm{d}\boldsymbol{v}_s^n}{\mathrm{d}t}\right|_n \boldsymbol{f}_s^n - (2\boldsymbol{\omega}_{ie}^n + \boldsymbol{\omega}_{en}^n) \times \boldsymbol{v}_{en}^n + \boldsymbol{g}^n + \left.\frac{\mathrm{d}\boldsymbol{v}_{ie}^n}{\mathrm{d}t}\right|_n \tag{4.143}$$

由于

$$\boldsymbol{f}_s^n = \boldsymbol{C}_{\hat{s}}^n \boldsymbol{f}_s^{\hat{s}} \tag{4.144}$$

因此式(4.144)变为

$$\left.\frac{\mathrm{d}\boldsymbol{v}_s^n}{\mathrm{d}t}\right|_n = \boldsymbol{C}_{\hat{s}}^n \boldsymbol{f}_s^{\hat{s}} - (2\boldsymbol{\omega}_{ie}^n + \boldsymbol{\omega}_{en}^n) \times \boldsymbol{v}_{en}^n + \boldsymbol{g}^n + \left.\frac{\mathrm{d}\boldsymbol{v}_{ie}^n}{\mathrm{d}t}\right|_n \tag{4.145}$$

式中:$\boldsymbol{C}_{\hat{s}}^n$为子惯导系统的姿态矩阵。

同理对于主惯导有

$$\left.\frac{\mathrm{d}\boldsymbol{v}_m^n}{\mathrm{d}t}\right|_n = \boldsymbol{C}_m^n \boldsymbol{f}_m^m - (2\boldsymbol{\omega}_{ie}^n + \boldsymbol{\omega}_{en}^n) \times \boldsymbol{v}_{en}^n + \boldsymbol{g}_m^n + \left.\frac{\mathrm{d}\boldsymbol{v}_{ie}^n}{\mathrm{d}t}\right|_n \tag{4.146}$$

观察式(4.145)和式(4.146)发现两式中都有 $-(2\boldsymbol{\omega}_{ie}^n + \boldsymbol{\omega}_{en}^n) \times \boldsymbol{v}_{en}^n$ 项,然而如果直接将两式作差将会得出错误的结论,因为两式的表达形式虽然是相同的,但它们是在不同的惯性导航系统中求得的,一是在主惯导中求得,利用的是主惯导测量的加速度信息;另一个是在子惯导中求得,利用的是子惯导测量的加速度信息,但是仿真发现忽略掉这一项对结果影响并不是很明显。

由式(4.140)对子惯导:

$$\boldsymbol{v}_{en}^n = \boldsymbol{v}_s^n - \boldsymbol{v}_{ie}^n \tag{4.147}$$

对主惯导:

$$\boldsymbol{v}_{en}^n = \boldsymbol{v}_m^n - \boldsymbol{v}_{ie}^n \tag{4.148}$$

将式(4.147)和式(4.148)分别代入式(4.145)和式(4.146)可以得到

$$\left.\frac{\mathrm{d}\boldsymbol{v}_s^n}{\mathrm{d}t}\right|_n = \boldsymbol{C}_{\hat{s}}^n \boldsymbol{f}_s^{\hat{s}} + (2\boldsymbol{\omega}_{ie}^n + \boldsymbol{\omega}_{en}^n) \times \boldsymbol{v}_{ie}^n + \boldsymbol{g}_s^n + \left.\frac{\mathrm{d}\boldsymbol{v}_{ie}^n}{\mathrm{d}t}\right|_n - (2\boldsymbol{\omega}_{ie}^n + \boldsymbol{\omega}_{en}^n) \times \boldsymbol{v}_s^n \tag{4.149}$$

$$\left.\frac{\mathrm{d}\boldsymbol{v}_m^n}{\mathrm{d}t}\right|_n = \boldsymbol{C}_m^n \boldsymbol{f}_m^m + (2\boldsymbol{\omega}_{ie}^n + \boldsymbol{\omega}_{en}^n) \times \boldsymbol{v}_{ie}^n + \boldsymbol{g}_m^n + \left.\frac{\mathrm{d}\boldsymbol{v}_{ie}^n}{\mathrm{d}t}\right|_n - (2\boldsymbol{\omega}_{ie}^n + \boldsymbol{\omega}_{en}^n) \times \boldsymbol{v}_m^n \tag{4.150}$$

将式(4.149)和式(4.150)作差,并且令 $\delta\boldsymbol{v} = \boldsymbol{v}_s - \boldsymbol{v}_m$,得

$$\begin{aligned}\left.\frac{\mathrm{d}\delta\boldsymbol{v}}{\mathrm{d}t}\right|_n &= \boldsymbol{C}_{\hat{s}}^n \boldsymbol{f}_s^{\hat{s}} - \boldsymbol{C}_m^n \boldsymbol{f}_m^m + \boldsymbol{g}_s^n - \boldsymbol{g}_m^n - (2\boldsymbol{\omega}_{ie}^n + \boldsymbol{\omega}_{en}^n) \times \boldsymbol{v}_s^n - \boldsymbol{v}_m^n) \\ &= \boldsymbol{C}_m^n C_{\hat{s}}^m \boldsymbol{f}_s^{\hat{s}} - \boldsymbol{C}_m^n \boldsymbol{C}_s^m \boldsymbol{f}_m^s + \boldsymbol{g}_s^n - \boldsymbol{g}_m^n - (2\boldsymbol{\omega}_{ie}^n + \boldsymbol{\omega}_{en}^n) \times \delta\boldsymbol{v}\end{aligned} \tag{4.151}$$

由于

$$C_{\hat{s}}^{m} = I + [\phi_m \times] \tag{4.152}$$

$$C_{s}^{m} = I + [\phi_a \times] \tag{4.153}$$

所以式(4.151)化为

$$\left.\frac{\mathrm{d}\delta v}{\mathrm{d}t}\right|_n = C_m^n(I + [\phi_m \times])f_s^{\hat{s}} - C_m^n(I + [\phi_a \times])f_m^s + g_s^n - g_m^n - (2\omega_{ie}^n + \omega_{en}^n) \times \delta v \tag{4.154}$$

子惯导感受的比力在 $\hat{s}$ 中的表示为 $f_s^{\hat{s}}$,并且

$$f_s^{\hat{s}} = f_m^s + a_r^s + a_{fb}^s + \nabla_s^s \tag{4.155}$$

将式(4.155)代入式(4.154)得到

$$\begin{aligned}\left.\frac{\mathrm{d}\delta v}{\mathrm{d}t}\right|_n &= C_m^n(I + [\phi_m \times])(f_m^s + a_r^s + a_{fb}^s + \nabla_s^s) - C_m^n(I + [\phi_m \times])f_m^s + \\ &\quad g_s^n - g_m^n - (2\omega_{ie}^n + \omega_{en}^n) \times \delta v \\ &= C_m^n(a_r^s + a_{fb}^s + \nabla_s^s) = C_m^n[\phi_m \times](f_m^s + a_r^s + a_{fb}^s + \nabla_s^s) - \\ &\quad C_m^n[\phi_a \times]f_m^s + g_s^n - g_m^n - (2\omega_{ie}^n + \omega_{en}^n) \times \delta v\end{aligned} \tag{4.156}$$

忽略掉小量 $[\phi_m \times](a_{fb}^s + \nabla_s^s)$,并且认为:$g_s^n = g_m^n$,则式(4.156)变为

$$\begin{aligned}\left.\frac{\mathrm{d}\delta v}{\mathrm{d}t}\right|_n &= C_m^n(a_r^s + a_{fb}^s + \nabla_s^s) + C_m^n[\phi_m \times](f_m^s + a_r^s) - \\ &\quad C_m^n[\phi_a \times]f_m^s - (2\omega_{ie}^n + \omega_{en}^n) \times \delta v \\ &= C_m^n a_r^s + C_m^n(a_{fb}^s + \nabla_s^s) + C_m^n[\phi_m \times](f_m^s + a_r^s) - \\ &\quad C_m^n[\phi_a \times]f_m^s - (2\omega_{ie}^n + \omega_{en}^n) \times \delta v\end{aligned} \tag{4.157}$$

式中含有 a_r^s 的项为杆臂效应误差项,杆臂效应误差的补偿不是本章研究的重点,式(4.157)经过杆臂效应补偿后为

$$\left.\frac{\mathrm{d}\delta v}{\mathrm{d}t}\right|_n = C_m^n([\phi_m \times] - [\phi_a \times])f_m^s - (2\omega_{ie}^n + \omega_{en}^n) \times \delta v + C_m^n(a_{fb}^s + \nabla_s^s) \tag{4.158}$$

传递对准滤波器的计算是在子惯导上计算的,从主惯导传输给子惯导的信息应该尽可能得小,因此用子惯导的姿态矩阵 $C_{\hat{s}}^n$ 代替主惯导的姿态矩阵 C_m^n,最终得到主、子惯导的速度差微分方程:

$$\left.\frac{\mathrm{d}\delta v}{\mathrm{d}t}\right|_n = C_{\hat{s}}^n([\phi_m \times] - [\phi_a \times])f_m^s - (2\omega_{ie}^n + \omega_{en}^n) \times \delta v + C_{\hat{s}}^n(a_{fb}^s + \nabla_s^s) \tag{4.159}$$

4.4.4.2 速度加姿态匹配的滤波模型

在研究快速传递对准滤波器时,暂不考虑挠性运动,同时由于传递对准的时

间很短，陀螺和加速度计所引起的相对速度和相对姿态误差很小。因此在本章的研究中设计的滤波器不考虑这些状态，而通过增加相对速度误差和姿态误差方程中的过程噪声，以补偿未建模的陀螺和加速度计的测量误差。这里取系统的状态变量为

$$\boldsymbol{X} = [\delta v_x \quad \delta v_y \quad \phi_{mx} \quad \phi_{my} \quad \phi_{mz} \quad \phi_{ax} \quad \phi_{ay} \quad \phi_{az}]^{\mathrm{T}}$$

式中：$\boldsymbol{\phi}_a = [\phi_{ax} \quad \phi_{ay} \quad \phi_{az}]^{\mathrm{T}}$ 为实际的主惯导和子惯导载体坐标系间的失准角，是待估计的量，并且认为它是一个常量，即

$$\dot{\boldsymbol{\phi}}_a = \mathbf{0} \tag{4.160}$$

因此综合式(4.135)、式(4.159)和式(4.160)得到速度加姿态传递对准的状态方程为

$$\begin{cases}\delta\dot{\boldsymbol{v}}^n = \boldsymbol{C}_{\hat{s}}^n([\boldsymbol{\phi}_m \times] - [\boldsymbol{\phi}_a \times])\boldsymbol{f}_m^s - (2\boldsymbol{\omega}_{ie}^n + \boldsymbol{\omega}_{en}^n) \times \delta\boldsymbol{v} + \boldsymbol{C}_{\hat{s}}^n(\boldsymbol{a}_{fb}^s + \boldsymbol{\nabla}_s^s) \\ \dot{\boldsymbol{\phi}}_m = (\boldsymbol{\phi}_m - \boldsymbol{\phi}_a) \times \boldsymbol{\omega}_{nm}^s + \boldsymbol{\varepsilon}^s \\ \dot{\boldsymbol{\phi}}_a = \mathbf{0}\end{cases} \tag{4.161}$$

速度加姿态以主、子惯导间的速度差和姿态差作为观测量，因此可以得到系统滤波模型的向量形式为

$$\begin{cases}\dot{\boldsymbol{X}} = \boldsymbol{A}\boldsymbol{X} + \boldsymbol{B}\boldsymbol{W} \\ \boldsymbol{Z} = \boldsymbol{H}\boldsymbol{X} + \boldsymbol{V}\end{cases} \tag{4.162}$$

其中

$$\boldsymbol{A} = \begin{bmatrix} \boldsymbol{A}_1 & \boldsymbol{A}_2 & -\boldsymbol{A}_2 \\ \mathbf{0}_{3\times3} & \boldsymbol{A}_3 & -\boldsymbol{A}_3 \\ \mathbf{0}_{3\times3} & \mathbf{0}_{3\times3} & \mathbf{0}_{3\times3} \end{bmatrix},$$

$$\boldsymbol{A}_1 = \begin{bmatrix} 0 & 2\omega_{ie}\sin L + \dfrac{v_x \tan L}{R_e} \\ -\left(2\omega_{ie}\sin L + \dfrac{v_x \tan L}{R_e}\right) & 0 \end{bmatrix},$$

$$\boldsymbol{A}_2 = \begin{bmatrix} c_{13}f_y - c_{12}f_z & -c_{13}f_x + c_{11}f_z & c_{12}f_x - c_{11}f_z \\ c_{23}f_y - c_{22}f_z & -c_{23}f_x + c_{21}f_z & c_{22}f_x - c_{21}f_z \end{bmatrix},$$

$$\boldsymbol{A}_3 = \begin{bmatrix} 0 & \omega_z & -\omega_y \\ -\omega_z & 0 & \omega_x \\ \omega_y & -\omega_x & 0 \end{bmatrix},$$

$$\hat{\boldsymbol{\omega}}_{nb}^b = [\omega_x \quad \omega_y \quad \omega_z]^{\mathrm{T}}, \hat{\boldsymbol{f}}_s^b = [f_x \quad f_y \quad f_z]^{\mathrm{T}},$$

$$\boldsymbol{C}_{\hat{s}}^{n}=\begin{bmatrix} c_{11} & c_{12} & c_{13} \\ c_{21} & c_{22} & c_{23} \\ c_{31} & c_{32} & c_{33} \end{bmatrix},\boldsymbol{B}=\begin{bmatrix} \boldsymbol{C}_{\hat{s}}^{n} & \boldsymbol{0}_{3\times3} & \boldsymbol{0}_{3\times3} \\ \boldsymbol{0}_{3\times3} & \boldsymbol{I}_{3\times3} & \boldsymbol{0}_{3\times3} \\ \boldsymbol{0}_{3\times3} & 0 & \boldsymbol{I}_{3\times3} \end{bmatrix},\boldsymbol{H}=\begin{bmatrix} \boldsymbol{I}_{2\times2} & \boldsymbol{0}_{2\times3} & \boldsymbol{0}_{2\times3} \\ \boldsymbol{0}_{3\times2} & \boldsymbol{I}_{3\times3} & \boldsymbol{0}_{3\times3} \end{bmatrix}。$$

其中,L 为当地纬度;c_{ij}为子惯导计算载体坐标系到导航坐标系的方向余弦矩阵 $\boldsymbol{C}_{\hat{s}}^{n}$ 的元素;$\boldsymbol{W}=[w_{vx}\quad w_{vy}\quad w_{\phi mx}\quad w_{\phi my}\quad w_{\phi mz}\quad w_{\phi ax}\quad w_{\phi ay}\quad w_{\phi az}]^{\mathrm{T}}$ 为系统噪声阵;$\boldsymbol{V}=[v_{vx}\quad v_{vy}\quad v_{\phi mx}\quad v_{\phi my}\quad v_{\phi mz}]^{\mathrm{T}}$ 为系统量测噪声阵。

参考文献

[1] Britting K R. Inertial Navigation Systems Analysis. New York:John Wiley & Sons,Inc,1971.

[2] 万德钧,房建成. 惯性导航初始对准. 南京:东南大学出版社. 1998.

[3] Titterton D H. Strapdown Inertial Navigation Technology. New York:The Institution of Electrical Engineers, 2004.

第5章

组合导航与信息滤波

5.1 组合导航系统

5.1.1 组合导航的基本概念

以水下导航为例,目前有惯性导航系统、水声导航系统、地形匹配导航系统、地磁匹配导航系统、重力匹配导航系统等,这些导航系统各有特色,优缺点并存[1]。但每种导航系统单独使用时是很难满足高导航性能要求的,提高导航系统的整体性能的有效途径是采用组合导航技术,即有两种或两种以上的非相似导航系统对同一导航信息进行测量并解算以形成量测量。组合导航是近代导航理论和技术发展的结果。组合导航的实质是以计算机为中心,将各个导航传感器送来的信息加以综合和最优化数学处理,然后对导航参数进行综合显示或输出。卡尔曼滤波方法的应用是实现组合导航的关键。

组合导航有直接法和间接法两类。间接法以系统的误差量作为状态进行滤波处理,主要包括开环校正和闭环校正。

1. 开环校正(输出校正)

用组合卡尔曼滤波器对 INS 进行开环校正惯性导航原理方块图如图 5.1 所示。在开环卡尔曼滤波器的状态方程中不含控制项。

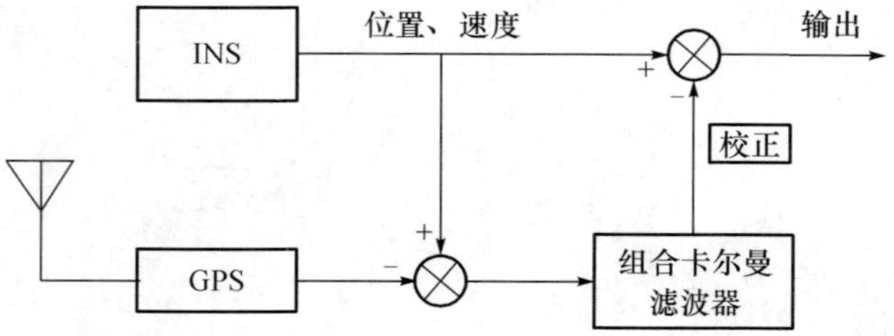

图 5.1　开环校正惯性导航原理方块图

2. 闭环校正(反馈校正)

用组合卡尔曼滤波器对 INS 进行闭环校正,是将卡尔曼滤波的输出误差的估值反馈到惯性导航系统内部,对误差状态进行校正。闭环校正的原理示意图如图 5.2 所示。

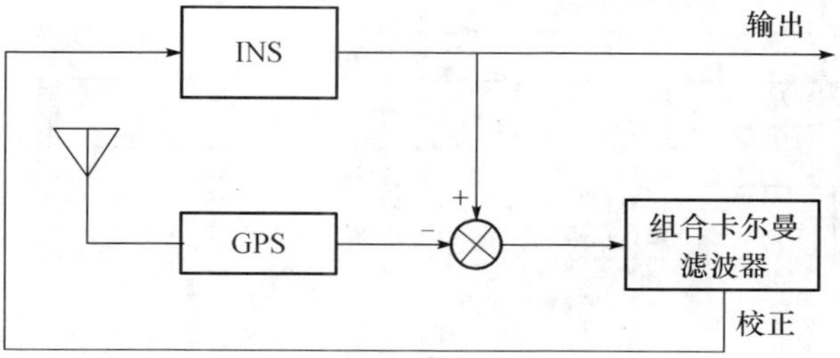

图 5.2　闭环校正的原理示意图

组合导航系统一般具有以下 3 种功能。

(1) 组合导航系统能充分利用各子系统的导航信息,形成单个子系统不具备的功能和精度。

(2) 由于组合导航系统综合利用了各子系统的信息,所以各子系统能取长补短,扩大使用范围。

(3) 各子系统感测同一信息源,使测量值冗余,提高整个系统的可靠性。

组合导航系统的发展方向是容错组合导航系统和导航专家系统,这些系统具有故障检测、诊断、隔离和系统重构的功能。随着组合导航技术的发展,各种与组合导航相关的理论、技术和实际应用系统不断出现与快速发展。例如舰艇组合导航系统、综合导航系统、综合舰桥系统、智能舰船等多种组合导航系统及相关技术。

国内广义的组合导航系统,更多的被称为综合导航系统。实际上它们的英文名称是一样的,即 Integrated Navigation System。在航海导航领域,综合导航系统指包括所有导航子系统(如惯性导航系统、GPS、计程仪、电控罗经、测深仪、气象传真机、风速风向仪等)和组合导航设备(信息组合中心、综导显控台、航迹仪、电子海图等)在内的整个负责提供舰艇导航信息和物理环境信息的导航系统。这一系统成为作战武器系统的一部分,直接与指控、通信、雷达、声纳等系统发生信息交互。

综合舰桥系统(图 5.3)是更加广义的综合导航系统。国际海事组织(International Maritime Organization,IMO)在 1996 年对 IBS 定义如下:它是一个相互关联的组合系统,实现集中通过各个传感器信息中心和(或)指挥控制中心,及专业人员操作以提高舰船管理的效率和安全性。综合舰桥系统可以通过显控台对舰船导航、驾驶、机动航行、航行管理、航线计划、避让、轮机监控、自动监测、自动报警等功能实施控制,以减少人为因素对设备使用和操作的影响,并在最佳作战航线上安全实现自动化航行。

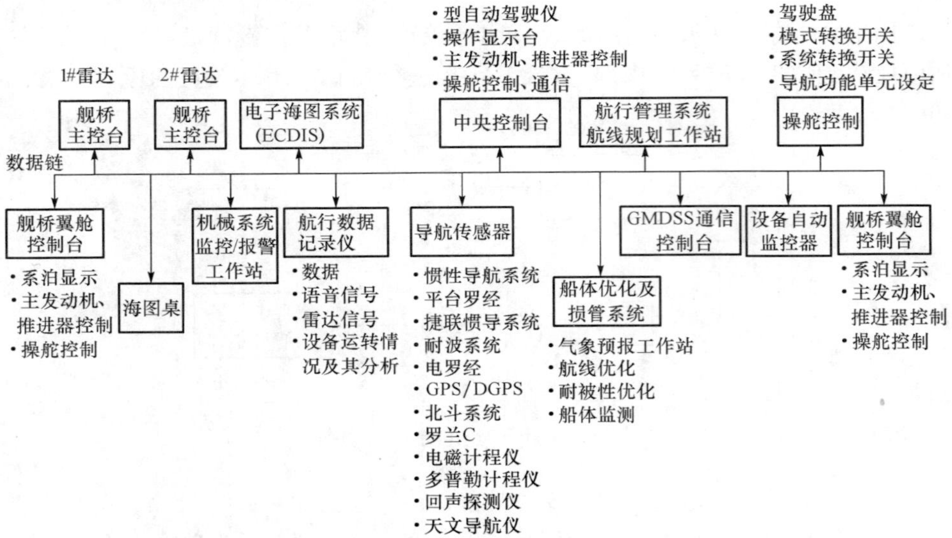

图 5.3　综合舰桥系统

综合舰桥系统实际上是在综合导航系统的基础上,综合了全舰的导航信息,且进一步扩充了全舰与航行相关的各种系统状态监测的集成(包含全舰各舱配重、水、电、汽、油等物资与能源状态及设备正常与故障状态等),实际上是将舰船导航信息拓展到所有与航行相关的全舰信息中,许多综合舰桥系统设置还可以通过通信系统获取更加广泛编队、海区信息与指令。在这些信息平台的基础上,综合舰桥系统不同于以往的综合导航系统,它进一步采用系统设计的方法,将舰艇各种信息与舰艇操作控制、避碰等设备有机地组合,利用计算机、现代控制、信息处理等技术实现舰艇作战和训练时的自动控制,从而将功能拓展到海上导航、通信、雷达、航行控制、监控为一体的集成系统[2]。

5.1.2　以 INS 为主的组合导航系统

1. INS/GPS 组合导航系统

惯性导航是一种不依赖外部信息的自主导航系统,隐蔽性好,抗干扰能力强。惯性导航能提供载体需要的几乎所有的导航参数,同时具有数据更新率高、短期精度高和稳定性好的优点,但是其误差随时间积累,且初始启动对准时间较长,对于执行任务时间长又要求快速反应的应用场合而言是致命的弱点。GPS 是星基无线电导航定位系统,能为海陆空用户全天候、全时间、连续提供精确的位置、速度和时间信息,但 GPS 系统存在动态响应能力差,易受电子干扰,信号易被遮挡且完善性较差的缺点。将惯性导航和 GPS 系统两者组合在一起,高精度 GPS 信息作为外部量测输入,在运动过程中可频繁修正惯性导航,以限制其误差随时间的积累；而短时间内高精度的 INS 定位结果，可很好地解决 GPS 动态环境中的信号失锁和周跳问题。所以组合系统不仅具有两个独立系统各自的主要优点，而且随着组合水平的加深和它们之间信息相互传递和使用的加强，组合系统所体现的总体性能远优于任一独立系统。因此该组合被认为是目前导航领域最理想的组合方式。

2. INS/计程仪组合导航系统

将中高等精度的惯性导航系统与计程仪（Log）组合可以构成高精度的自主导航系统，可采用多种组合方式：一是采用 INS/Log 速度组合方式，其位置误差会随着载体运动距离的增加而缓慢发散。但与 INS 相比，INS/Log 组合可有效减小姿态、速度、经度和纬度等导航参数误差的累积，提高系统的导航精度。例如法国的“西格玛 30”军用测量导航系统，在没有 GPS 修正的情况下，用计程仪作辅助，定位精度可达 5m 加上行程的 0.1%；二是利用计程仪速度对惯性导航系统的水平通道进行阻尼，以改善惯性导航内部的控制性能，达到提高惯性导航精度的目的；三是基于计程仪和 INS 航向构成推算（DR）系统，其误差主要随行驶距离的增加而增加。在载体低速运动时，推算系统误差随时间增长较小。

3. INS/CNS 组合导航系统

惯性导航/天文组合导航系统是一种自主式导航系统，由于天体目标的不可干扰性及天文导航系统可同时获得很高精度的位置、航向信息，因此能全面校正惯性导航系统。一方面惯性导航系统可以向天文导航系统提供姿态、航向、速度等各种导航数据，天文导航系统则基于惯性导航提供的上述信息，更准确快速地解算天文位置和航向，实现天文定位；另一方面天文导航系统观测到的定位信息对惯性导航的位置等数据进行校正；观测的载体姿态角可反映陀螺的漂移率，如用卡尔曼滤波方法处理这些角度信息，对惯性导航导航参数误差和惯性元件误差提供最优估计并进行补偿，可提高惯性导航系统的导航精度。

4. INS/地磁组合导航系统

INS/地磁组合导航系统主要目的是把 INS 获得的载体航迹（称为测量航迹）在地磁图背景下匹配出实际航迹，获得二者之间的对应关系，从而利用匹配结果去修正测量航迹以达到限制测量航迹误差的增长。地磁匹配导航算法实质是数字地图的匹配。INS/地磁匹配组合导航系统具有较全面的导航功能，不仅可以确定潜艇的姿态、航速和航向，还可以确定艇位，且误差不随时间增长，具有高可靠性、全天候、高精度连续导航的优点。

5. INS/重力组合导航系统

重力辅助的匹配方法是一种利用地球重力场特征获取载体位置信息，是从重力测量和重力仪异常与垂线偏差的测量和补充的基础上发展起来的。重力匹配原理与地形匹配有很多相似之处，首先采用相关搜索减少不定性区域，然后再以扩展卡尔曼滤波器对参数进行精确估计。重力匹配算法需要匹配区域具有明显的变化特征,在特定的性能指标下,利用从重力图中提取的剖面与实测重力剖面的相关程度,优选出相关程度最高的一个剖面作为最佳匹配剖面,依此剖面求出载体位置估计,并将导航系统的位置指示修正到相关定位点,以实现导航系统位置修正。

6. INS/静电监控组合系统

由静电陀螺构成的导航系统作为舰船惯性导航系统的监控器配置方式使用时,称为静电陀螺监控器系统(Electrotatically Supported Gyro Monitor,ESGM)。它以高精度和长期稳定性作为不依靠外界任何信息的高精度信息源来检测、补偿惯性导航系统。但它只能提供位置及航向信息。INS 和 ESGM 的导航信息相结合,能够得到更精确的多种导航信息,并且这些信息是自主的、连续的、实时的。有了这些信息,可延长系统的重调周期,使舰船需要外部信息的间隔时间大大加长[3]。

5.1.3 组合导航系统的估计理论

1. 舰艇组合导航系统的特殊性[2]

船用组合导航系统的应用领域有民用和军用两种。由于军舰和民船都在广阔的海洋上活动,所以两者之间有着密切的联系,但也存在巨大的差异。

与民用系统相比,舰艇组合导航系统[3]所处的航行保障条件更加苛刻和恶劣。例如潜艇组合导航系统,在水下航行时,不仅长时间无法接收到 GPS 等无线电导航系统信息,且还要保证准确的定位精度。再如,对于大型水面舰艇,需要在复杂电磁环境下进行精确的航行定位;在战争条件下,敌方会进行各种导航战攻击,以破坏本舰的导航能力。所以在军事航海中,对于航行安全的保障显得更加重要。因此,舰艇组合导航系统将比民用组合导航系统具备更加强壮的系统结构和系统功能。

与民用系统相比,舰艇的航行任务更加复杂多样,包括战斗航线选择、战术机动航向选择的航路规划,以及航海日志生成功能和战斗航海保障功能等。根据不同舰艇的具体要求,应当配备功能不同的组合导航系统。例如:扫布雷舰由于其特殊的作战任务,就需要具备高精度的定位和航迹自动保持工作等功能的组合导航系统。

实际上,舰艇组合导航系统与民用组合导航系统最大的不同之处,在于其不仅仅是保障复杂的航行安全,同时还是作战武器系统的重要组成部分,为舰船的作战提供准确的信息支持。

2. 舰艇组合导航信息系统结构

由于舰艇组合导航系统的组成和规模是由舰船所担负的任务决定的。根据不同的舰船的具体要求,可配备相应的舰艇组合导航系统。图 5.4 所示为典型舰艇组合导航系统的结构框图。尽管组合导航系统的类型繁多,但都具有一个共同点,这就是它们都要以一种连续的或间断的导航系统传感器为基础,在此基础上对不同的导航信息进行综合处理,通过计算和控制实现系统的优化组合,完成不同目的和要求的导航任务。舰艇组合导航系统的硬件部分应以高速计算机为核心,其运行速度和容量应能满足舰艇组合导航系统的需要,并应有一定的冗余度,此外还应具有防潮、防热、抗冲击、抗干扰的能力,能适应海上恶劣环境下长期工作。组合导航系统除要求各种传感器应处于正常工作状态外,还必须掌握其误差特性——系统误差和随机误差。信息来源应有冗余度,以保证舰艇组合导航系统自动取舍和工作模式的自动转换,从而保证系统的高可靠性。

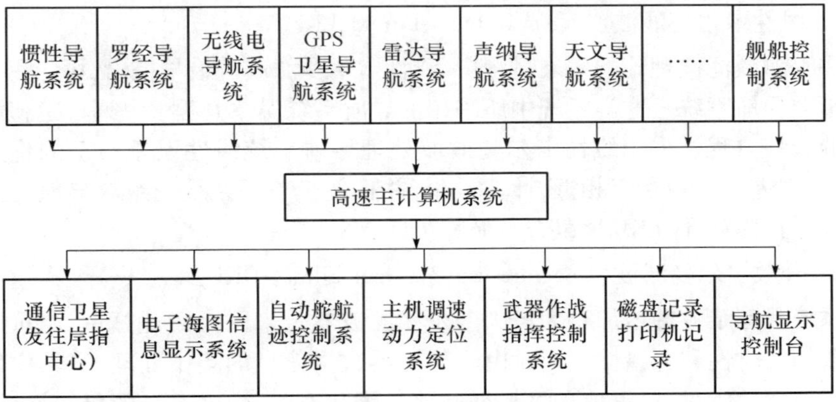

图 5.4　典型舰艇组合导航系统的结构框图

主计算机与各输入、输出设备之间常采用分布式多机结构或先进的局域网络结构。分布式多机结构是主、从计算机结构,容易扩展和维修;局域网络结构可使各种导航装备与控制设备及用户间的信息交换速度加快,便于实现资源共享,是舰艇组合导航系统总线设计的发展主流。舰船导航参数还可通过通信卫星的无线数据链将数据发往岸上指挥中心或旗舰,这也逐渐成为舰艇组合导航系统的标准功能。

舰艇组合导航系统的软件分为系统管理软件、数据处理软件和功能软件三大部分。系统管理软件是为全面管理主计算机中的中央处理器的时序、存储空间、各传感器的导航信息及调度数据处理软件和功能软件而设计的一套程序,它还应具有自检、故障分析、报警及计算机网络通信等多种功能。数据处理软件是对来自各传感器的导航信息进行信息预处理和对预处理后的数据进行状态最优估计和信息融合的软件。功能软件是在系统管理软件的统一管理下,依据数据处理软件给出的本船的估计状态,按照导航显示控制台上指挥员的命令进行解算、控制和多种应用功能实现的软件。

设计高性能的信息融合滤波器是舰艇组合导航系统的技术核心。舰艇组合导航系统采用信息融合技术,将采入计算机的各种信息进行综合处理,相互取长补短,解算出本舰的最优导航参数,形成一个统一的数据整体。借助于主、从计算机的分布式结构或局域网结构,把各种导航设备以最优形式组合起来,通过多种导航信息的综合处理,使组合导航系统的性能达到最佳。这样既提高了导航信息的精度,又扩大了单一导航设备或系统的功能,可同时完成诸如导航、避碰、自动驾驶及战斗航海作业,并为武器作战指挥控制系统提供精确可靠的运动参数和姿态信息。

5.1.4 舰艇组合导航系统

1. 线性卡尔曼滤波(Linear Kalman Filter, LKF)

在卡尔曼滤波理论的发展过程中,线性卡尔曼滤波被最早提出,可应用于间接法组合导航系统。这类系统中所采用的导航系统误差方程多是通过近似推导得到的线性方程。采用线性卡尔曼滤波处理导航系统线性误差模型的优点在于:各个误差状态数量级相近,计算量少,并且便于单一系统与组合导航之间进行转换。正因如此,LKF 被组合导航算法广泛采用。

2. 分散卡尔曼滤波(Decentralized Kalman Filter, DKF)

系统状态维数的增加将为集中卡尔曼滤波器带来巨大的计算量,严重影响滤波器的实时性和容错性。同时由于传感器数据信息的集中处理,当其中任一传感器出现故障时,错误信息将污染其他系统状态的估计,系统的鲁棒性较差。国外 20 世纪 70 年代初期由 Sanders、Shah 和 Hassan 先后提出了不同的分散化卡尔曼滤波方法。其基本思想是两级数据处理,它把原来集中式的卡尔曼滤波器用一个主滤器和若干个局部滤波器代替。将动态系统按某种方式分解成若干个子系统,而各子系统之间的耦合关系用等效控制、等效噪声来处理,只要保证各子系统的可控可观性,子系统就是滤波稳定的。由于耦合关系项处理具有近似性,分散式卡尔曼滤波器是次优的。由于卡尔曼滤波器的计算时间与状态维数的立方成正比,所以分散式方法能有效地降低计算量。另外局部滤波器的存在使得整个多传感器系统具有一定的容错能力。分散卡尔曼滤波器的主要问题是解决各子系统噪声与量测噪声之间以及子滤波器与主滤波器之间的相关性问题。

3. 联邦卡尔曼滤波(Federated Kalman Filter, FKF)

在分散卡尔曼滤波的基础上,1988 年 Carlson 提出了联邦卡尔曼滤波(FKF)理论,旨在为容错组合导航系统提供设计理论。它是一种特殊的分散卡尔曼滤波,利用方差上界技术来处理各局部滤波器的相关性的问题,使得主滤器可以用简单的算法融合局部滤波器的结果。其独特之处在于采用了信息分配原理,即将滤波器的输出结果(包括状态估计、估计误差协方差矩阵和系统噪声矩阵)在几个子滤波器中进行适当分配,各子滤波器结合各自的观测信息完成局部估计,其结果再送入主滤波器进行融合,从而得到全局最优估计。实际设计的联邦滤波器是全局次优的,但其设计灵活,计算量小,容错性好,对于自主性要求特别高的重要系统来说,可靠性比精度更为重要。该算法已被美国空军作为容错导航系统卡尔曼滤波器的标准算法。

4. 自适应卡尔曼滤波(Adaptive Kalman Filter, AKF)

当卡尔曼滤波器实际的估计误差比理论预计误差大许多倍时,滤波器发散。即使理论上证明卡尔曼滤波器是渐近稳定的,也并不能保证滤波器算法在实际上具有收敛性。卡尔曼滤波器的正确应用依赖于准确的系统模型和噪声误差统计模型。即使在初始条件较差的情况下,也可以在较短时间内获得相当理想的状态估计结果。然而,通常无法得到准确的各种模型,许多参数在系统运行过程中发生缓慢变化,而各种模型误差将导致滤波器产生更大的误差。发散的原因来自模型误差和递推过程中的计算误差。自适应卡尔曼滤波器(AKF)可以使算法更加准确地适应模型的准确性低和动态变化问题。主要的自适应算法包括衰减滤波算法、限定记忆法、多模型自适应估计器、新息方差调制算法和 Sage - Husa 自适应滤波算法等。

5. 扩展卡尔曼滤波(Extended Kalman Filter, EKF)

最初提出的卡尔曼滤波仅适用于线性系统,而实际系统通常是非线性系统,滤波初值如何取才合理,这些都需要作进一步的研究。广义卡尔曼滤波就是在此情况下提出的。非线性系统的最优估计问题至今理论上尚未得到完美解决。为了找到一种类似线性卡尔曼滤波的递推滤波方法,扩展卡尔曼滤波采取近似方法对非线性系统模型进行线性化。常用的方法是对非线性系统函数进行一阶泰勒级数展开,通过建立线性干扰微分方程对非线性系统进行近似处理[4]。采用何种线性化方法是卡尔曼滤波理论应用于非线性系统的关键。

6. 无迹卡尔曼滤波(Unscented Kalman Filter, UKF)

扩展卡尔曼滤波只是简单地将所有非线性模型线性化,然后再利用线性卡尔曼滤波方法,给出的是最佳估计的一阶近似。其明显的缺陷:一是线性化有可能产生极不稳定的滤波;二是扩展卡尔曼滤波需计算雅克比矩阵的导数,这在多数情况下不是一件容易的事。近年来,无迹卡尔曼滤波作为卡尔曼滤波的一种新的推广而受到关注。无迹卡尔曼滤波思想不同于扩展卡尔曼滤波,它采用确定性的采样方法来解决高随机变量在非线性方程中的传播。通过选择设计 Sigma 点集合表示高斯随机变量(Gaussian Random Variable,GRV),Sigma 点的加权可以准确得到 GRV 的均值和方差,当 GRV 在非线性函数中传播时,可以得到 GRV 均值和方差的三阶近似,而扩展卡尔曼滤波只能达到一阶。因此它比扩展卡尔曼滤波能更好地逼近状态方程的非线性特性并具有更高的估计精度。

7. 粒子滤波(Partical Filter, PF)

当系统满足线性、高斯分布的前提条件时,卡尔曼滤波是一种最优的选择。但是这些条件在实际工作中一般较难满足。在非线性系统中,扩展卡尔曼滤波、无迹卡尔曼滤波等方法仍需要求系统噪声满足高斯分布。对于非高斯系统,Hammersley 等人提出了序贯重要性采样(Sequential Importance Sampling, SIS)方法。Gordon 等人提出了一种基于 SIS 思想的 Bootstrap 非线性滤波方法,从而奠定了粒子滤波算法的基础。

所谓粒子滤波,就是从某合适的概率密度函数中采集一定数目的离散样本(粒子),以样本点概率密度(或概率)为相应的权值,以这些样本及相应权值可以近似估算出所求的后验概率密度,从而实现状态估计。概率密度越大时,粒子相应权值也越大。当样本数量足够大时,这种离散粒子估计的方法将以足够高的精度逼近任意分布(高斯或者非高斯)的后验概率密度,因此该方法不受后验概率分布的限制。

8. 贝叶斯(Bayes)估计

贝叶斯估计理论是数学概率论的一个重要分支,其基本思想是通过随机变量先验信息和新的观测样本的结合求取后验信息。先验分布反映了随机变量试验前关于样本的知识,有了新的样本观测信息后,这个知识发生了改变,其结果必然反映在后验分布中,即后验分布综合了先验分布和样本的信息。如果将前一时刻的后验分布作为求解后一时刻先验分布依据,并依次迭代递推,便构成了递推贝叶斯估计[5,6]。

实际上各种形式的卡尔曼滤波器及无迹卡尔曼滤波和粒子滤波均为贝叶斯估计的一些特殊形式,贝叶斯估计是上述估计方法的基本形式和内在本质的统一。它为解决状态估计问题提供了更为普遍意义的理解方式。与经典学派视参数为未知常数不同,贝叶斯学派视参数为随机变量且具有先验分布,赞成主观概率,将事件的概率理解为认识主体对事件发生的相信程度,当然,对于可以独立重复实验的事件,概率仍可视为频率稳定值。显然,将参数视为随机变量且具有先验分布具有实际的意义。

9. 模糊控制与神经网络(Fuzzy Control and Neural Network)

模糊逻辑法和神经网络法均不需要建立准确的数学模型(如传递函数、状态方程),都是由样本数据(数值的或语言的)即过去的经验来估计函数关系。如果将系统的一切输入/输出关系(如变换、映射、规则、估计等)都看作是数学模型,那么两者将建立的是系统广义的数学模型。两者都有较强的容错能力,从神经网络中删除一个神经元或从模糊规则中删除一个规则,都不会破坏整个系统性能。进入 20 世纪 90 年代,神经网络模糊推理系统(Adaptive Neuro Fuzzy Inference System, ANFIS)融合控制理论逐渐引起人们的重视。国外的研究开始尝试将 ANFIS 理论引入研究,用以处理滤波过程中模型不准确造成的发散问题,20 世纪 90 年代后期,这一方法开始应用于定位系统研究。上述方法的价值在于寻找一个人工智能理论与传统卡尔曼滤波最优估计理论发挥各自特长的结合点,在解决明显的模型发散上有较好的效果,从参考文献[7-9]分析的结果上看,也能够起到提高系统精度的作用。虽然 ANFIS 卡尔曼滤波技术目前虽尚处于基础研究的阶段,但相信今后将成为研究的热点。

5.2 卡尔曼滤波技术

1960 年由卡尔曼首次提出的卡尔曼滤波[7]是一种线性最小方差估计,它具有如下几个特点。

(1) 算法是递推的,且使用状态空间法在时域内设计滤波器,所以卡尔曼滤波适用于对多维随机过程的估计。

(2) 采用动力学方程即状态方程描述被估计量的动态变化规律,被估计量的动态统计信息由激励白噪声的统计信息和动力学方程确定。由于激励白噪声是平稳过程,动力学方程已知,所以被估计量既可以是平稳的,也可以是非平稳的,即卡尔曼滤波也适用于非平稳过程。

(3) 卡尔曼滤波具有连续型和离散型两类算法,离散型算法可直接在数字计算机上实现。

正由于上述特点,卡尔曼滤波理论一经提出立即受到了工程应用的重视,阿波罗登月飞船和 C-5A 飞机导航系统的设计是早期应用中的最成功者[10,11]。目前,卡尔曼滤波理论作为一种最重要的最优估计理论被广泛应用于各种领域,组合导航系统的设计是其成功应用中的一个最主要方面。

5.2.1 离散型卡尔曼滤波器

采用递推算法是离散型卡尔曼滤波的最大优点,算法可由计算机执行,不必存储时间过程中的大量量测数据,因此离散型卡尔曼滤波在工程上得到了广泛的应用。虽然很多物理系统是连续系统,但只要离散化,就能使用离散型卡尔曼滤波方程。

设 t_k 时刻的被估计状态 $\boldsymbol{X}_k$ 受系统噪声序列 $\boldsymbol{W}_{k-1}$ 驱动,驱动机理由式(5.1)来描述:

$$\boldsymbol{X}_k = \boldsymbol{\Phi}_{k/k-1}\boldsymbol{X}_{k-1} + \boldsymbol{\Gamma}_{k-1}\boldsymbol{W}_{k-1} \tag{5.1}$$

对 $\boldsymbol{X}_k$ 的量测满足线性关系,量测方程为

$$\boldsymbol{Z}_k = \boldsymbol{H}_k\boldsymbol{X}_k + \boldsymbol{V}_k \tag{5.2}$$

式中:$\boldsymbol{\Phi}_{k/k-1}$ 为 $t_{k-1} \sim t_k$ 时刻的一步转移阵;$\boldsymbol{\Gamma}_{k-1}$ 为系统噪声驱动阵;$\boldsymbol{H}_k$ 为量测阵;$\boldsymbol{V}_k$ 为量测噪声序列;$\boldsymbol{W}_k$ 为系统激励噪声序列。

同时,$\boldsymbol{W}_k$ 和 $\boldsymbol{V}_k$ 满足:

$$
\begin{aligned}
&\boldsymbol{E}[\boldsymbol{W}_k] = \boldsymbol{0},\ \mathrm{Cov}[\boldsymbol{W}_k,\boldsymbol{W}_j] = \boldsymbol{E}[\boldsymbol{W}_k\boldsymbol{W}_j^{\mathrm{T}}] = \boldsymbol{Q}\delta_{kj}\\
&\boldsymbol{E}[\boldsymbol{V}_k] = \boldsymbol{0},\mathrm{Cov}[\boldsymbol{V}_k,\boldsymbol{V}_j] = \boldsymbol{E}[\boldsymbol{V}_k\boldsymbol{V}_j^{\mathrm{T}}] = \boldsymbol{R}\delta_{kj}\\
&\mathrm{Cov}[\boldsymbol{W}_k,\boldsymbol{V}_j] = \boldsymbol{E}[\boldsymbol{W}_k\boldsymbol{V}_j^{\mathrm{T}}] = \boldsymbol{0}
\end{aligned}
\tag{5.3}
$$

式中:$\boldsymbol{Q}_k$ 为系统噪声序列的方差阵,假设为非负定阵;$\boldsymbol{R}_k$ 为量测噪声序列的方差阵,假设为正定阵。

如果被估计状态 $\boldsymbol{X}_k$ 满足式(5.1),对 $\boldsymbol{X}_k$ 的量测量 $\boldsymbol{Z}_k$ 满足式(5.2),系统噪声 $\boldsymbol{W}_k$ 和量测噪声 $\boldsymbol{V}_k$ 满足式(5.3),系统噪声方差阵 $\boldsymbol{Q}_k$ 非负定,量测噪声方差阵 $\boldsymbol{R}_k$ 正定,k 时刻的量测为 $\boldsymbol{Z}_k$,则 $\boldsymbol{X}_k$ 的估计 $\boldsymbol{X}_k$ 按下述方程求解。

(1) 状态一步预测为

$$
\hat{\boldsymbol{X}}_{k/k-1} = \boldsymbol{\Phi}_{k/k-1}\hat{\boldsymbol{X}}_{k-1} \tag{5.4}
$$

(2) 状态估计为

$$
\boldsymbol{X}_k = \boldsymbol{X}_{k/k-1} + \boldsymbol{K}_k(\boldsymbol{Z}_k - \boldsymbol{H}_k\boldsymbol{X}_{k/k-1}) \tag{5.5}
$$

(3) 滤波增益为

$$
\boldsymbol{K}_k = \boldsymbol{P}_{k/k-1}\boldsymbol{H}_k^{\mathrm{T}}(\boldsymbol{H}_k\boldsymbol{P}_{k/k-1}\boldsymbol{H}_k^{\mathrm{T}} + \boldsymbol{R}_k)^{-1} \tag{5.6a}
$$

或

$$
\boldsymbol{K}_k = \boldsymbol{P}_k\boldsymbol{H}_k^{\mathrm{T}}\boldsymbol{R}_k^{-1} \tag{5.6b}
$$

(4) 一步预测均方误差为

$$
\boldsymbol{P}_{k/k-1} = \boldsymbol{\Phi}_{k/k-1}\boldsymbol{P}_{k-1}\boldsymbol{\Phi}_{k/k-1}^{\mathrm{T}} + \boldsymbol{\Gamma}_{k-1}\boldsymbol{Q}_{k-1}\boldsymbol{\Gamma}_{k-1}^{\mathrm{T}} \tag{5.7}
$$

(5) 估计均方误差为

$$
\boldsymbol{P}_k = (\boldsymbol{I} - \boldsymbol{K}_k\boldsymbol{H}_k)\boldsymbol{P}_{k/k-1}(\boldsymbol{I} - \boldsymbol{K}_k\boldsymbol{H}_k)^{\mathrm{T}} + \boldsymbol{K}_k\boldsymbol{R}_k\boldsymbol{K}_k^{\mathrm{T}} \tag{5.8a}
$$

或

$$
\boldsymbol{P}_k = (\boldsymbol{I} + \boldsymbol{K}_k\boldsymbol{H}_k)\boldsymbol{P}_{k/k-1} \tag{5.8b}
$$

或

$$
\boldsymbol{P}_k^{-1} = \boldsymbol{P}_{k-1}^{\mathrm{T}} + \boldsymbol{H}_k^{\mathrm{T}}\boldsymbol{R}_k^{-1}\boldsymbol{H}_k \tag{5.8c}
$$

式(5.4)~式(5.8)即为离散型卡尔曼滤波基本方程。只要给定初值 $\hat{\boldsymbol{X}}_{和}$ $\boldsymbol{P}_0$,根据 k 时刻的量测 $\boldsymbol{Z}_k$,就可递推计算得 k 时刻的状态估计值 $\hat{\boldsymbol{X}}_k(k=1,2,\cdots,n)$。

式(5.4)~式(5.8)所示算法可用图 5.5 来表示。从图中可明显看出卡尔曼滤波具有两个计算回路:增益计算回路和滤波计算回路。其中增益计算回路是独立计算回路,而滤波计算回路依赖于增益计算回路。在一个滤波周期内,从卡尔曼滤波在使用系统信息和量测信息的先后次序来看,卡尔曼滤波具有两个明显的信息更新过程:时间更新过程和量测更新过程。式(5.4)说明了根据 $k-$

1 时刻的状态估计预测 k 时刻状态估计的方法，式(5.7)对这种预测的质量优劣做了定量描述。该两式的计算中仅使用了与系统动态特性有关的信息，如一步转移阵、噪声驱动阵、驱动噪声的方差阵。从时间的推移过程来看，该两式将时间从 $k-1$ 时刻推进到 k 时刻。所以该两式描述了卡尔曼滤波的时间更新过程。式(5.5)用来计算对时间更新值的修正量，该修正量由时间更新的质量优劣($\boldsymbol{P}_{k/k-1}$)、量测信息的质量优劣($\boldsymbol{R}_k$)、量测与状态的关系($\boldsymbol{H}_k$)及具体的量测值 $\boldsymbol{Z}_k$ 所确定。所有这些方程围绕一个目的，即正确合理地利用量测 $\boldsymbol{Z}_k$，所以这一过程描述了卡尔曼滤波的量测更新过程。这两个过程如图 5.5 所示。

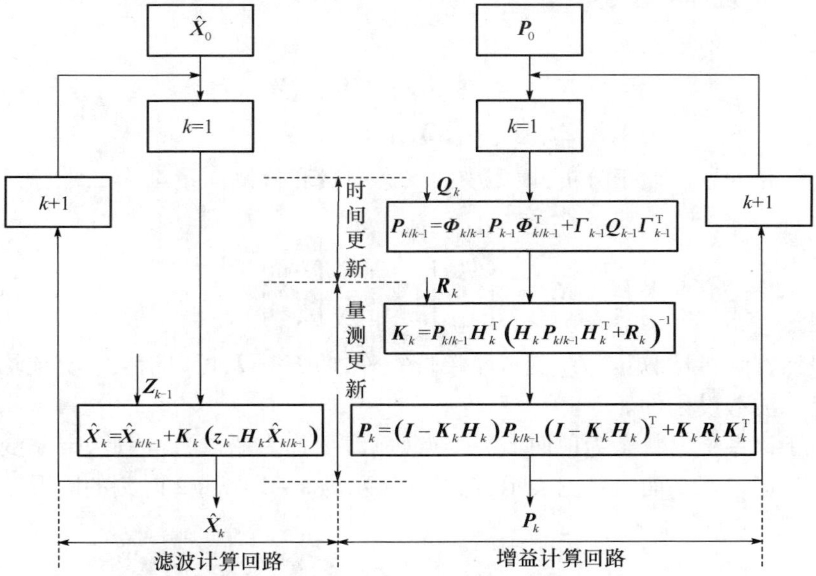

图 5.5　卡尔曼滤波的两个计算回路和两个更新过程

5.2.2　卡尔曼滤波的意义

导航的关键问题是一个基准的问题，在陆地上或空中可用陆标、无线电岸台或天上的卫星作为基准，通过载运平台与基准的相对置来定位，并依此不断修正载运平台的运动状态来完成导航功能。

卡尔曼滤波的基本思想与航海长海图作业中对船位的逻辑思维方法是相吻合的。在海图作业中，航海长以前一时刻的船位为基准，根据航向、航速和风流要素推得一个推算船位，这时他并不轻易认为船位就一定在推算船位处，他还要选择适当方法，通过仪器得到另一个量测船位。量测和推算两个船位一般不重合在一起，于是航海长运用大脑分析判断，在两个船位中折中出一个更为可靠的船位作为舰船的现实位置。在卡尔曼滤波中也是这样：以 $k-1$ 时刻的最优估计 $\hat{\boldsymbol{X}}_{k-1}$ 为准，依据前面讨论过的状态方程，预测 k 时刻的状态向量 $\hat{\boldsymbol{X}}_{k/k-1}$，同时又对状态进行观测，得到量测向量 $\boldsymbol{Z}_k$，再在预测与量测之间进行巧妙的折中，或者说是根据量测对预测进行修正从而得到最优状态估计 $\hat{\boldsymbol{X}}_k$。两者都是折中，前者是依靠人工定性的分析，而后者是依靠数学方法由计算机自动进行的定量分析的过程。卡尔曼滤波的基本思想最后可归纳为“预测 + 修正”。

借用航海人员熟悉的海图作业的示意图，形象地解释建立在严密的现代应用数学基础上的卡尔曼滤波的物理意义，以便进一步加深读者对卡尔曼滤波实质的理解。

1. 滤波过程示意

设有一导航系统模型

$$\begin{aligned} \boldsymbol{X}_{k+1} &= \boldsymbol{\Phi}_{k/k-1}\boldsymbol{X}_k + \boldsymbol{\Gamma}_{k+1/k}\boldsymbol{W}_k \\ \boldsymbol{Z}_{k+1} &= \boldsymbol{H}_{k+1}\boldsymbol{X}_{k+1} + \boldsymbol{V}_{k+1} \end{aligned} \tag{5.9}$$

为简化问题以便于分析，模型中的状态向量和量测向量都为二维（经度、纬度），即

$$\boldsymbol{X}_k = \begin{bmatrix} L_{xk} \\ \lambda_{xk} \end{bmatrix}, \ \boldsymbol{Z}_k = \begin{bmatrix} L_{zk} \\ \lambda_{zk} \end{bmatrix} \tag{5.10}$$

显然，此时量测矩阵 $\boldsymbol{H}_k$ 变成了单位矩阵，即 $\boldsymbol{H}_k = \boldsymbol{I}$，可以消去。其他均满足卡尔曼滤波假设条件。

由于该系统的状态为地面上一个点（航海上称为船位）。因此，卡尔曼滤波运行过程可以用平面点位图表示，图 5.6 所示为 $k-1 \sim k+2$ 时刻的图形。

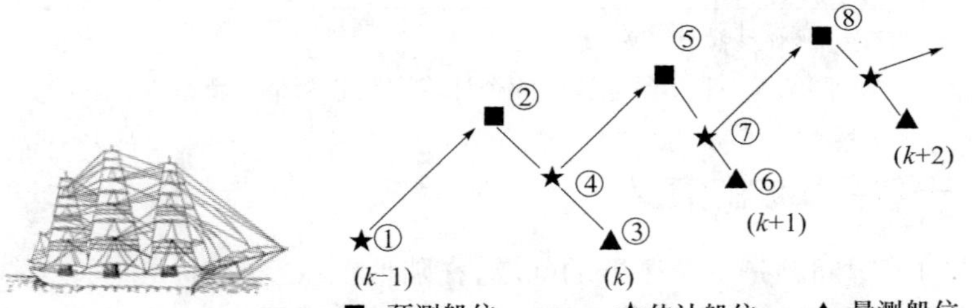

图 5.6　航海中海图作业示意图

（1）符号★代表经过滤波得到的最佳估计状态向量（船位）。

（2）符号■代表一步预测船位 $\boldsymbol{X}_{k/k-1}$。

（3）符号▲代表量测船位 $\boldsymbol{Z}_k$。

（4）② ~ ③线段代表 A 时刻从量测中获得的新息 $\boldsymbol{\varepsilon}_k = \boldsymbol{Z}_k - \hat{\boldsymbol{X}}_{k/k-1}$；

（5）② ~ ④线段代表 k 时刻增益矩阵与新息的乘积 $\boldsymbol{K}_k\boldsymbol{\varepsilon}_k$，即对预测船位 $\hat{\boldsymbol{X}}_{k/k-1}$ 的修正量。

卡尔曼滤波过程就是：每隔一个滤波周期（数秒钟），通过量测传感器得到量测船位③，同时经过状态转移得到预测船位②，在量测船位和预测船位之间根据增益 $\boldsymbol{K}_k$ 进行折中，从而获得最佳估计船位④，依次不断地循环下去。

2. 增益矩阵 $\boldsymbol{K}_k$ 的折中作用

在量测船位与预测船位之间进行折中，靠的是增益矩阵。增益矩阵方程为

$$\boldsymbol{K}_k = \boldsymbol{P}_{k/k-1}\boldsymbol{H}_k^{\mathrm{T}} \cdot [\boldsymbol{H}_k\boldsymbol{P}_{k/k-1}\boldsymbol{H}_k^{\mathrm{T}} + \boldsymbol{R}_k]^{-1} \tag{5.11}$$

为了便于表述，设状态与量测向量均为一维（即纯量），$\boldsymbol{H}_k = 1$，逆矩阵可表示为分母形式，即

$$\boldsymbol{K}_k = \boldsymbol{P}_{k/k-1}[\boldsymbol{P}_{k/k-1} + \boldsymbol{R}_k]^{-1} \tag{5.12}$$

简化后的增益矩阵变得很清楚，$\boldsymbol{P}_{k/k-1}$ 反映预测的精度，而 $\boldsymbol{R}_k$ 反映量测的精度，两者决定增益 $\boldsymbol{K}_k$ 的大小。

滤波方程为

$$\hat{\boldsymbol{X}}_k = \hat{\boldsymbol{X}}_{k/k-1} + \boldsymbol{K}_k[\boldsymbol{Z}_k - \boldsymbol{H}_k\hat{\boldsymbol{X}}_{k/k-1}] \tag{5.13}$$

将式（5.12）代入式（5.13）中得

$$\begin{aligned}
\hat{\boldsymbol{X}}_k &= \hat{\boldsymbol{X}}_{k/k-1} + \boldsymbol{P}_{k/k-1}\boldsymbol{Z}_k/[\boldsymbol{P}_{k/k-1} + \boldsymbol{R}_k] - \boldsymbol{P}_{k/k-1}\hat{\boldsymbol{X}}_{k/k-1}/[\boldsymbol{P}_{k/k-1} + \boldsymbol{R}_k] \\
&= \boldsymbol{P}_{k/k-1}\hat{\boldsymbol{X}}_{k/k-1}/[\boldsymbol{P}_{k/k-1} + \boldsymbol{R}_K] + \boldsymbol{R}_k\hat{\boldsymbol{X}}_{k/k-1}/[\boldsymbol{P}_{k/k-1} + \boldsymbol{R}_k] + \\
&\quad \boldsymbol{P}_{k/k-1}\boldsymbol{Z}_k/[\boldsymbol{P}_{k/k-1} + \boldsymbol{R}_k] - \boldsymbol{P}_{k/k-1}\hat{\boldsymbol{X}}_{k/k-1}/[\boldsymbol{P}_{k/k-1} + \boldsymbol{R}_k] \\
&= \frac{\boldsymbol{R}_k}{[\boldsymbol{P}_{k/k-1} + \boldsymbol{R}_k]}\hat{\boldsymbol{X}}_{k/k-1} + \frac{\boldsymbol{P}_{k/k-1}}{[\boldsymbol{P}_{k/k-1} + \boldsymbol{R}_k]}\boldsymbol{Z}_k
\end{aligned} \tag{5.14}$$

式（5.14）说明最佳状态估计 $\hat{\boldsymbol{X}}_k$ 实质上是预测估计 $\hat{\boldsymbol{X}}_{k/k-1}$ 和量测估计 $\boldsymbol{Z}_k$ 的加权线性组合，权系数根据预测误差方差 $\boldsymbol{P}_{k/k-1}$ 和量测噪声方差 $\boldsymbol{R}_k$ 的大小决定。也就是说，增益矩阵 $\boldsymbol{K}_k$ 的折中作用就是在预测和量测之间进行加权线性组合。

3. 分析

（1）如果不存在系统干扰矩阵 $\boldsymbol{W}_k$，也不存在量测噪声矩阵 $\boldsymbol{V}_k$ 的话，根据卡尔曼滤波的假设条件，系统干扰方差矩阵 $\boldsymbol{Q}_k$ 和量测噪声方差矩阵 $\boldsymbol{R}_k$ 必定为零，根据预测误差方差矩阵方程式和估计误差方差矩阵方程式，P_k 都将为零。这时，图 5.6 中②点和③点必定重合在一起，滤波变得毫无意义。

（2）如果只存在系统干扰而不存在量测噪声的话，那么 $\boldsymbol{R}_k = \boldsymbol{0}$，而 $\boldsymbol{P}_{k/k-1} = \boldsymbol{0}$，根据增益方程可知，增益矩阵变成单位矩阵。也就是说，总是把新息作为修正量对预测舰位进行修正，这时，图 5.6 中③点就是 k 时刻的真实船位，④点

与③点肯定重合。

(3) 如果只存在量测噪声而不存在系统干扰的话,图 5.6 中②点就是 k 时刻的真实船位,④点与②点必定重合。

(4) 如果系统干扰大而量测噪声小,即 $\boldsymbol{P}_{k/k-1} > \boldsymbol{R}_k$,这时增益矩阵 $\boldsymbol{K}_k$ 接近1,图 5.6 中点④将靠近③点。

(5) 如果系统干扰小而量测噪声大,即 $\boldsymbol{P}_{k/k-1} < \boldsymbol{R}_k$,这时增益矩阵 $\boldsymbol{K}_k$ 接近0,表明难以从噪声信息中提取有用新息来改善预测估计,图 5.6 中④点必定靠近②点。

5.3 联邦卡尔曼滤波技术

利用卡尔曼滤波技术对组合导航系统进行最优组合有两种途径:一种是集中式卡尔曼滤波,另一种是分散化卡尔曼滤波。集中式卡尔曼滤波是利用一个卡尔曼滤波器来集中处理所有导航子系统的信息。集中式卡尔曼滤波虽然在理论上可给出误差状态的最优估计,但存在着维数过高、容错性能差等缺点。1971年 Pearson 首次提出将动态分解的概念和将状态估计分为两级结构,即分散化滤波。其中,Carlson 提出的联邦滤波器(Federated Filter,FF),由于设计的灵活性、计算量小、容错性能好而受到了重视。本文中,首先推导子滤波器估计不相关的信息融合公式,然后利用信息分配原则、方差上界技术来处理各子滤波器估计相关条件的融合问题。

假设各子滤波器的状态估计可表示为

$$\hat{\boldsymbol{X}}_i = \begin{bmatrix} \hat{\boldsymbol{X}}_{ci} \\ \hat{\boldsymbol{X}}_{bi} \end{bmatrix} \tag{5.15}$$

式中:$\hat{\boldsymbol{X}}_{ci}$为各子滤波器的公共状态 $\hat{\boldsymbol{X}}_c$ 的估计,如导航位置、速度、姿态等的状态误差估计;$\hat{\boldsymbol{X}}_{bi}$则是第 i 个滤波器专有的状态的估计,如 GPS 的误差状态的估计。对公共的状态的估计进行融合以得到全局估计。

联邦滤波器是一种两级滤波结果,其一般结构如图 5.7 所示。图中公共参考系统在组合导航系统中一般是惯性导航系统。它的输出 $\boldsymbol{X}_k$ 一方面直接给主滤波器,另一方面它可以输给各子滤波器(局部滤波器)作为量测值。各子系统的输出只给相应的子滤波器。各子滤波器的局部估计值 $\boldsymbol{X}_k$(公共状态)及其协方差 $\boldsymbol{P}_i$ 送入主滤波器和主滤波器的估计值一起进行融合,以得到全局最优估计。此外,图中还可以看到,由子滤波器与主滤波器合成的全局估计值 $\hat{\boldsymbol{X}}_g$ 及其相应的协方差阵 $\boldsymbol{P}_g$ 被放大为 $\beta_i^{-1}\boldsymbol{P}_g(\beta_i<1)$后,再反馈到子滤波器(图中用虚线表示),以重置子滤波器的估计值,即

$$\hat{\boldsymbol{X}}_i = \hat{\boldsymbol{X}}_g,\ \boldsymbol{P}_{ii} = \beta_i^{-1}\boldsymbol{P}_g \tag{5.16}$$

这种反馈的结构是联邦滤波器区别于一般分散化滤波器的特点。$\beta_i(i=1,2,\cdots,N)$称为“信息分配系数”。β_i 是根据“信息分配”原则来确定的，不同的 β_i 值可以获得联邦滤波器的不同结构和不同的特性（即容错性、精度和计算量）。

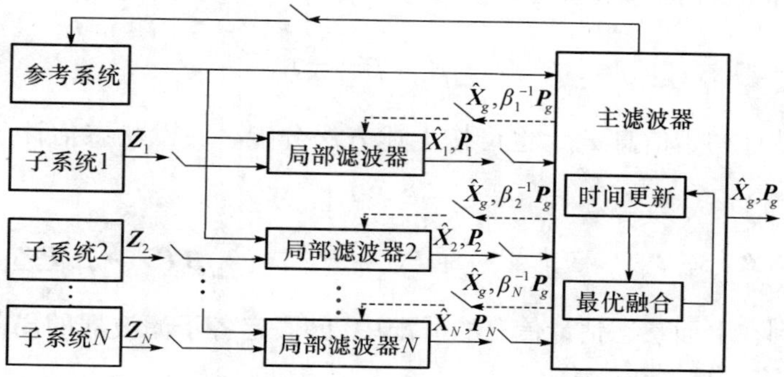

图 5.7　联邦滤波器的一般结构

系统中有以下两类信息。

(1) 状态运动方程的信息。卡尔曼滤波器要利用状态方程的信息，而递推最小二乘估计则只用测量信息而不用系统状态运动方程的信息。因此，理论上卡尔曼滤波将给出更精确的估计和预测。状态方程的信息量是与状态方程中过程噪声的方差（或协方差阵）成反比的。过程噪声越弱，状态方程就越精确。因此，状态方程的信息量可以用过程噪声协方差阵的逆，即 $\boldsymbol{Q}^{-1}$ 来表示。此外，状态初值的信息，也是状态方程的信息。初值的信息量可用初值估计的协方差阵的逆，即 $\boldsymbol{P}^{-1}$ 来表示。

(2) 量测方程的信息。量测方程的信息量可用量测噪声协方差阵的逆，即 $\boldsymbol{R}^{-1}$ 来表示。当状态方程、量测方程及 $\boldsymbol{P}(0)$，$\boldsymbol{Q}$ 和 $\boldsymbol{R}$ 选定后，状态估计 $\hat{\boldsymbol{X}}$ 及估计误差 $\boldsymbol{P}$ 也就完全决定了，而状态估计的信息量可用 $\boldsymbol{P}^{-1}$ 来表示。对公共状态来讲，它所对应的过程噪声包含在所有的子滤波器及主滤波器中。因此，过程噪声的信息量存在重复使用的问题。各子滤波器的量测方程中只包含了对应子系统的噪声，如 INS/GPS 局部滤波器的量测噪声只包含 GPS 的量测噪声，INS/Doppler 局部滤波器只包含 Doppler 雷达的噪声。于是，可以认为各局部滤波器的量测信息是自然分割的，不存在重复使用的问题。

假设将过程噪声总的信息量 $\boldsymbol{Q}^{-1}$ 分配到各局部滤波器和主滤波器中去，即

$$\boldsymbol{Q}^{-1} = \sum_{i=1}^{N}\boldsymbol{Q}_i^{-1} + \boldsymbol{Q}_m^{-1} \tag{5.17}$$

而

$$Q_i = \beta_i^{-1} Q \tag{5.18}$$

故

$$Q^{-1} = \sum_{i=1}^{N} \beta_i Q^{-1} + \beta_m Q^{-1} \tag{5.19}$$

根据“信息守恒”原理，由式(5.19)可知

$$\sum_{i=1}^{n} \beta_i + \beta_m = 1 \tag{5.20}$$

状态估计初始信息 P_0^{-1} 也可按上述方法分配。假设状态估计的信息也可同样分配，得

$$P^{-1} = P_1^{-1} + P_2^{-1} + \cdots + P_N^{-1} + P_{\mathrm{m}}^{-1} = \sum_{i=1}^{N} \beta_i P^{-1} + \beta_m P^{-1} \tag{5.21}$$

注意到在上面状态估计信息的分配中，已假定各子滤波器的局部估计是不相关的，即 $P_{ij}(0) = \mathbf{0}(i \neq j)$。

采用信息分配原则后，局部滤波虽是次优的，但合成后的全局滤波却是最优的。如果融合的周期长于局部滤波周期，即经过几次局部滤波后才进行一次融合，那么全局估计也会变成次优的。

5.4 非线性卡尔曼滤波技术

5.4.1 扩展卡尔曼滤波

非线性系统卡尔曼滤波的基本思想是“非线性系统线性化”。我们知道，泰勒(Taylor)级数展开是一种常见的线性化方法，在理论和工程实际中应用十分广泛。围绕某些局部点展开为一阶泰勒级数形式，即可实现非线性系统的局部线性化。根据这些局部点的不同，非线性系统的卡尔曼滤波可分为围绕标称状态线性化的卡尔曼滤波和围绕最优状态估计线性化的卡尔曼滤波两种。

5.4.1.1 围绕标称状态线性化的卡尔曼滤波方程

1. 离散型卡尔曼滤波方程

任意可导非线性函数 $\boldsymbol{f}(\boldsymbol{x})$ 在点 $\boldsymbol{x}_0$ 处的泰勒展开式为

$$\boldsymbol{f}(\boldsymbol{x}) = \boldsymbol{f}(\boldsymbol{x}_0) + \boldsymbol{f}'(\boldsymbol{x}_0)(\boldsymbol{x} - \boldsymbol{x}_0) + \boldsymbol{f}''(\boldsymbol{x}_0)/2!(\boldsymbol{x} - \boldsymbol{x}_0)^2 + \cdots + \boldsymbol{f}^n(\boldsymbol{x}_0)/n!(\boldsymbol{x} - \boldsymbol{x}_0)^n \tag{5.22}$$

舍去二阶以上高阶微分，即 $\boldsymbol{f}(\boldsymbol{x}) - \boldsymbol{f}(\boldsymbol{x}_0) \approx \boldsymbol{f}'(\boldsymbol{x}_0)(\boldsymbol{x} - \boldsymbol{x}_0)$，显然在局部点 $\boldsymbol{x}_0$ 处实现了线性化近似。当然，该线性化的必要前提是 $\boldsymbol{x} - \boldsymbol{x}_0$ 应足够小。

这样做的直观几何意义就是在某个局部点 $\boldsymbol{x}_0$ 小邻域内，以该点的切线近似

代替通过该点的曲线方程,从而实现局部线性化,如图 5.8 所示。

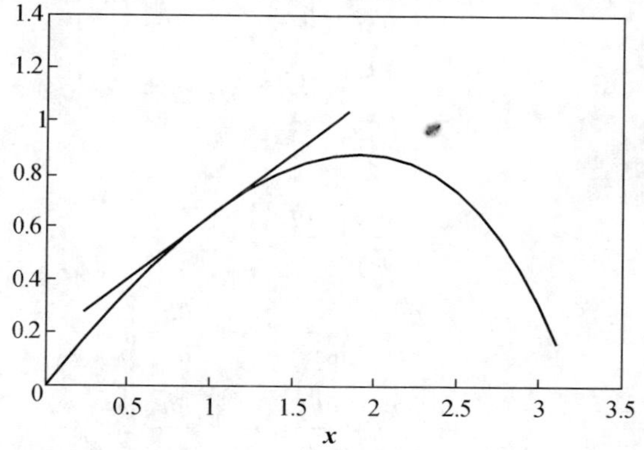

图 5.8 在切点附近线性化

离散条件下系统状态方程和量测方程的非线性模型为[2]

$$\boldsymbol{X}_k = f(\boldsymbol{X}_{k-1}) + \boldsymbol{W}_k \tag{5.23a}$$

$$\boldsymbol{Z}_k = h(\boldsymbol{X}_k) + \boldsymbol{V}_k \tag{5.23b}$$

式(5.23a)和式(5.23b)的解 $\boldsymbol{X}_k$,$\boldsymbol{Z}_k$ 称为真实解或“真状态”。$\boldsymbol{W}_k$ 和 $\boldsymbol{V}_k$ 的协方差矩阵为 $\boldsymbol{Q}_k$ 和 $\boldsymbol{R}_k$;状态初始值 $\boldsymbol{X}_0$ 和 $\boldsymbol{W}_k$,$\boldsymbol{V}_k$ 彼此相互独立。

当系统噪声 $\boldsymbol{W}_k$、量测噪声 $\boldsymbol{V}_k$ 为零时,式(5.23a)和式(5.23b)表示为

$$\boldsymbol{X}_k^* = f(\boldsymbol{X}_{k-1}) \tag{5.24a}$$

$$\boldsymbol{Z}_k^* = h(\boldsymbol{X}_k) \tag{5.24b}$$

式(5.23a)和式(5.23b)的解 $\boldsymbol{X}_k^*$,$\boldsymbol{Z}_k^*$ 称为理论解或“标称状态”。

设“真状态”与“标称状态”之差为

$$\begin{cases}\Delta\boldsymbol{X}_k = \boldsymbol{X}_k - \boldsymbol{X}_k^* \\ \Delta\boldsymbol{Z}_k = \boldsymbol{Z}_k - \boldsymbol{Z}_k^*\end{cases} \tag{5.25}$$

当“真状态”与“标称状态”之差足够小时,便可以将系统和量测方程围绕“标称状态”展开为一阶泰勒级数,式(5.23a)和式(5.23b)变为

$$\begin{cases}\boldsymbol{X}_k - \boldsymbol{X}_k^* = \left.\dfrac{\partial f(\boldsymbol{X}_{k-1})}{\boldsymbol{X}_{k-1}}\right|_{\boldsymbol{X}_{k-1}^*} \cdot (\boldsymbol{X}_{k-1} - \boldsymbol{X}_{k-1}^*) + \boldsymbol{W}_k \\ \boldsymbol{Z}_k - \boldsymbol{Z}_k^* = \left.\dfrac{\partial h(\boldsymbol{X}_k)}{\boldsymbol{X}_k}\right|_{\boldsymbol{X}_k^*} \cdot (\boldsymbol{X}_k - \boldsymbol{X}_k^*) + \boldsymbol{V}_k\end{cases} \tag{5.26}$$

令 $\boldsymbol{F}_{k/k-1} = \left.\dfrac{\partial f(\boldsymbol{X}_{k-1})}{\boldsymbol{X}_{k-1}}\right|_{\boldsymbol{X}_{k-1}^*}$,$\boldsymbol{H}_k = \left.\dfrac{\partial \boldsymbol{h}(\boldsymbol{X}_k)}{\boldsymbol{X}_k}\right|_{\boldsymbol{X}_k^*}$,当系统状态向量为 n 维变量,量测向量 $\boldsymbol{Z}_k$ 为 m 维变量时,雅可比矩阵 $\boldsymbol{F}_{k/k-1}$,$\boldsymbol{H}_k$ 的一般表达式为

$$
\boldsymbol{F}_{k/k-1} = \begin{bmatrix} \frac{\partial f_1}{\partial x_1} & \frac{\partial f_1}{\partial x_2} & \cdots & \frac{\partial f_1}{\partial x_n} \\ \frac{\partial f_2}{\partial x_1} & \frac{\partial f_2}{\partial x_2} & \cdots & \frac{\partial f_2}{\partial x_n} \\ \vdots & \vdots & \ddots & \vdots \\ \frac{\partial f_n}{\partial x_1} & \frac{\partial f_n}{\partial x_2} & \cdots & \frac{\partial f_n}{\partial x_n} \end{bmatrix}_{x=x_k^*} \tag{5.27}
$$

$$
\boldsymbol{H}_k = \begin{bmatrix} \frac{\partial h_1}{\partial x_1} & \frac{\partial h_1}{\partial x_2} & \cdots & \frac{\partial h_1}{\partial h_n} \\ \frac{\partial h_2}{\partial x_1} & \frac{\partial h_2}{\partial x_2} & \cdots & \frac{\partial h_2}{\partial x_n} \\ \vdots & \vdots & \ddots & \vdots \\ \frac{\partial h_n}{\partial x_1} & \frac{\partial h_n}{\partial x_2} & \cdots & \frac{\partial h_n}{\partial x_n} \end{bmatrix}_{x=x_{k+1}^*} \tag{5.28}
$$

经线性化求取雅可比矩阵后，离散型线性化卡尔曼滤波基本方程的 7 个滤波方程如下。

(1) 状态差一步预测为

$$
\Delta\hat{\boldsymbol{X}}_{k+1/k} = \boldsymbol{F}_{k+1/k}\Delta\hat{\boldsymbol{X}}_k \tag{5.29}
$$

(2) 均方误差一步预测为

$$
\boldsymbol{P}_{k+1/k} = \boldsymbol{F}_{k+1/k}\boldsymbol{P}_k\boldsymbol{F}_{k+1/k}^{\mathrm{T}} + \boldsymbol{Q}_k \tag{5.30}
$$

(3) 滤波增益为

$$
\boldsymbol{K}_{k+1} = \boldsymbol{P}_{k+1/k}\boldsymbol{H}_{k+1}^{\mathrm{T}}(\boldsymbol{H}_{k+1}\boldsymbol{P}_{k+1/k}\boldsymbol{H}_{k+1}^{\mathrm{T}} + \boldsymbol{R}_{k+1})^{-1} \tag{5.31}
$$

(4) 状态差估计为

$$
\Delta\hat{\boldsymbol{X}}_{k+1} = \Delta\hat{\boldsymbol{X}}_{k+1/k} + \boldsymbol{K}_{k+1}(\Delta\boldsymbol{Z}_{k+1} - \boldsymbol{H}_{k+1}\Delta\hat{\boldsymbol{X}}_{k+1/k}) \tag{5.32}
$$

(5) 均方误差估计为

$$
\boldsymbol{P}_{k+1} = (\boldsymbol{I} - \boldsymbol{K}_{k+1}\boldsymbol{H}_{k+1})\boldsymbol{P}_{k+1/k}(\boldsymbol{I} - \boldsymbol{K}_{k+1}\boldsymbol{H}_{k+1})^{\mathrm{T}} + \boldsymbol{K}_{k+1}\boldsymbol{R}_{k+1}\boldsymbol{K}_{k+1}^{\mathrm{T}} \tag{5.33}
$$

(6) “标称状态”更新为

$$
\boldsymbol{X}_{k+1}^* = \boldsymbol{f}(\boldsymbol{X}_k^*) \tag{5.34}
$$

(7) “真状态”估计为

$$
\hat{\boldsymbol{X}}_{k+1} = \boldsymbol{X}_{k+1}^* + \Delta\hat{\boldsymbol{X}}_{k+1} \tag{5.35}
$$

2. 连续型线性化卡尔曼滤波方程

连续型系统状态方程和量测方程的非线性模型为

$$\begin{cases}\dot{\boldsymbol{X}}(t) = f(\boldsymbol{X}(t)) + \boldsymbol{W}(t) \\ \boldsymbol{Z}(t) = h(\boldsymbol{X}(t)) + \boldsymbol{V}(t)\end{cases} \tag{5.36}$$

与离散型情况类似,式(5.36)的解称为真实解或“真状态”,当系统噪声 $\boldsymbol{W}(t)$ 和量测噪声 $\boldsymbol{V}(t)$ 均为 $\mathbf{0}$ 时,式(5.36)的解称为理论解或“标称状态”。

设“真状态”与“标称状态”之差为

$$\begin{cases}\Delta\boldsymbol{X}(t) = \boldsymbol{X}(t) - \boldsymbol{X}^*(t) \\ \Delta\boldsymbol{Z}(t) = \boldsymbol{Z}(t) - \boldsymbol{Z}^*(t)\end{cases} \tag{5.37}$$

当“真状态”与“标称状态”之差足够小时,便可以将系统方程和量测方程围绕“标称状态”展开为一阶泰勒级数,式(5.36)变为

$$\begin{cases}\dot{\boldsymbol{X}}(t) - \dot{\boldsymbol{X}}^*(t) = \left.\dfrac{\partial f}{\partial X}\right|_{X(t)=X^*(t)} [\boldsymbol{X}(t) - \boldsymbol{X}^*(t)] + \boldsymbol{W}(t) \\ \boldsymbol{Z}(t) - \boldsymbol{Z}^*(t) = \left.\dfrac{\partial h}{\partial X}\right|_{X(x)=X^*(t)} [\boldsymbol{X}(t) - \boldsymbol{X}^*(t)] + \boldsymbol{V}(t)\end{cases} \tag{5.38}$$

令 $\boldsymbol{F}(t) = \left.\dfrac{\partial f[\boldsymbol{X}(t)]}{\partial \boldsymbol{X}(t)}\right|_{X^*(t)}$,$\boldsymbol{H}(t) = \left.\dfrac{\partial h[\boldsymbol{X}(t)]}{\partial \boldsymbol{X}(t)}\right|_{X^*(t)}$,系统噪声协方差为 $\boldsymbol{Q}_t$,量测噪声协方差为 $\boldsymbol{R}_t$。当系统状态向量 $\boldsymbol{X}(t)$ 为 n 维变量、量测向量 $\boldsymbol{Z}(t)$ 为 m 维变量时,雅可比矩阵 $\boldsymbol{F}(t)$,$\boldsymbol{H}(t)$ 的一般表达式为

$$\boldsymbol{F}(t) = \begin{bmatrix} \dfrac{\partial f_1}{\partial x_1} & \dfrac{\partial f_1}{\partial x_2} & \cdots & \dfrac{\partial f_1}{\partial x_n} \\ \dfrac{\partial f_2}{\partial x_1} & \dfrac{\partial f_2}{\partial x_2} & \cdots & \dfrac{\partial f_2}{\partial x_n} \\ \vdots & \vdots & \ddots & \vdots \\ \dfrac{\partial f_n}{\partial x_1} & \dfrac{\partial f_n}{\partial x_2} & \cdots & \dfrac{\partial f_n}{\partial x_n} \end{bmatrix}_{X=X^*(t)} \tag{5.39}$$

$$\boldsymbol{H}(t) = \begin{bmatrix} \dfrac{\partial h_1}{\partial x_1} & \dfrac{\partial h_1}{\partial x_2} & \cdots & \dfrac{\partial h_1}{\partial x_n} \\ \dfrac{\partial h_2}{\partial x_1} & \dfrac{\partial h_2}{\partial x_2} & \cdots & \dfrac{\partial h_2}{\partial x_n} \\ \vdots & \vdots & \ddots & \vdots \\ \dfrac{\partial h_n}{\partial x_1} & \dfrac{\partial h_n}{\partial x_2} & \cdots & \dfrac{\partial h_n}{\partial x_n} \end{bmatrix}_{X=X^*(t)} \tag{5.40}$$

经线性化求取雅可比矩阵后,连续型线性化卡尔曼滤波基本方程的 5 个滤波方程如下。

(1) 滤波增益为

$$\boldsymbol{K}(t) = \boldsymbol{P}(t)\boldsymbol{H}^{\mathrm{T}}(t)\boldsymbol{R}^{-1}(t) \tag{5.41}$$

(2) 状态差估计为

$$\Delta\dot{\hat{X}}(t) = F(t)\Delta\hat{X}(t) + K(t)(\Delta Z(t) - H(t)\Delta\hat{X}(t)) \tag{5.42}$$

(3) 均方误差估计为

$$\dot{P}(t) = P(t)F^{T}(t) + F(t)P(t) - P(t)H^{T}(t)R^{-1}(t)H(t)P(t) + Q(t) \tag{5.43}$$

(4) "标记状态"更新为

$$\dot{X}^{*}(t) = f[X^{*}(t)] \tag{5.44}$$

(5) "真状态"估计为

$$\hat{X}(t) = X^{*}(t) + \Delta\hat{X}(t) \tag{5.45}$$

在围绕"标称状态"一阶泰勒展开的线性化卡尔曼滤波中,由于实际系统会受到各种随机干扰因素的影响,随着滤波时间的增长,"真状态"与"标称状态"之差也不断增加,从而使泰勒级数高次项将不能被忽略,从而失去了泰勒一阶展开的前提条件。因此在实际应用中,更为普遍的是采用围绕最优估计状态的扩展卡尔曼滤波。

5.4.1.2 围绕最优估计状态线性化的卡尔曼滤波方程

线性化是否有效的关键是看非线性系统的线性化模型的精度是否准确,也就是说泰勒级数展开的二次及以上项能否忽略。由上一小节可知,由于"真状态"与"标称状态"之差不能始终保持一个小量,采用围绕标称状态的泰勒展开线性化效果不理想。如果围绕最优估计状态(滤波值)进行线性化,情况将有所不同。由于采用"真状态"与"最优估计状态"(滤波值)之差一般比较小,且不存在随时间积累的误差,所以这种线性化方法更符合泰勒级数一阶展开的要求。这种卡尔曼滤波也称为扩展卡尔曼滤波。

1. 离散型扩展卡尔曼滤波方程

离散型系统方程和量测方程如式(5.23a)与式(5.23b)所示。设 X_k, Z_k 是式(5.23a)和式(5.23b)的"真状态";X_k^*, Z_k^* 是式(5.23a)和式(5.23b)的"最优估计状态"。

令 $\hat{X}_k$ 是系统的前一时刻最优状态估计,$X_{k+1}^* = f(X_k)$,$Z_{k+1}^* = h(X_{k+1}^*)$,其中 X_{k+1}^* 是系统状态的一步预测,即 $X_{k+1}^* = \hat{X}_{k+1/k}$。

注意:本节中的"最优估计状态"和上一小节中的"标称状态"含义完全不一样,"标称状态"需要解方程得出,最优状态估计是通过卡尔曼滤波估计得出的。

因此,"真状态"与"最优估计状态"之差为

$$\begin{cases}\Delta \boldsymbol{X}_k = \boldsymbol{X}_k - \boldsymbol{X}_k^* \\ \Delta \boldsymbol{Z}_k = \boldsymbol{Z}_k - \boldsymbol{Z}_k^*\end{cases} \tag{5.46}$$

将式(5.23a)和式(5.23b)围绕“最优估计状态”一阶泰勒展开可得

$$\begin{cases}\boldsymbol{X}_k - \boldsymbol{X}_k^* = \left.\dfrac{\partial f(\boldsymbol{X}_{k-1})}{\partial \boldsymbol{X}_{k-1}}\right|_{\boldsymbol{X}_{k-1}^*}[\boldsymbol{X}_{k-1} - \boldsymbol{X}_{k-1}^*] + \boldsymbol{W}_K \\ \boldsymbol{Z}_k - \boldsymbol{Z}_k^* = \left.\dfrac{\partial h(\boldsymbol{X}_k)}{\partial \boldsymbol{X}_k}\right|_{\boldsymbol{X}_k}[\boldsymbol{X}_k - \boldsymbol{X}_k^*] + \boldsymbol{V}_k\end{cases} \tag{5.47}$$

$\boldsymbol{F}_{k/k-1} = \left.\dfrac{\partial f(\boldsymbol{X}_{k-1})}{\partial \boldsymbol{X}_{k-1}}\right|_{\boldsymbol{X}_{k-1}^*}$，$\boldsymbol{H}_k = \left.\dfrac{\partial h(\boldsymbol{X}_k)}{\partial \boldsymbol{X}_k}\right|_{\boldsymbol{X}_k^*}$ 的形式与上一节完全一致。

在线性化求得雅可比矩阵后，系统的5个状态差估计方程分别如下。

（1）状态差一步预测为

$$\Delta \boldsymbol{X}_{k+1/k} = \boldsymbol{F}_{k+1/k}\Delta \hat{\boldsymbol{X}}_k \tag{5.48}$$

（2）均方误差一步预测为

$$\boldsymbol{P}_{k+1/k} = \boldsymbol{F}_{k+1/k}\boldsymbol{P}_k\boldsymbol{F}_{k+1/k}^{\mathrm{T}} + \boldsymbol{Q}_k \tag{5.49}$$

（3）滤波增益为

$$\boldsymbol{K}_{k+1} = \boldsymbol{P}_{k+1}\boldsymbol{H}_{k+1}^{\mathrm{T}}(\boldsymbol{H}_{k+1}\boldsymbol{P}_{k+1}\boldsymbol{H}_{k+1}^{\mathrm{T}} + \boldsymbol{R}_{k+1})^{-1} \tag{5.50}$$

（4）状态差估计为

$$\Delta \hat{\boldsymbol{X}}_{k+1} = \Delta \hat{\boldsymbol{X}}_{k+1/k} + \boldsymbol{K}_{k+1}(\Delta \boldsymbol{Z}_{k+1} - \boldsymbol{H}_{k+1}\Delta \hat{\boldsymbol{X}}_{k+1/k}) \tag{5.51}$$

（5）均方误差估计为

$$\boldsymbol{P}_{k+1} = (\boldsymbol{I} - \boldsymbol{K}_{k+1}\boldsymbol{H}_{k+1})\boldsymbol{P}_{k+1/k}(\boldsymbol{I} - \boldsymbol{K}_{k+1}\boldsymbol{H}_{k+1})^{\mathrm{T}} + \boldsymbol{K}_{k+1}\boldsymbol{R}_{k+1}\boldsymbol{K}_{k+1}^{\mathrm{T}} \tag{5.52}$$

因为 k 时刻状态差的估计 $\Delta \boldsymbol{X}_k$ 等于 k 时刻的最优估计与 k 时刻的一步预测之差，即 $\Delta \hat{\boldsymbol{X}}_k = \hat{\boldsymbol{X}}_k - \boldsymbol{X}_k^* = \hat{\boldsymbol{X}}_k - \hat{\boldsymbol{X}}_{k/k-1}$ 一般很小。在滤波器收敛的情况下，$\Delta \hat{\boldsymbol{X}}_k$，$\Delta \hat{\boldsymbol{X}}_{k/k-1}$ 均趋向于零。因此，扩展卡尔曼滤波器比较符合泰勒一阶展开条件，其线性误差比围绕“标称状态”展开小。将 $\Delta \hat{\boldsymbol{X}}_{k/k-1} \approx \boldsymbol{0}$ 代入式(5.46)，可得离散型扩展卡尔曼滤波器5个状态估计基本方程如下。

（1）状态差一步预测为

$$\hat{\boldsymbol{X}}_{k+1/k} = \boldsymbol{F}_{k+1/k}\hat{\boldsymbol{X}}_k \tag{5.53}$$

（2）均方误差一步预测为

$$\boldsymbol{P}_{k+1/k} = \boldsymbol{F}_{k+1/k}\boldsymbol{P}_k\boldsymbol{F}_{k+1/k}^{\mathrm{T}} + \boldsymbol{Q}_k \tag{5.54}$$

（3）滤波增益为

$$\boldsymbol{K}_{k+1} = \boldsymbol{P}_{k+1/k}\boldsymbol{H}_{k+1}^{\mathrm{T}}(\boldsymbol{H}_{k+1}\boldsymbol{P}_{k+1}\boldsymbol{H}_{k+1}^{\mathrm{T}}\boldsymbol{R}_{k+1})^{-1} \tag{5.55}$$

(4) 状态差估计为

$$\hat{\boldsymbol{X}}_{k+1} = \hat{\boldsymbol{X}}_{k+1/k} + \boldsymbol{K}_{k+1}(\boldsymbol{Z}_{k+1} - \boldsymbol{H}_{k+1}\hat{\boldsymbol{X}}_{k+1/k}) \tag{5.56}$$

(5) 均方误差估计为

$$\boldsymbol{P}_{k+1} = (\boldsymbol{I} - \boldsymbol{K}_{k+1}\boldsymbol{H}_{k+1})\boldsymbol{P}_{k+1/k}(\boldsymbol{I} - \boldsymbol{K}_{k+1}\boldsymbol{H}_{k+1})^{\mathrm{T}} + \boldsymbol{K}_{k+1}\boldsymbol{R}_{k+1}\boldsymbol{K}_{k+1}^{\mathrm{T}} \tag{5.57}$$

2. 连续型扩展卡尔曼滤波方程

在连续性扩展卡尔曼滤波中,系统状态和测量方程如式(5.36)所示。设 $\boldsymbol{X}(t)$,$\boldsymbol{Z}(t)$是式(5.36)的"真状态",$\boldsymbol{X}^*(t)$是系统的最优状态估计,满足$\dot{\boldsymbol{X}}^*(t)=f[\boldsymbol{X}^*(t)]$,$\boldsymbol{Z}^*(t)=h[\boldsymbol{X}^*(t)]$。

系统方程的量测方程围绕"估计状态 $\boldsymbol{x}(t)$"展开为一阶泰勒级数,式(5.36)变为

$$\begin{cases}\dot{\boldsymbol{X}}(t) - \dot{\boldsymbol{X}}^*(t) = \left.\dfrac{\partial f}{\partial \boldsymbol{X}}\right|_{\boldsymbol{X}(t)=\boldsymbol{X}^*(t)}[\boldsymbol{X}(t) - \boldsymbol{X}^*(t)] + \boldsymbol{W}(t)\\ \boldsymbol{Z}(t) - \boldsymbol{Z}^*(t) = \left.\dfrac{\partial h}{\partial \boldsymbol{X}}\right|_{\boldsymbol{X}(t)=\boldsymbol{X}^*(t)}[\boldsymbol{X}(t) - \boldsymbol{X}^*(t)] + \boldsymbol{V}(t)\end{cases} \tag{5.58}$$

令 $\boldsymbol{F}(t) = \left.\dfrac{\partial f[\boldsymbol{x}(t)]}{\partial \boldsymbol{x}(t)}\right|_{\boldsymbol{x}^*(t)}$,其形式与上一节相同。可将式(5.36)变为

$$\begin{cases}\dot{\boldsymbol{X}}(t) = \boldsymbol{F}(t)\boldsymbol{X}(t) + \dot{\boldsymbol{X}}^*(t) - \boldsymbol{F}(t)\boldsymbol{X}^*(t) + \boldsymbol{W}(t)\\ \boldsymbol{Z}(t) = \boldsymbol{H}(t)\boldsymbol{X}(t) + \boldsymbol{Z}^*(t) - \boldsymbol{H}(t)\boldsymbol{X}^*(t) + \boldsymbol{V}(t)\end{cases} \tag{5.59}$$

在线性化求取雅可比矩阵之后,系统的三个滤波方程分别如下。

(1) 滤波增益为

$$\boldsymbol{K}(t) = \boldsymbol{P}(t)\boldsymbol{H}^{\mathrm{T}}(t)\boldsymbol{R}^{-1} \tag{5.60}$$

(2) 状态估计为

$$\dot{\boldsymbol{X}}^*(t) = f[\boldsymbol{X}^*(t)] + \boldsymbol{K}(t)\{\boldsymbol{Z}(t) - h[\boldsymbol{X}^*(t)]\} \tag{5.61}$$

(3) 均方差估计为

$$\dot{\boldsymbol{P}}(t) = \boldsymbol{P}(t)\boldsymbol{F}^{\mathrm{T}}(t) + \boldsymbol{F}(t)\boldsymbol{P}(t) - \boldsymbol{P}(t)\boldsymbol{H}^{\mathrm{T}}(t)\boldsymbol{R}^{-1}(t)\boldsymbol{H}(t)\boldsymbol{P}(t) + \boldsymbol{Q}(t) \tag{5.62}$$

在扩展卡尔曼滤波中,由于是围绕"状态估计"进行泰勒线性化,其主要优势有以下两点。

(1) 线性误差比围绕"标称状态"泰勒一阶展开小。

(2) 与围绕"标称状态"线性化相比,围绕"状态估计"的线性化不需要求解微分方程和存储"标称状态"变量。

在离散型扩展卡尔曼滤波中,选择的是一步预测状态估计作为泰勒级数展

开点;而在连续型扩展卡尔曼滤波中,选择的是最优状态估计作为一阶泰勒级数展开点。需要注意两者的区别。当然,所谓的最优状态估计,在非线性的条件下实际上一种近似最优,即“次优卡尔曼滤波器”。

5.4.2 无迹卡尔曼滤波

扩展卡尔曼滤波采用泰勒级数展开的方式进行非线性系统的线性化,克服了标准卡尔曼滤波不能应用于非线性系统的问题。同时,扩展卡尔曼滤波也存在一定的问题。比如,有的非线性系统不方便或不能够进行雅可比矩阵的求解,泰勒级数线性化只具有一阶的精度,要求噪声服从高斯分布等。

1995 年 S. J. Julier 与 J. K. Uhlma 提出了一种新的非线性滤波理论。UKF 不是采用逼近状态函数,而是采用一种无迹变换(Unscented Transformation,UT)技术,即采用确定的样本点(称为 Sigma 点)来完成状态变量统计特性沿时间的传播[12]。

与普通卡尔曼滤波一样,UKF 也是一种递归式贝叶斯估计方法。但是 UKF 不需要进行非线性模型的求解(即不需要求解雅可比矩阵),其基本思想是利用 UT 变换,用一组确定的样本点近似求解测量条件下系统状态的后验概率 $p(x_k|z_k)$ 的均值和方差,实现系统状态递推均值和方差(一、二阶矩)的估计[13]。

5.4.2.1 UT 变换

为了理解 UKF 的基本原理,需要理解 UT 变换,即理解如何在已知自变量均值和方差的前提条件下估计非线性函数的均值和方差。

1. UT 方法基本步骤

设 $\boldsymbol{y}=f(\boldsymbol{x})$ 是非线性函数,$\boldsymbol{x}$ 是 n 维随机状态向量,已知其均值是 $\hat{\boldsymbol{x}}$,方差是 $\boldsymbol{P}_x$,利用 UT 方法求解 $\boldsymbol{y}$ 的一、二阶矩的基本步骤如下。

(1) 计算 $2n+1$ 个样本点 $\boldsymbol{s}_i$ 及相应的权值 ω_i。

$$\begin{cases} \boldsymbol{s}_0 = \hat{\boldsymbol{x}}, \omega_0 = \dfrac{\lambda}{(n+\lambda)} \quad (i=0) \\ \boldsymbol{s}_i = \hat{\boldsymbol{x}} + \left(\sqrt{(n+\lambda)P_x}\right)_i, \ \omega_i = \dfrac{1}{[2(n+\lambda)]} \quad (i=1,2,\cdots,n) \\ \boldsymbol{s}_i = \hat{\boldsymbol{x}} - \left(\sqrt{(n+\lambda)P_x}\right)_{i-n}, \omega_i = \dfrac{1}{[2(n+\lambda)]} \quad (i=n+1,n+2,\cdots,2n) \end{cases} \tag{5.63}$$

式中:λ 为微调参数,能控制样本点到均值的距离,并调节高阶样本矩大小,从而使样本更加接近于真实点的状态分布;$\left(\sqrt{(n+\lambda)P_x}\right)_i$ 为方根矩阵的第 i 列。权值符合归一化要求,$\sum\limits_{i=1}^{2n} \omega_i = 1$ 。

显然,样本点集合$\{s_0, s_1, \cdots, s_{2n}\}$与随机变量具有相同均值$\bar{x}$和方差$P_x$,该样本点集合也称为 Sigma 集合。UT 变换过程如图 5.9 所示。

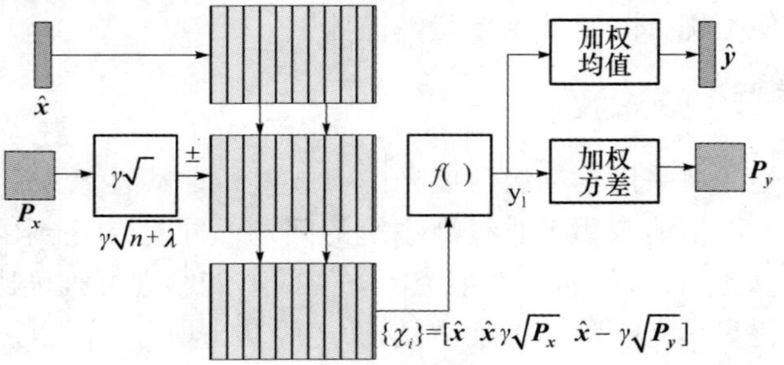

图 5.9　UT 变换过程

(2) 通过非线性方程传递样本点。

$$y_i = f(s_i) \quad (i = 1,2,\cdots,2n) \tag{5.64}$$

(3) 估算 y 的均值和方差。

$$\hat{y} = \sum_{i=1}^{2n} \omega_i y_i$$

$$p_y = \sum_{i=1}^{2n} \omega_i (y_i - \bar{y})(y_i - \bar{y}) \tag{5.65}$$

由此可见,经过 UT 变换,可以实现非线性函数的均值与方差的估计。因此,采用 UT 变换之后,可以实现非线性系统的均值和方差的估计,从而实现非线性系统状态估计。

2. UT 变换的逼近精度

采用泰勒级数展开进行线性化的方法,只能获得一阶的精度。国外学者已证明,采用 UT 变换的方法,可以获得非线性函数的二阶或二阶以上的精度。

设$f(x)$为非线性函数,$\hat{x}$ 为随机变量 x 的均值,δ_x 均值为零方差为 P_x 的扰动。将$f(x)$围绕 $\hat{x}$ 以泰勒级数展开,有

$$f(x) = f(\bar{x} + \delta_x) = \sum_{i=1}^{\infty} \left[\frac{(\delta_x \cdot \nabla)^n f(x)}{n!} \right]_{x=\hat{x}} \tag{5.66}$$

定义 $D_\delta^n f$ 为

$$D_\delta^n f \triangleq [(\delta_x \cdot \nabla)^n f(x)]_{x=\bar{x}} \tag{5.67}$$

则非线性变换 $y=f(x)$可改写为

$$y = f(x) = f(\hat{x}) + D_{\delta_x} f + \frac{1}{2} D_{\varepsilon_x}^2 f + \frac{1}{3!} D_{\delta_x}^3 f + \frac{1}{4!} D_{\delta_x}^4 f + \cdots + \frac{1}{n!} D_{\delta_x}^n f \tag{5.68}$$

由式(5.68)可知,z 的真实均值为

$$\boldsymbol{y} = \boldsymbol{E}(\boldsymbol{y}) = \boldsymbol{E}[f(\boldsymbol{x})]$$
$$= \boldsymbol{E}\left[f(\hat{\boldsymbol{x}}) + \boldsymbol{D}_{\delta_x} f + \frac{1}{2}\boldsymbol{D}_{\delta_x}^2 f + \frac{1}{3!}\boldsymbol{D}_{\delta_x}^3 f + \frac{1}{4!}\boldsymbol{D}_{\delta_x}^4 f + \cdots + \frac{1}{n!}\boldsymbol{D}_{\delta_x}^n f\right] \quad (5.69)$$

当随机变量 $\boldsymbol{x}$ 满足对称分布时,式(5.69)中奇数项为零,即

$$\boldsymbol{y} = f(\hat{\boldsymbol{x}}) + \frac{1}{2}[(\boldsymbol{\nabla}^{\mathrm{T}}\boldsymbol{P}_s\,\boldsymbol{\nabla})f(\hat{\boldsymbol{x}})]_{x=\bar{x}} + \boldsymbol{E}\left[\frac{1}{4!}\boldsymbol{D}_{\delta_x}^4 f + \frac{1}{6!}\boldsymbol{D}_{\delta_x}^6 f + \cdots \frac{1}{n!}\boldsymbol{D}_{\delta_x}^n f\right] \quad (5.70)$$

在 UT 变换中,Sigma 集可下式确定:

$$\boldsymbol{x}_i = \hat{\boldsymbol{x}} \pm \sqrt{L+\lambda}\,\sigma_i = \hat{\boldsymbol{x}} \pm \bar{\sigma}_i \quad (5.71)$$

将非线性函数绕 Sigma 集泰勒展开,有

$$\boldsymbol{y}_i = f(\boldsymbol{x}_i) = f(\hat{\boldsymbol{x}}) + \boldsymbol{D}_{\delta i}f + \frac{1}{2}\boldsymbol{D}_{\delta i}^2 f + \frac{1}{3!}\boldsymbol{D}_{\delta i}^3 f + \frac{1}{4!}\boldsymbol{D}_{\delta i}^4 f + \cdots \frac{1}{n!}\boldsymbol{D}_{\delta i}^n f \quad (5.72)$$

UT 变换后的均值为

$$\bar{\boldsymbol{y}}_{\mathrm{UT}} = f(\bar{\boldsymbol{x}}) + \frac{1}{2(L+\lambda)}\sum_{i=1}^{2L}\left(\frac{1}{2}\boldsymbol{D}_{\delta i}^2 f + \frac{1}{3!}\boldsymbol{D}_{\delta i}^3 f + \frac{1}{4!}\boldsymbol{D}_{\delta i}^4 f + \cdots + \frac{1}{n!}\boldsymbol{D}_{\delta i}^n f\right) \quad (5.73)$$

因为

$$\frac{1}{2(L+\lambda)}\sum_{i=1}^{2L}\frac{1}{2}D_{\delta i}^2 f = \frac{1}{2(L+\lambda)}[\boldsymbol{\nabla} f(\boldsymbol{x})]_{x=\hat{x}}\left[\sum_{i=1}^{2L}(\sqrt{L+\lambda}\,\boldsymbol{\sigma}_i\boldsymbol{\sigma}_i^{\mathrm{T}}\sqrt{L+\lambda})\right]$$
$$[\boldsymbol{\nabla} f(\boldsymbol{x})]_{x=\hat{x}} = \frac{1}{2}[\boldsymbol{\nabla}^{\mathrm{T}}\boldsymbol{P}_x\,\boldsymbol{\nabla} f(\boldsymbol{x})]_{x=\bar{x}} \quad (5.74)$$

所以式(5.73)可化简为

$$\bar{\boldsymbol{y}}_{\mathrm{UT}} = f(\bar{\boldsymbol{x}}) + \frac{1}{2}[\boldsymbol{\nabla}^{\mathrm{T}}\boldsymbol{P}_x\,\boldsymbol{\nabla} f(\boldsymbol{x})]_{x=\bar{x}} + \frac{1}{2(L+\lambda)}\sum_{i=1}^{2L}$$
$$\left[\frac{1}{4!}D_{\delta_x}^4 f + \frac{1}{6!}D_{\delta_x}^6 f + \cdots \frac{1}{n!}D_{\delta_x}^n f\right] \quad (5.75)$$

近似舍去式(5.75)右边第三项,UT 变换的均值可进一步表示为

$$\hat{\boldsymbol{y}}_{\mathrm{UT}} = f(\hat{\boldsymbol{x}}) + \frac{1}{2}[(\boldsymbol{\nabla}^{\mathrm{T}}\boldsymbol{P}_x\,\boldsymbol{\nabla})f(\boldsymbol{x})]_{x=\hat{x}} \quad (5.76)$$

即采用 UT 变换方法求取的均值可以精确到 3 阶量。

由定义可知,$\boldsymbol{y}$ 的方差为

$$\boldsymbol{P}_y = E[(\boldsymbol{y} - \hat{\boldsymbol{y}}_{\mathrm{T}})(\boldsymbol{y} - \hat{\boldsymbol{y}}_{\mathrm{T}})^{\mathrm{T}}] = \boldsymbol{E}(\boldsymbol{y}\boldsymbol{y}^{\mathrm{T}}) - \hat{\boldsymbol{y}}_{\mathrm{T}}\hat{\boldsymbol{y}}_{\mathrm{T}}^{\mathrm{T}} \quad (5.77)$$

将式(5.68)和式(5.76)代入式(5.77)得

$$\boldsymbol{P}_y = \boldsymbol{A}_x\boldsymbol{P}_x\boldsymbol{A}_x^{\mathrm{T}} - \frac{1}{4}\{[(\boldsymbol{\nabla}^{\mathrm{T}}\boldsymbol{P}_x\,\boldsymbol{\nabla})f(\boldsymbol{x})][(\boldsymbol{\nabla}^{\mathrm{T}}\boldsymbol{P}_x\,\boldsymbol{\nabla})f(\boldsymbol{x})]^{T}\}_{x=\bar{x}} +$$

$$E\Big[\underbrace{\sum_{j=1}^{\infty}\sum_{i=1}^{\infty}\frac{1}{i!\,j!}D_{\delta_x}^{i}f(D_{\delta_x}^{j}f)^{\mathrm{T}}\Big]}_{i\neq j=1} - \underbrace{\sum_{i=1}^{\infty}\sum_{i=1}^{\infty}\frac{1}{2i!\,2j!}E(D_{\delta_x}^{2i}f)E(D_{\delta_x}^{2j}f)^{\mathrm{T}}]^{\mathrm{T}}}_{i\neq j=1} \tag{5.78}$$

采用 UT 变换后 $\boldsymbol{y}$ 的方差可以表示为

$$\begin{aligned}(\boldsymbol{P}_y)_{\mathrm{UT}} &= \boldsymbol{A}_x\boldsymbol{P}_x\boldsymbol{A}_x^{\mathrm{T}} - \frac{1}{4}\{[(\boldsymbol{\nabla}^{\mathrm{T}}\boldsymbol{P}_x\boldsymbol{\nabla})f(\boldsymbol{x})][(\boldsymbol{\nabla}^{\mathrm{T}}\boldsymbol{P}_x\boldsymbol{\nabla})f(\boldsymbol{x})]^{\mathrm{T}}\}_{x=\bar{x}} + \\ &\quad \frac{1}{2(L+\lambda)}\sum_{k=1}^{2L}\underbrace{\Big[\sum_{i=1}^{\infty}\sum_{i=1}^{\infty}\frac{1}{i!\,j!}D_{\delta_x}^{i}f(D_{\delta_x}^{j}f)^{\mathrm{T}}\Big]}_{i\neq j=1} - \\ &\quad \underbrace{\sum_{i=1}^{\infty}\sum_{i=1}^{\infty}\frac{1}{2i!\,2j!4(L+\lambda)^2}\sum_{k=1}^{2L}\sum_{m=1}^{2L}D_{\delta_k}^{2i}f(D_{\delta_m}^{2i}f)^{\mathrm{T}}}_{i\neq j=1}\end{aligned} \tag{5.79}$$

采用 UT 变换方法后,方差的估计可以精确到 3 阶量。因此相对于采用线性近似方法对均值和方差的估计,UT 变换方法对均值和方差的估计精度更高。显然,样本点集合$\{\boldsymbol{s}_0,\boldsymbol{s}_1,\cdots,\boldsymbol{s}_{2n}\}$与随机变量 $\boldsymbol{x}$ 具有相同均值$\bar{\boldsymbol{x}}$和方差 $\boldsymbol{P}_x$,因此该点集合称为 Sigma 集合。直观的比较和理解示意图如图 5.10 所示。

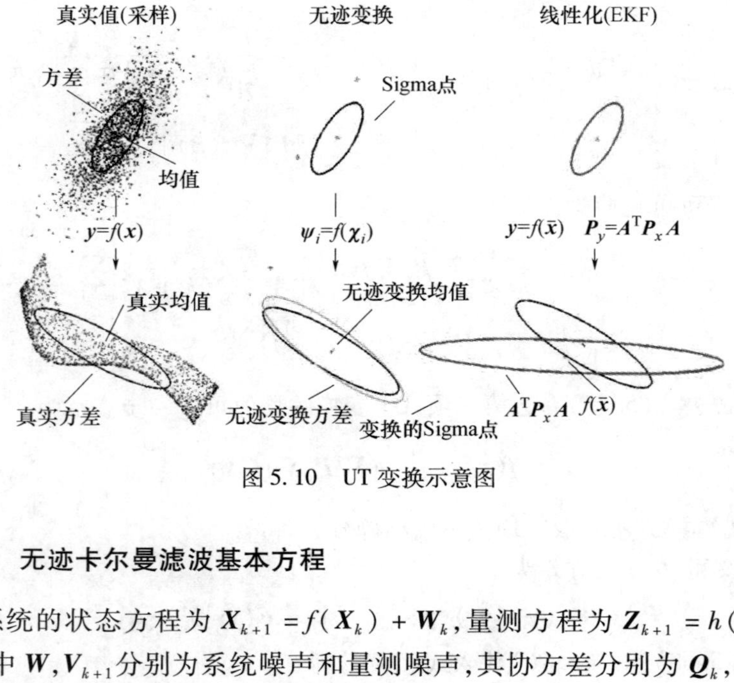

图 5.10　UT 变换示意图

5.4.2.2　无迹卡尔曼滤波基本方程

设系统的状态方程为 $\boldsymbol{X}_{k+1}=f(\boldsymbol{X}_k)+\boldsymbol{W}_k$,量测方程为 $\boldsymbol{Z}_{k+1}=h(\boldsymbol{X}_{k+1})+\boldsymbol{V}_{k+1}$,其中 $\boldsymbol{W},\boldsymbol{V}_{k+1}$分别为系统噪声和量测噪声,其协方差分别为 $\boldsymbol{Q}_k,\boldsymbol{R}_{k+1}$。基于 UT 变换的 UKF 算法的基本过程如下。

(1) 按照式(5.79)求取 k 时刻样本点 $\boldsymbol{s}_{i(k)}$ 及相应的权值 $\boldsymbol{w}_{i(k)}$$(i=0,1,2,\cdots,$

$2n$)。

(2) 根据系统状态方程求取样本点传递值,即

$$X_{s_{i(k+1/k)}} = f(s_{i(k)}) \tag{5.80}$$

(3) 系统状态均值和方差的一步预测,即

$$\begin{cases} X_{k+1/k} = \sum_{i=0}^{2n} w_i Xs_{i(k+1/k)} Q_k \\ P_{xx(k+1/k)} = Q_{k+1} + \sum_{i=0}^{2n} w_i (Xs_{i(k+1/k)} - \hat{X}_{k+1/k})(Xs_{i(k+1/k)} - \hat{X}_{k+1/k}) \end{cases} \tag{5.81}$$

(4) 根据系统量测方程求取状态一步预测的传递值:

$$Z_{s_{i(k+1/k)}} = h(X_{s_{i(k+1/k)}}) \tag{5.82}$$

(5) 预测量均值和协方差:

$$\begin{cases} Z_{k+1/k} = \sum_{i=0}^{2n} wZ(s_{i(k+1/k)}) \\ P_{zz} = R_{k+1} + \sum_{i=0}^{2n} w_i [Z(s_{i(k+1/k)}) - Z_{k+1/k}][Z(s_{i(k+1/k)}) - \hat{Z}_{k+1/k}]^{\mathrm{T}} \\ P_{xz} = \sum_{i=0}^{2n} w_i [X(s_{i(k+1/k)}) - \hat{X}_{k+1/k}][Z(s_{i(k+1/k)}) - \hat{Z}_{k+1/k}]^{\mathrm{T}} \end{cases} \tag{5.83}$$

式中:P_{zz}为量测方差矩阵;P_{xz}为状态向量与量测向量的协方差矩阵。

(6) 计算 UKF 增益,更新状态向量和方差,即

$$\begin{cases} K_{k+1} = P_{xz} P_{zz}^{-1} \\ \hat{X}_{k+1} = \hat{X}_{k+1/k} + K_{k+1}(Z_{k+1} - Z_{k+1/k}) \\ P_{xx(k+1)} = P_{xx(k+1/k)} - K_{k+1} P_{zz} K_{k+1}^{\mathrm{T}} \end{cases} \tag{5.84}$$

由 UKF 算法原理可知,UKF 算法对系统状态估计的基本思路和线性卡尔曼滤波是一致的,是在状态一步预测的基础上加上一个与测量相关的调整修正量;不同的是,在 UKF 中对状态的预测均值、方差及滤波增益的求法有所差异。UKF 算法适用于任意非线性模型,不需要求解雅可比矩阵,实现简便,一般精度也比 EKF 高。

在 U 变换中,随着系统维数的增加,Sigma 集合到均值点的距离变大,尽管仍可以保持随机变量的均值和方差特性,但已不是局部样本。Julier 提出了比例无迹变换(Scaled UT,SU)。SU 变换在 U 变换的基础上引入了附加的控制参数。

在 SU 变换的 Sigma 集合中,样本点形式保持不变,但是在求解均值和方差时采用不同的权值。

$$
\begin{cases}
\boldsymbol{s}_0 = \overline{\boldsymbol{X}} & (i = 0) \\
\boldsymbol{s}_i = \overline{\boldsymbol{X}} + (\sqrt{(n+\lambda)\boldsymbol{P}_x})_i & (i = 1,\cdots,n) \\
\boldsymbol{s}_i = \overline{\boldsymbol{X}} - (\sqrt{(n+\lambda)\boldsymbol{P}_x})_{i-n} & (i = n+1,\cdots,2n) \\
\omega_i = \dfrac{1}{[2(n+\lambda)]}
\end{cases}
\tag{5.85}
$$

设求解均值时所需的权值为 w_i^m,求解方差时所需的权值为 w_i^c,($i=0,1,\cdots,2n$),则

$$
\begin{cases}
w_0^m = \dfrac{\lambda}{(n+\lambda)} \\
w_0^c = \dfrac{\lambda}{(n+\lambda)} + (1-\alpha^2+\beta)w_i^c & (i = 0,1,\cdots,2n) \\
w_0^m = w_i^c = \dfrac{1}{[2(n+\lambda)]} & (i = 1,2,\cdots,n)
\end{cases}
\tag{5.86}
$$

式中:$\lambda=\alpha^2(n+k)-n$ 为一个标量;α 用于设置样本点至均值点的距离,通常设置为一个很小的整数;k 通常设置为0;β 用于表征随机变量 $\boldsymbol{X}$ 的先验信息,对于高斯分布,最好选择 $\beta=2$。

设随机变量 $\boldsymbol{X}$ 的样本点分别为 $\boldsymbol{s}_i$($i=0,1,\cdots,2n$),则非线性函数 $\boldsymbol{Y}=f(\boldsymbol{X})$ 为

$$
\boldsymbol{Z}_i = f(\boldsymbol{s}_i)\ (i = 0,1,2,\cdots,2n) \tag{5.87}
$$

其均值为

$$
\boldsymbol{Z} = \sum^{2n} w_i^m \boldsymbol{Z}_i \tag{5.88}
$$

其方差为

$$
\boldsymbol{p}_z = \sum^{2n} w_i^c (\boldsymbol{Z}_i \overline{\boldsymbol{Z}})(\boldsymbol{Z}_i - \overline{\boldsymbol{Z}})^{\mathrm{T}} \tag{5.89}
$$

参 考 文 献

[1] 秦永元. 卡尔曼滤波与组合导航原理. 西安:西北工业大学出版社,2012.

[2] 卞鸿巍. 现代信息融合技术在组合导航中的应用. 北京: 国防工业出版社, 2010.

[3] 周永余, 高敬东. 舰船导航系统理论. 北京: 国防工业出版社, 2006.

[4] Xiufeng He. A reduced – Order Modle for Integrated GPS/INS. IEEE ASE systemmagazine, 1998.

[5] Bergman N. Recursive Bayesian estimation: Navigation and tracking applications. Ph. D. thesis, Linkoping Univ, Sweden, 1999.

[6] Bernardo J M, S mith A F M. Bayesian theory. 2nd ed. New York: Wiley, 1998.

[7] Zhiqiao Wu, Harris C J. An Adaptive Neurofuzzy Kalman Filter. Proceeding of the Fifth IEEE International

Conference on Fuzzy Systems, 1996, Volume: 2, 8 - 11: 1344 - 1350.

[8] Vaidei V, Chitra N, Krishnan C N, et al. Neural Network Aided Kalman Filtering for Multitarget Tracking Applications. The Record of the 1999 IEEE Radar Conference, 1999, 160 - 165.

[9] Kalman R E. A new approach to linear filtering and prediction theory. Journal of Basic Eng(ASME), 1960, 82D:95 - 108.

[10] Schmidt S F. The Kalman filter: Its recognition and development for aerospace application. Journal of Guidance and Control, 1981, 14(1).

[11] 付梦印,邓志红,等. Kalman 滤波理论及其在导航系统中的应用. 北京: 科学出版社, 2010.

[12] Berzuini C, Best N G, Gilks W, et al. Dynamic Conditional Independent Models and Markov Chain Monte Carlo Methods. J. Amer. Statist. Assoc. 1997, vol. 92:1403 - 1412.

[13] Julier S A, Uhlmann J. Unscented Filtering and Nonlinear Estimation. Proceeding of the IEEE, 2004, 92 (3): 401 - 422.

第6章

水声定位与INS/速度匹配组合导航

多普勒计程仪是一种水声声纳测速设备,不仅可以用来定位,还可以用来进行速度测量。由于水是一个有效的法拉第笼,所以基于电磁传播的导航方法(如GPS等)在水下不易实现。因此,水下可采用INS与多普勒计程仪组合,构建INS/速度匹配组合导航系统。本章讨论水声定位系统和INS/速度匹配组合导航系统。

6.1 水声定位系统

水声定位系统主要指可用于局部区域精确定位的系统。按照接收机声纳基阵的尺度或者应答器基阵间的基线长度来分类,水声定位系统主要分为超短基线(Ultra Short Baseline,USBL)系统、短基线(Short Baseline,SBL)系统和长基线(Long Baseline,LBL)系统三种。定位系统按表6.1进行划分。

表6.1 水声定位系统的划分

定位系统类型	基线长度	系统工作方式
超短基线(USBL)	<10cm	距离测量
短基线(SBL)	20~50m	距离测量
长基线(LBL)	100~6000m	距离和角度测量

超短基线由水面基阵与应答器组成。超短基线定位系统优点为短程定位精度高、尺寸小、使用方便。其缺陷之处在于定位精度与斜距有关,定位精度随着距离的增大而增大。短基线定位原理与超短基线相同,只是基阵的尺寸稍大,其定位远距离精度低于长基线,但优于超短基线。长基线系统由收发机和海底应答器阵组成。长基线定位系统能实现独立于水深的高精度定位,但其布阵、测阵与回收操作十分复杂,通常用于局部区域的高精度定位。基于长基线定位系统对水下目标的定位原理,衍生出水下GPS定位系统。水下GPS的参考基阵采用浮标阵形式。浮标在水面的GPS天线获取自身位置,进而通过水下声学设备完

成对目标的定位导航[1,2]。本章主要对短基线及长基线定位系统做主要描述。

6.1.1 短基线水声定位

短基线(SBL)定位系统定位基点布置在船底,利用三个或者以上的基点在船底构成基线阵,通过测量声波在发射器与基点(接收器)之间的传播时间来确定它们之间的斜距,同时也可以通过测相技术来确定其方位。由于基线阵布置在船底,所以短基线定位系统还需要配有陀螺(Gyro)、垂直参考单元(Vertical Reference Unit,VRU)、参考坐标系统(一般用 DGPS 或 GPS)。短基线定位系统最大的优点是系统组成比长基线系统简单,便于操作,不需要在水下组建基线阵,测距精度高;缺点是需要将至少 3 个以上的接收器布置在母船船底或者工作水域,且各个接收器的布置要求具有良好的几何图形,所以当它们布置在船底时对船只的要求会更高。随着水深的增加,短基线定位系统需要通过增加基线的长度才能使系统的定位精度达到要求,在系统工作前,整个系统还需要做大量的校准工作,短基线系统绝对定位精度主要依赖于 VRU,Gyro,DGPS 等外围传感器的精度。

1. 非同步信标定位系统

声信标(Beacon 或 Pinger)是置于海底或装在水下载体(潜器)上的发射器,它以特定频率周期地发出声脉冲。声信标分同步式和非同步式两种。所谓同步是指信标的时钟与接收其信号的接收装置的时钟同步,从而使在接收装置这一端已知它的发射时刻。非同步信标的时钟与接收装置的时钟不同步,接收端不知道信号发射的时刻。

当使用非同步信标时,由于信标发射信号的时刻未知,只能利用两两接收器接收信号的时差进行侧向,再进行定位。

如图 6.1 所示,在船壳底部装有 3 个水听器,两两连线相互垂直,基线长度分别为 D_1,D_2。记为

$$(\mathrm{d}t)_1 = t_3 - t_1 \tag{6.1}$$

$$(\mathrm{d}t)_2 = t_2 - t_1 \tag{6.2}$$

它们分别为是水听器 3 与 1、水听器 2 与 1 接收信号的时间差。

由图 6.1 可知,有

$$\sin\theta_x = \mathrm{d}R/D_1 = c\cdot(\mathrm{d}t)_1/D_1 \tag{6.3}$$

式中:θ_x 为沿 x 轴的两个水听器的信号入射角。

另外有

$$s = z\cdot\tan\theta_x \tag{6.4}$$

当船在信标上方附近时,θ_x 很小,有 $\tan\theta_x \approx \sin\theta_x$。因此有

$$x = z\cdot c\cdot(\mathrm{d}t)_1/D_1 \tag{6.5}$$

类似地,计算出信标在 y 轴的位移,得到

$$y = zc(\mathrm{d}t)_2/D_2 \tag{6.6}$$

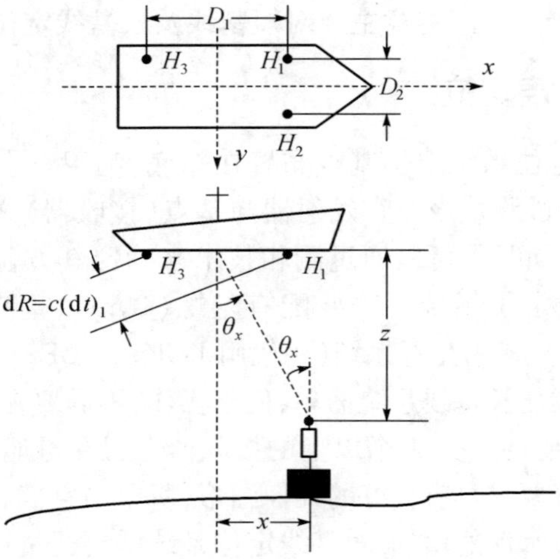

图 6.1　使用信标的短基线系统

在这种使用非同步信标的情况下，需要已知其深度 z。在测得 $(dt)_1$ 和 $(dt)_2$ 之后，便可解得信标相对于短基线阵中心的 x,y 坐标。

2. 应答器水声定位系统

应答器(Transponder)是置于海底或装在载体上的发射/接收器。它接收问答机的询问信号(或指令)，发回另一与接收频率不同的问答信号。它的收发换能器的指向性一般也是半球形或无指向性的。在它未收到信号时，处于安静状态，是不发送回答信号的。通常每一应答器回答一种频率，以利于区分。

当使用应答器时，船上除有水听器阵之外，还应有问答机。

(1) 使用应答器的优点。首先，应答器只在收到问答机发出的询问信号时才回答。无询问信号时，它保持安静，使电池寿命得以延长。其次，使用应答器可利用绝对往返时间求解，不需要简化假设。使用非同步信标方式，只能利用时差，不得不作假设。再次，应答器可编程询问，按需要调整数据速率。在多个应答器的情况下，可在时间上调整询问，避免回答重复。最后，因询问时刻已知，可用时间窗接收，从而降低虚警并减少多途回波的影响。此外，在两个问答机和两个应答器的情况，有可能根据几何关系确定最佳可视范围。在海上钻井时，可避免钻具和升降装置的遮蔽效应，使应答器和水听器上均有清晰的接收信号。

(2) 定位解算方法。如图 6.2 所示，设应答器的坐标为 $T(x,y,z)$，有 4 个水听器位于边长为 $2a,2b$ 的矩形顶点。现在有一个水听器的冗余。不考虑声线弯曲时，由几何关系可得到定位方程：

$$R_1^2 = (x-a)^2 + (y+b)^2 + z^2 \tag{6.7}$$

$$R_2^2 = (x-a)^2 + (y-b)^2 + z^2 \tag{6.8}$$

$$R_3^2 = (x+a)^2 + (y+b)^2 + z^2 \tag{6.9}$$

$$R_4^2 = (x+a)^2 + (y-b)^2 + z^2 \tag{6.10}$$

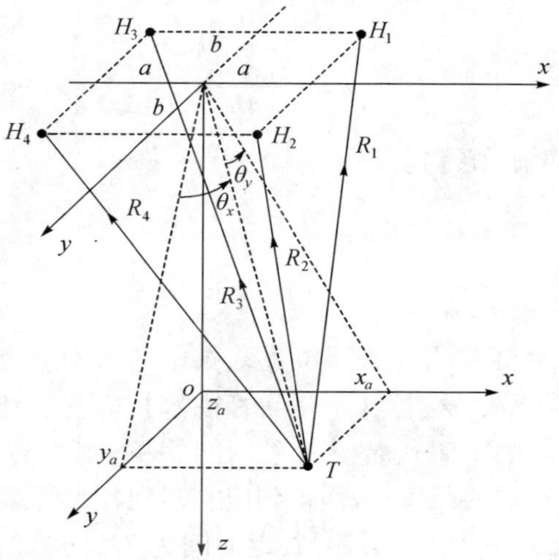

图 6.2　短基线水声定位系统原理图

消去 z,得到

$$R_3^2 - R_1^2 = 4ax \tag{6.11}$$

$$R_4^2 - R_2^2 = 4ax \tag{6.12}$$

$$R_1^2 - R_2^2 = 4by \tag{6.13}$$

$$R_3^2 - R_4^2 = 4by \tag{6.14}$$

解为

$$x = \frac{(R_3^2 - R_1^2) + (R_4^2 - R_2^2)}{8a} \tag{6.15}$$

$$y = \frac{(R_1^2 - R_2^2) + (R_3^2 - R_4^2)}{8b} \tag{6.16}$$

由式(6.7)~式(6.10)的任一式可解得 z,即得到 4 个可能的深度值:

$$z_1 = [R_1^2 - (x-a)^2 - (y+b)^2]^{1/2} \tag{6.17}$$

$$z_2 = [R_2^2 - (x-a)^2 - (y-b)^2]^{1/2} \tag{6.18}$$

$$z_3 = [R_3^2 - (x+a)^2 - (y+b)^2]^{1/2} \tag{6.19}$$

$$z_4 = [R_4^2 - (x+a)^2 - (y-b)^2]^{1/2} \tag{6.20}$$

利用 4 个值的平均可得到深度的均值,即

$$\bar{z} = \frac{z_1 + z_2 + z_3 + z_4}{4} \tag{6.21}$$

若只收到 3 个信号,如 1,2,3 号收到信号,则只能利用式(6.11)和式(6.13)求解。此时

$$x = \frac{R_3^2 - R_1^2}{4a} \tag{6.22}$$

$$y = \frac{R_1^2 - R_2^2}{4b} \tag{6.23}$$

深度均值可用3个值得到,即

$$\bar{z} = \frac{z_1 + z_2 + z_3}{3} \tag{6.24}$$

解出的位置是相对于船坐标系的。

采用应答器时,为了解得应答器位置 x,y,z。首要任务是确定各个距离 R。

当在船中心只有一个发射器(不是问答机)时,应答器到各水听器的距离可用各信号的往返距离的1/2代替。若采用问答机,则容易通过它得到船中心(发射器位置)与应答器的距离,从而得到应答器到各水听器的距离。

设中心的问答器与应答器的信号往返时间为 T_0,问答器到应答器再回到各水听器的信号传输时间为 t_i,则有

$$R_i = ct_i - \frac{cT_0}{2} = c\left(t_i - \frac{T_0}{2}\right) \tag{6.25}$$

短基线系统在船上最少需要3个水听器、1个发射器;或3个水听器、1个问答机,其中问答机的发射器和接收器用于提供距离。

6.1.2 长基线水声定位

长基线(LBL)定位系统需要在海底布设3个以上的基点,以一定的几何图形组成海底定位基线阵列,工作母船(或被测水下机器人)一般位于基线阵列范围之内,通过测量应答器和基点之间的距离来确定应答器的坐标位置,工作方式分为声学应答式和电触发式两种。长基线定位系统的优点是定位精度与水深无关,在较大的工作范围内可以达到较高的相对定位精度,定位数据更新率也可以达到要求;缺点是定位系统构成相对比较复杂,基线阵布设的费用高,并且使用前还需要做大量的校正工作,耗费大量的时间。再者,虽然长基线定位系统的定位精度是与水深无关,但是却受到工作频率的限制,若想要获得更高的定位精度,目前典型的做法是利用超高频(Super High Frequency,SHF)或高频(High Frequency,HF)的长基线定位系统,但是由于高频信号在水中传播时会迅速衰减,因此作用范围很有限,一般很难超过1000m。另外,对长基线水声定位系统来说长距离的信号传输也是一个不可回避的重要问题,传统的水声数据传输方式分为多相键控(Multi Phase Shift Keying,MPSK)和多频键控(Multi Frequency Shift Keying,MFSK)两种,MFSK调制方法性能比较平均,具有一定的抗多途能力,MPSK方式可以有效提高信息更新速率,但在传输距离和环境适应性方面性

能存在不足。近年来，利用水声扩频技术传输方式受到国内外的广泛重视，已经出现了应用扩频技术的水声 MODEM 产品，其综合定位性能有较明显的提高，表现在误码率降低、传输距离增加，且对使用环境具有较好的宽容性等。

1. 基本工作原理

如图 6.3 所示，由安装在船上的问答机（或询问/接收机）对应答器进行询问，其询问信号频率记为 F_3。各应答器接收到询问信号后，以其自己的频率发射应答信号，为简单起见，这些频率统一记为 F_4。因此，可算出船与应答器之间的精确距离，该距离统一记为 R_1。通过定位方程解算出船在应答器阵中的相对位置坐标。

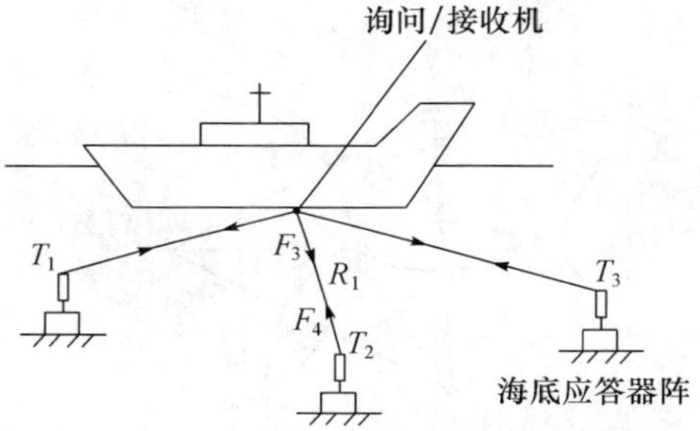

图 6.3　长基线定位系统舰船导航模式

如果定位对象为有缆潜器（Tethered Submersible，TTS），则其位置也可由舰船导航模式获得。

如图 6.4 所示，此时潜器与水面船一样，也接收这些相同的应答器信号（即频率 F_4）。换言之，水面船与潜器同时记录询问时刻，各自记录应答器回答信号到达时刻（回答信号频率仍为 F_4）。这样可计算出 TTS 与各应答器的距离，统一记为 R_2。因此，船上问答机用 F_3 频率的信号进行一次询问，便可得到船和 TTS 两者相对于应答器阵的位置。

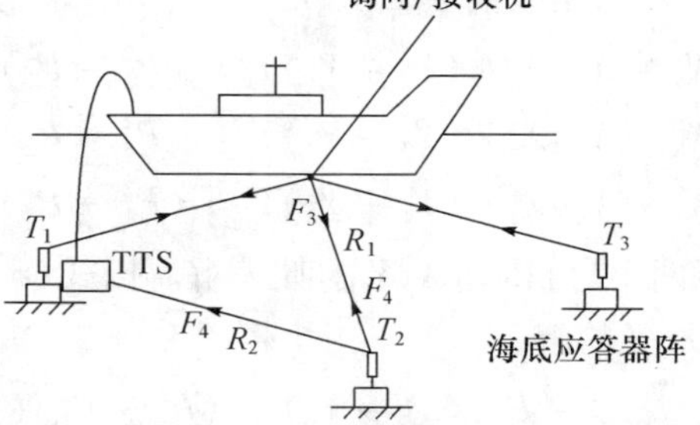

图 6.4　有 TTS 的长基线定位系统舰船导航模式

实际上，若询问时刻为 0，船上问答机接收应答信号时刻为 t_1，TTS 接收应答器应答信号时刻为 t_2。船上问答机与应答器的距离由双程传播时间 t_1 求得。应答器回答信号从应答器到 TTS 的单程传播时间（不计应答器本身的延迟）为

$$T_2 = t_2 - \frac{t_1}{2} \tag{6.26}$$

从而在不考虑声线弯曲时根据声速可得到 TTS 与应答器间的斜距为

$$R_2 = c \cdot T_2 \tag{6.27}$$

船上问答机与应答器间的斜距由它们之间的双程传播时间 t_1 获得。

2. 长基线定位系统的跟踪定位算法

(1) 3 个应答器。为使水下定位得到唯一解,通常要求有 3 个距离和应答器。最简单的情况是已知应答器和问答机换能器的深度(或已知问答机换能器与应答器的深度之差)。如图 6.5 所示。

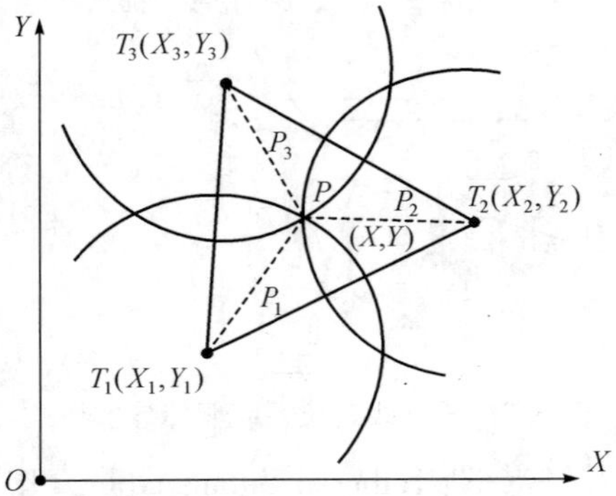

图 6.5 3 个应答器导航定位

定位方程写为 $X-Y$ 平面内投影的形式,有

$$(X - X_1)^2 + (Y - Y_1)^2 = P_1^2 = R_1^2 - (Z - Z_1)^2 \tag{6.28}$$

$$(X - X_2)^2 + (Y - Y_2)^2 = P_2^2 = R_2^2 - (Z - Z_2)^2 \tag{6.29}$$

$$(X - X_3)^2 + (Y - Y_3)^2 = P_3^2 = R_3^2 - (Z - Z_3)^2 \tag{6.30}$$

式(6.28) ~ 式(6.30)两两相减消去二次项,得到一组线性方程:

$$(X_2 - X_1)X + (Y_2 - Y_1)Y = (P_2^2 - P_1^2)/2 \tag{6.31}$$

$$(X_3 - X_2)X + (Y_3 - Y_2)Y = (P_3^2 - P_2^2)/2 \tag{6.32}$$

$$(X_1 - X_3)X + (Y_1 - Y_3)Y = (P_1^2 - P_3^2)/2 \tag{6.33}$$

解此方程组中的任意两个,可得到 X,Y 的唯一解。以式(6.31)和式(6.32)组成的方程组为例,给出 X,Y 的解:

$$X = \frac{1}{2} \times \frac{(P_2^2 - P_1^2)(Y_3 - Y_2) - (P_3^2 - P_2^2)(Y_2 - Y_1)}{(X_2 - X_1)(Y_3 - Y_2) - (X_3 - X_2)(Y_2 - Y_1)} \tag{6.34}$$

$$Y = \frac{1}{2} \times \frac{(X_2 - X_1)(P_3^2 - P_2^2) - (Y_3 - Y_2)(P_2^2 - P_1^2)}{(X_2 - X_1)(Y_3 - Y_2) - (X_3 - X_2)(Y_2 - Y_1)} \tag{6.35}$$

上面所述情况中,问答机换能器的深度和 3 个应答器的深度均已知,得到的

是二维解。当问答机换能器的深度未知(例如问答机在潜器上),而应答器深度已知时,不可能从3个问答机到应答器的距离得到唯一解。此时有两个解,一个在3个应答器构成的平面之上,而另一个在这个平面下面。为得到唯一解,需要4个应答器。

(2)4个应答器。在两种情况下需要用4个应答器:要求解出潜器的深度,或不要解出深度但需要用最小二乘法求最佳解。

设要解的载体位置为(X,Y,Z),定位方程为

$$(X-X_1)^2+(Y-Y_1)^2+(Z-Z_1)^2=R_1^2 \tag{6.36}$$

$$(X-X_2)^2+(Y-Y_2)^2+(Z-Z_2)^2=R_2^2 \tag{6.37}$$

$$(X-X_3)^2+(Y-Y_3)^2+(Z-Z_3)^2=R_3^2 \tag{6.38}$$

$$(X-X_4)^2+(Y-Y_4)^2+(Z-Z_4)^2=R_4^2 \tag{6.39}$$

式(6.36)~式(6.39)两两相减,消去二次项X^2,Y^2,Z^2得到

$$\begin{aligned}&-2(X_1-X_2)X-2(Y_1-Y_2)Y-2(Z_1-Z_2)Z\\&=(R_1^2-R_2^2)-(X_1^2-X_2^2)-(Y_1^2-Y_2^2)-(Z_1^2-Z_2^2)-\end{aligned} \tag{6.40}$$

$$\begin{aligned}&2(X_2-X_3)X-2(Y_2-Y_3)Y-2(Z_2-Z_3)Z\\&=(R_2^2-R_3^2)-(X_2^2-X_3^2)-(Y_2^2-Y_3^2)-(Z_2^2-Z_3^2)-\end{aligned} \tag{6.41}$$

$$\begin{aligned}&2(X_1-X_3)X-2(Y_1-Y_3)Y-2(Z_1-Z_3)Z\\&=(R_1^2-R_3^2)-(X_1^2-X_3^2)-(Y_1^2-Y_3^2)-(Z_1^2-Z_3^2)-\end{aligned} \tag{6.42}$$

$$\begin{aligned}&2(X_1-X_4)X-2(Y_1-Y_4)Y-2(Z_1-Z_4)Z\\&=(R_1^2-R_4^2)-(X_1^2-X_4^2)-(Y_1^2-Y_4^2)-(Z_1^2-Z_4^2)\end{aligned} \tag{6.43}$$

记为

$$\begin{cases}A_1=-2(X_1-X_2)\\B_1=-2(Y_1-Y_2)\\C_1=-2(Z_1-Z_2)\\D_1=(R_1^2-R_2^2)-(X_1^2-X_2^2)-(Y_1^2-Y_2^2)-(Z_1^2-Z_2^2)\end{cases} \tag{6.44}$$

式(6.40)~式(6.43)简化为

$$A_1X+B_1Y+C_1Z=D_1 \tag{6.45}$$

$$A_2X+B_2Y+C_2Z=D_2 \tag{6.46}$$

$$A_3X+B_3Y+C_3Z=D_3 \tag{6.47}$$

$$A_4X+B_4Y+C_4Z=D_4 \tag{6.48}$$

写成矩阵形式,有

$$\boldsymbol{Ax}=\boldsymbol{B} \tag{6.49}$$

式中

$$\boldsymbol{A} = \begin{pmatrix} A_1 & B_2 & C_1 \\ A_2 & B_2 & C_2 \\ A_3 & B_3 & C_3 \\ A_4 & B_4 & C_4 \end{pmatrix}, \boldsymbol{B} = \begin{pmatrix} D_1 \\ D_2 \\ D_3 \\ D_4 \end{pmatrix}, \boldsymbol{x} = \begin{pmatrix} X \\ Y \\ Z \end{pmatrix} \tag{6.50}$$

式(6.49)利用最小二乘法可得到最佳解为

$$\boldsymbol{x} = (\boldsymbol{A}^{\mathrm{T}}\boldsymbol{A}^{-1})(\boldsymbol{A}^{\mathrm{T}}\boldsymbol{B}) \tag{6.51}$$

6.2 多普勒计程仪工作原理

多普勒计程仪(Doppler Velocity Log,DVL)是应用船舶发射超声波至海底产生多普勒效应原理来进行工作的,多普勒效应是指当声源(或观察者)相对介质运动时,观察者接收到的声波的频率和声源频率不相同的一种现象。多普勒计程仪提供在正常载体参考坐标系中相对于声学反向散射源的速度。当多普勒声纳在海底声学范围内时,可提供前向和侧向地面基准速度,速度测量十分精确和稳定[3]。

1. 单波束情况

图6.6描述了最简单的多普勒计程仪即单向单波束情况。设多普勒计程仪发射信号频率为f_0,船航行速度沿水平方向,这里记为v_x,则根据多普勒效应原理,在P点处接收到的频率为$f_1 = cf_0/(c - v_x\cos a)$,而在$O'$点处接收到的频率为$f_2 = f_1(c + v_x\cos\alpha')/c = f_0(c + v_x\cos\alpha')/(c - v_x\cos a)$,定义多普勒频移为多普勒计程仪的接收频率减去发射频率即$f_d = f_2 - f_0$,从而有

$$f_d = \frac{(\cos\alpha + \cos\alpha') \cdot v_x}{c - v_x\cos\alpha} \cdot f_0 \tag{6.52}$$

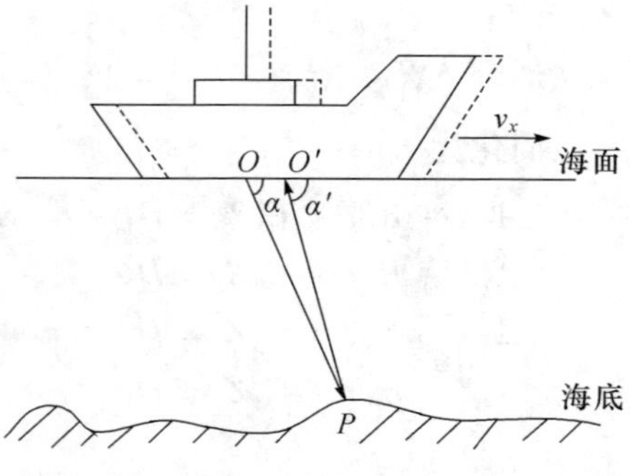

图6.6 单波束多普勒计程仪示意图

由于在水中 v_x 远小于 c,此时可以近似 $\alpha \approx \alpha'$,则式(6.52)可简化为

$$f_d = \frac{2v_x \cos\alpha}{c} \cdot f_0 \tag{6.53}$$

由式(6.53)可以看出,f_0, α, c 都是已知的数,只要测出多普勒频移 f_d 就可以计算出船速 v_x 为

$$v_x = \frac{c}{2f_0 \cos\alpha} \cdot f_d \tag{6.54}$$

2. 双波束詹纳斯(Janus)配置

双波束是指向船首和船尾的方向各发射一个波束,在船舶有上下波动时,由于双波束的对称性,双波束配置较单波束配置可提高测速精度,并且这两个波束的发射频率相同且都为 f_0,波束倾角也一样都为 α,其示意图如图 6.7 所示,由式(6.52)可得此时沿船首方向波束的频率为

$$f_{r1} = \frac{2v_x \cos\alpha}{c} \cdot f_0 \tag{6.55}$$

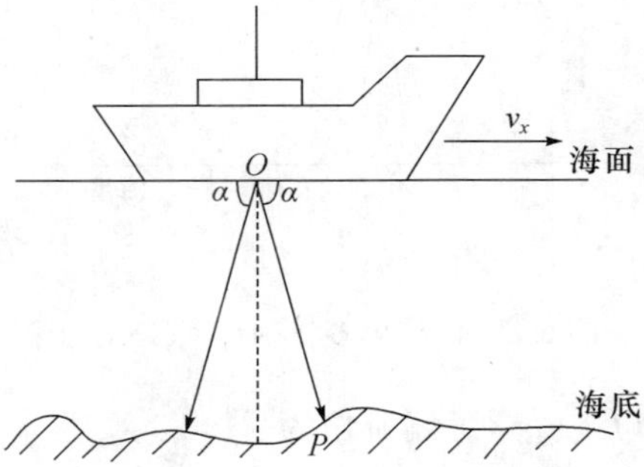

图 6.7 双波束多普勒计程仪示意图

由于向船尾发射的波束与船运动的方向相反,故 v_x 为负值,此时船尾方向波束的频率为

$$f_{r2} = \frac{-2v_x \cos\alpha}{c} \cdot f_0 \tag{6.56}$$

其中,f_{r1} 和 f_{r2} 为多普勒计程仪船首和船尾方向的接收频率,由以上定义可得多普勒频移为

$$f_d = f_{r2} - f_{r1} = \frac{4v_x \cos\alpha}{c} \cdot f_0 \tag{6.57}$$

由式(6.57)可得双波束詹纳斯配置情况下的船速为

$$v_x = \frac{c}{4f_0 \cos\alpha} \cdot f_d \tag{6.58}$$

3．四波束詹纳斯配置

在实际应用中，为了测定船舶的横向移动速度，通常在船的左右舷方向也按詹纳斯配置装有一对换能器，构成四波束詹纳斯配置，图 6.8 给出了四波束詹纳斯配置的示意图，此时由式(6.58)可求得航速为

$$v_x = \frac{c}{4f_0\cos\alpha}\cdot f_{d13} \tag{6.59}$$

$$v_y = \frac{c}{4f_0\cos\alpha}\cdot f_{d24} \tag{6.60}$$

其中，f_{d13}和f_{d24}为 x 方向与 y 方向的多普勒频移，此时船速为

$$v = \sqrt{v_x^2 + v_y^2} = \frac{c}{4f_0\cos\alpha}\cdot\sqrt{f_{d13}^2 + f_{d24}^2} \tag{6.61}$$

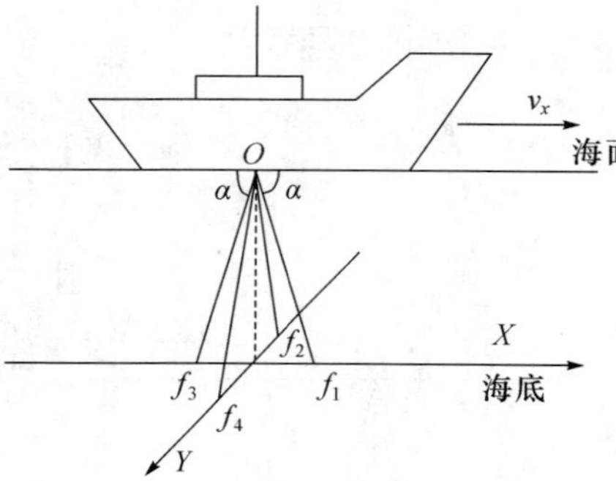

图 6.8　四波束多普勒计程仪示意图

根据多普勒f_{d13}和f_{d24}可算得偏流角为

$$\beta = \arctan\frac{v_y}{v_x} = \arctan\frac{f_{d24}}{f_{d13}} \tag{6.62}$$

正是由于詹纳斯配置具有很多的优点，因此成了多普勒计程仪的标准配置。

6.3　INS/速度匹配组合系统误差模型

INS/速度匹配组合导航算法建立之前，需要准确知道 INS 及多普勒计程仪的误差模型，其中 INS 的误差方程在第 3 章已进行过详细的推导，因此本节着重介绍多普勒计程仪测速误差模型。

6.3.1　INS 误差模型

INS/多普勒计程仪在进行组合导航时，载体是运动的，因此需要采用 INS 动机座误差模型作为组合导航模型的一部分。根据 3.2 节的推导，得固定指北半解析式惯性导航系统的动机座误差模型为

$$
\begin{cases}
\delta\dot{v}_E = \dfrac{v_N}{R_N}\cdot\tan L\cdot\delta v_E + \left(2\Omega\sin L + \dfrac{v_E}{R_N}\cdot\tan L\right)\delta v_N + \\
\qquad\left(2\Omega\cos L v_N + \dfrac{v_N v_E}{R_N}\cdot\sec^2 L\right)\delta L - \beta g + \Delta a_E \\
\delta\dot{v}_N = -\left(2\Omega\sin L + \dfrac{v_E}{R_N}\cdot\tan L\right)\cdot\delta v_E - \\
\qquad\left(2\Omega\cos L v_E + \dfrac{v_E^2}{R_N}\cdot\sec^2 L\right)\delta L + \alpha g + \Delta a_N \\
\dot{\alpha} = -\dfrac{\delta v_N}{R_M} - \gamma\left(\Omega\cos L + \dfrac{v_E}{R_N}\right) + \beta\left(\Omega\sin L + \dfrac{v_E}{R_N}\tan L\right) + \varepsilon_E \\
\dot{\beta} = -\delta L\Omega\sin L + \dfrac{\delta v_E}{R_N} - \alpha\left(\Omega\sin L + \dfrac{v_E}{R_N}\tan L\right) - \gamma\dfrac{v_N}{R_M} + \varepsilon_N \\
\dot{\gamma} = \delta L\left(\Omega\cos L + \dfrac{v_E}{R_N}\sec^2 L\right) + \dfrac{\delta v_E}{R_N}\tan L + \beta\dfrac{v_N}{R_M} + \alpha\left(\Omega\cos L + \dfrac{v_E}{R_N}\right) + \varepsilon_U \\
\delta\dot{L} = \dfrac{\delta v_N}{R_M} \\
\delta\dot{\lambda} = \dfrac{\delta v_E}{R_N}\sec L + \dfrac{v_E}{R_N}\tan L\sec L\delta L
\end{cases}
\tag{6.63}
$$

6.3.2 多普勒计程仪误差模型

1. 单波束的测速误差

由单波束多普勒计程仪测速原理公式中的式(6.54)可知,测速精度主要受以下几个方面因素的影响。

(1) 公式简化造成的误差。由于认为 $v_x \ll c$,得到了 $f_{d1} = 2v_x\cos\alpha f_0/c$,而原来的多普勒频移为 $f_d = f_0 v_x(\cos\alpha + \cos\alpha')/(c - v_x\cos\alpha)$,这里取 $\alpha \approx \alpha'$,从而可以得到近似引入的相对误差:

$$
\frac{\Delta f_d}{f_d} = \frac{f_d - f_{d1}}{f_d} = \frac{v_x\cos\alpha}{c} \tag{6.64}
$$

(2) 船舶颠簸摇摆的影响。船舶在海上航行时,由于风浪的作用,将会使船在海面上颠簸摇摆,波束倾角就会发生变化,从而会降低测速精度,图 6.9 给出了船舶颠簸摇摆状态下的波束倾角变化的示意图。

由式(6.52)做如下数学变换可得多普勒频移 $f_d = 2f_0 v_x\cos\alpha(1 + v_x\cos\alpha/c)/c$。

由图 6.9 可得出在船舶颠簸摇摆状态下的多普勒频移 $f_{d1} = 2f_0 v_x\cos(\alpha -$

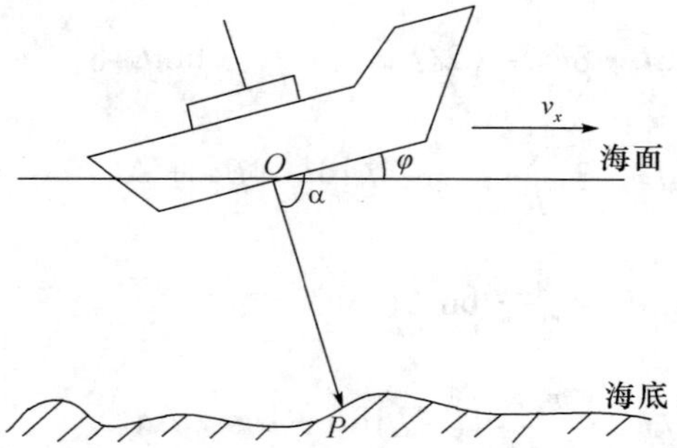

图 6.9　船舶颠簸摇摆状态下的波束倾角变化的示意图

$\varphi)/c$。

此时可得到船舶颠簸摇摆状态下的相对误差：

$$\frac{\Delta f_d}{f_d} = \frac{f_d - f_{d1}}{f_d} = 1 - \tan\alpha \cdot \sin\varphi - \cos\varphi \tag{6.65}$$

(3) 声速变化的影响。在多普勒计程仪测速公式中，是把超声波在海水中的传播速度 C 视为常量，实际上超声波在水中的传播速度是随着海水的温度、盐度和深度的变化而变化的。其中温度和盐度变化影响较大。因而当船舶在不同海域航行时，多普勒计程仪存在的测速误差也不同。据计算，海水温度每增加1℃，声速的变化为 +3.30m/s，测量误差约为0.2%。海水含盐量每增加0.1%，声速的变化为 +1.5m/s，所引起的测量误差约为0.07%，若船舶由海水航行至淡水时，测量误差可达2%[4,5]。

(4) 波束宽度的影响。通常出于理想化的分析，假定声纳波束的指向性图具有无限窄的张角，因而才推出了式(6.53)，但由于实际的指向性图具有一定的宽度，这就会引起回波的多普勒频谱扩展。回波多普勒频移扩展的原因是不同角度的声线返回后有不同的多普勒频移，使接收信号的频谱比发射信号频谱大。回波信号的功率谱形状与波束图大致相同，并与海底散射强度的变化规律有关。如图6.10所示，$\theta_{0.7}$为波束半功率点的宽度，则在波束边沿 $\alpha - \theta_{0.7}/2$ 处的多普勒频移为 $f_{d1} = 2f_0 v_x \cos(\alpha - \theta_{0.7}/2)/c$，而在另一边沿 $\alpha + \theta_{0.7}/2$ 处的多普勒频移为 $f_{d1} = 2f_0 v_x \cos(\alpha + \theta_{0.7}/2)/c$，因此 $\Delta f = f_{d1} - f_{d2} = 4f_0 v_x \sin\alpha \sin(\theta_{0.7}/2)/c$，则有

$$\frac{\Delta f}{f_d} = \tan\alpha \cdot \sin\frac{\theta_{0.7}}{2} \tag{6.66}$$

由式(6.66)可以看出，波束宽度应尽量减小。

2. 双波束詹纳斯配置的测速误差

双波束詹纳斯配置较单波束来说，只是在颠簸摇摆状态下的速度测量误差有一些区别，其余的误差形式双波束配置和四波束配置也同样具有。这里只着

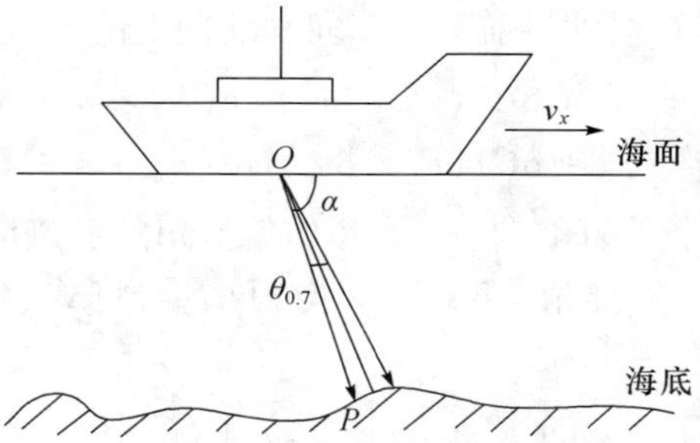

图 6.10　波束宽度示意图

重介绍双波束的詹纳斯配置下的船舶纵摇对它产生的影响。

图 6.11 所示为船舶纵摇示意图，设船舶纵摇使船首升高角度 ϕ，则船首方向的多普勒频移为 $f_{d1} = 2f_0 v_x \cos(\alpha - \varphi)/c$，船尾方向的多普勒频移为 $f_{d2} = -2f_0 v_x \cos(\alpha + \varphi)/c$，双波束多普勒计程仪接收到的声波多普勒频移应是两者的差值，即 $f'_d = f_{d1} - f_{d2} = 4f_0 v_x \cos\alpha\cos\varphi/c$，此时的相对误差为

$$\frac{\Delta f}{f_d} = \frac{f_d - f'_d}{f_d} = 1 - \cos\varphi \tag{6.67}$$

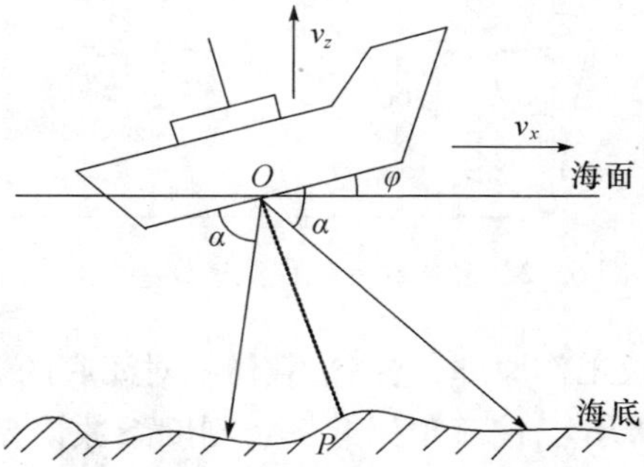

图 6.11　船舶纵摇示意图

3．四波束詹纳斯配置的测速误差

四波束多普勒计程仪不仅在船舶纵摇时存在测速误差而且在横摇时也存在测速误差，由前面所介绍的内容可给出船舶在纵摇和横摇时的测速误差，假设船舶的纵摇角度为 φ，横摇角度为 θ。在船舶纵摇时，由图 6.8 和式(6.67)可知 X 轴向上的相对误差为 $\Delta x = 1 - \cos\varphi$，在船舶横摇时同理可得 Y 轴方向上的相对误差为 $\Delta y = 1 - \cos\theta$，总的相对误差为 $\Delta = \sqrt{\Delta x^2 + \Delta y^2}$。

4．多普勒计程仪测速方程及误差模型

假定多普勒计程仪测得对地速度为 v'_d，在数值上 $v'_d = (1 + \delta C)(v_d + \delta v_d)$。其中，$v_d$ 为真实对地速度；δv_d 为对地速度误差；δC 为刻度因数误差。根据

图 6.11 所示关系，v'_d 在惯性导航平台东向和北向上的分量为

$$v'_{dE} = (1 + \delta C)(v_d + \delta v_d)\sin(K_d + \gamma + \delta\Delta) \tag{6.68}$$

$$v'_{dN} = (1 + \delta C)(v_d + \delta v_d)\cos(K_d + \gamma + \delta\Delta) \tag{6.69}$$

图 6.12 中，K 为载体真航向；K_d 为考虑偏流角的航迹向；Δ 为偏流角，$\delta\Delta$ 为偏流角误差；γ 为方位失准角。$\delta\Delta$ 和 γ 均为小量，将式(6.68)和式(6.69)展开得

$$\begin{cases} v'_{dE} = v_d\sin K_d + v_d\cos K_d \cdot (\gamma + \delta\Delta) + \delta C \cdot v_d\sin K_d + \delta v_d\sin K_d \\ v'_{dN} = v_d\cos K_d - v_d\sin K_d \cdot (\gamma + \delta\Delta) + \delta C \cdot v_d\cos K_d + \delta v_d\cos K_d \end{cases} \tag{6.70}$$

其中

$$\begin{cases} v_d\sin K_d = v_E, v_d\cos K_d = v_N \\ \delta v_d\sin K_d = \delta v_{dE}, \delta v_d\cos K_d = \delta v_{dN} \end{cases} \tag{6.71}$$

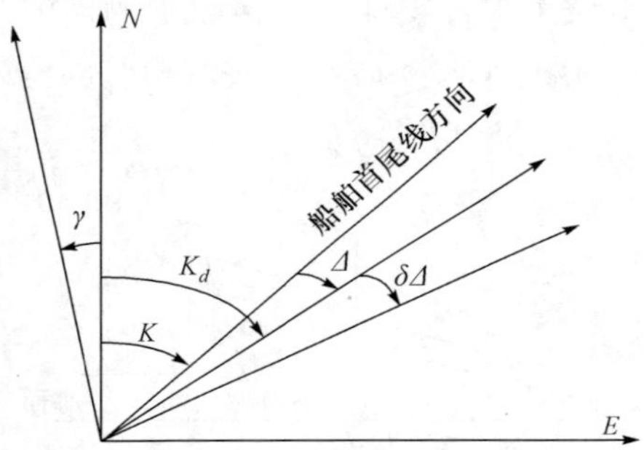

图 6.12　多普勒计程仪测速误差原理图

根据多普勒计程仪工作原理，它测量载体相对海底的速度和偏流角，测量误差主要有速度偏移误差 δv_d，偏流角误差 $\delta\Delta$，刻度系数误差 δC。δv_d 和 $\delta\Delta$ 用一阶马尔可夫过程表示，δC 为随机常数。相应误差模型为

$$\begin{cases} \delta \dot{v}_d = -\beta_d\delta v_d + w_d \\ \delta\dot{\Delta} = -\beta_\Delta\delta\Delta + w_\Delta \\ \delta\dot{C} = 0 \end{cases} \tag{6.72}$$

式中：β_d^{-1}，β_Δ^{-1} 为速度偏移误差和偏流角误差的相关时间；w_d，ω_Δ 为激励白噪声。

6.4　组合导航算法

组合导航系统采用卡尔曼滤波技术估计的主要对象是导航参数，根据滤波状态选取的不同，估计方法可以分为直接法和间接法两种。直接法是直接以各

种导航参数为主要状态,滤波器估值的主要部分就是导航参数的估计值;利用直接法建立惯性导航系统的状态方程和量测方程一般都是非线性的,必须利用非线性的滤波方法进行状态估计。间接法以组合导航系统中的导航参数的误差为滤波器主要状态,滤波器估值的主要部分就是导航参数误差估值。利用间接法进行估计时,系统方程中的主要部分是导航参数误差方程,通常可忽略二阶小量,所以间接法的系统状态方程和量测方程一般都是线性的,可使用最优线性卡尔曼滤波技术[6]。本节主要介绍组合系统间接法导航算法。

1. 系统误差模型

组合系统误差模型由 INS 误差模型和多普勒计程仪误差模型两部分组成,根据捷联惯性导航系统长期工作时的特点,选择位置误差、速度误差、失准角、陀螺漂移作为状态量。陀螺漂移模型用一阶马尔可夫过程描述;对于多普勒计程仪,它测量载体相对海底的速度和偏流角,测量误差主要有速度偏移误差、偏流角误差和刻度系数误差。速度偏移误差和偏流角误差用一阶马尔可夫过程描述,刻度系数误差为随机常数。下面给出组合系统的误差模型。

$$\delta\dot{v}_E = \frac{v_N}{R_N}\cdot\tan L\cdot\delta v_E + \left(2\Omega\sin L + \frac{v_E}{R_N}\cdot\tan L\right)\delta v_N + \left(2\Omega\cos L v_N + \frac{v_N v_E}{R_N}\cdot\sec^2 L\right)\delta L - \beta g + \Delta a_E$$

$$\delta\dot{v}_N = -\left(2\Omega\sin L + \frac{v_E}{R_N}\cdot\tan L\right)\cdot\delta v_\mathrm{E} - \left(2\Omega\cos L v_E + \frac{v_E^2}{R_N}\cdot\sec^2 L\right)\delta L + \alpha g + \Delta a_N$$

$$\dot{\alpha} = -\frac{\delta v_N}{R_M} - \gamma\left(\Omega\cos L + \frac{v_E}{R_N}\right) + \beta\left(\Omega\sin L + \frac{v_E}{R_N}\tan L\right) + \varepsilon_E$$

$$\dot{\beta} = -\delta L\Omega\sin L + \frac{\delta v_E}{R_N} - \alpha\left(\Omega\sin L + \frac{v_E}{R_N}\tan L\right) - \gamma\frac{v_N}{R_M} + \varepsilon_N$$

$$\dot{\gamma} = \delta L\left(\Omega\cos L + \frac{v_E}{R_N}\sec^2 L\right) + \frac{\delta v_E}{R_N}\tan L + \beta\frac{v_N}{R_M} + \alpha\left(\Omega\cos L + \frac{v_E}{R_N}\right) + \varepsilon_U$$

$$\delta\dot{L} = \frac{\delta v_N}{R_M}$$

$$\delta\dot{\lambda} = \frac{\delta v_E}{R_N}\sec L + \frac{v_E}{R_N}\tan L\sec L\delta L$$

$$\dot{\varepsilon}_E = -\beta_E\varepsilon_E + w_E$$

$$\dot{\varepsilon}_N = -\beta_N\varepsilon_N + w_N$$

$$\dot{\varepsilon}_U = -\beta_U\varepsilon_U + w_U$$

$$\begin{cases}\delta\dot{v}_d = -\beta_d\delta v_d + w_d \\ \delta\dot{\Delta} = -\beta_\Delta\delta\Delta + w_\Delta \\ \delta\dot{C} = 0\end{cases} \tag{6.73}$$

式(6.73)中各符号的物理含义与前面符号的物理含义相同。

2. 系统状态方程及量测方程

(1) 状态方程。根据组合系统的误差模型可建立系统的状态方程为

$$\dot{\boldsymbol{X}} = \boldsymbol{AX} + \boldsymbol{BW} \tag{6.74}$$

式中,状态向量和系统噪声分别为

$$\boldsymbol{X} = [\delta L \quad \delta\lambda \quad \delta v_E \quad \delta v_N \quad \alpha \quad \beta \quad \gamma \quad \varepsilon_E \quad \varepsilon_N \quad \varepsilon_U \quad \delta v_d \quad \delta\Delta \quad \delta C]^{\mathrm{T}}$$

$$\boldsymbol{W} = [0 \quad 0 \quad a_E \quad a_N \quad 0 \quad 0 \quad 0 \quad w_E \quad w_N \quad w_U \quad w_d \quad w_\Delta \quad 0]^{\mathrm{T}}$$

系统状态转移矩阵 $\boldsymbol{A}$ 和系统噪声矩阵 $\boldsymbol{B}$ 形式为

$$\boldsymbol{A} = \begin{bmatrix} \boldsymbol{A}_{\mathrm{SINS}_{7\times7}} & \vdots & \begin{matrix}\boldsymbol{0}_{4\times3} \\ \boldsymbol{I}_{3\times3}\end{matrix} & \vdots & \boldsymbol{0}_{7\times3} \\ \vdots & \vdots & \vdots & \vdots & \vdots \\ \boldsymbol{0}_{3\times7} & \vdots & \boldsymbol{A}_{\mathrm{Gyro}3\times3} & \vdots & \boldsymbol{0}_{3\times3} \\ \vdots & \vdots & \vdots & \vdots & \vdots \\ \boldsymbol{0}_{3\times7} & \vdots & \boldsymbol{0}_{3\times3} & \vdots & \boldsymbol{A}_{\mathrm{DVL}3\times3} \end{bmatrix}, \ \boldsymbol{B} = \boldsymbol{I}_{13\times13} \tag{6.75}$$

其中,$\boldsymbol{A}_{\mathrm{SINS}_{7\times7}}$ 为惯性导航系统状态转移矩阵;$\boldsymbol{A}_{\mathrm{Gyro}3\times3}$ 为陀螺漂移反相关时间矩阵;$\boldsymbol{A}_{\mathrm{DVL}3\times3}$ 为多普勒计程仪误差反相关矩阵。

(2) 量测方程。取 INS 解算速度和多普勒计程仪测量速度之差作为观测量,得系统量测方程:

$$\boldsymbol{Z} = \begin{bmatrix} v_{cE} - v'_{dE} \\ v_{cN} - v'_{dN} \end{bmatrix} = \begin{bmatrix} \delta v_E - \delta v_{dE} \\ \delta v_N - \delta v_{dN} \end{bmatrix} = \boldsymbol{HX} + \boldsymbol{V}$$

其中

$$\boldsymbol{H} = \begin{bmatrix} 0 & 0 & 1 & 0 & 0 & 0 & -v_N & 0 & 0 & 0 & -\sin K_d & -v_N & -v_E \\ 0 & 0 & 0 & 1 & 0 & 0 & v_E & 0 & 0 & 0 & -\cos K_d & v_E & -v_N \end{bmatrix}$$

$$\boldsymbol{v} = [v_E \quad v_N]^{\mathrm{T}} \tag{6.76}$$

K_d 表示考虑偏流角的航迹向。

(3) 组合导航系统滤波器。

式(6.74)和式(6.76)离散化后构成 SINS/DVL 组合导航系统的卡尔曼滤波器:

$$\begin{cases} \boldsymbol{X}_k = \boldsymbol{\Phi}_{k,k-1}\boldsymbol{X}_{k-1} + \boldsymbol{\Gamma}_{k,k-1}\boldsymbol{W}_{k-1} \\ \boldsymbol{Z}_k = \boldsymbol{H}_k\boldsymbol{X}_k + \boldsymbol{V}_k \end{cases} \quad k \geqslant 1 \tag{6.77}$$

参考文献

[1] 田坦.水下定位与导航技术,北京:国防工业出版社,2007.

[2] Keith Vickery. Acoustic positioning systems - A Praetical overview of current systems, Sonardyne . Inc,2003.

[3] 钱洪宝,孙大军.水声定位系统现状.声学技术,2011:389 - 391.

[4] Denbigh P N. Swath Bathymetry - Principles of operation and an analysis of errors. IEEE Journal of Oceanic Engineering, 1989.

[5] 田坦,刘国枝,孙大军.声纳技术. 哈尔滨:哈尔滨工程大学出版社,2000.

[6] Pridham R G, Mucci R A. Shifted sideband beamforming. IEEE Trans. On Acoustic, Speech and Signal Processing, 1979.

第 7 章

INS/地形匹配组合导航系统

7.1 地形辅助导航系统

广义地讲,地形辅助导航是一种利用地形特征(等值线、景象等)进行辅助的导航方法。狭义的地形辅助导航技术特指地形高度匹配技术,有时称作地形参考导航(Terrain Referenee Navigation,TRN),有时也称作地形匹配(Terrain Matching,TM)[1]。

现代战争对各种战略、战术武器的导航精度提出了越来越高的要求。特别是在攻击目标和其他作战需要方面,要求武器的实时定位精度达到几十米,甚至几米以内。此外,还应在高电子对抗环境中,适应回避地空导弹、低空突防、武器投放、全天候、夜航及隐蔽导航等战术要求。能满足上述条件的导航技术只有两种:一种是惯性导航系统与 GPS 的组合;另一种是惯性导航系统与无线电高度表和数字地图的组合,即地形辅助导航系统。地形辅助导航的核心是将地形分成多个小网格,将其主要特征,如平均标高输入计算机,构成一幅数字化地图[2]。

地形辅助导航技术,就是利用机载数字地图和无线电高度表作为辅助手段,来修正惯性导航系统的误差,从而构成一种新型导航系统。数字地图对于主导航系统仅起辅助的修正作用。离开了惯性导航系统,数字地图将无法独立提供任何导航信息。但由于其工作原理与组合导航相类似,所以导航界的学者们将其称为惯性/地形组合导航。

水下地形辅助导航系统,基本原理与等高线地形匹配原理相同,用主动式声纳测量潜艇到海底的高度,再根据潜艇下降的深度,得出海平面下该处海底深度,将实测数据与计算机存储的数据进行相关比较,求出惯性导航系统的累积误差,对惯性导航进行修正。

7.2 水下地形测量系统

7.2.1 单波束测深系统

进行水下地形匹配导航的前提必须进行海底地形地貌的测量,这就需要高精度的海底地形地貌测量设备。众所周知,当前获取水下信息最有效的传播载体仍然是声波。因此海底地形地貌测量不可避免地要使用水声技术。测深仪即是利用换能器向水下发射声波,根据声波到水底的传播时间计算水深的测量工具。

实际使用中,单波束测深仪具有性能适中、价格低廉、使用便捷的优点,是目前使用最广泛的测深设备。

单波束测深系统工作原理:采用换能器垂直向下发射短脉冲声波,当这个脉冲声波遇到水底时发生反射,反射回波信号返回到换能器,被换能器接收。其水深值由声波在水底的往返双程传播时间和水介质的平均声速确定

$$D = \frac{1}{2}CT \tag{7.1}$$

式中:D 为换能器至水底之间的距离;C 为水体的平均声速;T 为声波往返双程传播时间。

式(7.1)中的 D 加上换能器吃水深度改正值 ΔD_d 和潮位改正 ΔD_T,即得到实际水深为

$$H = D + \Delta D_d + \Delta D_T \tag{7.2}$$

单波束测深的特点是波束垂直向下发射,接收反射回波,因此声波传播中没有折射或入射角近于零,回波信号检测方法只需使用振幅检测法即可。

7.2.2 多波束测深系统

由于单波束测深仪采用垂直向下的单波束声波,在海底地形坡度较大时,会有较大误差。另外单波束测深仪属于点测量,当进行较大区域测量时,需要反复测量,耗时耗力。多波束测深能够在一个收发周期内对海底多个点的深度进行测量,且同单波束垂直测深技术相比,多波束测深数据的分辨力更高,并且可以极大地提高大面积水域的地形测量效率。

多波束测深系统也称条带测深系统,它是利用声波在水下的传播特性来测量水深的。安装于船底的声基阵向海底及两侧发射超宽声波束,并接收海底反向散射回波信号,根据各角度声波到达的时间和相位,就可以得到水底多个点的水深值。随着测量船的前进,可以测得一条带上大量的水深数据,通过高精度的定位系统实时提供的测量船的坐标,最终利用成图软件得到测区内各种用途的水下地形图。其工作原理示意图如图 7.1 所示。

多波束测深系统同时发射垂直于航行方向的多个或几十个甚至上百个窄波束,形成扇面。在这扇面中,只有中间波束才是垂直于水面发射的,而两侧外波束则与竖直平面成一定的夹角入射。

以波束数为 16 的水平基阵多波束测深系统为例,如图 7.1 所示,发射阵平

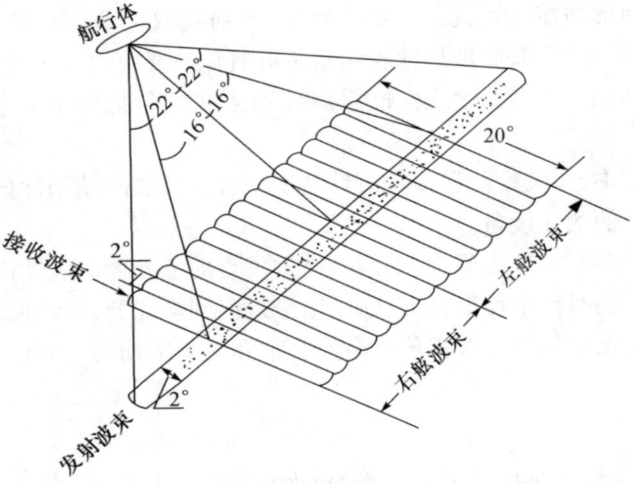

图 7.1 多波束测深系统工作原理示意图

行于船纵向(龙骨)布设,接收阵是垂直龙骨方向布设,从而获得一系列垂直航向分布的窄波束。

换能器发射阵呈两侧对称向正下方发射 2°(沿船纵向) ×44°(沿船横向)的扇形脉冲声波。换能器接收基阵以 20°(沿船纵向) ×2°(沿船横向)的 16 个接收波束角接收来自水底照射面积为 2°(沿船纵向) ×44°(沿船横向)扇区的回波。接收指向性和发射指向性叠加后,形成沿船横向,两侧对称的 16 个 2° ×2° 波束。可以把多波束一次广角度过程等价地理解为发射扇区开角为 32°的 16 个 2° ×2°的窄波束,以此提高测深效率。

7.2.3 侧扫声纳系统

侧扫声纳是利用回声测深原理探测海底地貌和水下物体的设备,可以获得较大的扫描范围,也称旁侧声纳或海底地貌仪,它是水下搜索、水下考察的有力工具。它能不受水体可见度的影响而快速覆盖大面积水域"看"到水下情况。其换能器阵装在船壳或拖拽体上,航行时向量测下方发射扇形的水声脉冲。

侧扫声纳固定在船只底部,其波束平面垂直于航行方向,沿航线方向的波束束宽很窄,开角 θ_H 一般小于 2°,以保证有较高的分辨率;垂直于航向方向的波束较宽,开角 θ_V 为 20° ~60°,以保证一定的扫描宽度。如图 7.2 所示,工作时发射出的声波投射在海底的区域呈长条形,换能器阵接收来自照射区各点反响散射信号,经放大、处理和记录,在记录条纸上显示出海底的图像。

侧扫声纳的工作频率通常为几十千赫兹到几百千赫兹,声纳脉冲时间小于 1ms,仪器的作用距离一般为 300 ~600m,拖拽体的工作航速 3 ~6 节,最高可达 16 节。侧扫声纳近程探测时,仪器的分辨率很高,能发现 150m 远处直

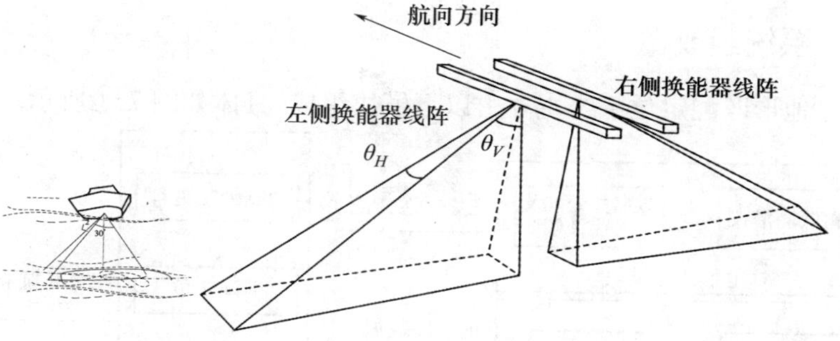

图 7.2　侧扫声纳示意图

径 5cm 的电缆。进行快速大面积测量时,仪器使用微处理机对声速、斜距、拖拽体距海底高度等参数进行校正,得到无畸变的图像,拼接后可绘制出准确的海底地图。

7.3　地形辅助导航系统的组成及工作原理

7.3.1　基本原理

海底地形匹配的基本工作原理在于,在地球表面上任何地点的高程信息都与地理坐标具有相关性,因此可以根据载体周围地域的高程信息反推位置信息[3,4]。

海底地形匹配定位导航可以利用地形的特征信息实现载体自主、隐蔽、连续、全天候的精确海底导航。系统工作时将表征海底地形的数据信息预先制作成参考数据库存储于计算机中,当载体航行设定匹配区域后,由测潜仪实时测量当地海底地形,然后采用图形匹配技术进行匹配定位得到载体的估计位置,用此匹配定位信息作为外观测量,经组合导航系统进行滤波后对惯性导航系统进行修正。海底地形匹配通常采用间歇式修正方法,可有效地防止惯性导航系统误差的积累,海底地形匹配定位导航原理框图如图 7.3 所示。

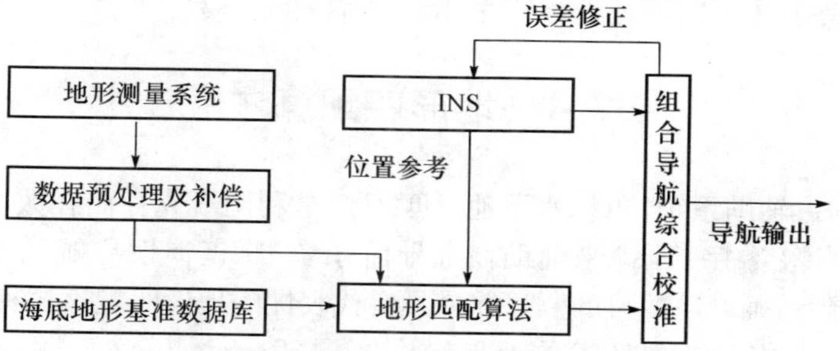

图 7.3　海底地形匹配定位导航原理框图

7.3.2 系统组成

海底地形匹配定位系统主要由以下模块组成,具体如图 7.4 所示。

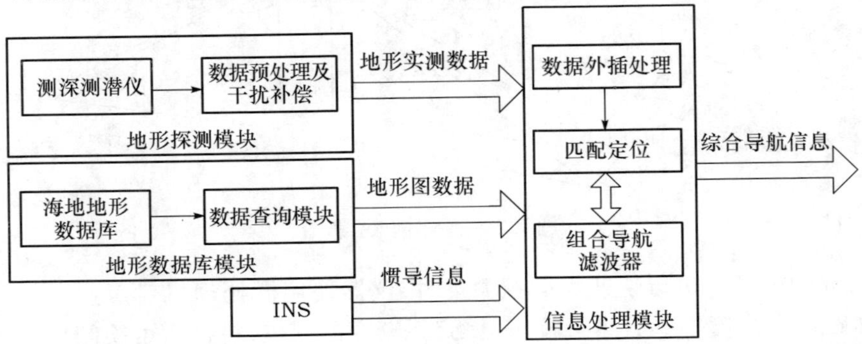

图 7.4 海底地形匹配定位系统组成

惯性导航系统:为组合导航系统提供参考位置信息和其速度、方位等信息。

地形探测模块:由测深测潜仪和数据预处理与干扰模块组成,向组合导航系统提供精确的实时测量地形参数。

地形数据库模块:包括地形数据库和数据查询软件,向组合导航系统提供参考地形数据。

信息处理模块:采用专用计算机系统,完成地形实测数据的外插计算、地形匹配定位算法及组合导航计算。

(1) 根据预先测量的海底地形场特征信息,以及载体的航行路线和惯性导航系统的性能指标。选择地形特征明显地区,制成海底地形参考图数据库。

(2) 当载体进入预定的匹配区域时,利用测深测潜仪器实时探测的当地海洋地形数据,经过相关修正补偿后,形成实时海底地形图。

(3) 将实时海底地形图与预存的海底地形参考图进行匹配,根据惯性导航系统提供的导航参数,确定出载体的位置。

(4) 利用海底地形匹配定位的结果,与惯性导航系统进行综合,通过滤波器,对惯性导航系统的误差进行估计,修正惯性导航参数。

7.4 地形匹配算法

水下地形辅助系统(也称水下地形匹配),是利用事先存储在数字计算机里的水深数据库(数字地图)来辅助惯性导航系统,修正惯性导航系统的积累误差,从而达到精确导航的目的。目前最具有代表性的地形匹配算法有两类,分别是利用断续批相关处理技术的地形轮廓匹配(Terrain Contour Matching,TERCOM)算法和采用递推卡尔曼滤波技术的桑迪亚惯性地形辅助导航(Sandia Inertial Terrain Aided Navigation, SITAN)算法。

7.4.1 TERCOM 算法

TERCOM 系统是美国 E 系统公司于 20 世纪 70 年代研制的。该系统采用的匹配算法为断续的批相关处理算法，是批相关处理技术的典型代表。美国麦道飞机公司研制的机动地形相关系统、英国布列颠宇航公司研制的地形剖面匹配系统、英国费伦蒂公司研制的 PENETRATE 系统及法国萨吉姆公司研制的地形剖面匹配导航系统均是在 TERCOM 系统的基础上加以改进而形成的新系统。

TERCOM 系统的性能受惯性导航系统精度、数字地形特征图制图精度、雷达高度表测量精度和匹配算法几大因素的影响。惯性导航系统的误差漂移越小、地形特征越明显、数字地图制图误差和无线电高度表测量误差越小，则匹配效果越好。因此，在组成 TERCOM 系统时，对系统硬件及数字地图都有明确的性能指标要求。在制订航行计划时，也应选择地形起伏较大的地区进行地形匹配。在系统硬件设备和数字地图均确定之后，系统的性能主要由系统的匹配算法决定。匹配算法是地形匹配系统的核心软件，也是地形匹配技术的关键。本节以飞行器导航为例介绍 TERCOM 算法的基本原理。

当飞行器飞越某块已数字化了的地图时，机载无线电高度表测得飞行器离地面的相对高度 h_r。同时气压式高度表与惯性导航系统相综合，测得飞行器的绝对高度（或海拔高度，又称气压 - 惯性高度）h，h 与 h_r 相减可求出地形高度，如图 7.5 所示。在飞行器飞行一段时间后，即可测得其真实轨迹下的一串地形高程序列。将测得的地形轮廓数据与预先存储的数字地图进行相关分析，具有相关峰值的点即被确定为飞行器的估计位置。这样，便可用这个位置来修正惯性导航系统指示的位置，如图 7.6 所示。在做相关处理的过程中，可根据惯性导航系统确定的飞行器的位置，从数字地图数据库中调出某一特定区域的数字地图，该数字地图应能包括飞行器可能出现的位置序列，以保证相关分析得以顺利进行。

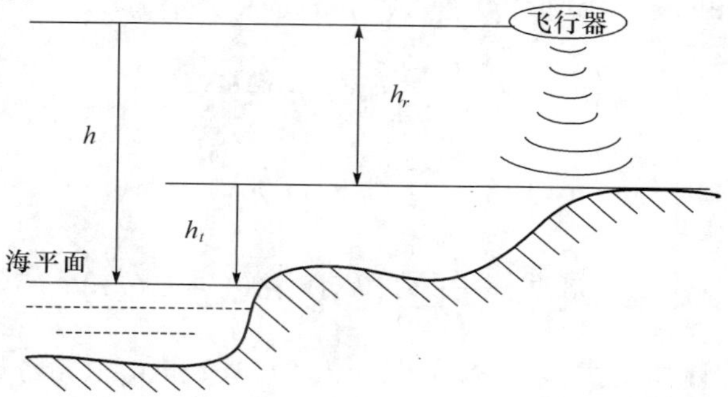

图 7.5 h_t 与 h、h_r 关系示意图

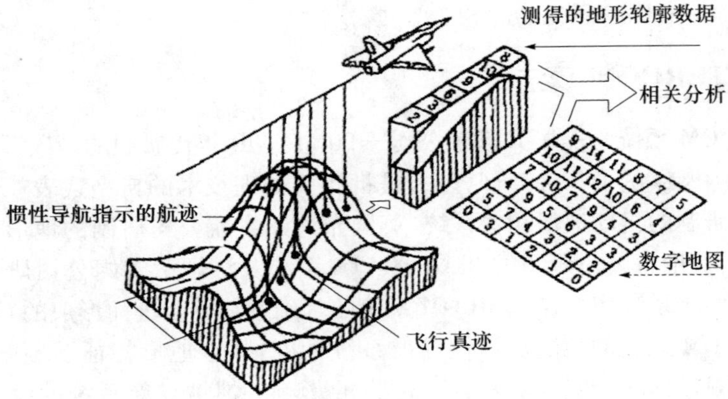

图 7.6　地形轮廓匹配

TERCOM 系统相关处理的作用是在存储地形上找一条路径，这条路径平行于导航系统指示的路径，并最接近于高度表实测的路径。为了简单起见，把二维的问题表示成等效的一维问题，并把高度表示成真实高度加上一个随机噪声。测量的高度为

$$h_t(i) = h(i) + n_t(i) \tag{7.3}$$

存储的地形高度表示为

$$h_m(i,j\delta x) = h(i,j\delta x) + n_m(i,j\delta x) \tag{7.4}$$

式中：$h(i)$，$h(i,j\delta x)$ 为地形真实高度；$h_t(i)$，$n_m(i,j\delta x)$ 为随机噪声；$j\delta x$ 为存储路径偏离测量路径的距离。

相关处理算法就是确定一种性能指标，找到一条使性能指标最好的路径，即为所求的路径。

TERCOM 系统相关算法采用的性能指标有三种，即交叉相关（Cross Correlation，COR）算法、平均绝对差（Mean Absolute Difference，MAD）算法和均方差（Mean Square Difference，MSD）算法。它们的定义分别为

$$\begin{cases} J_{\mathrm{COR}}(j\delta x) = \dfrac{1}{L}\sum\limits_{i=1}^{L} h_m(i,j\delta x)h_t(i) \\ J_{\mathrm{MAD}}(j\delta x) = \dfrac{1}{L}\sum\limits_{i=1}^{L} | h_m(i,j\delta x) - h_t(i) | \\ J_{\mathrm{MSD}}(j\delta x) = \dfrac{1}{L}\sum\limits_{i=1}^{L} [h_m(i,j\delta x) - h_t(i)]^2 \end{cases} \tag{7.5}$$

最优路径的计算是使 $J_{\mathrm{COR}}(j\delta x)$ 最大，$J_{\mathrm{MAD}}(j\delta x)$ 和 $J_{\mathrm{MSD}}(j\delta x)$ 最小。

采样数 L 和相关处理需要的地形轮廓长度 d_L 有关，d_L 也叫“组合距离”。其规范化形式为

$$\beta = \frac{d_L}{\delta x_c} \tag{7.6}$$

式中：δx_c 为地形的相关长度。

为了避免错误的定位，通常取 $\beta \geqslant 4$；为了得到更好的精度，可取 $\beta \approx 10$。此时，采样需要的地形轮廓长度即组合距离为 6 ~ 9km。

假设信号和噪声都是指数相关的，且其相关距离相同，存储地形噪声和量测噪声无关。把式(7.3)和式(7.4)代入式(7.5)中，并取其数学期望，则得

$$E[J_{\mathrm{COR}}(j\delta x)] = \bar{J}_{\mathrm{COR}}(j\delta x) = E\left[\frac{1}{L}\sum_{i=1}^{L} h(i,j\delta x)h(i)\right] = R_e(j\delta x) \tag{7.7}$$

$$E[J_{\mathrm{MSD}}(j\delta x)] = \bar{J}_{\mathrm{MSD}}(j\delta x) = E\left\{\frac{1}{L}\sum_{i=1}^{L}[h^2(i,j\delta x) + h^2(i) - 2h(i,j\delta x)h(i) + n_m^2(i,j\delta x) + n_t^2(i)]\right\} \tag{7.8}$$

式中，$R_n(0) = n_m^2(i,j\delta x) + n_t^2(i)$。

假设相关函数

$$R_e(j\delta x) = \sigma_T^2 \mathrm{e}^{\frac{-j\delta x}{\delta x_c}}, R_n(j\delta x) = \sigma_n^2 \mathrm{e}^{\frac{-j\delta x}{\delta x_c}}$$

并且规范化的偏离距离为 $\delta x' = \dfrac{\delta x}{\delta x_c}$，规范化的性能指标为 $\dfrac{\bar{J}(\delta x')}{\sigma_T^2}$，则 $\dfrac{\bar{J}(\delta x')}{\sigma_T^2}$ 和 $\delta x'$ 的关系如图 7.7 所示。从图中可以看出，性能最优的条件是 $j\delta x = 0$，即 $\delta x' = 0$。此时，$\bar{J}_{\mathrm{COR}}$ 最大，而 J_{MSD} 最小。由于 MSD 的曲线更陡峭，因而更容易达到最优。

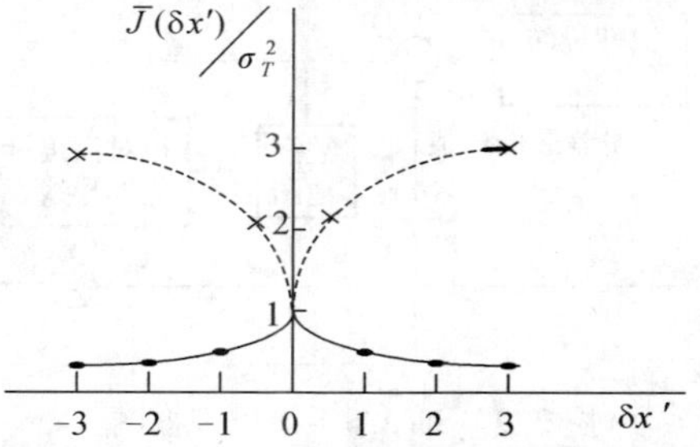

图 7.7 MSD 和 COR 性能指标期望值

实际上，由于相关处理的数据长度有限，通常交叉相关算法得不到真正的最大值，因而精度不高。三种算法的精度比较如图 7.8 所示。纵坐标为规范化的定位误差标准差。从图上可以看出，即使在噪声为零的情况下，COR 算法也没有带噪声的 MAD 和 MSD 算法精度高。MAD 和 MSD 相比，MSD 算法精度略高于 MAD 算法。

从图 7.8 中可以看出，上述算法只能预测飞行器的位置。只有将该位置作为观测值通过卡尔曼滤波，才能估计出其他导航状态的误差。预测是通过毫无

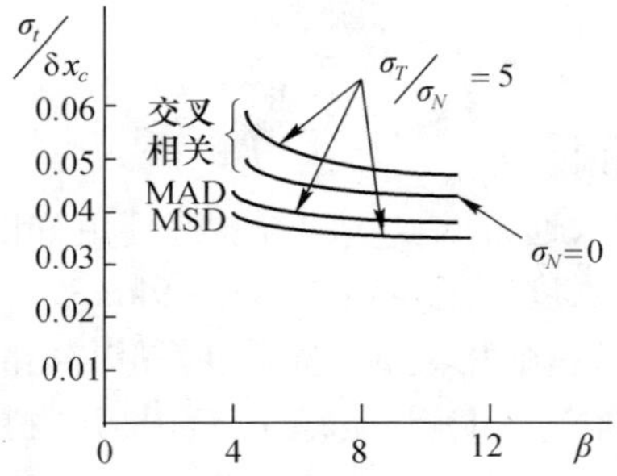

图 7.8　三种算法的精度比较

遗漏地搜索误差圈或存储地形图的区域内的每个格网位置的方法来实现的。在收集无线电高度表的测量数据时,不可能用递推的方法来执行上述搜索,而只是测得了一串地形轮廓序列之后才能实现。正是这种全局搜索的特点使其计算时间很长。此外,这种算法还要求飞行器在测定地形轮廓的过程中不做机动飞行,而是按照规定的航向和已知的速度飞行。上述要求使这种算法对航向误差较敏感。

7.4.2　SITAN 算法

桑地亚惯性地形辅助导航(Sandia Inertial Terrain Aided Navigation,SITAN)系统是由美国 Sandia 实验室于 20 世纪 70 年代末研制的,该系统由惯性导航系统、高度传感器、数字地图和数据处理装置四部分组成,其原理框图如图 7.9 所示。本节中仍以飞行器导航为例介绍该算法。

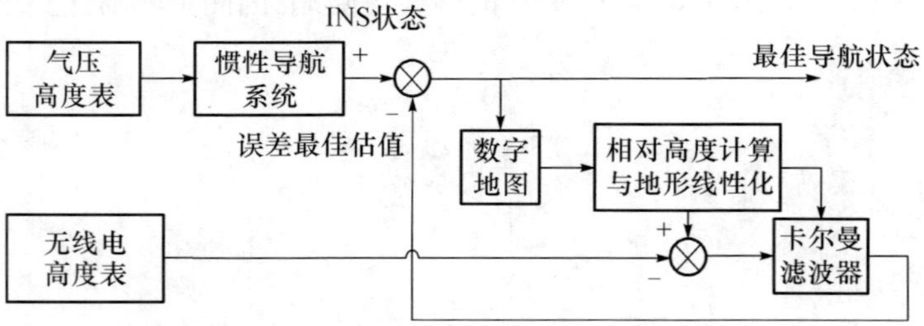

图 7.9　SITAN 系统原理框图

SITAN 系统根据惯性导航系统输出的位置,可在数字地图上读出地形高程数据,用惯性导航系统输出的绝对高度数据减去读出的地形高程数据即可求得飞机的预测离地高度。系统采用了递推的卡尔曼滤波技术,实时性更好,已在美国空军得到广泛应用。将雷达高度表实测的离地高度数据与预测的离地高度加以比较,其差值可作为卡尔曼滤波器的测量值。由于地形的非线性特性导致了测量方程的非线性,因此必须对地形进行线性化处理,计算地形斜率,以得到线性化的测量方程。卡尔曼滤波器以导航系统的误差作为状态方程,经卡尔曼滤波递推算法既可得到惯性导航系统误差的最佳估计,用最佳误差估计值对惯性导航系统进行修正，从而提高惯性导航系统的精度。

现代战术飞机的典型工作条件通常是在飞行1h以后从300m高度进入任务段，对飞机的位置精度要求约为几十至几百米、对速度精度的要求约为1m/s，SITAN的功能就是对飞机的位置与速度状态做出修正。对于导航的应用情况，在原理上类同。下面就根据上述要求来建立系统的状态方程和量测方程。有了状态方程和量测方程之后，便可按常规的卡尔曼滤波算法对位置与速度误差状态做出最佳估计，并采用输出校正对惯性导航系统输出的位置与速度做出修正。

1. 系统状态方程的建立

地形辅助导航系统的状态方程就是系统的误差方程，即采用间接法直接估计惯性导航系统状态的误差。

设惯性导航系统为指北方位系统，采用东北天坐标系。取三维位置误差 $\delta_x,\delta_y,\delta_h$ 和二维速度误差 $\delta v_x,\delta v_y$ 作为状态，记为

$$\boldsymbol{X} = [\delta_x \quad \delta_y \quad \delta_h \quad \delta v_x \quad \delta v_y]^{\mathrm{T}} \tag{7.9}$$

采用分量差法建立系统的误差方程。为满足卡尔曼滤波的实时计算要求，对方程简化，并略去高阶小量，便可得到系统的五维运动方程，即

$$\delta\dot{x} = \delta v_x + \omega_x,\delta\dot{y} = \delta v_y + \omega_y,\delta\dot{h} = \omega_z,\delta\dot{v}_x = w_{vx},\delta\dot{v}_y = \omega_{vy}$$

于是有系统的状态方程：

$$\dot{\boldsymbol{X}} = \boldsymbol{F}\boldsymbol{X} + \boldsymbol{W} \tag{7.10}$$

式中：$\boldsymbol{F}$ 为系统阵；$\boldsymbol{W}$ 为系统噪声。且有

$$\boldsymbol{F} = \begin{bmatrix} 0 & 0 & 0 & 1 & 0 \\ 0 & 0 & 0 & 0 & 1 \\ 0 & 0 & 0 & 0 & 0 \\ 0 & 0 & 0 & 0 & 0 \\ 0 & 0 & 0 & 0 & 0 \end{bmatrix}, \quad \boldsymbol{W} = \begin{bmatrix} W_x \\ W_y \\ W_z \\ W_{vx} \\ W_{vy} \end{bmatrix} \tag{7.11}$$

采用计算机执行递推卡尔曼滤波，需要将式(7.11)离散化。设滤波周期为 T，则离散化后的状态方程为

$$\boldsymbol{X}_k = \boldsymbol{\phi}_{k,k-1}\boldsymbol{X}_k + \boldsymbol{W}_{k-1} \tag{7.12}$$

$$\boldsymbol{X}_k = [\delta x_k \quad \delta y_k \quad \delta h_k \quad \delta v_{xk} \quad \delta v_{yk}]^{\mathrm{T}}$$

式中

$$\boldsymbol{\phi}_{k,k-1} = \begin{bmatrix} 1 & 0 & 0 & T & 0 \\ 0 & 1 & 0 & 0 & T \\ 0 & 0 & 1 & 0 & 0 \\ 0 & 0 & 0 & 1 & 0 \\ 0 & 0 & 0 & 0 & 1 \end{bmatrix}, \quad \boldsymbol{W}_k = \begin{bmatrix} \omega_{xk} \\ \omega_{yk} \\ \omega_{zk} \\ \omega_{vxk} \\ \omega_{vyk} \end{bmatrix} \tag{7.13}$$

根据需要，在地形辅助导航的模型中，还可将高程速度误差 $\delta\dot{h}$ 和加速度误差 $\delta\ddot{h}$ 也取为状态，从而获得七维的状态方程。有关研究方法与上述五维的系统类同。

2．系统量测方程的建立

SITAN 算法利用惯性导航系统和数字地图信息估算的相对高度 $\hat{h}$ 和无线电高度表测量的相对高度差 $\tilde{h}_r$ 获得一维量测值 z。由此可建立系统的量测方程。

由于地形高度 h_t 是位置 (x,y) 的函数，记为 $h_t(x,y)$，其中 x,y 为飞机的真实位置，h_t 为真实的地形高度。惯性导航系统指示的三维位置为 $(\hat{x},\hat{y},\hat{h})$，其中 $\hat{h}$ 为绝对高度。根据 $(\hat{x},\hat{y})$ 从数字地图中可以查出地形高度 $h_d(\hat{x},\hat{y})$。显然，估计的相对高度 $\hat{h}_r$ 可表示为

$$\hat{h}_r = \hat{h} - h_d(\hat{x},\hat{y}) \tag{7.14}$$

而

$$h_d(\hat{x},\hat{y}) = h_t(\hat{x},\hat{y}) + \gamma_m \tag{7.15}$$

式中：γ_m 为数字地图制作时的测量与量化噪声。

此外，从无线电高度表还可获得量测的相对相对高度 $\tilde{h}_r(x,y)$，并有

$$\tilde{h}_r(x,y) = h_r(x,y) + \gamma_r \tag{7.16}$$

式中：h_r 为真实相对高度；γ_r 为无线电高度表的量测噪声。

进而可得到卡尔曼滤波的量测值 $\mathbf{Z}$，即

$$\begin{aligned}\mathbf{Z} &= \hat{h}_r - \tilde{h}_r = \hat{h} - h_d(\hat{x},\hat{y}) - \tilde{h}_r(x,y)\\ &= h + \delta h - [h_t(x+\delta x, y+\delta y) + \gamma_m] - (h_r + \gamma_r)\\ &= h - h_r - h_t(x,y) - \frac{\partial h_t(x,y)}{\partial x}\delta x - \frac{\partial h_t(x,y)}{\partial y}\delta y + \delta h - \gamma_m - \gamma_r - \gamma_1\end{aligned} \tag{7.17}$$

式(7.17)采用了一阶泰勒展开法，γ_1 为由此产生的线性化噪声。而飞机的真实高度可表示为

$$h = h_r + h_t(x,y) \tag{7.18}$$

将式(7.18)代入式(7.17)可得

$$\mathbf{Z} = -\frac{\partial h_t(x,y)}{\partial x}\delta x - \frac{\partial h_t(x,y)}{\partial y}\delta y + \delta h - \gamma_m - \gamma_r - \gamma_1 \tag{7.19}$$

设

$$\frac{\partial h_t(x,y)}{\partial x} = h_x,\ \frac{\partial h_t(x,y)}{\partial y} = h_y$$

式中：h_x,h_y 分别为地形在 x,y 方向上的斜率。

设 $\boldsymbol{\gamma} = -\boldsymbol{\gamma}_m - \boldsymbol{\gamma}_r - \boldsymbol{\gamma}_1$ 为量测噪声，它由数字地图制作噪声、无线电高度表的量测噪声及地形随机线性化噪声所组成。最后可得量测方程

$$\boldsymbol{Z} = \boldsymbol{H}\boldsymbol{X} + \boldsymbol{\gamma} \tag{7.20}$$

其中

$$\boldsymbol{H} = [-h_x \quad -h_y \quad 1 \quad 0 \quad 0] \tag{7.21}$$

地形辅助导航系统的量测方程为非线性方程，将其简化为线性方程的方法称为地形随机线性化技术。上述方法称为一阶泰勒展开法。

TERCOM 系统和 SITAN 系统在各自的应用领域都有比较出色的发挥，相比而言，TERCOM 算法以相关分析为基础，该算法简单快速可靠，但是该方法对地形信息较为依赖，在地形匹配阶段、不允许做改变航向的运动。而 SITAN 方法，不仅可以确定位置和速度，也可以修正姿态误差和航速误差，在低信噪比的情况下，导航精度稍高于 TERCOM 算法，但 SITAN 方法对初始对准要求较高。

7.4.3 ICP 算法

1. ICP 算法基本思路

迭代对应点算法（Iterative Corresponding Point，ICP）是由 Besl 和 McKay，Chen 和 Medioni 及和 Z. Zhang 同期提出的一种图像对准算法，这种算法一经提出，就在图像对准、位置估计等图像处理领域中受到了广泛关注，因为 ICP 算法可以完全基于几何形状、颜色或者格网等进行处理，它不需要事前确定对应点，算法不断重复（初始）运动变换—确定对准关系—求运动变换的过程，逐步改进运动的估计。

在图像配准领域中，主要需要解决两个问题：一是确定原始形态点和期望形态点的对应关系；二是确定两个需要配准形态的变换（主要包括平移和旋转），如图 7.10 所示。ICP 算法的原理也是围绕着这两个问题，即首先要确定匹配对象与目标对象的对应关系（至少对应 3 个点），然后基于某种刚性变换对匹配对象不断地进行平移和旋转，使匹配对象尽可能地逐渐逼近目标对象，直到达到某一指标或者达到迭代次数为止。其中所要达到的指标和迭代次数需要根据实际的技

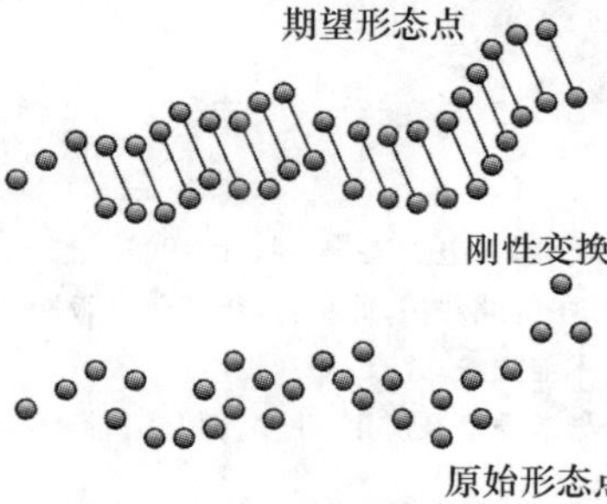

图 7.10　图像配准原理简图

术要求及计算机的性能人为设定，综合考虑两个因素以获得最好的匹配效果。

ICP 算法的描述如下。

(1) 从数据形态(Data Shape)中抽取 N_p 个 $\{\boldsymbol{p}_i\}$ 构成的点集 P，从模型形态(Model Shape)(有 N_x 个支持的几何原型：点、线或三角形)抽取点集 X。

(2) 设置迭代的初值 $P_0 = P$，设初始变换为 T_0(包括旋转和平移)，且 $k=0$，循环迭代直至收敛到一个公差 τ。

当均方差变化低于一个预先设置的门限 $\tau(\tau>0)$，当 $d_k - d_{k-1} < \tau$ 时停止迭代，τ 用以确定对准的精度。

2. 匹配基本原理

如图 7.11 所示，基于 ICP 算法的水下潜器地形辅助导航系统的基本原理是水下潜器在航行过程中，参考导航系统会给出一系列航迹点的值(L_{Ni}, λ_{Ni})，$i=1,2,\cdots,n$ 并由测深传感器获得相应点的海底水深值 h_i。由于导航设备误差和漂移及其他未知因素和随机环境的影响将使通过参考导航系统得到的测量航迹(L_{Ni}, λ_{Ni})，$i=1,2,\cdots,n$ 与真实航迹(L_N, λ_N)，$i=1,2,\cdots,n$ 之间存在差别，因此利用实时测量的水深数据在一个事先存储的数字地图上进行匹配定位，估计水下潜器的实际航迹进而校正它的位置误差。

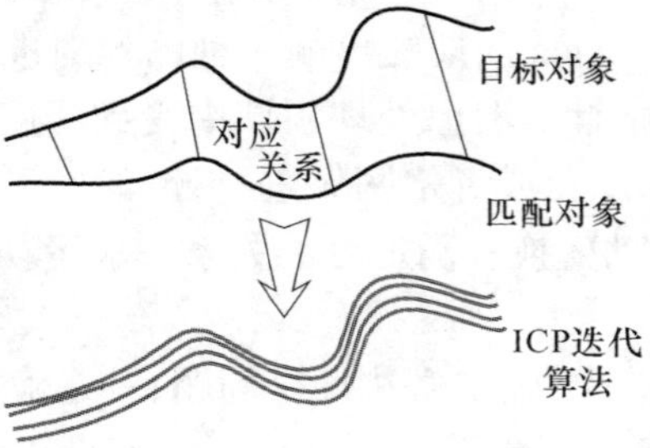

图 7.11　ICP 算法原理简

采用的地形匹配的基本单元为等值线，这里给出的方法就是基于等值线的 ICP 算法。采用 ICP 算法在等值线上寻找最小度量意义下的全局最优值，这个全局最优值是最终的匹配对准值。

参考文献

[1] 刘徐德. 地形辅助导航系统技术. 北京：电子工业出版社，1994.

[2] 干国强. 导航与定位——现代战争的北斗星. 北京：国防工业出版社，2000.

[3] 李家彪，等. 多波束勘测原理技术与方法. 北京：海洋出版社，1999.

[4] 高社生，何鹏举，杨波，等. 组合导航原理及应用. 西安：西北工业大学出版社，2012.

第 8 章

INS/地磁匹配组合导航系统

地磁导航在卫星定轨中已被证实是可行的。最早在 20 世纪 90 年代初，美国科学家提出通过测量卫星所在位置的地磁场强度，自主地确定卫星轨道。近几十年，俄罗斯和其他国家都相继对这方面的工作进行了文献报道。进入 21 世纪，我国开始有文献提出利用三轴磁强计来进行卫星轨道确定，并根据我国某卫星实测数据进行了仿真实验研究，结果表明其精度满足低轨卫星中等精度的要求。

除了卫星的地磁导航外，海洋环境中动物利用地磁导航也逐渐得到证实，这些结论给水下地磁匹配导航提供了依据。

在进行水下地磁匹配过程中，必须要有用于匹配的特征量，地磁特性除了有地磁场总强度外，还有东西、南北、垂直方向的地磁三分量、磁偏角、磁倾角和水平分量共 7 个要素，为匹配带来很大的灵活性。地磁匹配，即实时测量值与基准图匹配获得当时位置，这就需要有一定精度的用于海洋地磁测量的传感器和地磁图。

8.1 地磁敏感器件

地磁敏感器件是各类地磁导航系统的核心部件，在目前已知的地磁导航方法中，地磁敏感器件主要有磁罗盘、磁通门器件和各种固态磁传感器。以磁罗盘为核心的地磁导航系统主要称为磁罗经系统，其主罗经采用磁罗盘直接指示航向；以磁通门和各类固态磁敏感器件直接敏感地磁进行地磁导航的系统称为直感式地磁导航系统，在其主罗经中将地磁场传感器敏感磁场转化为电信号，通过解算获得航向信息[1]。

8.1.1 磁罗经

1. 磁罗经的分类

(1) 按罗盆内有无液体分类。按罗盆内有无液体分类，罗经可分为液体罗经和干罗经两类，因船舶摇摆，干罗经的罗盘不易稳定，使用不方便，故已被淘汰。液体罗经的罗盘浸浮在盛满液体的罗盆内，因受液体的阻尼作用，船舶摇摆时，罗盘的指向稳定性好。另外受液体浮力的作用，可减小轴针与轴帽间的摩擦力，提高罗盘的灵敏度，这种液体罗经在现代船舶上得到普遍应用。

（2）按磁罗经的用途分类。标准罗经。它是用来指示船舶航向和测定物标的方位。一般安装在驾驶室顶露天甲板上，由于其安装位置较高，指向较为准确，故称为标准罗经。

操舵罗经。安装在驾驶室内，专供操舵用。

救生艇罗经。每个救生艇都备有一个小型液体罗经，以供操作救生艇时使用。

应急罗经。安装在应急舵房内，以便使用应急舵航行时，指示航向。船舶装有陀螺罗经，大都用它的分罗经作应急罗经。

（3）按罗盘的主直径分类。常用的有 190mm 型、165mm 型、130mm 型等三种罗盘直径的罗经，190mm 罗经安装在中大型船舶上，165mm 和 130mm 罗经安装在中小型船舶上。

2. 磁罗经的结构

（1）磁罗经的组成。磁罗经主要由罗盆、罗经柜和自差校正器三部分构成，其中罗盆包括罗盘、罗盘液体、罗盘本体和空气膨胀室等；罗经柜内外分别装有自差校正器、永平环、倾斜仪和照明设备等；自差校正器包括纵磁棒、横磁棒、垂直磁棒、软铁片（软铁球）和佛氏铁等。

（2）罗经柜的结构。罗经柜主要用来放置罗盆和自差校正器。罗经柜除自差校正器外均由非磁性材料（如木料、铜或铝）制成。

罗经柜顶部有一略呈圆形的罗经盖，前后各有玻璃窗口，罗经盖可在罗经柜上旋转。罗经柜两侧支架放置软铁片盒或软铁球。在罗经柜正前方有一竖直圆筒，筒内视各船需要放置长短不一的佛氏铁和补足长度的木块。有的在罗经柜正后方装有倾斜仪，用以判断船舶倾斜情况。在罗经柜上部装有照明电灯，有的装在罗盆底部，亮度有罗经柜内侧的电位计进行调整，有的灯光通过控制拉门照射到罗盘上。罗经柜两隔板之间的空间备做安装电磁自差补偿器用，在罗经柜内，罗盘中心的正下方装置有垂直铜管，垂直磁棒由吊链拉动可在管内上升下降。此外，有放置消除自差用的纵横磁棒的架子，有的是钻有水平孔的纵横木板。

（3）罗盆的结构。罗盆主要包括两部分：罗盆本体和罗盘。罗盆由黄铜制成。一般有相互贯通的两室，上室是容纳罗盘活动的地方，并有轴针和基线，上室和下室之间的隔板呈凸圆弧形，可以储存罗盆内少量的气泡。下室的底部与波纹管紧接，皱片的作用是调节盆内混合液体因冷热引起的胀缩。罗盆内部均充满酒精和蒸馏水的混合液,混合液比例各罗经不一,一般总有 40% ~50% 的酒精。例如在温度 $t=15℃$ 时为 45% 饮料酒精和 55% 的二次蒸馏水的混合液体,其密度约为 0.95。酒精的作用在于降低结冰点,该溶液沸点为 83℃,冰点为 -26℃, 黏滞系数在温度为 -20 ~ +50℃不产生显著变化。液体由罗盆侧面的注液孔注入,注液孔用螺丝和铅垫片保持水密。罗盆上下两室内的液体通过毛细管连通。指向系统用轴针支承在罗经液体中,下室的上部盛空气,下部位罗经液,其液面高度在 +20℃时应为(58 ±1) mm。当环境温度变化时。罗经液会膨胀或收缩,由毛细管使上下室互相补偿。罗盆上玻璃盖垫有橡皮圈,由刻有舷角圈的铜环压紧而保持水密。

在罗盆内,其前后方均装有罗经基线,位于船首方向的称为首基线,当首基线位于船首尾面内时,所指示的罗盘刻度即为本船的航向。

为使在船摇摆时,罗盘能保持水平,罗盘底部常附着一个内灌有铅的铜碗。轴针的末端是由 90% 铱和 10% 铂的合金制成的。罗经在长期使用过程中,如发现摩擦误差超差影响使用时,可将罗经盆翻转 180°平放在桌上,用专用工具更换轴针。换上的轴针要拧紧。在操作过程中,不得碰坏毛细管和玻璃盆。当罗盆出现气泡影响观测时,应将罗盆侧放由注液螺钉孔注入罗经液。

(4) 罗盘的结构。罗盘是罗经最主要的部分,是指示方向的灵敏部件。现代液体磁罗经的罗盘均由刻度盘、浮室、磁针及轴帽组成。

罗盘的关键在于磁帽的合理结构。船上罗经消除自差是由于在罗经柜放置了磁铁和软铁,它们距磁棒很近,在磁棒两端造成了不均匀磁场。理论和实践证明,单磁棒罗盘在不均匀磁场作用下会产生高阶自差,不易准确地消除。要使罗盘在不均匀磁场下不产生高阶自差,就必须减少磁棒的长度,使得磁棒的半长度 L 远小于校正磁铁和软铁到磁棒中心的距离。但是磁棒长度的减少势必会减少磁棒的磁矩。对由多根磁棒组成的罗盘要求有合理的排列,不合理排列就不能实现多根磁棒与一短磁棒的等效。

8.1.2 磁通门

1. 磁通门原理

磁通门现象是一种普遍存在的电磁感应现象,在一般电设备中往往被忽视。磁通门探头是一种稍加改造的变压器式器件,其变压器效应作为对被测磁场进行调制的手段,磁通门探头只能感测环境磁场在其轴向的分量。

如图 8.1 所示,在一根铁芯上缠绕激磁线圈和感应线圈,铁芯由软磁材料制作,其横截面面积为 S,磁导率为 μ,感应线圈的有效匝数为 W,则载流激磁线圈在铁芯上建立的激磁磁场强度为

$$H = H_m \cos 2\pi ft \tag{8.1}$$

式中:H_m 为激磁磁场幅值;f 为激磁电源频率。

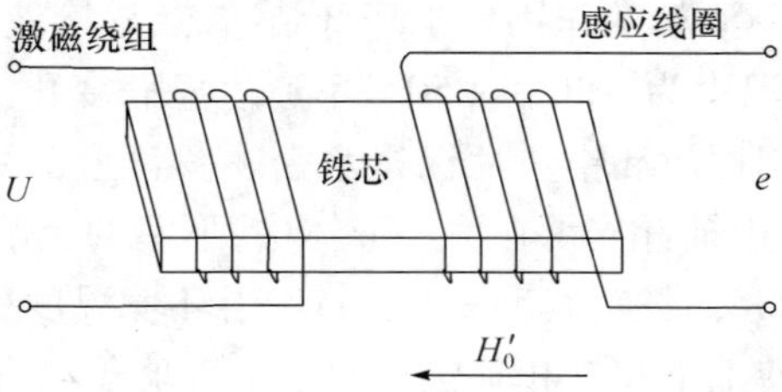

图 8.1　磁通门现象

根据法拉第电磁感应定律,感应线圈上产生的感应电动势为

$$e = -10^{-8}\frac{\mathrm{d}}{\mathrm{d}t}(\mu WSH) \tag{8.2}$$

式中:μ 为铁芯的磁导率;W 为感应线圈的匝数;S 为铁芯的截面积。

如果 S 和 W 不变,铁芯远离饱和工作状态,其磁导率 μ 为近似常数,感应电势 e 将仅仅是激磁磁场强度 H 变化的贡献,则有

$$e = 2\pi 10^{-8} f\mu WSH_m \sin 2\pi ft \tag{8.3}$$

式(8.3)为理想变压器效应的数学模型。由于铁芯磁化曲线的非线性,激磁磁场瞬时值变化会引起铁芯磁导率 μ 变化,实际变压器效应的数学模型为

$$e = 2\pi 10^{-8} f\mu(t) WSH_m \sin 2\pi ft - 10^{-8}\frac{\mathrm{d}u(t)}{\mathrm{d}t} WSH_m \cos 2\pi ft \tag{8.4}$$

激磁磁场瞬时值方向呈周期变化,随之而变的铁芯磁导率 $\mu(t)$ 却无正负之分。因此,$\mu(t)$ 是偶函数,将其进行傅里叶级数展开,即

$$\mu(t) = \mu_{0m} + \mu_{2m}\cos 4\pi ft + \mu_{4m}\cos 8\pi ft + \mu_{6m}\cos 12\pi ft + \cdots \tag{8.5}$$

式中:μ_{0m} 为 $\mu(t)$ 的常值分量;$\mu_{2m}, \mu_{4m}, \mu_{6m}, \cdots$ 为 $\mu(t)$ 的各偶次谐波分量幅值。

将式(8.5)代入式(8.4),得

$$e = 2\pi fWSHH_m\left[\left(\mu_{0m} + \frac{1}{2}\mu_{2m}\right)\sin 2\pi ft + \frac{3}{2}(\mu_{2m} + \mu_{4m})\sin 6\pi ft + \frac{5}{2}(\mu_{4m} + \mu_{6m})\sin 10\pi ft + \cdots\right] \tag{8.6}$$

式(8.6)即为铁芯磁导率 $\mu(t)$ 随激磁磁场 $H_m\cos 2\pi ft$ 变化的变压器效应数学模型。在考虑铁芯磁导率 μ 的变化后,感应电势 e 将出现奇次谐波分量。

处于环境磁场中的变压器,其铁芯的外加磁场除了激磁磁场以外,还有环境磁场。设环境磁场 H_0 施加在铁芯轴向的分量为 H_0' 时,式(8.4)变为

$$e = 2\pi 10^{-8} f\mu(t) WSH_m \sin 2\pi ft -$$

$$10^{-8} \frac{\mathrm{d}\mu(t)}{\mathrm{d}t} WSH_m \cos 2\pi ft - 10^{-8} \frac{\mathrm{d}\mu(t)}{\mathrm{d}t} WSH'_0 \tag{8.7}$$

当 H'_0 比铁芯饱和磁场强度 H_s 和激磁磁场幅值 H_m 都小得多时，它对铁芯磁导率 $\mu(t)$ 的影响可以忽略。这时，式(8.7)的末项 H'_0 引起的感应电势 e 的增量，有

$$e(H'_0) = -2\pi fWSH_0(2\mu_{2m}\sin 4\pi ft + 4\mu_{4m}\sin 8\pi ft + \cdots) \tag{8.8}$$

式(8.8)说明，铁芯磁导率 μ 随激磁磁场强度变化，感应电势中会出现随环境磁场强度变化的偶次谐波分量 $e(H'_0)$。当铁芯处于周期性过饱和工作状态时，$e(H'_0)$将显著增大。利用这种物理现象可以测量环境磁场。依据上述物理模型研制的器件称为磁通门探头。它将环境磁场调制成偶次谐波感应电势，由环境磁场产生的感应电势 $e(H'_0)$称为磁通门信号。

2. 双铁芯磁通门传感器

由电工学可知，变压器的基本功能是传递能量，而磁通门探头作为测量元件，其基本功能就是传递信息。磁通门信号相对于变压器效应来说是非常微弱的，为此一般可采用双铁芯磁通门探头。它相当于感应线圈呈差分输出的变压器，如图 8.2 所示，就是一种双铁芯探头，双铁芯探头的两根铁芯彼此平行，同处在磁场强度为 H_0 的被测磁场中。两根铁芯一端缠绕的激磁线圈反向串联，所以，激磁磁场在两铁芯中任一瞬间的空间方向皆相反。但是外磁场在两根铁芯中的轴向分量是同向的。另一端缠绕的感应线圈是两铁芯公用的。在形状尺寸和电磁参数完全对称的条件下，激磁磁场在公共感应线圈中建立的感应电势互相抵消，从而仅起调制铁芯磁导率 μ_1 的作用；外磁场在铁芯轴向的分量 H'_0 在感应线圈中产生的感应电动势则互相叠加。

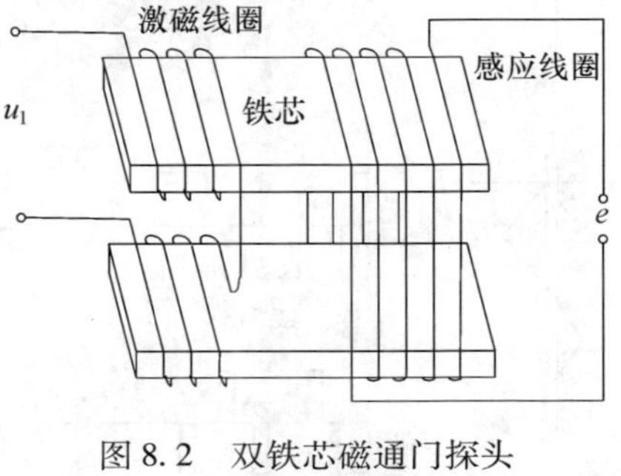

图 8.2　双铁芯磁通门探头

假设两根铁芯及其线圈的形状尺寸和电磁参数完全对称，且不考虑铁芯的退磁、聚磁、磁滞、涡流、漏磁和趋肤效应，同时认为由恒流源激磁，如图 8.3(a)所示，以三折线代表铁芯的磁化曲线，讨论在理想条件下感应线圈的输出信号 e。

(1) 外磁场在铁芯轴向的分量 $H'_0 = 0$。铁芯中由外磁场在铁芯轴向的分量

H_0' 引起的磁感应强度 $B_0'=0$，而激磁线圈通电后，其激磁磁场在铁芯中引起的磁感应强度 β_1,β_2 的相位差为 180°，且大小相等，在感应线圈中产生的交变磁场为 H_1,H_2，如图 8.3(b)所示，其磁通量 Φ_1,Φ_2 相位相反、大小相等，互相抵消，如图 8.3(c)所示。由此产生的感应电势 e_1,e_2 大小相等、方向相反，互相抵消，如图 8.3(d)所示。所以感应线圈两端的总电势为 0，无输出，如图 8.3(e)所示。

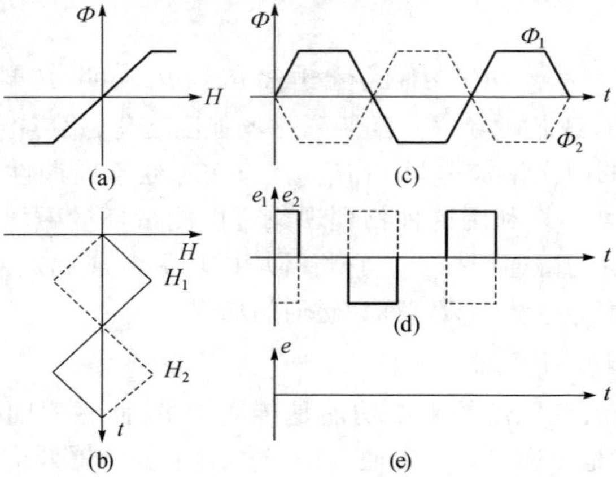

图 8.3　$H_0'\neq 0$ 时输出 e 的波形图

（2）外磁场在铁芯轴向的分量 $H_0'\neq 0$。如图 8.4 所示，由于外磁场在铁芯轴向的分量 H_0' 的存在，其方向与激磁磁场 H_1 同向，而与激磁磁场 H_2 反向，其结果在两根铁芯中产生的交变磁通量 Φ_1,Φ_2 在正、负半周内饱和程度不一样，由此产生不对称的梯形交变磁通量，并有 180°的相位差，如图 8.4(c)所示。

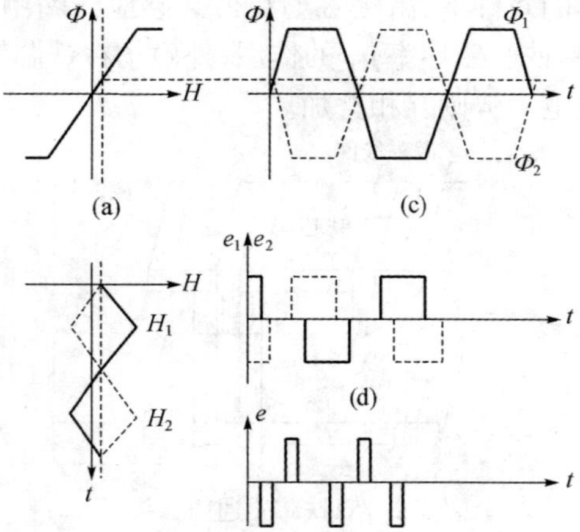

图 8.4　$H_0'\neq 0$ 时输出 e 的波形图

因此，当外磁场在铁芯轴向的分量 $H_0'\neq 0$ 时，两铁芯中的交变磁通量中 Φ_1,Φ_2 在感应线圈中的方向相反，但大小不等，互相抵消不完，而存在一个变

量，即

$$\Delta\Phi(t) = \mu_a(t)\Phi_0 \tag{8.9}$$

式中：μ_a 为铁芯视在磁导率；Φ_0 为外磁场在铁芯轴向的分量 H'_0 对应的磁通量。

由磁学原理可知，视在磁导率 μ_a 随铁芯的磁化状态而变化，所以在两根铁芯中的交变磁通量中 $\Phi_1(t)$，$\Phi_2(t)$ 分别为

$$\Phi_1(t) = \Phi_e(t) + \mu_a(t)\Phi_0 \tag{8.10}$$

$$\Phi_2(t) = -\Phi_e(t) + \mu_a(t)\Phi_0 \tag{8.11}$$

式中：$\Phi_e(t)$ 为激磁磁场强度在铁芯中产生的磁通量。

因此，感应线圈两端总的感应电势为

$$\begin{aligned} e &= -WS\left(\frac{\mathrm{d}\Phi_1(t)}{\mathrm{d}t} + \frac{\mathrm{d}\Phi_2(t)}{\mathrm{d}t}\right) \\ &= -WS\left\{\frac{\mathrm{d}[\Phi_e(t) + \mu_a(t)\Phi_0]}{\mathrm{d}t} + \frac{\mathrm{d}[-\Phi_e(t) + \mu_a(t)\Phi_0]}{\mathrm{d}t}\right\} \\ &= 2WS\Phi_0\frac{\mathrm{d}\mu_a(t)}{\mathrm{d}t} \end{aligned} \tag{8.12}$$

式(8.12)即为双铁芯磁通门探头的基本方程，感应线圈输出信号电压的大小决定于外磁场在铁芯轴向的分量 H'_0 对应的磁通量 Φ_0 的大小。铁芯的视在磁导率 μ_a 随时间的变化量为 $\Delta\mu_a(t)$。另外，视在磁导率 μ_a 的大小还与铁芯的材料、形状有关。视在磁导率 μ_a 与材料的相对磁导率 μ_r 和铁芯的退磁因子 D 的关系为

$$\mu_a = \frac{\mu_r}{1 + D(\mu_r - 1)} \tag{8.13}$$

8.1.3 固态磁敏感器件

8.1.3.1 霍耳器件

霍耳效应是磁电效应的一种，是霍耳（A. H. Hall，1855—1938）于 1879 年在研究金属的导电机理时发现的，但金属的霍耳效应十分微弱，到 20 世纪 50 年代末，随着半导体材料的开发，产生电子迁移率非常大的新材料，如锑化铟（InSb）、砷化铟（InAs）、砷化镓（GaAs）等，其霍耳效应较金属强得多，使霍耳效应器件得到广泛的应用。

霍耳效应器件为四端器件，有两个电流控制端和两个输出端，其原理图 8.5 所示，分别表示了 N 型半导体和 P 型半导体材料。沿半导体 Z 方向加磁场 B，沿 X 方向通以工作电流 I，则半导体材料中的载流子受到磁场洛伦兹力的作用

而向垂直于电流和磁场的某一侧偏转，随着载流子的积累，则在 Y 方向上材料的两端产生出电动势 V_H，这现象称为霍耳效应。同时，在两侧面间建立了一个电场，称为霍耳电场 E_H，其相应的电势能称为霍耳电动势 V_H。

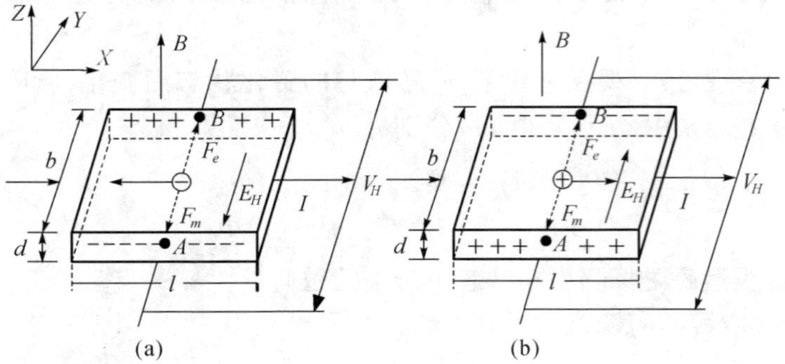

图 8.5　霍耳效应原理图

实验表明，在磁场不太强时，电位差 V_H 与电流强度 I 和磁感应强度 B 成正比，与板的厚度 d 成反比，即

$$V_H = R_H \frac{IB}{d} \tag{8.14}$$

或

$$V_H = K_H IB \tag{8.15}$$

式中：R_H，K_H 分别为霍耳系数和霍耳元件的乘积灵敏度。

产生霍耳效应的原因是，做定向运动的带电粒子，即载流子（N 型半导体中的载流子是带负电荷的电子，P 型半导体中的载流子是带正电荷的空穴）在磁场中受到洛伦兹力的作用产生的。

如图 8.5(a)所示，一块长为 R_H、宽为 R_H、厚为 R_H 的 N 型单晶薄片，置于沿 Z 轴方向的磁场 B 中，在 X 轴方向通以电流 I，则其中的载流子（电子）所受到的洛伦兹力为

$$F_m = qv \times B = -ev \times B = -evBj \tag{8.16}$$

式中：v 为电子的漂移运动速度，其方向沿 X 轴的负方向；e 为电子的电荷量，$e = 1.602 \times 10^{-19}$C；$F_m$ 指向 Y 轴的负方向；j 为电流密度。

自由电子受力偏转后，向 A 侧积聚，同时在 B 侧面上出现同数量的正电荷，由此在两侧面间形成沿 Y 轴方向上的向电场 E_H，即霍耳电场，则运动电子受到沿 Y 轴正方向的电场力 F_e，A，B 面之间的电位差为 V_H，即霍耳电压，则有

$$F_e = qE_H = -eE_H = eE_H j = e\frac{V_H}{b}j \tag{8.17}$$

将阻碍电荷的积聚，最后达到稳定状态时，有

$$F_m + F_e = 0 \tag{8.18}$$

即

$$evB = e\frac{V_H}{b} \tag{8.19}$$

得

$$V_H = vBb \tag{8.20}$$

此时，B 端电位高于 A 端电位。

若 N 型单晶中室外电子浓度为 n，则流过样片横截面的电流为

$$I = nebdv$$

得

$$v = \frac{I}{nebd} \tag{8.21}$$

将式(8.21)代入式(8.20)，有

$$V_H = \frac{1}{ned}IB = R_H = \frac{IB}{d} = K_H IB \tag{8.22}$$

式中：$R_H = 1/ne$ 为霍耳系数，它为材料产生霍耳效应的能力大小；$K_H = 1/ned$ 为霍耳元件的乘积灵敏度。

一般来说，K_H 越大越好，以便获得较大的霍耳电压 V_H。因 K_H 和载流子浓度 n 成反比，而半导体的载流子浓度远比金属的载流子浓度小，所以采用半导体材料作霍耳元件灵敏度较高。又因 K_H 和样品厚度 d 成反比，故霍耳芯片都切得很薄，一般 $d \approx 0.2\text{mm}$。

上面讨论的是 N 型半导体样品产生的霍耳效应，B 侧面电位比 A 侧面高；对于 P 型半导体样品，由于形成电流的载流子是带正电荷的空穴，与 N 型半导体的情况相反，A 侧面积累正电荷，B 侧面积累负电荷，如图 8－5(b)所示。此时，A 侧面电位比 B 侧面高。由此可知，根据 A，B 两端电位的高低，就可以判断半导体材料的导电类型是 P 型还是 N 型。

由式(8.22)可知，如果霍耳元件的灵敏度 R_H 已知，测得了控制电流 I 和产生的霍耳电压 V_H，则可测定霍耳元件所在处的磁感应强度为 $B = V_H/IK_H$。

一种直感式磁导航系统的核心器件，就是利用霍耳效应器件来测定磁感应强度 B 值。选用的霍耳元件，其 K_H 已确定，若保持控制电流 I 不变，则霍耳电压 V_H 与被测磁感应强度 B 成正比。

严格地说，在半导体中载流子的漂移运动速度并不完全相同，考虑到载流子速度的统计分布，并认为多数载流子的浓度与迁移率之积远大于少数载流子的浓度与迁移率之积，则半导体霍耳系数的公式中还应引入一个霍耳因子 r_H，即

$$R_H = \frac{r_H}{ne}\left(或\frac{r_H}{pe}\right)$$

如果磁感应强度 B 的方向与霍耳器件的法平面交角为 θ，则作用在霍耳器件上的有效磁场为磁场在器件法线方向的分量 $\cos\theta$，此时霍耳电压为

$$V_H = K_H IB\cos\theta \tag{8.23}$$

式(8.23)给出的推导为理想情形，而实际的情况要复杂得多，在产生霍耳电压 V_H 的同时，还往往伴有四种副效应，副效应产生的电压重叠加在霍耳电压上，可以造成测量误差。

8.1.3.2 磁阻器件

材料的电阻会因外加磁场的变化而增加或减小，称电阻的变化为磁阻 MR，磁阻效应是1857年由英国物理学家威廉·汤姆森发现的，它在金属里可以忽略，在半导体中可能由小到中等。磁阻器件由于灵敏度高、抗干扰能力强等优点在工业、交通、仪器仪表、医疗机械、探矿等领域得到广泛应用。

1. 半导体磁阻效应

许多金属、合金及金属化合物材料在处于磁场中时，传导电子受到强烈磁散射作用，使材料的电阻显著增大，称这种现象为磁阻效应。通常以电阻率的相对改变量来表示磁阻，即

$$MR = \frac{\Delta\rho}{\rho} = \frac{\rho_B - \rho_0}{\rho_0} = 0.27\mu^2 B^2 \tag{8.24}$$

式中：ρ_B 和 ρ_0 分别为有磁场和无磁场时的电阻率；μ 为载流子迁移率；B 为磁感应强度。

同霍耳效应一样，磁阻效应也是由于载流子在磁场中受到洛伦兹力而产生的。在达到稳态时，某一速度的载流电子所受到的电场力和洛伦兹力相等，载流子在两端聚集产生霍耳电场，比该速度慢的载流子将向电场力方向偏转，比该速度快的载流子则向洛伦兹力方向偏转。这种偏转导致载流子的漂移路径增加。或者说，沿外加电场方向运动的载流子数量减少，从而使电阻增加，由此产生磁阻效应。若外加磁场与外加电场垂直，称为横向磁阻效应；若外加磁场与外加电场平行，则称为纵向磁阻效应。一般情况下，载流子的有效质量的弛豫时间与方向无关，则纵向磁感强度不引起载流子的偏移，因而无纵向磁阻效应。

当材料中仅存在一种载流子时，磁阻效应几乎可以忽略，此时霍耳效应表现得更为强烈。若在材料中存在电子、空穴时，如锑化铟(InSb)材料，则磁阻效应表现得更强烈。

磁阻材料电阻的变化，可以是材料电学性质的改变引起的，或是材料几何尺寸引起的。

(1) 物理磁阻效应。如图 8.6 所示,长方形 N 型半导体薄片,施加直流恒定电流,当放置于图示方向的磁场 B 中时,半导体内的载流子将受到洛伦兹力的作用而发生偏转。在 a,b 端产生电荷积聚,从而产生霍耳磁场。如果霍耳电场作用和某一速度的载流子的洛伦兹力刚好抵消,那么小于或等于该速度的载流子将发生偏转,则沿外加电场方向运动的载流子数目将减少,使该方向的电阻加大,表现横向磁阻效应。如果将 a,b 端短接,霍耳电场将不存在,所有电子将偏转向 b 端,则电阻变得更大,阻磁效应增强。因此霍耳效应比较明显的器件,磁阻效应就小;霍耳效应比较小的器材,则磁阻效应就大。

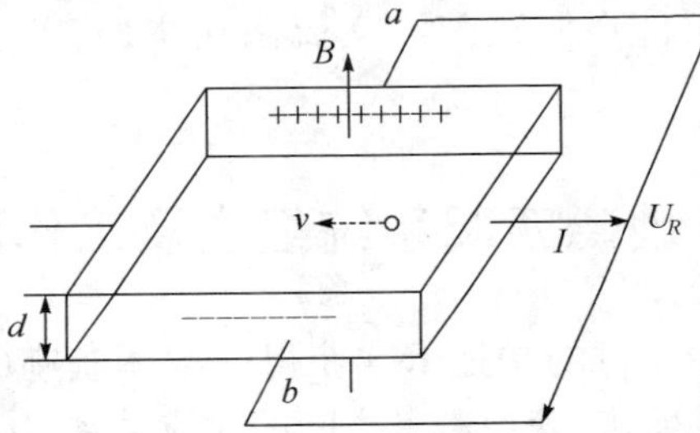

图 8.6　磁阻效应原理

(2) 几何阻磁效应。磁阻效应也与样品的形状有关,不同几何形状的样品,在同样大小的磁场作用下,其电阻变化不同,此现象称为几何磁阻效应。

在实际测量中,常用磁阻器件的磁电阻相对该变量 $\Delta R/R$ 来研究磁阻效应,由于 $\Delta R/R \propto \Delta\rho/\rho$,$\Delta R = R(B) - R(0)$,则

$$\frac{\Delta R}{R} = \frac{R(B) - R(0)}{R(0)} \tag{8.25}$$

式中:$R(B)$ 为磁场为 B 时的磁电阻;$R(0)$ 为零磁场时的磁电阻。

理论和实践证明,在弱磁场中时,$\Delta R/R$ 正比于磁感应强度 B 的平方,而在强磁场中时与 B 呈线性关系。

2. 倍频特性

若半导体磁阻传感器处于角频率为 ω 的弱正弦波交流磁场中,由于电阻相对变化量 $\Delta R/R$ 正比于 B^2,则磁阻传感器的电阻值将随角频率 2ω 做周期性变化,即在弱正弦波交流磁场中,磁阻传感器具有交流电倍频性能。若外界交流磁场的磁感应强度为

$$B = B_0\cos\omega t \tag{8.26}$$

式中:B_0 为磁感应强度的振幅;ω 为角频率;t 为时间。

设在弱磁场中,有

$$\Delta R/R = KB^2 \tag{8.27}$$

式中:K 为常量。

由式(8.26)和式(8.27),可得

$$\begin{aligned} R(B) &= R(0) + \Delta R = R(0) + R(0) \times KB^2 \\ &= R(0) + R(0) \times KB_0^2\cos^2\omega t \\ &= R(0) + \frac{1}{2}R(0) \times KB_0^2 + \frac{1}{2}R(0)KB_0^2\cos 2\omega t \end{aligned} \tag{8.28}$$

式中:$R(0) + \frac{1}{2}R(0) \times KB_0^2$ 为电阻值常量;$\frac{1}{2}R(0)KB_0^2\cos 2\omega t$ 以角频率 2ω 做余弦变化电阻值。

磁阻传感器的电阻值在弱正弦波交流磁场中,将产生倍频交流电阻阻值变化。

8.2 地磁匹配系统组成及工作原理

地磁匹配系统的主要目的是把 INS 获得的载体航迹(称为测量航迹)在地磁图背景下匹配出实迹航迹,获得二者之间的对应关系,从而利用匹配结果去修正测量航迹以达到限制测量航迹误差增长的目的。

地磁匹配系统由地磁探测模块、地磁数据库模块、惯性导航系统及信息处理模块组成,系统如图 8.7 所示,各部分描述如下。

(1) 地磁探测模块:由磁传感器和数据预处理及干扰补偿软件组成,向地磁匹配系统提供精确的实时测量地磁参数。

(2) 地磁数据库模块:包含地磁数据库(地磁图)和数据查询模块,向地磁匹配系统提供地磁数据,为地磁匹配算法提供数据来源。

(3) INS:向系统提供导航参数。

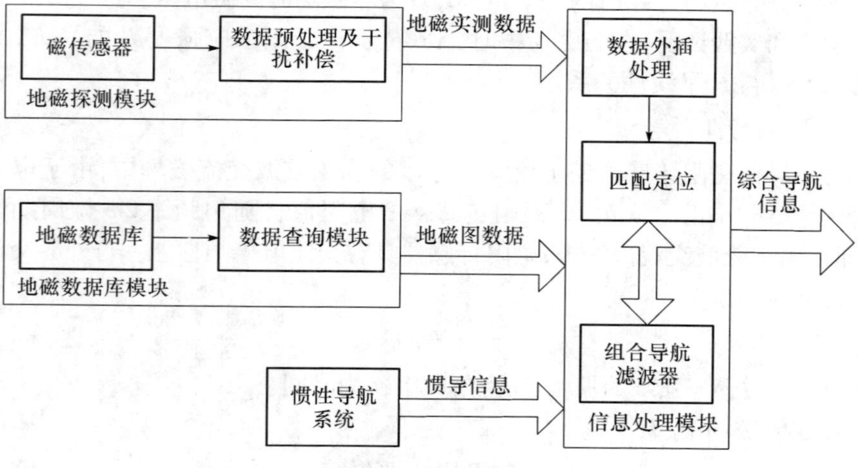

图 8.7 地磁匹配系统

（4）信息处理模块：采用专用计算机系统，完成地磁实测数据的外插计算、地磁匹配定位算法及组合导航计算。

上述几部分中，信息处理模块中的地磁匹配算法是地磁匹配系统中的一项关键技术，是地磁匹配系统的核心。算法的基本思想是通过实时磁场测量值与基准地磁图的匹配求得校正航迹。也就是，已知两个独立点集合，要找到一个变换使价值函数最小。用地磁匹配得到的位置信息与惯性导航位置信息做组合滤波，对导航信息进行误差修正，得到精确的导航信息。地磁匹配算法如图 8.8 所示。

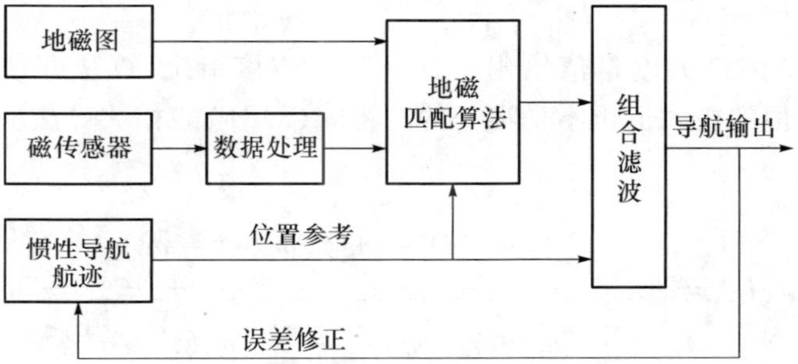

图 8.8　地磁匹配算法

8.3　地磁匹配算法

地磁匹配导航算法实质是数字地图的匹配。载体在航行过程中，将实时测量的地磁特征信息序列构成实时图，利用各种信息处理方法，将实时图与地磁数据库中存储的基准图数据进行比较，依一定的准则判断两者的拟合度，确定实时图与基准图中的相似点，即最佳匹配点。地磁匹配导航的匹配点并不是完全匹配的，只是实时图与基准图最大程度的相似，匹配算法是决定匹配精度，同时进一步决定导航精度的核心因素[2]。

8.3.1　基于相关分析的地磁匹配算法

1. 强调相似度的算法

（1）互相关算法（Cross Correlation Algorithm，COR）。

$$\mathrm{COR}(X,Y) \triangleq \frac{1}{N}\sum_{i=1}^{N} x_i y_i \tag{8.29}$$

COR(X,Y)由最大度量值给出最佳匹配。应该指出，算法即使在理想情况下，它的度量值的极大值也不是唯一的。将式（8.29）的相关算法应用到地磁匹配中，其定义为

$$J_{\text{COR}} = \frac{1}{N}\sum_{i=1}^{N} m_m(i)m_t(i) \tag{8.30}$$

式中：$m_t(i)$为航行器测量的磁场值；$m_m(i)$为数字基准地磁图中存储的磁场强度，最优计算要使J_{COR}最大。

（2）相关系数算法（Correlation Coefficient，CC）。

$$\text{CC}(X,Y) \triangleq \frac{\sum_{i=1}^{N}(x_i - \bar{x})(y_i - \bar{y})}{\sqrt{\sum_{i=1}^{N}(x_i - \bar{x})^2}\sqrt{\sum_{i=1}^{N}(y_i - \bar{y})^2}} \tag{8.31}$$

CC(X,Y)由最大度量值给出最佳匹配。应该指出，算法即使在理想情况下，它的度量值的极大值也不是唯一的。将式（8.31）的相关算法应用到地磁匹配中，其定义为

$$J_{\text{CC}} = \frac{\sum_{i=1}^{N}(m_m(i) - \bar{m}_m)(m_t(i) - \bar{m}_t)}{\sqrt{\sum_{i=1}^{N}(m_m(i) - \bar{m}_m)^2}\sqrt{\sum_{i=1}^{N}(m_t(i) - \bar{m}_t)^2}} \tag{8.32}$$

式中：$m_t(i)$为航行器测量的磁场值；$\bar{m}_t$为航行器测量的磁场平均值；$m_m(i)$为数字基准地磁图中存储的磁场强度；$\bar{m}_m$为数字基准地磁图中存储的磁场强度平均值，最优计算要使J_{CC}最大。

2. 强调差别度的算法

（1）平均绝对差法（Mean Absolute Deviation，MAD）。

$$\text{MAD}(X,Y) \triangleq \frac{1}{N}\sum_{i=1}^{N}|x_i - y_i| \tag{8.33}$$

MAD(X,Y)由最小度量值给出最佳匹配。MAD算法是一种最小距离度量，它使用绝对值距离$|\cdot|$，将式（8.33）的相关算法应用到地磁匹配中，其定义为

$$J_{\text{MAD}}(j\delta x) = \frac{1}{N}\sum_{i=1}^{N}|m_m(i) - m_i(i)| \tag{8.34}$$

式中：$m_t(i)$为航行器测量电磁场值；$m_m(i)$为数字基准地磁图中存储的磁场强度，最优的计算要使J_{MAD}最小。

（2）平均平方差算法（Mean Square Deviation，MSD）。

$$\text{MSD}(X,Y) \triangleq \frac{1}{N}\sum_{i=1}^{N}(x_i - y_i)^2 \tag{8.35}$$

MSD(x,y)由最小度量给出最佳匹配。MSD算法也是一种最小距离度量，它使用欧氏距离。将式（8.35）的相关算法应用到地磁匹配中，其定义为

$$J_{\text{MSD}} = \frac{1}{N}\sum_{i=1}^{N}[m_m(i) - m_t(i)]^2 \tag{8.36}$$

式中，$m_t(i)$为航行器测量的磁场值；$m_m(i)$为数字基准地磁图中存储的磁场强度，最优的计算要使J_{MSD}最小。

8.3.2 基于等值线匹配的地磁匹配算法

“等值线”意味着常数强度或常数距离的线。等值线在图像处理中不常用，原因是强度图像通常由“平坦”区域构成的，也就是说，等值线没有办法定义常数强度区域。然而，一块海域的数字地磁图通常构成一个平滑曲面而没有任何不连续磁场值存在。在这样的条件下，等值线很好定义，而且也很长。它们的形状可靠性使得它们成为可靠的匹配单元，而且随着长度的增长其偶然匹配的比率也会降低。进一步说，等值线所含的特征很丰富，你可以抽取任意数目的等值线作为匹配的可靠条件。每一条等值线可以通过它的特征参数值进行识别。

等深线作为等值线类别中的一种类型，已被成功用作匹配算法的匹配参数。

以等值线为匹配单元的地磁图匹配算法，也称地磁图匹配（Iterated Closest Contour Point，ICCP）算法。ICCP算法是一种基于几何学原理的匹配方法，最初来源于图像配准的ICP算法。采用ICCP算法在等值线上寻找最小度量意义下的全局最优值，这个全局最优值是最终的匹配对准值。

地磁图匹配ICCP算法的基本原理是：AUV在航行过程中，INS会给出一系列航迹点位置值（$(L_{Ni},\lambda_{Ni})\ i=1,2,\cdots,n$），同时由测磁传感器获得相应点的磁场值$m_i$。由于惯性导航设备误差、其他未知因素及随机环境的影响将使通过INS获得的测量航迹（$(L_{Ni},\lambda_{Ni})\ i=1,2,\cdots,n$）与真实航迹（$(\varphi_i,\lambda_i)\ i=1,2,\cdots,n$）之间存在差别，算法希望利用实时测量的地磁数据在预先存储的地磁图上寻找对应最近等值线点，其示意图如图8.9所示，然后用最小方差估计的方法计算测量点与真实点间的刚性变换，多次迭代匹配出AUV的实际航迹。

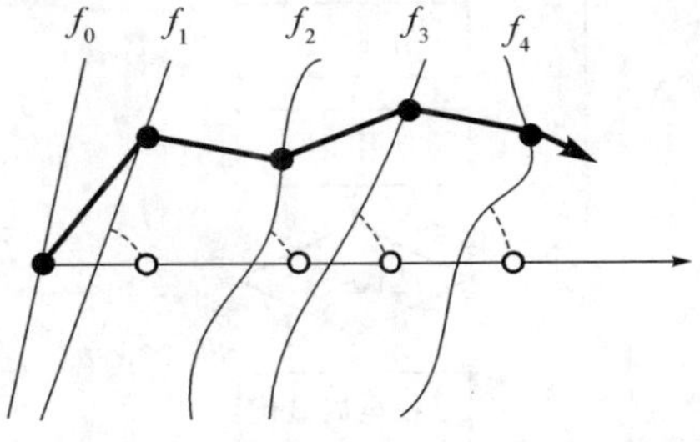

图8.9　测量值对应等值线上最近点示意图

图8.9中，空心圆表示测量位置，实心圆表示真实位置，真实位置在测量位置对应等值线上。

根据上述原理，由INS指示的N_p个测量位置值（$(L_{Ni},\lambda_{Ni})\ i=1,2,\cdots,n$），$N_p$与磁传感器提供的对应点磁场值$m_{Ni}$构成集合$P$。第$k$步变换以前的磁场值数据点集$P_k$，$P_k$中的每一个点在参考地磁图（下面的点集）中寻找最近匹配点

及使目标函数 d_k 最小的刚性变换 Γ_k(旋转和平移):

$$d_k = \frac{1}{N_p}\sum_{i=1}^{N_p} \| y_{ik} - \Gamma_k p_{ik} \|^2 \tag{8.37}$$

将刚性变换应用到点集 P_k 上,得到变换后的点集 P_{k+1},之后再在地磁图中寻找最近点集合 Y_k,再进行下一循环。此算法基本遵循“初始对准—寻找最近等值线点—刚性变换—应用变换—判断是否终止迭代”的循环过程。据此绘制地磁图匹配 ICCP 算法的流程图如图 8.10 所示,过程描述如下。

(1) 在参考地磁图中提取测量磁场值 m_{Ni} 对应的等值线集 C。

(2) 选择初始对准集,即设置迭代的初值 p_0。

(3) 寻找集合 P_k 中任一点 p_{ik} 对应等值线上最近点 y_{ik}。

(4) 寻找刚性变换 Γ_k,使集合 $Y_k = \{y_{ik}\}$ 与集合 $P_k = \{p_{ik}\}$ 之间量测距离 d_k 最小。

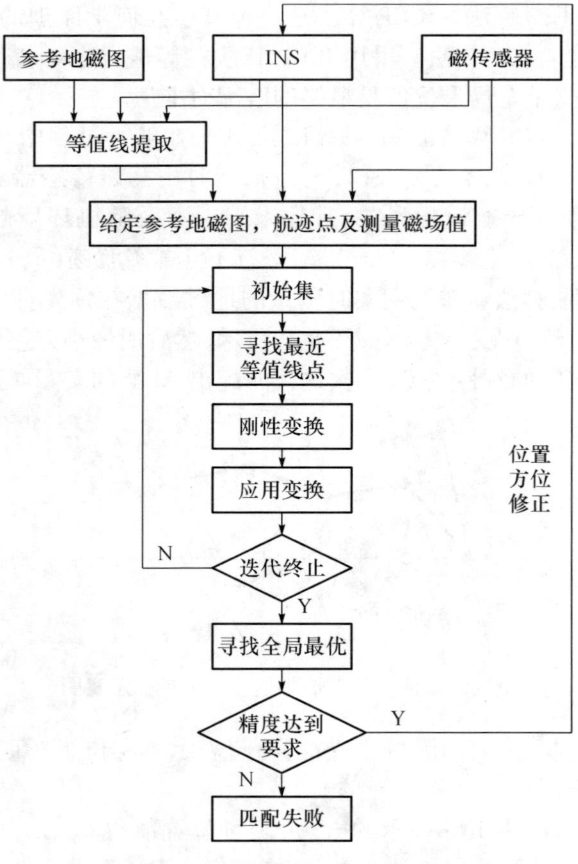

图 8.10　ICCP 算法的流程图

$$d_k(Y_k, \Gamma_k P_k) = \frac{1}{N_p}\sum_{i=1}^{N_p} \| y_{ik} - \Gamma_k p_{ik} \|^2 \tag{8.38}$$

（5）应用变换将集合 P_k 变换到集合 $\Gamma_k P_k$，即 $P_{k+1} = \Gamma_k P_k$，重复步骤（4）、（5）。

（6）设置迭代终止条件，满足则进行下一步。

（7）判断精度是否达到要求，满足则匹配结束，否则认为匹配失败。

1. 刚性变换

ICCP 算法刚性变换的目的是使式(8.38)最小。优化方法如最速下降法、变化梯度法、单纯形法或更复杂的方法都可以用来找到刚性变换的旋转和平移矩阵。SVD 方法和四元数的方法是现今应用最为普遍的两种方法。两者比较，四元数法更容易获得正交的旋转矩阵，以下选用单位四元数法计算刚体的旋转和平移，下面简述单位四元数法变换原理。

寻找一个刚性变换 Γ（旋转和平移），使两个对应点集 $X = \{\boldsymbol{x_n}\}$ 和 $Y = \{\boldsymbol{y_n}\}$ 集合间的距离最小。对应到地磁匹配中，点集 X 为任意一次迭代航迹 P_k，点集 Y 为对应等值线上最近点集合。首先要旋转集合 X 使其对准集合 Y 的方向，然后进行平移以使集合 X 的质心与集合 Y 的重合。

设对 X 旋转的矩阵为 $\boldsymbol{R}$，平移矢量为 $\boldsymbol{t}$，于是有 $\Gamma \boldsymbol{x_n} = \boldsymbol{R}\boldsymbol{x_n} + \boldsymbol{t}$，这里两个集合的质心分别为

$$\tilde{y} = \frac{1}{\omega}\sum_{n=1}^{N} \omega_n \boldsymbol{y_n}, \tilde{x} = \frac{1}{\omega}\sum_{i=1}^{N} \omega_n \boldsymbol{x_n}, \omega = \sum_{n=1}^{N} \omega_n \tag{8.39}$$

旋转矩阵可以用单位四元数 $\boldsymbol{q} = (q_0, q_1, q_2, q_3)^{\mathrm{T}}$ 表示，且有 $\sum q_i^2 = 1$。

四元数方法最初用于三维情况，其中，旋转角度 θ 和旋转轴 $\hat{\boldsymbol{v}}$ 与四元数的元的关系为

$$q_0 = \cos\left(\frac{\theta}{2}\right), (q_1, q_2, q_3) = \sin\left(\frac{\theta}{2}\right)\hat{\boldsymbol{v}} \tag{8.40}$$

由于地磁匹配问题是航迹间的匹配，属于二维问题，因此旋转轴 $\hat{\boldsymbol{v}} = (0,0,1)^{\mathrm{T}}$，四元数表示为 $\boldsymbol{q} = (\cos(\theta/2), 0, 0, \sin(\theta/2))^{\mathrm{T}}$。

根据 ICCP 算法数学原理，有

$$\boldsymbol{R} = \begin{bmatrix} \cos\theta & -\sin\theta \\ \sin\theta & \cos\theta \end{bmatrix} \tag{8.41}$$

$$\boldsymbol{S} = \sum_{n=1}^{N} \omega_n (\boldsymbol{y_n} - \tilde{\boldsymbol{y}})(\boldsymbol{x_n} - \tilde{\boldsymbol{x}})^{\mathrm{T}} \tag{8.42}$$

$$\boldsymbol{W} = \begin{bmatrix} S_{11} + S_{22} & 0 & 0 & S_{21} - S_{12} \\ 0 & S_{11} - S_{22} & S_{12} + S_{21} & 0 \\ 0 & S_{12} + S_{21} & S_{22} - S_{11} & 0 \\ S_{21} - S_{12} & 0 & 0 & -S_{11} - S_{22} \end{bmatrix} \tag{8.43}$$

矩阵 W 的 4 个特征值是实数，由下式给出：

$$\lambda = \pm[(S_{11}+S_{22})^2+(S_{21}-S_{12})^2]^{1/2},\ \pm[(S_{11}-S_{22})^2+(S_{12}+S_{21})^2]^{1/2} \tag{8.44}$$

λ_m 为最大的特征值，对应的特征向量由下式计算出：

$$(S_{11}+S_{22}-\lambda_m)q_0+(S_{21}-S_{12})q_3=0 \tag{8.45}$$

得出旋转角

$$\tan\frac{\theta}{2}=\frac{S_{11}+S_{22}-\lambda_m}{S_{12}-S_{21}} \tag{8.46}$$

旋转矩阵 $\boldsymbol{R}$ 确定后，平移矢量可以表示为 $\boldsymbol{t}=\tilde{\boldsymbol{y}}-\boldsymbol{R}\tilde{\boldsymbol{x}}$。

2. 迭代终止条件

迭代终止条件的选择一般采用如下四种方法。

（1）旋转和平移增量与原数据的比值小于门限值：

$$|\boldsymbol{R}_{k+1}-\boldsymbol{R}_k|/|\boldsymbol{R}_k|<\varepsilon_{Rr},\ |\boldsymbol{t}_{k+1}-\boldsymbol{t}_k|/|\boldsymbol{t}_k|<\varepsilon_{Rt}$$

（2）旋转和平移增量的绝对值都小于门限值：

$$|\boldsymbol{R}_{k+1}-\boldsymbol{R}_k|>\varepsilon_R,\ |\boldsymbol{t}_{k+1}-\boldsymbol{t}_k|<\varepsilon_t$$

（3）式(8.38)的距离变化量小于门限值：

$$\frac{1}{N}\sum_{i=1}^{N}\|\boldsymbol{y}_{ik}-\boldsymbol{R}_k\boldsymbol{x}_{ik}-\boldsymbol{t}_{ik}\|^2<\varepsilon_{LSE}$$

（4）迭代次数超过门限该条件 $K>K_{\max}$，一般是合理的或与上述之一同时使用。

3. 等值线提取

根据测量磁场值在地磁图上找到对应等值线上的最近点是 ICCP 算法的关键。常用的方法有最近邻内插法和双向线性内插法。

最近邻内插法是以惯性导航位置为中心在不大的范围内寻找与测量磁场值相等的网点，选取最近点的坐标值作为测量磁场值在地磁图上的对应位置。当地磁图上网点值与测量磁场值相等时结果比较理想。由于地磁图采用网格化的形式，搜索只能在许多网点中进行，计算量大而且很有可能找不到与测量磁场值相等的网点，只能找值最相近的网点，因此该方法误差较大。

为了减小最近邻内插法的误差，真正做到寻找最近等值点，采用双向线性内插法对网格内(4 个网点构成的区域)进行等值线提取，确定真正的等值点。计算网格内磁场值，是由地磁图最近邻域的 4 个网点的磁场值，在 k、s 方向上按线性内插法确定，如图 8.11 所示，图中同方向上两个点间距离为 1。

$$s\text{ 方向：}\begin{aligned}&m(i,s)=(1-\beta)m(i,j)+\beta m(i,j+1)\\&m(i+1,s)=(1-\beta)m(i+1,j)+\beta m(i+1,j+1)\end{aligned} \tag{8.47}$$

$$k\text{ 方向:}\begin{array}{l} m(k,j) = (1-\alpha)m(i,j) + \alpha m(i+1,j) \\ m(k,j+1) = (1-\alpha)m(i,j+1) + \alpha m(i+1,j+1) \end{array} \quad (8.48)$$

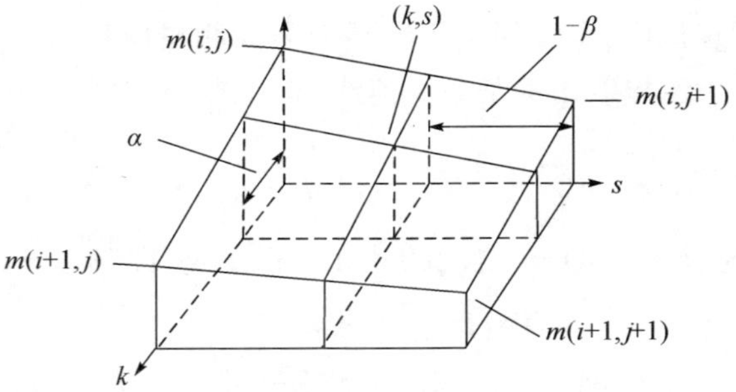

图 8.11　双向线性内插法图示

根据 s 方向和 k 方向表达式,得出该网格内坐标为(k,s)处磁场值为

$$\begin{aligned} m(k,s) &= [1-\alpha \quad \alpha]\begin{bmatrix} m(i,j) & m(i,j+1) \\ m(i+1,j) & m(i+1,j+1) \end{bmatrix}\begin{bmatrix} 1-m \\ m \end{bmatrix} \\ &= (1-\alpha)(1-\beta)m(i,j) + \alpha(1-\beta)m(i+1,j) + \\ &\quad \beta(1-\alpha)m(i,j+1) + \alpha\beta m(i+1,j+1) \end{aligned} \quad (8.49)$$

式中:$\alpha = k - i,\beta = s - j$。

以此为基础,进行等值线提取。

4. 寻找最近等值线点

计算空间中任意一点 p 到一个曲线或曲面 A 的距离,可以按如下原理进行。设 l 为连接 A 上两个点 r_1 和 r_2 之间的线段,点 p 和 A 之间的最短距离可以表示为

$$d(p,A) = \min_{u+v-1} \| ur_1 + vr_2 - p \| \quad (8.50)$$

式中:$u \in [0,1]$且 $v \in [0,1]$。

如果假定 L 为 N_l 个表示为的 l_i 线段组成,且假定 $L = \{l_i\}$。对于 $i = 1,2,\cdots,N_l$,在点 p 与线段集 L 之间的最短距离为

$$d(p,L) = \min_{i \in (1,2,\cdots,N_l)} d(p,l_i) \quad (8.51)$$

在线段集 L 上的最近点 y_i 满足等式 $d(p,y_i) = d(p,L)$。

假定 t 为三个点 r_1,r_2,r_3 定义的三角形。在点 p 与线段集 t 之间的最短距离为

$$d(p,t) = \min_{u+v+w=1} \| ur_1 + vr_2 + wr_3 - p \| \quad (8.52)$$

式中:$u \in [0,1], v \in [0,1], w \in [0,1]$。

假定 T 为 N_t 表示 t_i 的三角形集,设 $T = \{t_i\}$,对于 $i = 1,2,\cdots,N_t$。在点 p 与线段集 T 之间的最短距离为

$$d(p,T) = \min_{i\in(1,2,\cdots,N_t)} d(p,t_i) \tag{8.53}$$

在线段集 T 上的最近点 y_i 满足等式 $d(p,y_i)=d(p,T)$，其他的空间中任意集合形状也可以根据式(8.53)计算最近点。

在地磁匹配算法中，寻找的是二维平面内的测量航迹点到对应等值线上的最近点，若以 C_k 表示提取出的某条等值线($x_k:[a,b]\to R^2$)，点 x 和等值线 C_k 之间的距离 $d(x,C_k)$ 为

$$d(x,C_k) = \min_{u\in[a,b]} d(x,x_k(u)) \tag{8.54}$$

式中：$d(x_1,x_2)$ 为点 x_1 和点 x_2 之间的欧几里得距离，即

$$d(x_1,x_2) = \| x_1 - x_2 \| \tag{8.55}$$

C_k 在地磁图中是以网格点序列的一部分子集 $X_{k,l}(l=1,2,\cdots,N_k)$ 的形式给出，对于测量航迹中的给定点 x，在地磁图中对应等值线上的最近点 y 满足：

$$d(x,y) = \min d(x,C_k) = \min_{l\in[1,\cdots,N_k]} d(x,x_{k,l}) \tag{8.56}$$

5. 求最近等值线点原理及流程

地磁图以离散数据的形式存放在计算机中，同时获得惯性导航位置和磁场值，就需要根据惯性导航位置在不大的范围内(依据假设)寻找与该磁场值相等的距离最近的值点，从而得到最近等值线点位置，进行下一次迭代计算。因此，ICCP 算法中寻找最近等值线点是基于一个假设：惯性导航的相对误差不大，真实位置就在惯性导航指示位置的附近。寻找最近等值线点的方法考虑到地磁图的形式，通过向等值线(多边弧)作垂线，垂足即为最近等值线点。

由于在全搜索范围内提取等值线的计算量较大，由上一节的分析可以看出，如果一条等值线通过某一区域，前提条件是该区域网格点上的磁场值不全大于(或小于)该等值线值。借此可以简化算法，在给定位置 x 周围逐渐扩大搜索范围，判断 x 周围有等值线通过的最小区域，在这个区域内求取 x 到等值线的最小距离，示意图如图 8.12 所示。

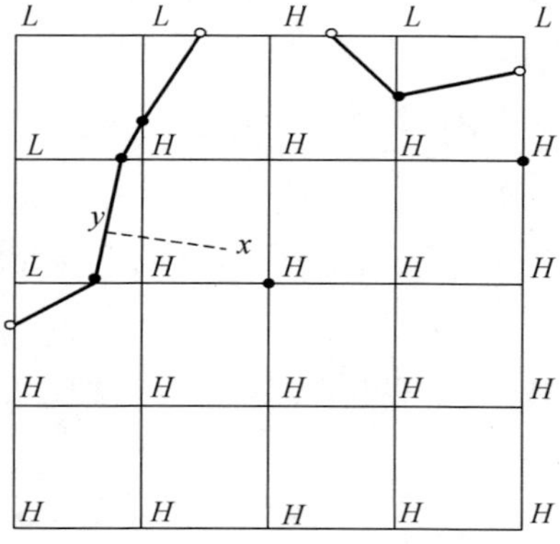

图 8.12 最小区域内最近等值线点示意图

在搜索到最小区域之后，寻找这个区域内距 x 最近等值线上的点 y。为了确认 y 确实是距 x 最近的等值线点，必须将搜索区域扩大，证实在这个区域内等值线段中没有任何点与 x 更近。x 与 y 之间的距离不可能小于邻域内最近点的距离，其算法流程图如图 8.13 所示。

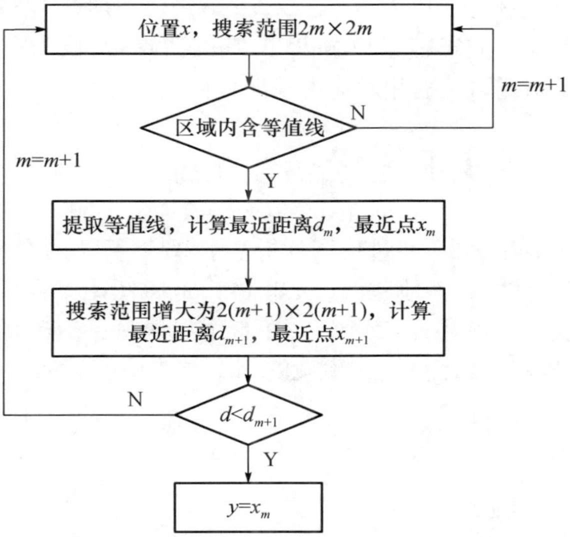

图 8.13　最近等值线点算法流程图

等值线与网格的交点由两个顶点间的线性插值确定，位置 $x_m(x_m, y_m)$ 到等值线 $y = kx + b$ 最近点坐标方程为

$$\begin{cases} x_{\min} = (x_m + ky_m - kb)/(k^2 + 1) \\ y_{\min} = (k^2y_m + kx_m + b)/(k^2 + 1) \end{cases} \tag{8.57}$$

6. 测量数据的采集和基准数据的构造

载体在匹配区域运动时，磁传感器按一定的时间间隔采集一系列磁场强度值，经过数据预处理后得到测量数据带，记为

$$H_N = [h_1, h_2, \cdots, h_n]$$

式中：N 为一次匹配的采样个数，也称测量带长（或匹配长度），其值大小由地磁场的特点决定；h_n 为当前时刻的测量值，即需要匹配对准的时刻。

当磁场信息丰富时，N 可适当取小些；当磁场信息贫乏时，N 应取大些。N 的取值对匹配精度和匹配运算量有重要影响。为了防止匹配过程的几何失真误差，主要包括同步误差和比例因子误差，我们可采用以下措施：①保证惯性导航输出数据与地磁测量数据同步采集；②实时构造基准数据带。基准数据带的构造方法如下。

设惯性导航的输出位置序列为 $S_N = \{(x_i, y_i), i = 1, 2, \cdots, N\}$，记位置增量 $\Delta x_i = x_{i+1} - x_i, \Delta y_i = y_{i+1} - y_i (i = 1, 2, \cdots, N-1)$，对任何一个搜索位置 $S_0 = (I_0,$

J_0),便得到基准数据带的搜索位置序列:

$$I_i = I_{i-1} + \Delta x_i \tag{8.58}$$

$$J_i = J_{i-1} + \Delta y_i (i = 1,2,\cdots,N-1) \tag{8.59}$$

利用基准位置序列:$\{(I_i,J_i),i=1,2,\cdots,N-1\}$,在原始地磁基准图中进行重采样,便可以得到对应于搜索位置 S_0 的基准数据带,设为 $H'_N=[h'_1,h'_2,\cdots,h'_n]$ 由此便产生了与测量数据相对应的基准数据,利于以后进行相关运算。

8.4 组合导航系统仿真

本节以 ICCP 算法为例,通过仿真分析基于 ICCP 算法的 INS/地磁组合匹配算法。选择一定区域的参考地磁图(图 8.14),地磁图网格精度为 200m。某一载体以一定航迹航行(航迹任意设定),在 5 个点测量了地磁场值。图 8.15 示出载体的实际航迹和磁场测量点,预设的测量航迹由实际航迹加上 15°航向误差及某些平移矢量形成。

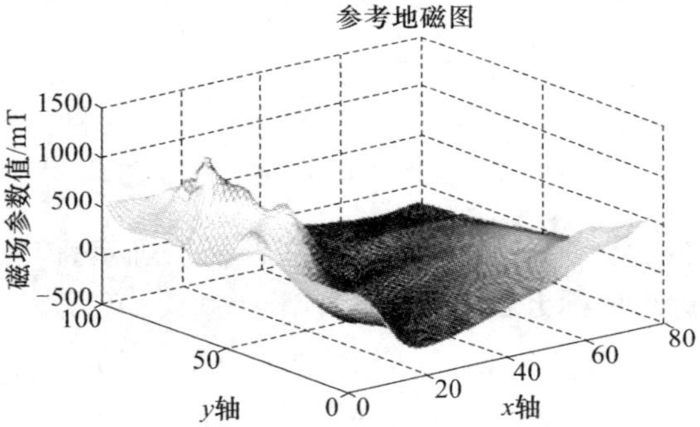

图 8.14 全局最优匹配过程

图 8.15 详细画出了寻找到对应等值线上的最近点,值得注意的是最近等值线点的弯曲形状同实际航迹和测量航迹不相似,其中第一次迭代航迹表示刚性变换后的航迹。从图 8.15 可以看出,刚性变换后的航迹跟实际航迹形状是一致的。并且显而易见的是,在变换收敛到最优匹配的过程中,最近等值线点构成的形状与实际航迹会越来越相似。

图 8.16 所以是按照第 8.3.2 节中介绍的对测量航迹采用旋转与平移的方法,对系统多次实验选择某一初值,图像显示最终匹配结果收敛于全局最优解。在仿真过程中发现,在有限的选择次数内,该方法未必收敛于全局最优解,但在满足系统精度要求的前提下,能较大地减少系统优化计算量,节省运算时间。

经过计算:当系统达到局部最优值时,定位误差约为 652m;达到全局最优值时,定位误差约为 45m。

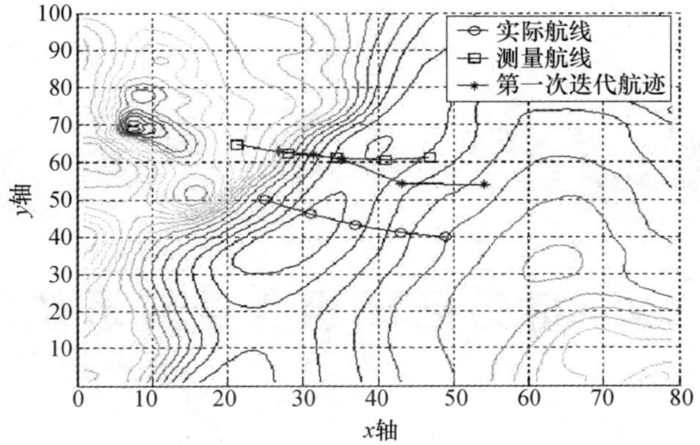

图 8.15 ICCP 算法第一次迭代

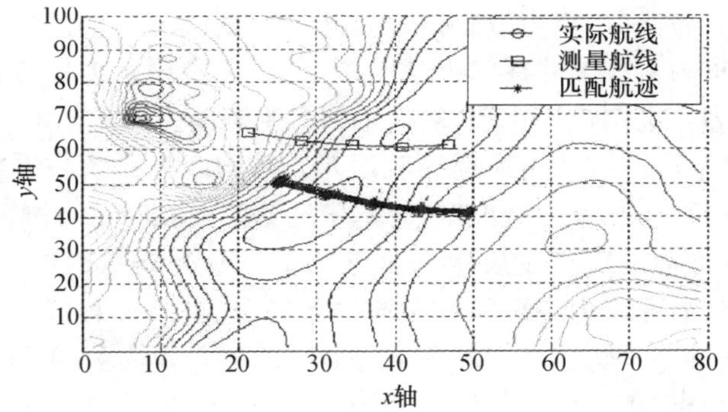

图 8.16 全局最优匹配过程

从这几个图中发现,地磁图匹配 ICCP 算法在不考虑测磁传感器误差的前提下能够达到较高的匹配精度。

等值线的地磁图匹配算法具有如下几个特点。

(1) 该算法是一种后验估计或批处理方法,实时性比较差;但相对基于相关极值的地磁匹配算法来讲,定位过程中可以做机动航行。

(2) 算法实现局部最优化较简单,实现全局最优化需采取一定的措施。

(3) 该方法是以惯性导航指示位置误差不大作为前提条件的,在实际应用中,如果从载体航行初始阶段一直对惯性导航采用地磁匹配算法进行校正,该前提是可以满足的。因此等值线的地磁图匹配算法具有实际应用性。

参 考 文 献

[1] 杨晓东. 地磁导航原理. 北京:国防工业出版社,2009.

[2] 邓翠婷,黄朝艳,赵华,等. 地磁匹配导航算法综述. 科学技术与工程,2012,20(24):6126-6131.

第9章

INS/重力匹配组合导航系统

重力匹配是在研究重力扰动或垂线偏差对惯性导航系统精度影响的基础上，发展起来的一种利用重力敏感仪表的测量实现的图形匹配导航技术。它要求事先制作好重力基准图并存储在导航系统中，再利用重力敏感仪器测定重力场信息并与重力基准图进行比较，以一定的准则判断二者之间的拟合度，从而确定最佳匹配位置，限定或修正惯性导航误差。重力匹配系统主要由四大部分组成：①惯性导航系统；②重力基准图；③基于动基座的实时重力测量系统；④匹配算法；而上述各部分的应用发展水平决定了重力匹配技术的可行性及其精度。重力匹配涉及到海洋重力特征的数学描述和提取、重力传感器测量误差分析与建模、最佳匹配准则及防止产生虚假定位准则的建立等技术；可采用的数据处理方法包括相关分析、极大似然估计、扩展卡尔曼滤波、多模型自适应估计、神经网络及统计模式识别等。当前，重力匹配主要是借鉴地形匹配的技术思路，主要分为序列迭代和单点迭代两种算法。单点迭代算法以桑迪亚惯性地形辅助导航(Sandia Inertial Terrain - Aided Navigation，SITAN)算法为典型代表，借助于扩展卡尔曼滤波技术对每一个采样点都进行匹配以抑制惯性导航误差的增长。序列相关匹配算法是当观测采样序列采样达到一定长度之后，才进行一次匹配，匹配完成之后，将修正信息提供给惯性导航，主要包括最近等值线迭代算法(the Iterated Closest Contour Point，ICCP)、相关极值算法和基于递推滤波技术的匹配算法等。

9.1 重力仪

9.1.1 绝对重力仪

绝对重力仪是当前国际上研制的测定绝对重力值的仪器，其原理是根据自由落体定律，具体又可分为自由下落法绝对重力仪和对称自由运动法(又称上抛法)绝对重力仪[1]。

1. 自由下落法绝对重力仪

如图 9.1 所示，在任意时刻 t 自由落体的运动方程式为

$$h = h_0 + v_0 t + \frac{1}{2} g t^2 \qquad (9.1)$$

式中：h_0 为落体的起始高度；t 为从起始高度起算的下落时间；v_0 为下落时初速度；g 为重力。

由于式中含有 h_0，v_0 和 g 三个未知数，故必须测定三组 h_i 和 t_i 值，由式（9.1）解出 g 值。设自由落体在三个位置上的参数分别为 t_1，h_1；t_2，h_2 和 t_3，h_3，并设 $x_1 = h_1 - h_0$，$x_2 = h_2 - h_0$，$x_3 = h_3 - h_0$，按式（9.1）可得

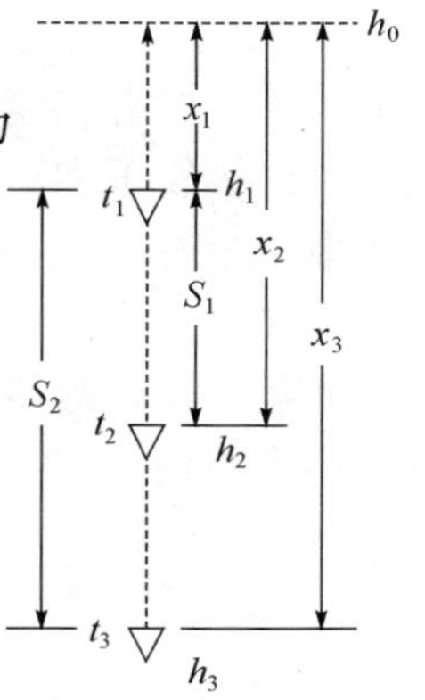

图 9.1　自由下落法原理示意图

$$x_1 = v_0 t_1 + \frac{1}{2} g t_1^2 \quad x_2 = v_0 t_2 + \frac{1}{2} g t_2^2 \quad x_3 = v_0 t_3 + \frac{1}{2} g t_3^2 \qquad (9.2)$$

将式（9.2）中的第二、第三式分别减去第一式，再令 $S_1 = x_2 - x_1$，$S_2 = x_3 - x_1$；$T_1 = t_2 - t_1$，$T_2 = t_3 - t_1$，在消去 v_0 后可简化求得

$$g = \frac{2\left(\frac{S_2}{T_2} - \frac{S_1}{T_1}\right)}{T_2 - T_1} \qquad (9.3)$$

这就是下落法求 g 值的实用公式。为了精确地测定 S 值，常采用激光干涉系统，其工作原理如下。

如图 9.2 所示，主体直角棱镜 1 装在自由落体上，它的光心和落体的质心重合，由高度稳定的氦氖激光器 2 射出的光束通过狭缝 3 和准直透镜 4 而投射至

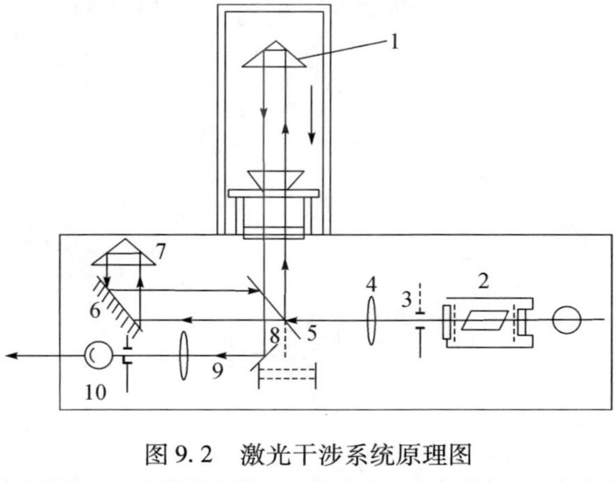

图 9.2　激光干涉系统原理图

1—直角棱镜；2—氦氖激光器；3—狭缝；4—准直透镜；5—主分光镜；6—反射镜；7—固定参考主体直角棱镜；8—反射镜；9—透镜；10—光电倍增管。

主分光镜5上。激光束分成两路，一路经主分光镜反射至主体直角棱镜1上；另一路则透过主分光镜，经反射镜6反射至固定参考主体直角棱镜7上，这两路光束分别经棱镜1和7的折射，再通过主分光镜5、反射镜8和透镜9一起反射进入光电倍增管10。这种结构就是一台迈克尔逊干涉仪。在落体的下落过程中，由于两光束的光程差不断改变，它们在空间叠加时就形成明暗交替的干涉条纹，这个光程差就是落体下落距离的变化。只要记录出干涉条纹数目，自由落体下落的距离可由下式得到：

$$S = N\frac{\lambda}{2} \tag{9.4}$$

式中：λ 为激光波长；N 为干涉条纹数。

干涉条纹数是用电子计数器计数，由光电倍增管输出。与此同时，对时间的记录则采用铯（铷）原子钟作频率标准。为了保证精度，减少空气阻力的影响，自由落体应安置在高真空度的容器内下落。

2. 上抛法绝对重力仪

为了使绝对重力值测量达到 $10^{-2}\mu g$ 级（微伽级）精度，近年来又出现了根据物体的上抛和下落运动来测定重力值的仪器，原理如下。

如图9.3所示，设在铅垂方向上有两个位置 A 和 B，AB 间距离为 H。物体上抛至 A 位置的时刻为 t_1，速度为 v_1；至 B 位置的时刻为 t_2，速度为 v_2；到达最高点 C 时速度为零。然后下落至 B 点的时刻 t_3，速度仍是 v_2；下落至 A 点的时间为 t_4，速度仍是 v_1。若该物体仅受重力作用，则由能量守恒定律可得

$$\frac{1}{2}mv_1^2 = \frac{1}{2}mv_2^2 + mgH \tag{9.5}$$

因为在上抛、下落运动中，物体上下经过对称位置时的速度是相等的，所以有

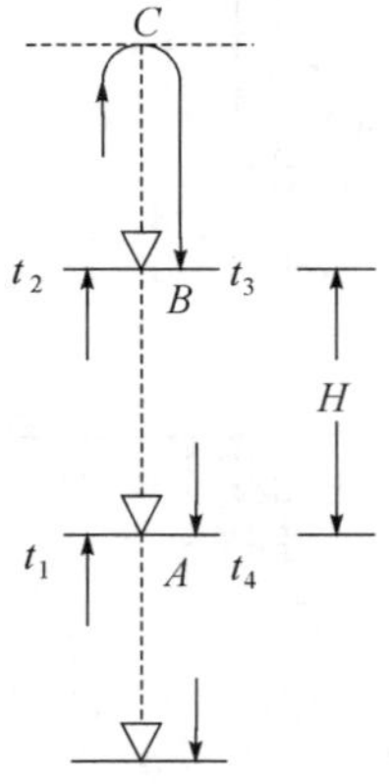

图9.3 上抛法原理示意图

$$v_1 = \frac{1}{2}g(t_4 - t_1)v_2 = \frac{1}{2}g(t_3 - t_2) \tag{9.6}$$

将 v_1 和 v_2 代入式(9.5)中便得到

$$g = \frac{8H}{(t_4 - t_1)^2 - (t_3 - t_2)^2} \tag{9.7}$$

若以 $H = \frac{1}{2}N\lambda$ 代入式(9.7),则有

$$g = \frac{4H\lambda}{(t_4 - t_1)^2 - (t_3 - t_2)^2} \tag{9.8}$$

由于上抛和下落时经过同一点的速度相同,所以落体受到残存空气阻尼和记时误差影响相似,从而能很好地消除这两种误差的系统性影响。这种仪器的测距及测时系统与下落法相似。

由于重力 g 是高度的函数,两种仪器所测定的重力值是什么高度上的值呢?可以证明:下落法测定的 g 值是自由落体质心起始位置以下 $Z = 2S_2/7$ 处的数值,S_2 为自由落体下落的全程;上抛法测出的 g 值是物体最高点以下 $Z = (H/2 + H_B)/3$ 处的数值。其中 H_B 为 B 点的高度。

3. 典型的绝对重力仪

(1) 经典绝对重力仪。

研制经典绝对重力仪最成功的是美国 Micro - g 公司,他们的产品根据测量条件及测量精度的不同分为 FG - 5,FG - 5L,A - 10 和I - 10 系列。FC - 5 系列的测量精度可达到 2μGal;FG - 5L 系列的测量精度为 50μGal,适合一般测量;I - 10 系列则专门适用于实验室条件下的测量;A - 10 系列可在 -20 - +35℃条件下完成测量,适合于户外测量。

中国计量科学研究院研制成功的 NIM - 2 型绝对重力仪的测量精度可达到 5μGal,在参加 1997 年第五次国际重力仪比对时,比对的相对不确定度可达到 5×10^{-9}。

在经典绝对重力仪中,新出现的凸轮式绝对重力仪由于其巧妙的机械设计而引起国际上的普遍关注。凸轮式绝对重力仪的关键技术之一就是凸轮轮廓线的设计。凸轮的长半径不足 9cm,用直流电机恒速带动凸轮转动,凸轮边沿带动一个小拖车做上下运动,当凸轮运行到最高位置时,凸轮会带动拖车快速向下运动。此时,拖车中的落体与拖车分离而自由下落。当拖车减速时接住落体,此后拖车带动落体再运行到最高位置,由此周而复始。凸轮每转动一周,落体自由下落约 3.4cm,用其中的 2cm 进行下落时间和距离的测量,经过多次转动和多点位测量,最后拟合出重力值 g,为了使凸轮转动过程平稳,整个装置还使用另一套相同的凸轮和拖车与之一同转动,以达到动平衡,这样不论凸轮转动到任何位置,质心都始终在转轴上。另外,为了减少地面振动对测量的影响,凸轮式绝对

重力仪还设计了一套简单且能快速建立的弹簧——质量块隔振系统。

实验结果表明：凸轮式绝对重力仪的测量精度可达到 2μGal。另外，凸轮式绝对重力仪结构小巧，运行平稳，测量速度快，方便携带，这些特点已使凸轮式绝对重力仪明显优于经典绝对重力仪，而成为绝对重力仪今后发展的方向之一。

（2）原子干涉绝对重力仪。

1997 年美国加州斯坦福大学的朱棣文教授凭借其在激光冷却和陷俘原子领域内的突出成就获得了诺贝尔物理学奖。1999 年朱棣文教授所领导的小组又成功地利用原子干涉技术实现了原子绝对重力测量的实验，实验结果表明：原子干涉绝对重力仪在 1min 内可使测量的相对不确定度达到 3×10^{-9}，测量时间比经典绝对重力仪要缩短 100 倍以上，且最好测量的相对不确定度可达 1×10^{-9}。

原子干涉绝对重力仪的工作原理：首先利用激光冷却原子，我们知道光可以看成一束粒子流，这种粒子流叫作光子。光子可认为没有质量，但具有一定的动能，其动能的大小由光的频率所决定，当激光打向原子时，光子和原子发生碰撞，如果光子的能量满足原子跃迁的条件，原子将吸收光子而产生跃迁，原子运动的速度会减慢，在原子跃迁的同时会释放同样的光子。这样通过光子与原子的不断交换能量，可使原子运动的速度大大降低，从而形成极低温条件（μK 量级）。这时用两两相对，沿三个正交方向的 6 束激光把原子引到激光的交汇处，这 6 束激光会使原子不管企图向何方运动，都会遇上具有恰当能量的光子，并被推回到 6 束激光交汇的区域，这样原子会被陷入其中并不断降低速度，形成“光学黏胶”。由于重力的作用，这些原子会在秒钟内从光学黏胶中落下来，为了真正囚禁原子，就需要建立“磁光阱”。磁光阱由上述排列的 6 束激光，再加上两个磁性线圈构成。磁光阱中的磁场会对原子的特征能级起作用，就会产生一个比重力大的力，从而把原子拉回到陷阱中心，这时原子会被激光和磁场约束在一个很小的范围里，这时再把高度冷却的原子向上抛出，让原子在无磁条件下与重力场相互作用。用相隔一定时间的多束拉曼脉冲对原子进行态制备，从而形成原子干涉，通过对量子态布居的测量，就可以得到重力参数的 g 值。

原子干涉绝对重力仪实现了从激光干涉技术向原子干涉技术的转变，它被认为是今后绝对重力仪发展的又一个方向。

9.1.2 相对重力仪

相对重力测量，指通过两个不同点上所获取的物理信息的差异推算出两点之间的重力差。通过重力基点已知的重力信息，将绝对重力值传递到各个测点。相对重力测量可采用静力法或动力法来测定，前者通过测定不同点上用来平衡该点重力的平衡力的大小获取重力差的信息；后者通过测定不同点上做有规律的周期性运动的各种物理参数的变化获取重力差的信息。

为了测量重力的变化，或进行重力的相对测量，最轻便、最快速及最结实的野外仪器是由重荷及弹簧组成灵敏系统(传感器)的重力仪。自从 20 世纪 30 年代开始研究以来,已经设计了几十种这样的仪器(Chapin,1998)。几十年来,世界上比较流行的或者应用最广泛的传感器有两种:一种是以 LaCoste 和 Romberg 发明的以“零长弹簧”思想为基础而设计的倾斜零长金属弹簧传感器,其代表作是目前世界上应用最广泛的 LaCoste Romberg 金属弹簧重力仪;另一种是石英零长弹簧传感器,如加拿大先达利(Scientrex)公司的 CG3 型全自动重力仪及在我国曾经使用过的加拿大 World Wide 重力仪和美国的 Worden 重力仪。20 世纪 50 年代末至今由原地质矿产部北京地质仪器厂生产,并在我国得到广泛应用的 ZSM 型重力仪(精度达 $\pm 0.03\times10^{-5}\mathrm{m/s^2}$,比 LaCoste 和 Romberg 重力仪便宜约 10 倍),属于石英弹簧重力仪。

还有一种“虚弹簧设计”的传感器。它利用磁性悬浮物而不是弹簧,实现了作为弹簧仪器的相同的效果,而没有物理弹簧中所固有的缺点。在这个系统中,测量使重荷悬浮到零点所需要的电压,便得到重力测量值。此外,还有一些独特的测量重力的方法[2]。

1. 工作原理

一个具有恒定质量的物体在重力场中的重量随重力 g 值的变化而变化。如果用另外一种力或力矩(弹力、电磁力等)来平衡这种重力(即重量)或重力矩的变化,则通过对该物体平衡状态的观测,就有可能测量出重力的变化或两点间的重力差值。用于相对重力测量的重力仪就是根据物体平衡状态的观测来测量重力的变化。按物体受力而产生位移方式的不同,重力仪可分为平移式和旋转式两大类。日常生活中使用的弹簧秤从原理上说就是一种平移式重力仪。若设弹簧的原始长度为 S_0,弹力系数为 k,挂上质量为 m 的物体后,其重量 mg 与弹簧形变产生的弹力大小相等(方向相反)时,重物处在某一平衡位置上,其平衡方程式为

$$mg = k(S - S_0) \tag{9.9}$$

式中:S 为平衡时弹簧的长度。

如果将该系统分别置于重力值为 g_1 和 g_2 的两点上,则弹簧的伸长量不同,平衡时弹簧的长度分别为 S_1 和 S_2,由此可得同式(9.9)一样的两个方程式,将它们相减便有

$$\Delta g = g_2 - g_1 = \frac{k}{m}(S_2 - S_1) = C \cdot \Delta S \tag{9.10}$$

可见,若 k 与 m 不变,点间的重力差 Δg 就与重物的线位移差 ΔS 成正比。比例系数 C 称为重力仪的格值。

代表性的旋转式重力仪中灵敏系统示意图如图 9.4 所示。图中,1 为带重荷 m 的摆杆,与支杆 3 固结为一体,绕旋转轴 O 转动,此旋转轴可以为水平扭丝

或一对水平扭转弹簧。2 主弹簧,下端点与支杆 3 相接。这样,衡体(摆杆与 m)在重力矩和弹力矩的作用下可在某一位置达到平衡。

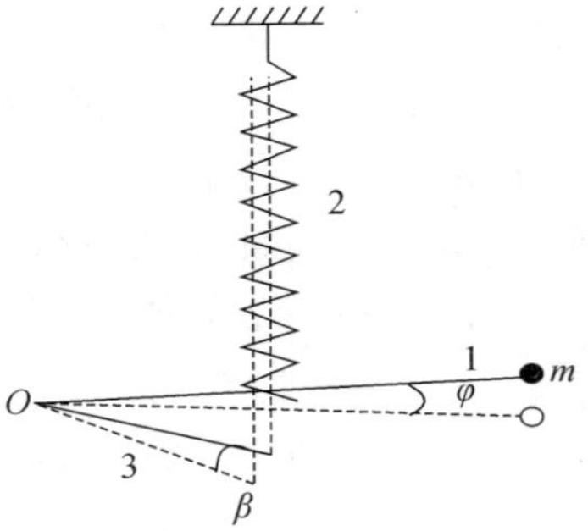

图 9.4　旋转式重力仪灵敏度系统示意图

1—带重荷 m 的摆杆; 2—主弹簧; 3—支杆。

设 M_g 表示平衡体所受的重力矩,是 g 及对摆杆水平位置偏角的 Φ 函数;M_τ 表示平衡体所受的弹力矩,它仅是 Φ 的函数。在平衡体静止时,合力矩 M_0 为零,即

$$M_0 = M_g(g,\varphi) + M_\tau(\varphi) = 0 \tag{9.11}$$

这就是重力仪的基本平衡方程式。从该式出发,可以讨论仪器的角灵敏度等问题。

所谓角灵敏度,是指单位重力的变化所能引起的平衡体偏角的大小。如果偏角越大,则表示仪器越灵敏。由式(9.11)可知,g 的变化将引起 φ 的变化。为此,将式(9.11)对 g 和 φ 微分得

$$\frac{\partial}{\partial g}M_g(g,\varphi)\,\mathrm{d}g + \frac{\partial}{\partial g}M_g(g,\varphi)\,\mathrm{d}\varphi + \frac{\partial}{\partial g}M_\tau(g,\varphi)\,\mathrm{d}\varphi = 0 \tag{9.12}$$

稍加整理即可获得角灵敏度的表达式:

$$\frac{\partial\varphi}{\partial g} = -\frac{\dfrac{\partial}{\partial g}M_g(g,\varphi)}{\dfrac{\partial}{\partial g}M_g(g,\varphi) + \dfrac{\partial}{\partial g}M_\tau(\varphi)} \tag{9.13}$$

因此,从原理上说,提高灵敏度有两个途径:一是加大式(9.13)中的分子,二是减小式(9.13)中的分母。前者的物理意义是要增大重荷 m 及平衡体质量中心至转轴 O 的距离 L,其结果会增加仪器的重量和体积,使各种干扰因素的影响加大,故一般不采用。后者的物理意义是减小平衡系统的稳定性,又不使其达到不稳定状态,即让分母趋于零而不等于零,则灵敏度可达到任意需要的程度。为实现这一要求,可采用加助动装置的方法,倾斜观测法及适当布置主弹簧位置等方法。图 9.4 中主弹簧与平衡体的这种连接方式,即使主弹簧与支杆之间的夹角为锐角,就带有自动“助动”作用,且随着角度的减小,灵敏度会逐步提高。

2. 影响重力仪精度的因素及消除影响的措施

由于许多外界因素，如温度、气压等及仪器零件的不稳定因素都能使平衡体发生移动；而且这些影响比重力的作用大许多。所以，与提高仪器灵敏度相比，消除这些影响以保证重力仪的测量精度则是一个更为复杂的问题。

（1）温度影响。温度变化会使重力仪各部件热胀冷缩，各着力点间相对位置发生变化；弹簧的弹力系数和空气的密度（与平衡体所受浮力有关）也是温度的函数。以石英弹簧为例，它的弹性温度系数约为 120×10^{-6}，即温度变化 1℃时，相当于重力变化了 1200μg。因此，克服温度变化的影响是提高重力仪精度的重要保证。目前为消除这一影响，采用以下措施：研制与选用受温度变化影响小的材料作仪器的弹性元件；附加自动温度补偿装置；采用电热恒温使仪器内部温度基本保持不变。

（2）气压影响。气压变化会使空气密度改变而使平衡体所受的浮力发生变化，并在仪器内腔形成额外的气流。消除的方法有将弹性系统放在高真空容器内；在与平衡体相反方向上加一个等体积矩的气压补偿装置。

（3）电磁力影响。用石英制成的摆杆，当它摆动时，会与残存的空气分子摩擦而产生静电，静电荷的不断累积将使仪器读数发生变化。为此，常在平衡体附近放一适量的放射性物质，使空气游离而导走电荷。对于金属弹簧重力仪来说，如果用含铁磁性材料作元件，就会受到地磁场变化的影响。为此，要将弹性系统消磁，并用磁屏进行屏蔽。在野外观测时，借助指北针定向安放仪器，永远让摆杆顺着地磁场方向摆动。

（4）安置状态不一致的影响。由于重力仪在各测点上安置得不可能完全一样，因而摆杆与重力的交角就不会一致，从而使测量结果不仅包含有各测点间重力的改变值，还包含了摆杆与垂直方向交角不一致的影响。可以证明，为了使后者的影响降低到最小限度，应取平衡体的质心与水平转轴所构成的平面，为水平时的平衡体位置作为重力仪的零点位置。为此，重力仪都装有指示水平的纵、横水准器和相应的调平脚螺栓，有的还装有灵敏度更高的电子水准器和自动调节系统。

（5）零点漂移。弹性重力仪中的弹性元件，在一个力（如重力）的长期作用下将会产生蠕变和弹性滞后（弹性疲劳）等现象，致使弹性元件随时间推移而产生极其微小的永久形变。它严重地影响了重力仪的测量精度，带来了几乎不可克服的零点漂移。例如，当我们在一个点上进行观测后，过一段时间再在同一点上重复观测，即使消除了各种外界因素的影响，两次观测的结果仍不相同。重力仪读数的这种随时间而改变的现象称为零点漂移（或叫零位变化）。为消除这一影响，必须获得重力仪零点漂移的基本规律和在工作时间段内零点漂移值的大小，以便引入相应的校正。所以，在制造仪器时，应选择适当材料和经过时效处理，尽量使零点漂移小并努力做到使它为时间的线性函数。这一点，在恒温精度提高以后，是衡量重力仪性能好坏的重要标志。此外，在野外工作中，必须在一批重力值已知的重力基点网的控制下进行测量，才有可能进行零点校正。

3. 典型仪器

从构造上，相对重力仪可以分为平移式和旋转式两大类型；从制作材料上及工作原理上又可分为石英弹簧重力仪、金属弹簧重力仪、振弦重力仪及超导重力仪等；根据应用领域可以分为地面重力仪、海洋重力仪、航空重力仪及井中重力仪等。下面，我们简要介绍几种典型的重力仪。

（1）石英弹簧重力仪。石英弹簧重力仪主要有美国 TEXAS Instruments 公司制造的 WORDEN 型系列重力仪；加拿大 W. SODIN 公司生产的 410 型系列重力仪；加拿大 SCINIREX 公司制造的 CG－2 型、CG－2G 型重力仪，1987 年该公司又首次推出 CG－3 型全自动重力仪及 IGS－2/CG－4 型自动重力仪。CG－3 型全自动重力仪可自动读数、自动进行固体潮校正和自动倾斜补偿，直接测量范围不小于 70000μg，电热恒温工作范围为 －40 ~ ＋50℃。IGS－2 /CG－4 型自动重力仪可实现一机多用，可测重力，配备一台 MP－4 质子磁力仪的探头后，能测磁场。

（2）金属弹簧重力仪。由美国 LaCoste Romberg 公司生产的拉科斯特隆贝格（L－R）重力仪是当今世界上公认的性能好、精度高的仪器。该仪器分为 D 型（勘探型）与 G 型（大地型）两种。前者精度高；后者测程大，适用于全球测量而不需调测程。这种仪器采用了零长（度）弹簧作为主弹簧。零长弹簧是拉科斯特大约在 1932 年设计的，是一种按特定条件制成的弹簧。这种弹簧的弹力与弹簧支点到力作用点之间的距离成比例，即弹力与弹簧的长度，而不是与它的伸长量成比例。这就意味着应力应变曲线是一条通过原点的直线，好像弹力为“零”时对应的弹簧起始长度为零。

（3）超导重力仪。超导重力仪是利用某些金属（如铌、铝、铅等）的超导性质，以及在超导体表面形成超导屏蔽电流而产生排斥外磁场的磁矩而设计的。

超导重力仪的主体真空罐是浸在低温液氦的杜瓦瓶内，整个仪器又放在超导磁屏蔽室内，以防外界磁场干扰。超导重力仪具有灵敏度高、稳定性好的特点，基本上无零点漂移；但仪器笨重、造价昂贵，目前只适于台站作专门观测。

（4）气压式海洋重力仪与海洋摆仪。20 世纪初，Hecker（1903）研制出气压式海洋重力仪，并进行了海洋重力测量实践的探索。Haalck（1939）对该仪器进行了改进，将 Hecker 原型气压式海洋重力仪 ±30mGal 的测量精度提高到 ±5mGal。

气压式海洋重力仪受环境温度影响较大，测量精度较低，测量的范围也很有限。由于仪器的体积较大，价格昂贵，故而仅仅制成样机后在很小的范围内使用，并没有投入生产。

1923 年，费宁－梅内斯在潜水艇上首次使用摆仪获得海洋重力测量成果，从此开始，海洋摆仪作为测定海洋重力场的主要仪器之一，得到推广使用，并且不断得到改进，直到20世纪50年代末期逐步为海面走航式重力仪所取代。一般认为，海洋摆仪是第一代海洋重力测量仪器。

（5）海底重力仪。初期的海底重力仪由潜水钟加陆地重力仪构成。操作人员需要在位于海底的密封容器中进行重力观测。这种工作模式使得进行海底测量必须配备大型起吊设备供沉放和提升潜水钟使用，相应地也需要较大的测量船，而且操作极其麻烦，只能有平静的海况条件下使用，安全性能较差。此外，这种观测只能在浅海中进行。

20世纪40年代出现靠遥控实施观测的海底重力仪，才使得海底重力仪进入一个新的发展阶段。这种工作模式是仅将陆地重力仪及其附属的平衡装置安放在密封的容器中沉入海底，靠电缆将其与测量船相连接。操作人员在船上遥控启动海底重力仪，并在船上读取重力仪的观测数据。这时的海底重力仪与潜水钟操作都比较方便和快捷。

现代的海底重力仪不但体积小，而且自动化程度高。例如：美国生产的L&RH型海底重力仪已经完全实现了自动遥控，使用一台便携式微机即可对海底重力仪系统实现自动控制并自动记录观测数据。

海底重力仪的国产型号有DZ1－70型。这种海底重力仪的本体由陆地石英弹簧重力仪改装而成，通过常平架这一自动水平补偿装置和用于调整重力仪底座的同步微型电机来保持重力仪的水平并控制其读数系统和锁制系统。为了消除垂直加速度的影响，海底重力仪采用了强阻尼装置。策略仪弹簧系统的工作状态由电信号来指示，通过光电池或电视系统将信号由经密封防水的电缆传输到记录仪器。整个海底重力仪系统安放在密封外壳内。

（6）KSS5型海洋重力仪。由GSS20重力传感器与陀螺稳定平台及其附属设备（KT20/KE20）、传感器的控制装置（GF20）和数据记录系统（DL20）等部件共同组成新的海洋重力仪系统，并被命名为KSS5型。KSS5型海洋重力仪是摆杆海洋重力仪中最有代表性的型号之一，由德国生产。除上述几个主要部分以外，KSS5型海洋重力仪还包括加垫单元、蓄电池组、鼓风机等附属设备。

KSS5型海洋重力仪的测量范围为7000mGal，可用于全球海洋的策略测量工作，仪器的零点漂移每月小于3mGal，静态试验精度为0.1mGal。该型海洋重力仪没有转弯补偿装置，只能在匀速直线航行时使用，测量船转向时不能使用，也不具备数据实时处理的功能。

（7）L&R摆杆型海洋重力仪。L&R摆杆型海洋重力仪也是最具有代表性的摆杆型海洋重力仪之一，是用静力法原理实现相对重力测量的仪器。L&R摆杆型海洋重力仪是根据立式地震仪的原理设计的，它的陀螺稳定平台由水平加速计、陀螺仪、伺服放大器、转矩马达和陀螺进行装置等部件构成稳定回路和修正回路。两个水平加速度计起长周期水平仪的作用，作为两陀螺仪的基准，修正陀螺漂移。此外，水平加速度计的输出值还被用来 CC 改正计算。LaCoste 于 1974 年在陀螺平台上增加了第三个陀螺。

1983 年，拉科斯特－隆贝格公司研制出 L&R 轴对称型海洋重力仪。L&R 轴对称型重力仪仍属于静力法相对重力仪范畴，利用弹簧的弹性力来平衡重力的变化，与前述重力仪不同的是，该型海洋重力仪去掉了摆杆。

（8）KSS30 型海洋重力仪。KSS30 型海洋重力仪是德国 Bodenseewerk 公司继 KSS5 型海洋重力仪之后推出的新型高精度海洋重力仪，它具有精度高、重量轻、抗风流能力强、自动化程度高、体积小等优点。它的测量范围为 10000mGal，零点漂移每月小于 3mGal，实验室静态试验的精度为 ±0.02mGal，平静海况时重力测量精度为 ±0.5mGal，恶劣海况时重力测量的精度为 ±1mGal，非常恶劣海况时重力测量的精度为 ±2mGal。

KSS30 海洋重力仪的数据处理系统除可对传感器和陀螺平台进行各种信号处理、补偿计算和各项改正以外，还可以对观测重力资料进行各种处理，包括厄特弗斯改正、空间重力异常计算、布格重力异常计算和转弯补偿。转弯补偿是通过接收导航信息（包括船舶方向、航向、航速等），自动纠正航向和航速变化对重力观测引起的畸变干扰影响，以保证仪器在海上作业时不受航迹状态的限制。当船转弯时，垂直附加加速度可达 15 ~ 80Gal，通过转弯补偿，所得重力测量结果的精度可达 ±2.5Gal。数据处理系统处理的结果可以通过磁带机、打印机和双笔模拟记录器输出。

KSS30 海洋重力仪使用单悬式陀螺平台，包括垂直陀螺 K30、平台 KT30 和电子控制系统 KE30。1986—1987 年期间，KSS30 的陀螺稳定平台改用和 L&R 海洋重力仪相类似的形式，并将仪器命名为 KSS50，KSS30 和 KSS50 两种型号的海洋重力仪除陀螺平台以外的其他部件均无变化。

（9）BGM－3 型海洋重力仪。BGM－3 型海洋重力仪是美国 Bell 航空公司的产品，到 20 世纪 80 年代初，该仪器已发展到 BGM－3 型。

BGM－3 海洋重力仪中应用了时间序列分析技术，并使用两次滤波来优化定位信息。尽管在定位数据中还存在误差，但系统的性能仍可分辨出重力场中 1.5km 波长的细微特征，这一分辨力比摆杆式海洋重力仪高了许多，在地球物理和海洋地质方面的研究中有着重大的意义。

（10）CHZ 型海洋重力仪。CHZ 型海洋重力仪是中国科学院测量与地球物理研究院于 1985 年研制成功的轴对称型海洋重力仪。包括传感器、电子控制、数据采集和处理三个部分。

CHZ 海洋重力仪的传感器类似于 KSS30 型海洋重力仪的结构，采用轴对称的垂直弹簧悬挂系统，实质上是一个与弹簧称相似的系统，由一个管状的质块和一根垂直悬挂的主弹簧组成。这种结构有以下三个主要优点：结构简单，容易小型化；稳定性好，悬挂系统自然指向垂直线；轴对称结构消除了 CC 效应。但也存在两个主要缺点：灵敏度低，弹簧的灵敏度一般只有 $10^{-3} \sim 10^{-2}$ μm/mGal；这种悬挂方式容易受水平加速度的干扰。CHZ 海洋重力仪采用了先进的精密电容测微器，对于 10^{-4} μm（相当于 0.01 ~ 0.1mGal）的微小位移量可进行精确的测量。还使用 6 根拉丝和两根绷紧弹簧把质块连接到壳体上，这些拉丝分层次按互成 120°的角度将质块拉到壳体上，从而限制着质块只能沿着仪器的灵敏轴平动，并伴随着微小的转动。拉丝及绷簧的粗细及张力的分布均对称于垂直轴。这样的约束使得质块弹簧系统只能有一个沿着方向运动的自由度，解决了水平加速度的干扰问题，能在水平加速度达 200Gal 时正常工作。

CHZ 型海洋重力仪能在垂直附加速度为 500Gal 及水平加速度为 250Gal 的恶劣海况情况下工作。在试验室内垂直附加速度为 250Gal 的情况下，该仪器的非线误差不超过 ±1mGal。海上试验该仪器的精度为 ±1.4mGal。

（11）振弦型海洋重力仪。振弦型海洋重力仪与前几种类型海洋重力仪不同的是：它不是在陆地重力仪或惯性导航设备的基础上经过改进以适应海洋观测条件而演变过来的，这种类型仪器一开始就是设计来进行海洋重力测量的，属于动力法相对重力仪的范畴。

1949 年，Gilbert 研制出第一台在潜艇上使用的振弦型海洋重力仪。Gilbert 振弦重力仪在潜艇里观测可达到 ±1.5mGal 精度，这与当时摆仪测量的精度相当。但振弦式重力仪存在一个严重的缺点：当受到船只在垂直方向附加加速度影响时，测得的平均垂直加速度可能有误差，这种误差称为非线性调整误差，在恶劣海况下它的量值可能很大。此后，振弦型海洋重力仪主要在日本、美国和苏联得到发展。最有代表性的是日本的 TSSG 型和美国的 MIT 型海洋重力仪。

TSSG 型海洋重力仪是日本东京大学地球物理所研制的，全称为东京水面船舶重力仪（Tokyo Surface Ship Gravity Meter，TSSGM）。重力仪直接安装在垂直陀螺仪上以保持垂直，测量精度约为 2mGal。

MIT 型海洋重力仪是美国麻省理工学院的 Wing 等人于 1966 年研制成功的振弦型海洋重力仪，也称文氏海洋重力仪。MIT 海洋重力仪的传感器能测量 0.1mGal 的重力变化，在实验室中可测出 0.01mGal 的重力变化，在中等海况下的测量精度可达 ±0.2 ~ ±1.0mGal。苏联地球物理研究所在 1959 年也曾研究成功一种细丝振弦型海洋重力仪，称为 Magistr 系统。振弦型海洋重力仪的国产型号有 ZY－1 型，这是我国于 1975 年研制成功的。

（12）S 型海洋重力仪。我国各测量部门目前使用更多的是 S 型海洋重力仪。S 型海洋重力仪是由美国拉科斯特－隆贝格公司生产的一种供航海和航空策略测量的仪器，它是静力法相对重力测量仪，它的重力传感器是一个零和弹簧系统。它不是依靠摆杆归零来读数（零位读数），而是通过测定摆杆的摆动速度，经计算后求得重力读数。S 型重力仪设计独特，在运动状态中具有适时感应重力值的特性。

9.2 重力梯度仪

9.2.1 发展背景及现状

重力梯度测量实质上是基于差分加速度测量的思想,它感知的是重力变化率,反映了重力场局部特征的细致变化。

重力梯度异常能够反映场源体的细节,即具有比重力本身高的分辨率,这是重力梯度测量最主要的优点。1886 年匈牙利物理学家 R Etövös 研制出了第一台扭秤重力梯度仪,但不适用于动基座的梯度测量。随着电子技术、计算机技术和低温超导技术的发展,重力梯度仪各方面的性能有了显著的提高。20 世纪 70 年代中期美国 Hughes, Draper 实验室和 Bell Aerospace Textron 的专家们分别研制出三种不同类型的精度为 1E 的重力梯度仪实验室样机:旋转重力梯度仪、液浮重力梯度仪和旋转加速度计重力梯度仪。80 年代初 Maryland 大学研制出了精度为 0.01E 的单轴超导重力梯度仪实验室样机。80 年代末法国国家航空航天研究院(Office National d'Etudes et de Recherches Aerospatiales, ONERA)研制出精度为 0.01E 的 ESA 重力梯度仪。经过多年不断研究,目前得以应用重力梯度仪主要包括美国 Bell Aerospace Textron 的旋转加速度计重力梯度仪、Maryland 大学的超导重力梯度仪和法国 ONERA 的平面重力梯度仪。

美国 Bell Aerospace Textron 研制的旋转加速度计重力梯度仪是建立在 Bell Ⅶ型加速度计上的,它的设计原理是在一个旋转的盘上的两个正交轴安装 4 个加速度计,4 个加速度计距旋转轴的距离是相等的,假定为 R,并且在空间内以 90°的间隔分布,加速度敏感轴与旋转轴方向正交,通过对加速度计信号进行适当的求和作差即可以得到加速度的线性组合方程。1990 年,他们将经过改进的重力梯度仪应用到舰艇的惯性导航中,组成重力梯度仪辅助的惯性导航系统[3]。

9.2.2 工作原理

根据爱因斯坦等效原理,在一个与运动载体固连的局部坐标系中,无法区分载体上一点的惯性力和重力,故而无法实现载体运动加速度和重力加速度的分离。然而,这一原理的应用前提为假定空间中小范围内任一点周围的重力场为统一场,即重力大小为常值。此处,我们对这一前提进行了推广,即认为空间中小范围内的重力场为统一场,即重力梯度大小为常值。这并不违反等效原理。因为等效原理的前提只是这种推广的特例,即重力梯度处处为零。

如图 9.5 所示,设地球空间中存在坐标系 a,以角速度 $\boldsymbol{\omega}_{ia}^{a}$ 绕惯性坐标系(i 系)旋转,a 坐标系中两加速度计分别固定于 A,B 两点处,其位置矢量分别为 $\boldsymbol{r}_1^a$,

$\boldsymbol{r}_2^a$。则加速度计运动方程为

$$\ddot{\boldsymbol{r}}^i = \ddot{\boldsymbol{r}}^a + 2\boldsymbol{\omega}_{ia}^{\alpha} \times \dot{\boldsymbol{r}}^a + \dot{\boldsymbol{\omega}}_{ia}^a \times \boldsymbol{r}^a + \boldsymbol{\omega}_{ia}^a \times (\boldsymbol{\omega}_{ia}^a \times \boldsymbol{r}^a) \tag{9.14}$$

式中:$\boldsymbol{r}$ 为 $\boldsymbol{r}_1^a$ 或 $\boldsymbol{r}_2^a$;$\dot{\boldsymbol{\omega}}_{ia}^a$ 为 a 系相对 i 系的旋转角加速度。

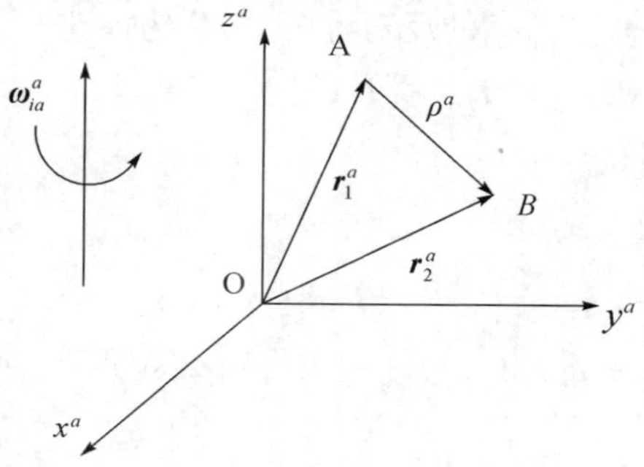

图 9.5 加速度计位置示意图

在 i 系中,根据牛顿第二定律可得

$$\ddot{\boldsymbol{r}}^i = \frac{1}{m}\sum F_i = \frac{1}{m}(m\boldsymbol{f}^a + m\boldsymbol{g}^a) = \boldsymbol{f}^a + \boldsymbol{g}^a \tag{9.15}$$

式中:$\boldsymbol{f}^a$ 为 a 坐标系下 r 处加速度计输出比力信息;$\boldsymbol{g}^a$ 为 a 坐标系下 r 处地球重力加速度。

将式(9.15)代入式(9.14)得

$$\boldsymbol{f}^a = \ddot{\boldsymbol{r}}^a + 2\boldsymbol{\omega}_{ia}^a \times \dot{\boldsymbol{r}}^a + \dot{\boldsymbol{\omega}}_{ia}^a \times \boldsymbol{r}^a + \boldsymbol{\omega}_{ia}^a \times (\boldsymbol{\omega}_{ia}^a \times \boldsymbol{r}^a) - \boldsymbol{g}^a \tag{9.16}$$

设 $\boldsymbol{\rho}^a \equiv \boldsymbol{r}_2^a - \boldsymbol{r}_1^a$,式(9.6)中除地球引力加速度外,其余分量均与距离呈线性关系。因此

$$\boldsymbol{f}_2^a - \boldsymbol{f}_1^a = \ddot{\boldsymbol{\rho}}^a + 2\boldsymbol{\omega}_{ia}^a \times \dot{\boldsymbol{\rho}}^a + \dot{\boldsymbol{\omega}}_{ia}^a \times \boldsymbol{\rho}^a + \boldsymbol{\omega}_{ia}^a \times (\boldsymbol{\omega}_{ia}^a \times \boldsymbol{\rho}^a) - (\boldsymbol{g}_2^a - \boldsymbol{g}_1^a) \tag{9.17}$$

由于加速度计固连于 a 坐标系中,则 $\dot{\boldsymbol{\rho}}^a = \ddot{\boldsymbol{\rho}}^a = 0$,且 A,B 两处角速度与角加速度相同。式(9.17)可以简化为

$$\boldsymbol{f}_2^a - \boldsymbol{f}_1^a = \dot{\boldsymbol{\omega}}_{ia}^a \times \boldsymbol{\rho}^a + \boldsymbol{\omega}_{ia}^a \times (\boldsymbol{\omega}_{ia}^a \times \boldsymbol{\rho}^a) - (\boldsymbol{g}_2^a - \boldsymbol{g}_1^a) \tag{9.18}$$

式(9.18)中 $\boldsymbol{\rho}$ 被称为加速度计之间的基线。基线越长,重力信号变化越大。由于典型重力梯度仪基线距离小于1m,而重力梯度的相关距离在千米的数量级上。因此可设两个加速度计之间的重力呈线性变化,即

$$\boldsymbol{g}_2^a - \boldsymbol{g}_1^a = \boldsymbol{\Gamma}^a(\boldsymbol{r}_2^a - \boldsymbol{r}_1^a) \equiv \boldsymbol{\Gamma}^a\boldsymbol{\rho}^a \tag{9.19}$$

将式(9.18)代入式(9.17)可得

$$\begin{aligned}\boldsymbol{f}_2^a - \boldsymbol{f}_1^a &= [-\boldsymbol{\Gamma}^a + (\dot{\boldsymbol{\omega}}_{ia}^a \times) + (\boldsymbol{\omega}_{ia}^a \times)(\boldsymbol{\omega}_{ia}^a \times)]\boldsymbol{\rho}^a \\ &= [-\boldsymbol{\Gamma}^a + \dot{\Omega}_{ia}^a + \Omega_{ia}^a\Omega_{ia}^a]\boldsymbol{\rho}^a\end{aligned}$$

$$= \boldsymbol{L}'^{a}\boldsymbol{\rho}^{a} \tag{9.20}$$

即

$$\boldsymbol{L}'^{a} = (\boldsymbol{f}_2^a - \boldsymbol{f}_1^a)/(\boldsymbol{r}_2^a - \boldsymbol{r}_1^a) \tag{9.21}$$

式(9.20)中,$\dot{\Omega}_{ia}^a$,Ω_{ia}^a为$\boldsymbol{\omega}_{ia}^a$的反对称阵。$\boldsymbol{\Gamma}^a$ 为 a 坐标系下重力梯度张量矩阵。设 $\boldsymbol{\omega}_{ia}^a=(\omega_x,\omega_y,\omega_z)^T$,将 $\boldsymbol{L}'^a$ 展开,得

$$\begin{aligned}\boldsymbol{L}'^{a} &= \boldsymbol{\Gamma}^a + \dot{\Omega}_{ia}^a + \Omega_{ia}^a\Omega_{ia}^a \\ &= \begin{pmatrix} -(\Gamma_{xx}+\omega_y^2+\omega_z^2) & -\dot{\omega}_z-(\Gamma_{xy}-\omega_x\omega_y) & \dot{\omega}_y-(\Gamma_{xz}-\omega_x\omega_z) \\ \dot{\omega}_z-(\Gamma_{xy}-\omega_x\omega_y) & -(\Gamma_{yy}+\omega_x^2+\omega_z^2) & -\dot{\omega}_x-(\Gamma_{yz}-\omega_y\omega_z) \\ -\dot{\omega}_y-(\Gamma_{xz}-\omega_x\omega_z) & \dot{\omega}_x-(\Gamma_{yz}-\omega_y\omega_z) & -(\Gamma_{zz}+\omega_x^2+\omega_z^2) \end{pmatrix}\end{aligned} \tag{9.22}$$

式(9.21)便是采用差分加速度计测量重力梯度的基本方程。从式(9.22)可以看出,重力梯度张量不能被直接测量出来,梯度值与旋转角速度,角加速度融合在一起。$\dot{\Omega}$ 和 Ω 是由重力梯度仪相对惯性空间旋转而引起的,因此统称旋转分量。为了得到当前重力梯度值,必须剔除结果中这些旋转分量。

理论上,角加速度的分量很容易被移除。通过梯度测量矩阵和它的转置阵的求和平均便可以消除角加速度的影响,即

$$\frac{1}{2}(\boldsymbol{L}'^{a} + (\boldsymbol{L}'^{a})^{\mathrm{T}}) = \boldsymbol{\Gamma}^a + \Omega_{ia}^a\Omega_{ia}^a \equiv \boldsymbol{L}^a \tag{9.23}$$

展开得

$$\boldsymbol{L}^{a} = \begin{pmatrix} -(\Gamma_{xx}+\omega_y^2+\omega_z^2) & -(\Gamma_{xy}-\omega_x\omega_y) & -(\Gamma_{xz}-\omega_x\omega_z) \\ -(\Gamma_{xy}-\omega_x\omega_y) & -(\Gamma_{yy}+\omega_x^2+\omega_z^2) & -(\Gamma_{yz}-\omega_y\omega_z) \\ -(\Gamma_{xz}-\omega_x\omega_z) & -(\Gamma_{yz}-\omega_y\omega_z) & -(\Gamma_{zz}+\omega_x^2+\omega_z^2) \end{pmatrix} \tag{9.24}$$

提取式(9.24)中6个独立分量,$\boldsymbol{L}^a$ 可以以矢量形式写成:

$$\boldsymbol{L}^{a} = \begin{pmatrix} L_{11}^a \\ L_{12}^a \\ L_{12}^a \\ L_{22}^a \\ L_{23}^a \\ L_{33}^a \end{pmatrix} = \begin{pmatrix} -(\Gamma_{xx}+\omega_y^2+\omega_z^2) \\ -(\Gamma_{xy}-\omega_x y_y) \\ -(\Gamma_{xz}-\omega_x\omega_z) \\ -(\Gamma_{yy}+\omega_x^2+\omega_z^2) \\ -(\Gamma_{yz}-\omega_y\omega_z) \\ -(\Gamma_{zz}+\omega_x^2+\omega_z^2) \end{pmatrix} \tag{9.25}$$

通过梯度测量矩阵和它的转置矩阵作差便可消除角速度的影响,即

$$\frac{1}{2}(\boldsymbol{L}'^{a} - (\boldsymbol{L}'^{a})^{\mathrm{T}}) = -\dot{\boldsymbol{\Omega}}_{ia}^a \tag{9.26}$$

从式(9.23)与式(9.26)中可以看出,通过梯度测量矩阵的简单运算,可以将测量矩阵(9.22)中对称部分和非对称部分分离。由于重力梯度仪测量结果与旋转分量混合在一起,旋转分量的精度极大影响重力梯度的测量精度。Jekeli研究发现,当不需要估计 $\dot{\boldsymbol{\Omega}}_{ia}^{a}$时,重力梯度张量更容易被分离出来。因此,这里将 $\boldsymbol{L}^{a}$ 作为重力梯度仪主要测量结果,$\boldsymbol{L}^{a}$ 作为含有误差的原始观测结果。

利用上述公式进行重力梯度测量需要注意两个以下问题:

(1) 重力梯度在不同坐标系下的变换;

(2) 角速度 $\boldsymbol{\omega}_{ia}^{a}$的计算。

9.2.3 典型的重力梯度仪

(1) Hughes 实验室研制的旋转质量块型重力梯度仪。在大量实验中由于其零漂大,不够稳定,对材料性能要求高等原因,其研究工作于 1976 年搁浅。

(2) Draper 实验研究的液浮型重力梯度仪。它是在 1966 年发现扰动重力限制惯性导航系统精度进一步提高后提出的。在 1972 年就已造出第一台圆柱形结构仪器,其精度为 0.8E。1976 年首次制造出浮球结构重力梯度仪,精度 0.3E。其突出特点是对安装所用稳定平台颤动效应的整流误差不敏感,可装在现在最新稳定平台上,完成动态重力梯度测量。这种仪器在研究过程中克服了许多困难,如浮球不平衡质量的检测及精密的质量平衡和温度控制。但由于其对温度控制要求很高,控制系统及结构复杂,成本高,虽然其精度很高,研究工作依然于 1978 年搁浅。

(3) 旋转加速度计型重力梯度仪。FALCON™ AGG 是第一台用于地质勘探的部分张量航空重力梯度测量系统,由澳大利亚研究生产。FALCON™ AGG 采用 Bell 公司的ⅦG 型加速度计,ⅦG 型加速度计是在原有Ⅶ型加速度计的基础上改进而成的,主要是为了使其更适合应用于重力梯度仪。改进工作主要针对减小加速度计噪声和增强加速度计的灵敏度可调性等方面。这一仪器的主要缺点是它只有一个旋转圆盘,仅能测量部分重力梯度。

ACVGG 与 FALCON™ AGG 相似,这一系统的研究由美国国防威胁降低局(Defense Threat Reduction Agency, DTRA)和国防核武器局(Defense Nuclear Agency, DNA)机构资助完成。它仅有一个圆盘,只能测量部分重力梯度但圆盘旋转速度要比原始的 1/4Hz 快得多。它具有 8 个加速度计,加速度计基线距离为 30cm。噪声水平 1E,数据更新速度 1Hz。1994 年,美国 Hoffmeyer 和 Affleck 申请八加速度计重力梯度仪专利技术。

20 世纪 80 年代,Loek - heed Martin 公司收购 Bell/Textron 公司,获取旋转加速度计重力梯度仪的技术,研制出全张量重力梯度仪。这一技术依托于军方,用于潜艇导航。先在船上应用,在墨西哥湾和欧洲西北部地区进行海上油气普查工作,后来通过改装,开发成 Air - FTGTM(又称 3D - FTG)并开始航空测量。

到目前为止，在北美和非洲完成了 6 万测线千米的航空重力梯度测量工作。为了隔离载体运动过程对重力梯度仪的影响，3D – FTG 安装于三轴陀螺稳定平台上。FALCON^{TM}AGG 和 Air – FTGTM 这两个航空重力梯度测量系统曾在非洲博茨瓦纳南部进行了对比试验。让每个系统飞行两次，两次飞行结果都有相当大的差别。通过消噪和相应的数据处理后，发现两个系统的性能水平不相上下，精度为 5 ~ 10E。

（4）超导重力梯度仪和静电重力梯度仪。材料的稳定性与热膨胀系数，始终限制着仪器性能的稳定性，甚至布朗运动噪声也会成为常温下重力梯度仪工作的极限。但在低温下，如物理学温度 40K 以下，材料的膨胀系数，电阻和电容均为零。因此对漂移、变形、耗散等热力学过程的响应要比常温下小得多，为实现灵敏的低漂移重力梯度仪提供可能。另外，超导条件下材料有很好的磁屏蔽性能。因此，超导重力梯度仪将具有优异的标度因数稳定性与低漂移特性。目前许多机构开始对超导重力梯度仪进行深入研究。

Maryland 大学的超导角加速度计重力梯度仪（UMD SAA）和 Western Australia 大学的正交四级应答超导重力梯度仪（UWA OQR）是两种超导航空重力梯度仪。由于角加速度计对航空动态环境具有更强的鲁棒性，两种重力梯度仪均采用角加速度计而不是线加速度计作为测量重力梯度的方法。UMD SAA 的精度为 0.34E，数据更新率为 1s。这两种仪器的主要缺陷在于必须将其置于密封的制冷环境中，以维持环境温度低于物理学温度 4K。同时需要稳定平台以隔离载体运动。

ARKeX（英国）是另外一家研究商用航空重力梯度仪的机构，它是牛津仪器公司和另一家地球物理公司的一些人员新组成的公司。牛津仪器公司为欧洲航天局设计制造超导重力梯度仪，但未按期完成任务，因而未能用在卫星上。不过在欧航局的继续资助下，ARKeX 正在改装超导重力梯度仪，准备用于航空重力梯度测量。目前该公司正在努力研究克服飞机干扰的办法，并将超导重力梯度仪注册为 EGGTM。

欧洲宇航和海洋环境勘探（ESA GOCE）中心正在研究静电重力梯度仪（EGG），以绘制全球重力场。GOCE EGG 与其他超导重力梯度仪的区别在于 EGG 利用电容测量加速度计质量块的位移而 UMD 和 UWA 重力梯度仪直接测量位移。

（5）原子干涉型重力梯度仪。该类仪器应用了目前物理学的最新技术，包含了量子光学和原子光学近 10 年来的最新进展，属于最前沿且极具潜力的技术。其原理是当原子在重力场中运动时，由于受到重力作用，其物质波（德布罗意波）会发生类似多普勒效应的波形变化，在垂直方向上有一定间隔的两个原子喷泉的波形会发生干涉，通过精确测定干涉条纹就可以提取重力梯度信息。美国斯坦福大学诺贝尔奖获得者朱棣文领导的小组，在 1991 年利用原子干涉技术进行重力测量，其灵敏度达到 $3\times10^{-10}m\cdot s^2$。随后，耶鲁大学和美国航空航天局(NASA)下属的喷气推进实验室(JPL)利用原子干涉技术进行重力梯度测量，在基线为1m的情况下，灵敏度能达到 $40s^{-2}$ 左右。虽然，原子干涉型重力梯度系统仪器体积庞大，距离实际应用还有较大的距离，但作为一项前沿技术，非常值得关注。

9.2.4 新型的美国海军重力梯度仪

20世纪70年代，出于对导航和导弹发射的需要，美国海军花费了10亿美元研究一个测量重力梯度的系统(Bell and Pratson,1997;Chapin,1998)。

三维重力梯度测量是Bell Aerospace公司为美国海军Trident潜艇计划研究的一项秘密技术。重力梯度仪由12台分开的重力仪组成，当这些重力仪在“罗经柜”(binnale)中翻转时，便测量了1m内地球重力的差值。结果得到重力、重力场的全部张量或重力的三维变化的精确测量值。因此，重力梯度测量有可能以比以前高得多的分辨率和精度绘制出盐丘以下的密度差图。在墨西哥湾的测量表明，梯度测量的精度估计为每1km范围内0.5E，大约相当于 $0.05\times10^{-5}m\cdot s^{-2}/km$。

现在正在使用的37种重力仪器中，梯度仪只有4种；正在研制的24种重力仪器中，重力梯度仪占了18种，而重力仪只有6种(Chapin,1998)。由此可见重力仪器研究的趋势，这也反映了重力梯度测量复兴的势头。

9.3 重力匹配算法

重力辅助惯性导航的核心技术就是匹配算法。该算法借鉴了目前较为成熟的地形匹配技术，主要分为序列迭代和单点迭代两种算法。单点迭代算法以桑迪亚惯性地形辅助导航(Sandia Inertial Terrain - Aided Navigation, SITAN)算法为典型代表，借助于扩展卡尔曼滤波技术对每一个采样点都进行匹配以抑制惯性导航误差的增长。序列相关匹配算法是当观测采样序列采样达到一定长度之后，才进行一次匹配，匹配完成之后，将修正信息提供给惯性导航，主要包括最近等值线迭代算法(Iterated Closest Contour Point, ICCP)、相关极值算法等。由于现阶段我国重力测量的硬件设备主要还依赖于国外，重力梯度仪受进口限制只能寄希望于自主研发，因此就目前而言发展我国水下潜器基于海洋重力仪的重力无源辅助惯性导航系统具有现实的意义。

9.3.1 重力序列相关极值匹配的基本原理

根据苏联学者A. A. KpacoacKufi的相关极值导航系统原理，在进行重力异常相关匹配时，由于地球重力场的连续、随机、等值(多个地理点的重力异常值相等)特性,基于单个重力异常观测量无法唯一确定水下潜器在地图上的位置,因而要求其沿运动航迹方向的重力异常连续观测采样序列达到一定的长度。假定在时间序列 $t_i, t_{i+1}, \cdots, t_{i+N-1}$ 时刻有 N 个重力异常观测向量,记为 $\Delta \boldsymbol{g}_{ti} = (\Delta g_i, \Delta g_{i+1}, \cdots, \Delta g_{i+N-1})^{\mathrm{T}}$;然后根据每个时刻的惯性导航指示位置,在一定置信区间内,从事先存储在计算机内的重力异常基准图上搜索、提取若干与观测重力向量等长度(或者选择与惯性导航系统指示位置序列近似平行)的参考重力向量序列,记为 $\Delta \boldsymbol{g}_{Mk}^{j} = (\Delta g_k^j, \Delta g_{k+1}^j, \cdots, \Delta g_{k+N-1}^j)^{\mathrm{T}}$;最后两者之间通过某种相关极值匹配算法,来获取水下潜器的当前位置的最优估计。常用的相关分析算法包括交叉相关(Cross Correlation, COR)算法、平均绝对差相关算法(Mean Absolute Deviation, MAD)和平均平方差相关算法(Mean Square Deviation, MSD),各种算法的数学模型可表示为

交叉相关算法:

$$J_{\mathrm{COR}}(\lambda_j, L_j) = \frac{1}{N} \Delta \boldsymbol{g}_{ti} \cdot \Delta \boldsymbol{g}_{Mk}^{j} \tag{9.27}$$

平均绝对差相关算法(Mean Absolute Deviation, MAD):

$$J_{\mathrm{MAD}}(\lambda_j, L_j) = \frac{1}{N} \| \Delta \boldsymbol{g}_{ti} - \Delta \boldsymbol{g}_{Mk}^{j} \| \tag{9.28}$$

平均平方差相关算法(Mean Square Deviation, MSD):

$$J_{\mathrm{MSD}}(\lambda_j, L_j) = \frac{1}{N} (\Delta \boldsymbol{g}_{ti} - \Delta \boldsymbol{g}_{Mk}^{j})^{\mathrm{T}} (\Delta \boldsymbol{g}_{ti} - \Delta \boldsymbol{g}_{Mk}^{j}) \tag{9.29}$$

最优化的匹配设计的准则就是使 $J_{\mathrm{COR}}(\lambda_j, L_j)$ 取最大值, $J_{\mathrm{MAD}}(\lambda_j, L_j)$, $J_{\mathrm{MSD}}(\lambda_j, L_j)$ 取最小值,并以它们所对应的重力异常观测序列的航迹代替惯性导航指示航迹。

9.3.2 基于 ICCP 的重力匹配算法

基于图的导航定位问题,就是通过载体上的传感器的测量值在已有的图上找到载体的位置。重力仪是用于提供附加定位信息以限制传统导航系统固有误差。在已有重力图上定位载体时重力仪只能在某一位置测量,因此只能得到某一时刻的一个测量值。一个测量值只能将载体约束到称为等值线的曲线上。因此,载体必须移动并采集很多可以与重力图匹配的测量值。这里提出的方法就是试图沿载体航迹运动的同时寻找最好的匹配点并校正相对位置误差。算法是基于沿载体运动轨迹将重力值与重力图匹配的原理。

9.4 基于递推滤波技术的重力匹配算法

由于地球重力场的随机性与不规则性,基于重力序列的相关匹配算法为了

达到较高的匹配精度，一般以对应多个等值点的连续惯性导航输出点为一组进行搜索匹配，其运算量巨大，匹配速度较慢，影响导航的实时性；同时序列匹配算法是对重力异常观测序列作验后的相关分析，得到的正确位置存在一定的延迟[4]。

因此，考虑采用基于滤波技术的重力匹配方法，由于滤波技术本身已相当成熟，其核心问题是如何建立精确的状态模型和观测模型。

9.4.1 状态方程

取状态参量 $\boldsymbol{X}(\delta L, \delta\lambda, \delta h, \delta v_N, \delta v_E)$，$\delta L, \delta\lambda$ 表示水下潜器的位置误差，δv_N，δv_E 表示水下潜器在北、东方向的速度误差。假定 R 为地球平均半径，L 为纬度，λ 为经度，则有

$$\begin{aligned} -R\dot{L} &= v_N \\ R\cos L\dot{\lambda} &= v_E \end{aligned} \tag{9.30}$$

系统状态方程可以表示为

$$\dot{\boldsymbol{X}} = \boldsymbol{F}\boldsymbol{X} + \boldsymbol{W} \tag{9.31}$$

式中：$\boldsymbol{F}$ 为系统的转移矩阵；$\boldsymbol{W}$ 为系统噪声。且有

$$\boldsymbol{F} = \begin{bmatrix} 0 & 0 & 0 & -\dfrac{1}{R} & 0 \\ 0 & 0 & 0 & 0 & \dfrac{1}{R\cos L} \\ 0 & 0 & 0 & 0 & 0 \\ 0 & 0 & 0 & 0 & 0 \\ 0 & 0 & 0 & 0 & 0 \end{bmatrix} \tag{9.32}$$

$$\boldsymbol{W} = [W_L \quad W_\lambda \quad W_h \quad W_{V_N} \quad W_{V_E}]^{\mathrm{T}} \tag{9.33}$$

假设滤波周期为 T，则离散化后的状态方程为

$$\boldsymbol{X}_k = \boldsymbol{\Phi}_{k,k-1}\boldsymbol{X}_{k-1} + \boldsymbol{W}_{k-1} \tag{9.34}$$

系统矩阵 $\boldsymbol{F}$ 通过 Laplace 变换得状态转移阵为

$$\boldsymbol{\Phi}_{k,k-1} = \begin{bmatrix} 1 & 0 & 0 & -\dfrac{1}{R}T & 0 \\ 0 & 1 & 0 & 0 & \dfrac{1}{R\cos L}T \\ 0 & 0 & 1 & 0 & 0 \\ 0 & 0 & 0 & 1 & 0 \\ 0 & 0 & 0 & 0 & 1 \end{bmatrix} \tag{9.35}$$

$$\boldsymbol{W}_{k-1} = [W_{\varphi,k-1} \quad W_{\lambda,k-1} \quad W_{h,k-1} \quad W_{V_N,k-1} \quad W_{V_E,k-1}]^{\mathrm{T}} \tag{9.36}$$

9.4.2 量测方程

1. 以重力异常之差作观测量

(1) 观测方程。

对于 t 时刻重力异常观测量,其量测方程为

$$L = \Delta g_M(L_i,\lambda_i) - [g(L_t,\lambda_t) - \lambda(L_i) + E(L_i,v_N,v_E)] \tag{9.37}$$

式中:$\Delta g_M(L_i,\lambda_i)$为根据惯性导航的指示位置$(L_i,\lambda_i)$从图中读出的重力异常;$g(L_t,\lambda_t)$为水下潜器在实际位置$(L_t,\lambda_t)$处重力仪输出经预处理后测得的重力值;$\lambda(L_i)$,$E(L_i,v_N,v_E)$为根据惯性导航输出计算的相应椭球面上的正常重力值和厄特弗斯改正。

式(9.37)经线性化处理后,可得

$$L_k = \left[\frac{\partial \Delta g_M}{\partial L} + \frac{\partial \gamma}{\partial L} - \frac{\partial E}{\partial L} \quad \frac{\partial \Delta g_M}{\partial \lambda} \quad 0 \quad \frac{\partial E}{\partial v_E} \quad \frac{\partial E}{\partial v_N}\right]\begin{bmatrix}\delta L\\ \delta\lambda \\ \delta h \\ \delta v_E \\ \delta v_N\end{bmatrix} + \Delta_k \tag{9.38}$$

式中:Δ_k 为观测误差(包括重力图误差、测量误差与模型线性化误差等),正常重力的纬向梯度依据索米里安公式求导得

$$\frac{\partial \gamma}{\partial L} = \frac{(2k_2 + k_1k_3)\sin L\cos L - k_2k_3\sin^3 L\cos L}{(1 - k_3\sin^2 L)^{\frac{3}{2}}}$$

$$k_1 = \gamma_e, k_2 = \frac{b\gamma_p - a\gamma_a}{a},\ k_3 = \frac{a^2 - b^2}{a^2} \tag{9.39}$$

式中:γ_e,γ_p 为赤道与两极处正常重力;a,b 为椭球的长短半径。

椭球近似下厄特弗斯改正 $E(L_i,v_N,v_E)$可表示为

$$E(L_i,v_N,v_E) = (R_L - h)\left[\frac{2\omega v_E\cos L}{R_L} + \frac{v_E^2}{R_L^2} + \frac{v_N^2}{R_L^2}\right] \tag{9.40}$$

式中:R_L 为纬度 L 处的地球半径;ω 为地球自转角速度;h 为水下潜器航行深度。

式(9.40)对纬度、速度求导得

$$\frac{\partial E}{\partial L} \approx -2\omega v_E\sin L \tag{9.41}$$

$$\frac{\partial E}{\partial v_E} \approx 2\omega\cos L + \frac{2v_E}{R} \tag{9.42}$$

$$\frac{\partial E}{\partial v_N} \approx \frac{2v_N}{R} \tag{9.43}$$

由此看出，在量测模型式(9.37)中，正常重力纬向梯度与厄特弗斯纬向、速度梯度依据地球参考椭球参数及惯性导航输出可以计算得到，关键问题是如何求取$\partial\Delta g_M/\partial L$和$\partial\Delta g_M/\partial\lambda$。

（2）随机线性化技术。

重力无源导航系统的本质就是利用重力异常图数据与重力传感器数据的匹配来消除惯性导航系统的剩余随机误差。由于重力异常是状态位置的非线性函数，因此采用扩展卡尔曼滤波技术进行匹配时，首先要建立重力异常与状态位置的线性化关系。

观测方程的线性化处理关键是要求取$\partial\Delta g_M/\partial L$，$\partial\Delta g_M/\partial\lambda$。因此所谓重力异常的随机线性化，可以归结为实时求取重力异常图水平方向梯度参数$\partial\Delta g_M/\partial L$，$\partial\Delta g_M/\partial\lambda$。

严格来说，$\partial\Delta g_M/\partial L$，$\partial\Delta g_M/\partial\lambda$ 的计算应该基于斯托克斯理论，利用移去－恢复技术实现，即

$$\begin{cases}\dfrac{\partial\Delta g}{\partial L} = -\left(\dfrac{\partial^2 T}{\partial r\,\partial L} + \dfrac{2}{r}\cdot\dfrac{\partial T}{\partial L}\right)\\ \dfrac{\partial\Delta g_M}{\partial\lambda} = -\left(\dfrac{\partial^2 T}{\partial r\,\partial\lambda} + \dfrac{2}{r}\dfrac{\partial T}{\partial\lambda}\right)\\ T(r,L,\lambda) = \dfrac{1}{4\pi}\iint\limits_{\sigma}\Delta g S(r,\psi)\,\mathrm{d}\sigma\end{cases} \tag{9.44}$$

式中：T为扰动位函数；r为向径；$S(r,\psi)$为广义斯托克斯函数；ψ为球心角距；$\mathrm{d}\sigma$为半径为R的球面元素。

但斯托克斯积分法涉及的计算量大，计算时间长，不能满足实时性的要求。一种可行的方法是事先依据海图重力异常，按上述理论计算每个网点的扰动二阶梯度与一阶梯度，存储在计算机里，然后在重力匹配时从已知数据库中调出数据，内插出匹配点的$(\partial\Delta g_M/\partial L,\partial\Delta g_M/\partial\lambda)_{L_i,\lambda_i}$。但这种方法的缺点在于首先要进行海量数据的计算，其次数据存储要占据大量的计算机内存。为了实时且有效地获取重力图上待匹配点的重力异常水平梯度，选择局域重力异常进行拟合逼近不失为一个好方法。

假定在匹配点(L_0,λ_0)的邻域Ω内，$\Delta g(L,\lambda)$存在直到$n+1$阶的连续偏导数，那么$\Delta g(L,\lambda)$在Ω内可表示为

$$\begin{aligned}\Delta g(L,\lambda) = {} & \sum_{n=0}^{N}\frac{1}{n!}\left[(L-L_0)\frac{\partial}{\partial L} + (\lambda-\lambda_0)\right]^n \Delta g(L_0,\lambda_0) + \\ & \frac{1}{(N+1)!}\left[(L-L_0)\frac{\partial}{\partial L} + (\lambda-\lambda_0)\right]^{N+1} \\ & \Delta g\left[L_0+\theta(L-L_0),\lambda_0+\theta(\lambda-\lambda_0)\right] \\ & 0<\theta<1\end{aligned} \tag{9.45}$$

式中,右端第一项为泰勒级数展开逼近,第二项为逼近截断误差,且有

$$\left[(L-L_0)\frac{\partial}{\partial L}+(\lambda-\lambda_0)\right]^n \Delta g(L_0,\lambda_0)$$

$$=\sum_{r=0}^{n} C_n^r (L-L_0)^{n-r}(\lambda-\lambda_0)^r \frac{\partial^n \Delta g(L,\lambda)}{\partial(L^{n-r}\,\partial\lambda^r)}\bigg|_{\substack{L=L_0\\ \lambda=\lambda_0}} \tag{9.46}$$

由于 $\Delta g(L,\lambda)$ 的函数表达并不知道,也正是我们想要寻找的函数,在式(9.45)中已知的是等式左边一些离散点值,如何利用这些离散的点值把式(9.45)右端的未知系数求解出来正是我们要做的工作。显然当 $N=1$ 时为平面拟合,当 $N=2$ 时,为双二次曲面拟合。如存在有多余观测,则用最小二乘法求解。注意的是多项式插值阶次不能太高,否则容易产生振荡不稳定现象。

拟合逼近是在重力异常图上匹配点 (L_0,λ_0) 周围的区域 Ω 上进行的,区域 Ω 大小原则上越大越好,但会以损失计算实时性为代价,由于地球重力场水平梯度具有受局部贡献大,远区贡献小的特点,因此拟合逼近总在以 (L_0,λ_0) 为中心的局部区域进行。如图 9.6 所示,至于区间大小依据局部地形变化趋势而定,地形变化剧烈,则区间选择大一点,地形变化平缓区域则区间选择小一点。下面分别取拟合区间半径 1′、2′、3′、4′,重力图分辨力 0.2′×0.2′,惯性导航初始位置误差 1′(即置信区间半径 1′),完成实验区 1 重力图区域惯性导航指示某点(10.66°,114.3°)处的 $(\partial\Delta g_M/\partial L, \partial\Delta g_M/\partial\lambda_{L_i,\lambda_i})$ 双二次曲面拟合计算。结果如图 9.6 所示。

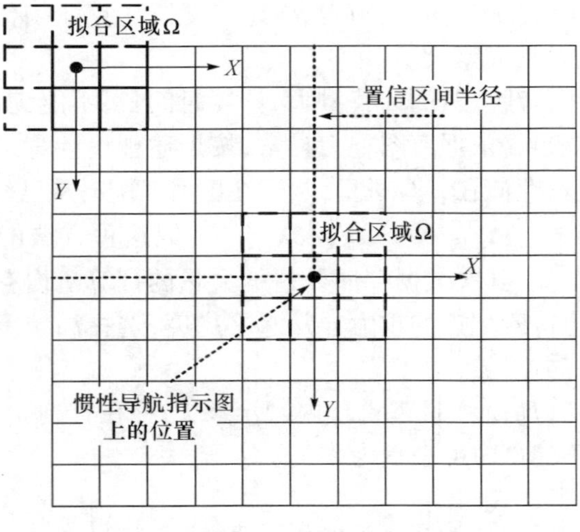

图 9.6　拟合逼近区域大小示意图

2. 以重力梯度之差作观测量

根据重力梯度仪的安装方式不同,当重力梯度仪捷联安装于载体之上时,量测方程为

$$
\begin{aligned}
\boldsymbol{Z}(t) &= \hat{\boldsymbol{L}}^b - \tilde{\boldsymbol{L}}^b \\
&= \boldsymbol{T}_n^b\left[\frac{\partial \boldsymbol{\Gamma}^n}{\partial \boldsymbol{r}^n}\right]\delta \boldsymbol{r}^n + \boldsymbol{T}_n^b\left[\frac{\partial \boldsymbol{L}_\psi^n}{\partial \boldsymbol{\psi}^n}\right]\boldsymbol{\psi}^n - \left[\frac{\partial \boldsymbol{L}_\omega^b}{\partial \boldsymbol{\omega}_{ib}^b}\right]\delta \boldsymbol{\omega}_{ib}^b + \boldsymbol{v}_L \\
&= h_1(t)\boldsymbol{X}(t) + \boldsymbol{V}(t)
\end{aligned} \tag{9.47}
$$

当重力梯度仪平台安装于载体之上时,量测方程为

$$
\begin{aligned}
\boldsymbol{Z}(t) &= \hat{\boldsymbol{L}}^b - \tilde{\boldsymbol{L}}^b \\
&= \boldsymbol{T}_n^i\left\{\left[\frac{\partial \boldsymbol{\Gamma}^n}{\partial \boldsymbol{r}^n}\right] + \left[\frac{\partial \boldsymbol{L}_\psi^n}{\partial \boldsymbol{\psi}^n}\right]\left[\frac{\partial \boldsymbol{\psi}_{in}^n}{\partial \boldsymbol{r}^n}\right]\right\}\delta \boldsymbol{r}^n + \boldsymbol{T}_n^i\left[\frac{\partial \boldsymbol{L}_\psi^n}{\partial \boldsymbol{\psi}^n}\right]\left[\frac{\partial \boldsymbol{\psi}_{in}^n}{\partial \boldsymbol{t}}\right]\delta t + \boldsymbol{v}_L \\
&= h_2(t)\boldsymbol{X}(t) + \boldsymbol{V}(t)
\end{aligned} \tag{9.48}
$$

式(9.47)和式(9.48)中,$\boldsymbol{Z}(t) = [\delta L_{11} \quad \delta L_{12} \quad \delta L_{13} \quad \delta L_{22} \quad \delta L_{23} \quad \delta L_{33}]^{\mathrm{T}}$;$h(t)$ 根据梯度仪的安装方式不同有不同的表达形式;$\boldsymbol{V}(t)$ 为零均值系统量测噪声。

3. 重力异常与重力梯度联合匹配方式

通过对重力仪输出与重力梯度仪测量到的输出值进行分析,在预测的梯度值与重力梯度仪测量的输出值之间求差。这种方式是利用重力仪信号中含有向心加速度误差(Eötvös 效应),而重力梯度仪信号不受 Eötvös 效应影响,可由 Eötvös 效应误差观测到东向与北向速度误差。

仍然取状态向量 $\boldsymbol{X}(\delta L, \delta\lambda, \delta h, \delta v_N, \delta v_E)$,状态方程 $\dot{\boldsymbol{X}} = \boldsymbol{F}\boldsymbol{X} + \boldsymbol{W}$,各个变量含义与前面的定义完全一致。

量测方程为

$$
\begin{bmatrix} y_g \\ y_h \end{bmatrix} = \begin{bmatrix} \Delta g_{\mathrm{grad}}(L_t, \lambda_t) - [g(L_t, \lambda_t) - \gamma(L_t) + E(L_t)v_N, v_E] \\ h_i - h_t \end{bmatrix} \tag{9.49}
$$

随机线性化后量测方程为

$$
\begin{bmatrix} y_{gk} \\ y_{hk} \end{bmatrix} = \begin{bmatrix} \dfrac{\partial \gamma}{\partial L} - \dfrac{\partial E}{\partial \varphi} & 0 & 0 & \dfrac{\partial E}{\partial v_E} & \dfrac{\partial E}{\partial v_N} \\ 0 & 0 & 1 & 0 & 0 \end{bmatrix} \begin{bmatrix} \delta L \\ \delta\lambda \\ \delta h \\ \delta v_E \\ \delta v_N \end{bmatrix} + \boldsymbol{\Delta}_k \tag{9.50}
$$

很显然,当无重力图时,其量测矩阵模型式(9.60)与全张量重力梯度测量的量测方程相比,只是涉及已知重力图数据的量消失了,其余并无变化。因此在软件编制时只需设置相应的条件,就可实现一套系统两种海域的使用。同时垂直通道与水平方向耦合性不强,所以也可对垂直通道单独进行匹配计算。

当建立了合适的状态与量测方程的矩阵模型,就可利用扩展卡尔曼滤波技术,得到系统误差的最优估计量,实现无图重力辅助惯性导航。

9.5 重力匹配组合导航系统仿真

在第8.4节,通过仿真分析了基于ICCP算法的INS/地磁组合导航匹配算法,本节则重点分析基于递推滤波技术的重力匹配算法。假设载体初始位置为(21.1°,122.0°),惯性导航指示的沿纬线和经线初始航速分别为9n mile/h,-5n mile/h,对应的加速度均为1n mile/h;惯性导航初始位置误差为2n mile,初始速度误差为1n mile/h,且具有5%的漂移误差;重力仪测量数据的仿真采用卫星测高重力异常数据加入测量噪声的方法,现今海洋重力仪的动态精度已经达到1mGal量级,因此重力测量误差一般取方差为1mGal的白噪声。另外,考虑到各种数据滤波及误差综合影响,取一项白噪声作为重力匹配的误差噪声,这个综合值根据经验取为9mGal^2。系统状态初始值$\boldsymbol{X}(0)$取为$\mathbf{0}$,惯性导航平台误差角的初始误差均取为1°,陀螺仪常值漂移和随机漂移取为0.01(°)/ h,加速度计的初始偏差均取为1×10^{-4}g,随机偏差为0.5×10^{-4}g,沿航迹取80个采样点,采样周期6min。仿真结果如图9.7~图9.9所示。

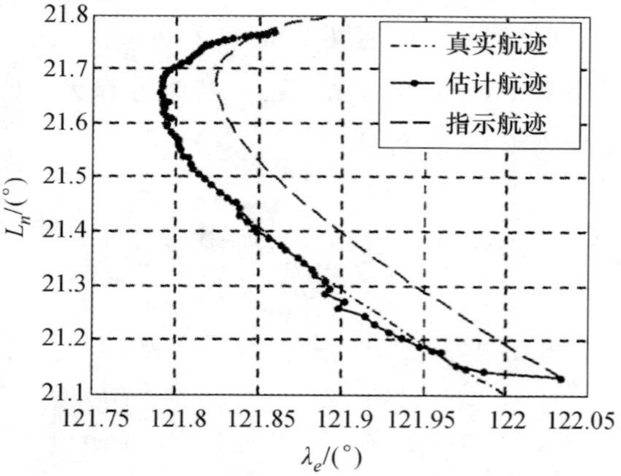

图9.7 重力辅助导航仿真结果

图9.7所示为重力辅助导航仿真结果,图9.8所示为惯性导航系统位置误差估计,图9.9所示为重力辅助导航位置误差。由以上仿真结果,可以得出以下结论。

(1) 利用重力差实现辅助导航是可行的,由图9.7可以看出经过初始阶段的3个采样周期后,估计航迹可以较好地跟踪真实航迹。说明本文建立的量测方程是有效的,通过提取量测值中的惯性导航位置差信息,可实现潜器的被动导

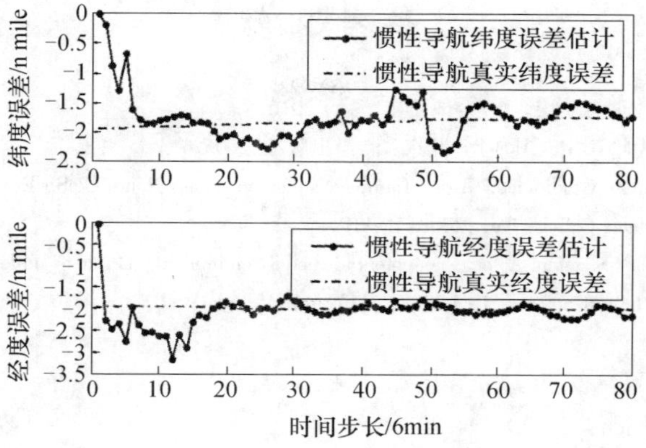

图 9.8　惯性导航系统位置误差估计

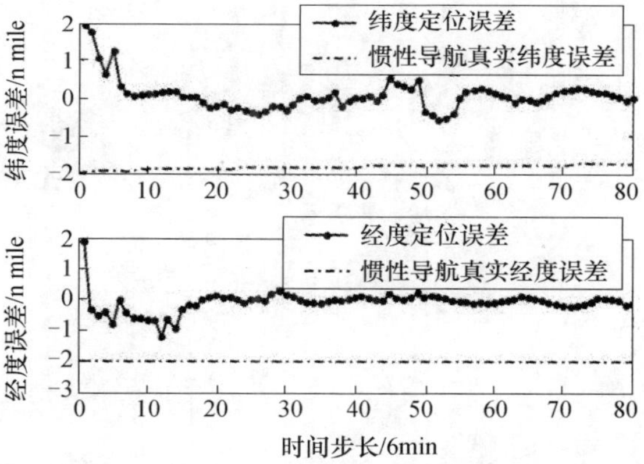

图 9.9　重力辅助导航位置误差

航与定位。

（2）图 9.8 所示误差估计结果表明，由重力差估计出的位置误差以真实的惯性导航位置为均值进行振荡，也就是位置误差估计反映了真实的惯性导航位置误差。因此可得出结论，利用重力差可实现对惯性导航位置误差的实时估计。

（3）图 9.9 给出的是重力辅助惯性导航方法的定位误差及结果统计，其中最大纬度误差不超过 1.94n mile，平均纬度误差为 0.25n mile，最大经度误差 1.97n mile，平均经度误差 0.20n mile。从以上数据及误差示意图可以得出结论，虽然经纬度定位误差存在一定程度上的波动，但总体的定位误差已经不随时间积累，因而大大降低了惯性导航的导航误差。

参考文献

[1] 曾华霖. 重力场与重力勘探. 北京:地质出版社, 2010.

[2] 黄谟涛. 海洋重力场测定及其应用. 北京: 测绘出版社,2005.

[3] Richeson J A. Gravity Gradiometer Aided Inertial Navigation within Non - GNSS Environments. Maryland: University of Maryland College Park,2008: 4 - 19.

[4] Wang Zhigang, Bian Shaofen. A local geopotential model for implementation of underwater passive navigation. Progress in Natural Science,18 (2008):1139 - 1145.

第 10 章

静电陀螺监控技术

静电陀螺监控器(Electro - Static Gyro Monitor,ESGM)是根据静电陀螺(Electro - Static Gyro,ESG)精度高的特点组成的一种惯性导航仪[1],它可以输出高精度的位置和航向信息,与惯性导航系统(INS)配套使用,其作用相当于载体内部的一个定位数据源。用 ESGM 与 INS 组成 ESGM/INS 组合系统,可以在不改变现有导航系统与其他系统的接口关系的情况下,显著地提高导航精度,延长 INS 利用外部信息的重调周期。

10.1 静电陀螺监控技术

10.1.1 静电陀螺仪

静电陀螺仪是一种利用静电吸力将高速旋转的球形转子支撑在超高真空电极球腔中的自由转子陀螺仪[2],具有稳定的定轴性,是高精度自主导航系统的核心敏感元件,它的发明和研制是惯性技术发展的一个里程碑。自从美国伊利诺伊大学(University of Illinois,UI)诺尔德西克教授提出静电陀螺仪概念以来,静电陀螺仪在世界范围内的研究和应用已经经历了半个世纪的发展历程。在长时间高精度应用领域,静电陀螺仪一直独占鳌头。

Honeywell 公司始终采用赤道加厚的 ϕ38mm 空心铍球转子光电信号器读取姿态信号的方案,并于 1979 年研制成功了静电陀螺仪四环式空间稳定平台惯性导航系统 SPN/GEANS,该系统最初应用于 B - 52 战略轰炸机,后来又应用于 F - 111 隐身战斗轰炸机。静电陀螺的核心转子非为空心和实心两种。苏联研制的采用光学传感器的空心转子静电陀螺,用于核潜艇的静电监控器上;法国通用机械电气公司(SAGEM)研制的实心转子静电陀螺用于低精度航空用惯性系统,并采用电容传感器。

10.1.2 空心转子静电陀螺仪

空心转子静电陀螺仪主要有以 Honeywell 公司为代表的 ϕ38mm 空心铍球

转子静电陀螺仪和以俄罗斯中央电气仪表研究所为代表的 ϕ50mm 空心铍球转子静电陀螺仪[2]。

1. ϕ38mm 空心铍球转子静电陀螺仪

美国的 Honeywell 公司研制的 SPN/GEANS 静电陀螺仪的原理示意图，如图 10.1 所示。

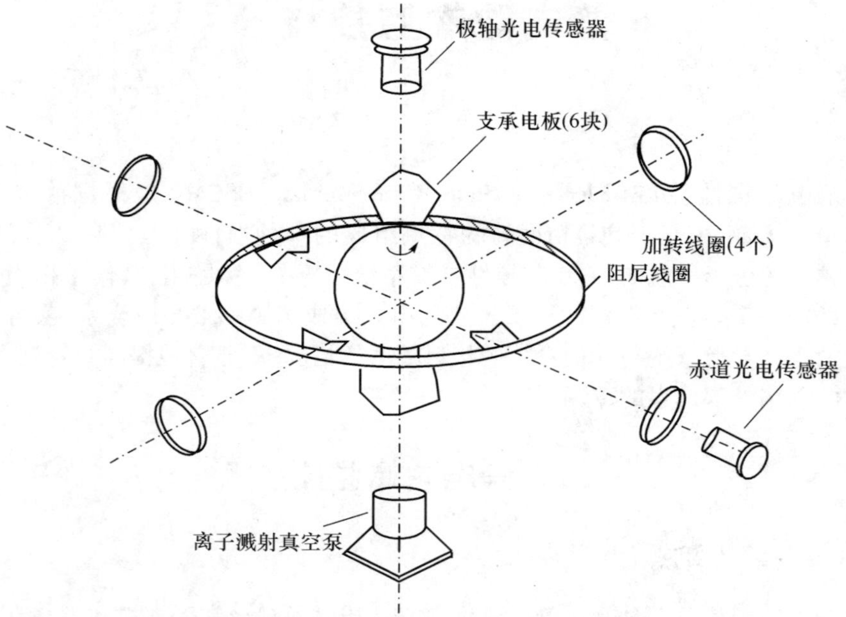

图 10.1　SPN/GEANS 静电陀螺仪的原理示意图

机械部分包括：

（1）转子和支承电极组合件；

（2）极轴与赤道光电传感器；

（3）真空泵与真空测量装置；

（4）冗余轴施矩线圈；

（5）温度控制装置；

（6）磁屏蔽罩。

其中，转子为 ϕ38mm 空心铍球，质量为 1×10^{-2}kg，转子转速范围为 38400 ~ 43200r/min（640 ~ 720Hz）。工作时，有离心力使转子变为圆球。

支承电极碗的材料为氧化铝陶瓷。电极球腔内的真空度为 2.25×10^{-6}Pa，由热阴极小钛泵维持，热阴极小钛泵的寿命为 75000h。

极轴光电传感器给出正弦波误差信号，其幅值与转子自转轴相对传感器光轴的偏角成正比。转子上有两条子午线方向的刻线，转子每转 1 圈，赤道光电传感器给出 4 个脉冲信号，用来作为光电测角解调器的参考信号。

SPN/GEANS 静电陀螺仪采用模块式结构。机械部分为组装式结构，其中，光电传感器、冗余轴加矩线圈及真空泵安装在陶瓷电极碗组合件上。加转线圈和阻尼线圈也组装成一体。机械部分全部封装在磁屏蔽罩内。电路部分包括 5 个模块：三周支承控制模块（每轴一个，共 3 个），电源模块一块，电容电桥与测量电路模块一块。SPN/GEANS 静电陀螺仪没有恒速控制和壳体翻滚装置，所以在标定过程中，要采用两种不同的转速来测定漂移误差系数值。

2. ϕ50mm 空心铍球转子静电陀螺仪

俄罗斯中央电气仪表研究所研制的д－15 静电陀螺仪，其转子为 ϕ50mm 空心铍球，质量为 2×10^{-2}kg，正常工作时转子转速为 18000r/min（300Hz），转子置于陶瓷电极球腔内，球腔内的真空度为 1.3×10^{-6}Pa。其高真空由热阴极离子吸气泵完成。金属薄膜电极镀在陶瓷球腔内壁上，转子表面涂耐磨材料（TiN），陶瓷电极内表面有突起的支承保护垫。

球形转子依靠施加在电极上的可控电压实现三轴支承。支承电路安装在陀螺壳体内。采用自准直光电角度传感器读取转子角位置信息，通过在转子两极处形成的小平面反射镜完成。

与 SPN/GEANS 静电陀螺仪不同，俄罗斯中央电气仪表研究所研制的静电陀螺仪带有壳体翻滚装置，也就是自动补偿装置。在静电陀螺监控器中，还采用了沿动量矩方向强迫陀螺壳体恒速转动的方法，以达到自动补偿热、磁和其他场引起的缓慢变化的常值漂移误差的目的。壳体旋转速度为 0.25r/min。

10.1.3 实心转子静电陀螺仪

Autonetics 分公司研制的舰船用静电陀螺仪的型号为 G11A。其关键部件是一个铍球转子和一对氧化铍陶瓷电极碗。其中，实心转子由金属铍制造，直径 10mm，质量为 1×10^{-3}kg。在每个氧化铍陶瓷半碗的内球面上溅射了 4 块表面为镍的电机。

静电陀螺仪的壳体包括静电陀螺仪的机械部分、静电支承电路及转子相对陀螺壳体的转角测量电路。该静电陀螺仪的特点是采用了实心铍球转子、质量不平衡调制测角传感器、多功能静电支承电路及壳体翻滚技术。静电支承系统的频带一般为 180Hz，而转子转速为 3500r/s。

该陀螺仪在惯性平台上工作时，壳体沿转子主轴旋转方向不断正反向旋转 180°，旋转速率为 1r/min 或更低，以消除与壳体有关的漂移误差。

10.1.4 两类静电陀螺仪技术比较

目前，存在空心球形转子和实心球形转子两类不同的静电陀螺仪。它们虽然工作原理相同，但采用的技术途径却大相径庭。下面对静电陀螺仪主要部件所采用的技术措施列表加以比较（表 10.1）。

表 10.1　两类静电陀螺仪技术措施比较

项目		实现转子	实心转子 1	实心转子 2
转子	材料	铍	铍	铍
	形状	质量偏心球	赤道加厚空心球	赤道加厚空心球
	直径/mm	10	38	50
	质量/kg	1×10^{-3}	1×10^{-2}	2×10^{-2}
	惯量比	0.999	0.9	0.9
	动态球形	材料各向异性 + 温控	静态长球 + 离心力	静态长球 + 离心力
陶瓷电极碗	材料	氧化铍陶瓷	氧化铝陶瓷	氧化铝陶瓷
	电极划分	正八面体	正六面体	正六面体
	电极间隙/μm	5 ~ 7.5	50 ~ 70	100 ~ 150
	安装	销钉定位螺钉压紧	金属扩散焊封接	金属扩散焊封接
支承	控制	4 轴交流电压	3 轴交流电压	3 轴直流电压
	测量	测量/控制合一	附加高频电容桥	附加高频电容桥
	频带/刚度	频带 800Hz	刚度 3.85N/μm	—
转速	额定值/Hz	2500 ~ 3500	400 ~ 800	300
	恒速	电场	无/磁场	磁场
阻尼	方案	可控磁场主动式	直流磁场被动式	直流磁场被动式
测角	姿态信号读取	质量不平衡调制	光电传感器/质量不平衡调制	光电传感器
	范围	小角度/大角度	小角度	小角度
真空	密封	不锈钢钟罩	直接/钟罩	直接
	维持	溅射离子泵	溅射离子泵	溅射离子泵

通过分析表明,在相同漂移误差条件下,实心转子静电陀螺仪比空心转子静电陀螺仪的制造精度要求高。同时,前者在静电支承系统、姿态信号读取、转子章动阻尼及恒速控制等方面的技术比后者的难度更大。但是,实心转子静电陀螺仪比较空心转子静电陀螺仪具有体积小、质量小、功耗低、质量不平衡调制全姿态信号读取可实现台体翻滚等优点。

选用何种静电陀螺仪,主要根据应用环境条件,如在舰艇上使用时,体积和质量都不是主要矛盾,选取空心大球转子的方案更加可行。测量船现装备的静电陀螺监控器采用的就是空心大球转子方案。

10.1.5　静电陀螺监控器的类型

根据静电陀螺不施矩的特点,ESGM 主体部分(陀螺中心装置)有以下几种方案。

1. 四常平架系统

四常平架系统也称作空间稳定式 ESGM,其主体结构图如图 10.2 所示。平台常平架系统包括台体在内有 4 个常平架:台体、内常平架、外常平架、随动常平架。台体轴 Ω 只想地球的极轴方向;内常平架轴 Q 垂直于极轴,平行与赤道平面;外常平架轴 E 在水平面内,初始时指东;随动常平架轴 Z_b 沿舰体的垂直轴向。台体上装有两个静电陀螺仪和三个加速度计:极陀螺控制内常平架轴和外常平架轴,其自转轴沿地球极轴方向;赤道陀螺只控制台体轴,有一个多余轴,其自转轴平行于赤道平面;在台体和赤道陀螺之间增加一个自由度受限制的附加控制轴,该轴平行于赤道平面、与赤道陀螺的自转轴垂直、由多余轴角度传感器经伺服控制系统,使赤道陀螺自转轴保持在电极中心;三个加速度计的输入轴分别沿 Q、E 和 O 轴向。各常平架轴上均装有角度传感器和力矩电机,使随动常平架跟踪内常平架,保证内、外常平架垂直。

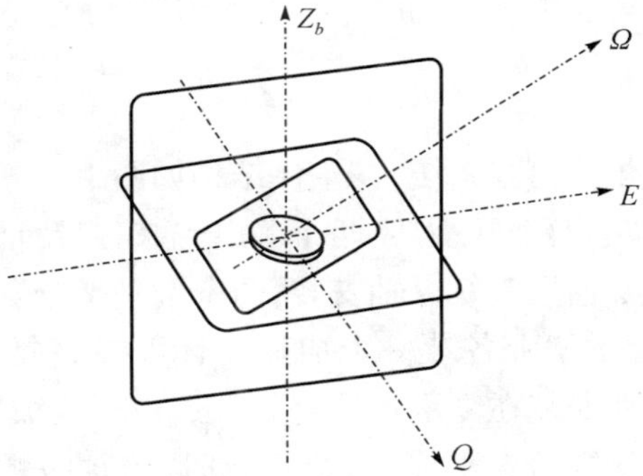

图 10.2　四常平架系统主体结构

四常平架系统结构紧凑,是一个独立的系统,其自身可以作为高精度的导航系统而单独使用。当 INS 和 ESGM 两个系统单独使用时,其性能取决于本身的误差源。

2. 五常平架系统

这种系统也称作简化几何式系统,其主体结构图如图 10.3 所示。主体结构有 5 个常平架和一个复式水平台。5 个长平架是:一个垂直常平架、两个静电陀螺各带两个安装常平架。垂直常平架和一个静电陀螺安装在水平台的上方以构成惯性坐标系,垂直常平架的轴垂直于水平台,陀螺的外常平架安装在垂直常平架上,用陀螺的内、外安装框架轴模拟两个天体;另一个静电陀螺安装在水平台的下方,它的一个常平架用于控制垂直常平架且与垂直常平架安装一致,另一个常平架是多余的,用以保证静电陀螺的壳体跟踪其转子自转轴。复式水平面由被监控系统的输出相比较,求得水平面的偏角以提高模拟天体的高度角的测量精度。五常平架系统是用上陀螺的内外框架轴模拟惯性坐标系的,初始状态时模拟惯性系与自由方位水平坐标系重合;在动机座上,两个模拟惯性坐标轴运动复杂,计算繁琐。

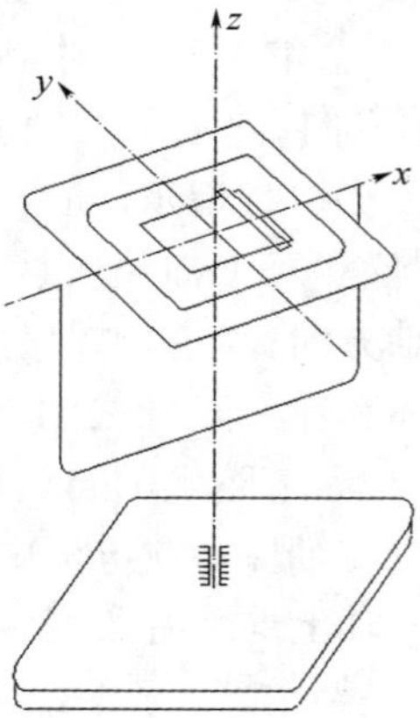

图 10.3　五常平架系统主体结构

3. 六常平架系统

这种系统也是简化几何式系统,其主体结构如图 10.4 所示。它有 6 个常平架:构成复式水平基准的两个常平架、两个静电陀螺各带有两个安装常平架。复示水平基准的外常平架轴沿舰艇纵轴安装;两个常平架分别由被监控系统的纵、横摇信号控制;两个常平架上各装一个加速度计以提高复示水平基准的精度。两个静电陀螺组件分别安装在复示水平台的上、下方,构成“哑铃”式结构,其外安装常平架轴均垂直于复示水平面;初始状态时,极轴陀螺(上陀螺)的自转轴

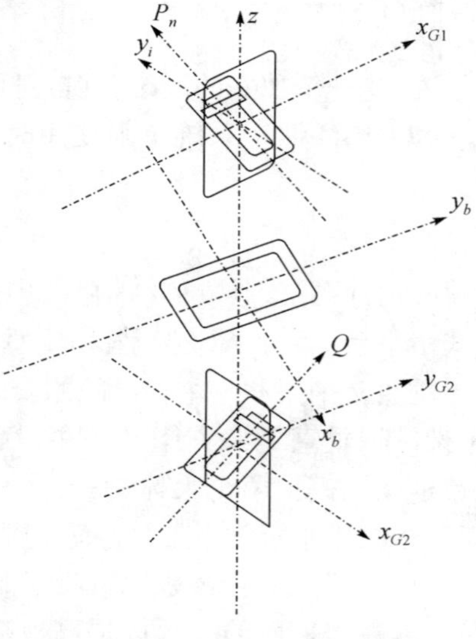

图 10.4　六常平架系统主体结构

平行于地球极轴，赤道陀螺（下陀螺）的自转轴平行于赤道平面、指东。各常平架轴上均装有角度传感器和力矩电机（陀螺常平架轴上装的是减速器）。

六常平架系统是用两个静电陀螺的角动量模拟惯性坐标系的，初始状态时，模拟惯性系与地心惯性坐标系重合。该系统的静电陀螺主轴配置合理，几何关系清晰，算法简单，结构设计上便于模块化、标准化；但其工作依赖于被监控系统提供的纵、横摇信号，不能单独使用。

10.1.6 静电陀螺监控器的用途

静电陀螺监控器（ESGM）主要用于潜艇上，这取决于潜艇对寻航定位系统的战术技术要求。潜艇是一种能在水面，也能在水下一定深度航行和战斗的活动舰艇。与其他舰艇相比，潜艇最大特点是隐蔽性好和机动性大，且其本身有足够的自持力和续航力，以及在水中长时间潜航的能力。提高潜艇隐蔽性的主要措施之一是延长惯性导航系统利用外部信息的重调周期。

潜艇、特别是弹道导弹核潜艇要求长期在水下航行，通过极区或其他复杂海域，既能独立地在水下准确发射导弹，又具有良好的隐蔽性、机动性和攻击时的突然性。因此，潜艇的导航系统必须能在不依赖外部信息的情况下，提供准确的船位数据，且能连续、自主、准确地提供航速、航程、航向及纵、横摇角度等数据，以保证潜艇长期在水下航行的安全和对导弹发射装置的制导平台进行发射前的初始对准和发射时的姿态控制，这就需要有高精度的惯性导航设备。

静电陀螺监控器可以输出高精度的位置和航向信息，与惯性导航系统（INS）配套使用，其作用相当于载体内部的一个定位数据源。用 ESGM 与 INS 组成 ESGM/INS 组合系统，可以在不改变现有导航系统与其他系统的接口关系的情况下，显著地提高导航精度，延长 INS 利用外部信息的重调周期。因此，ESGM 已日益广泛地用作核潜艇惯性导航系统的内部基准，大大延长了 INS 利用外部信息进行重调的时间间隔，增强了隐蔽性，有效地减小了核潜艇被发现的概率。

10.2 系统组成及工作原理

六常平架系统是一种简化几何式系统，实际上是模拟惯性坐标系和模拟当地水平坐标系的组合。该系统用两个静电陀螺的角动量轴模拟惯性坐标系，用复示水平台模拟当地水平坐标系。它的中心装置有 6 个常平架，所以称作六常平架系统。本节主要叙述该系统的主体结构及其工作原理。

10.2.1 六常平架 ESGM 的主体结构

六常平架 ESGM 的主体结构包括两个静电陀螺组件、一个复示水平台及其伺服回路、两个加速度计。

复示水平台模拟当地水平坐标系，目的是为静电陀螺主轴提供水平测量基准。复示水平台由内、外两个常平架（纵摇环和横摇环）组成，没有实际的台体。内常平架轴通过轴承安装在外常平架上，外常平架轴通过轴承沿舰体纵轴方向安装在舰体上，内、外常平架轴互相垂直。在复示水平台的内、外两个常平架轴上均装有角度传感器和力矩电机。工作中复示水平台随动于被监控惯性导航系统的水平基准，即被监控惯性导航系统的纵、横摇信号分别作为复示水平台的两个伺服回路的输入，与复示水平台轴上的角度传感器输出信号相比较，其差值经放大、校正，驱动力矩电机带动内、外常平架相对舰体转动，达到跟踪的目的。

为了提高复示水平基准的精度，在其内、外常平架上沿常平架轴向各装一个加速度计。这两个加速度计的输出通过坐标变换与被监控惯性导航系统的加速度计的输出相比较，求出复示水平台的水平基准误差，在导航参数的计算中加以修正。在静基座上或舰体匀速航行时，没有机动运动的干扰，这两个加速度计的输出直接反映了复示水平基准误差。

静电陀螺组件是用于模拟惯性坐标系的，采用壳体跟踪的框架式结构。两个静电陀螺组件分别安装在复示平台的上下方。构成“哑铃”式结构。陀螺的外框架轴均垂直于复示水平台安装。上陀螺称作极轴陀螺，下陀螺称作赤道陀螺。

框架式静电陀螺的转子是空心铍球，该铍球转子由三个主轴垂直安装的电极对构成的电磁场支承在陶瓷空腔内。静电陀螺工作在不施矩的自由状态下。理想情况时，其主轴相对惯性空间稳定。陀螺壳体相对于惯性稳定的转子轴的姿态由光电传感器拾取。当壳体相对转子无姿态偏差时，光电传感器输出常值电压，反之输出正弦电压。陀螺上有两个光电传感器，即自转轴光电传感器和赤道光电传感器，由这两个光电传感器输出之间的相位关系可确定壳体相对转子姿态偏差的方向，由其幅值可确定姿态偏差的大小。

静电陀螺壳体通过轴与轴承安装在内框架上，内框架轴通过轴承安装在外框架上，外框架轴则通过轴承垂直安装在复示平台上。在陀螺壳体的内外框架轴上均装有角度传感器和力矩电机（带齿轮减速器）。当壳体相对转子出现姿态偏差时，光电传感器即有信号输出，该信号经框架伺服回路送至框架轴上的力矩电机，再经齿轮减速器带动框架做相应的转动以实现陀螺壳体对转子主轴的跟踪。陀螺框架轴上的角度传感器输出陀螺壳体转过的角度信号。根据六常平架系统的结构特点，这些角度传感器的输出信号经滤波和误差补偿计算，即可直接或间接得到舰体的位置和航向。

10.2.2 六常平架系统的工作原理

六常平架系统的复示平台受控于被监控惯性导航系统的纵、横摇信号。所以,不能单独工作。ESGM 与 INS 的组合关系原理如图 10.5 所示。

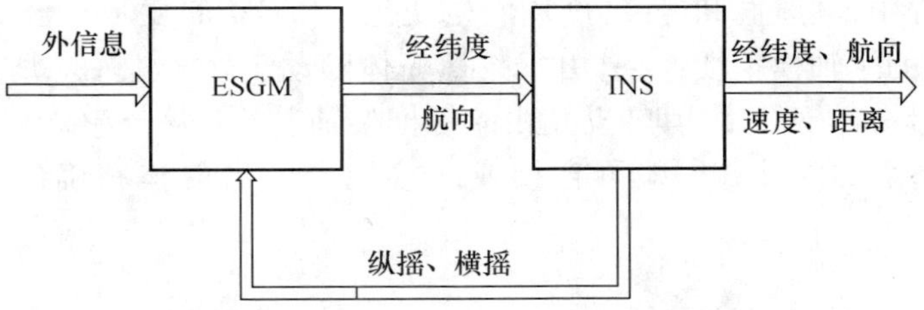

图 10.5　ESGM 与 INS 的组合关系原理

ESGM 的工作过程如下。

(1) 启动被监控的惯性导航系统。被监控的 INS 输出的纵、横摇信号经伺服回路使 ESGM 的复示平台与之随动。

(2) 待复示平台稳定之后,进行陀螺主轴的初始定向。初始定向的目的是根据被监控的 INS 提供的方位、纵摇、横摇信号及初始经、纬度,使极轴陀螺的主轴平行于地球极轴,赤道陀螺的主轴平行于赤道平面。

极轴陀螺(G1)的对准:由被监控的 INS 提供的方位、纵摇、横摇信号及初始经、纬度,通过 ESGM 的复示水平基准的随动系统,使复示平台稳定在当地水平面内;再根据 INS 的航向信号,转动 G1 的外环,使 G1 的壳体转轴置于当地子午面内;根据 INS 的纬度信号,将 G1 的壳体抬高 φ_0;使其主轴平行于地轴。

赤道陀螺(G2)的对准:根据当地经度,转动陀螺 G2 的内、外常平架,使 G2 的壳体轴置于某一时角 t_i 上,并将壳体抬高一个角度,使壳体轴平行于赤道平面。最简便的方法是 G2 的方位转角 $\psi_2=0$,即 G2 也设在子午面内,抬高角 $90°-\varphi$,使 G2 的时角 $t_g=-\lambda$,初始的格林时角为零;或使 G2 的方位转角 $\psi_2=\pi/2$,即主轴指东,抬高角为 0,则初始格林时角为 $-\pi/2$ 或 270°。

(3) 启动陀螺并使其主轴以容许的误差稳定在惯性空间。由于各种误差源的存在,陀螺主轴将出现初始定向误差,即极轴陀螺主轴不平行于地球极轴,赤道陀螺主轴初始时不水平指东。由于地球的自转,陀螺主轴相对地球将出现圆锥视运动。因为静电陀螺为壳体跟踪的框架式结构,所以视运动可以被陀螺内、外框架轴上的角度传感器测得。不计陀螺漂移时,角度传感器的输出为周期信号,其周期为 24h,信号的幅值表示初始定向误差的大小,其相位表示了初始定向误差的方位。当各角度传感器的稳定输出幅值大于 5′时,超出容许的初始定向误差,需要重新启动;否则,经过 24h 稳定之后进入标校状态。

(4) 初始定向误差及陀螺漂移的标校。为了提高 ESGM 的导航定位精度,需要知道 ESG 的主轴在惯性空间中精确的初始位置(初始定向误差)及其逐次启动的随机漂移(或随机漂移系数),即对 ESGM 进行标校,以便在导航参数的计算中进行补偿。ESGM 的标校时间为 48h。

（5）进入导航工作状态。标校过程结束后即可进入导航工作状态。舰体在航行过程中，其航向和经、纬度均发生变化。ESGM 的复示平台模拟当地水平系，ESG 的主轴模拟惯性系，由于陀螺壳体随动于转子主轴。所以，壳体相对复示平台将出现转动，其转动角由陀螺框架轴上的角度传感器测得，对其进行滤波及各种误差补偿，即可直接或间接地求解出舰体精确的经、纬度及航向。

10.3 静电陀螺导航/监控器系统

静电陀螺仪结构简单，运动部件只有一个球形转子。高速旋转的转子由可控静电场力悬浮在超高真空电极球腔内，静电力沿转子表面法线作用于转子并交汇于转子几何中心，不会对转子产生干扰力矩。同时，依靠光电传感器或转子质量不平衡调制方法测量转子主轴（即动力矩矢量）相对壳体的转角，保持高速转子与外界没有任何机械接触。因此，静电陀螺仪的偏置和质量不平衡漂移速度稳定性很高。无论是空心转子静电陀螺仪，还是实心转子静电陀螺仪，仪表级漂流误差不定性皆优于 0.001（°）/h。

然而，静电陀螺仪的转子是依靠静电力支承的。它的过载能力受电极和转子表面之间的间隙电场强度限制。大家知道，在空气中，静电力是非常微弱的，因为大气能承受的电场强度不大于 30kV/cm。因此，经典陀螺的转子与电极必须在超高真空容器中，依靠真空绝缘来提高电极间的击穿场强。为此，必须有小钛泵维持超高真空。同时，被悬浮的转子质量应尽量小，以保证能承受足够的过载加速度。

试验证明，静电陀螺仪允许的最高设计场强 400kV/cm，对于直径 ϕ38mm，质量为 1×10^{-2}kg 空心转子静电陀螺仪，能承受的最大过载加速度约为 18g，实际应用时，为了留有余地，普遍认为静电陀螺仪在载体加速度不大于 10g 的安静环境中使用比较合适。从公开报道的文献中可知，目前应用的主要领域有以下几个方面。

（1）战略导弹核潜艇。例如美国奥托尼克斯（Autonetics）分公司的 ESGM 系统于 1974 年与 MK2 Mod7 组合装备了“三叉戟”导弹核潜艇；俄罗斯中央电气仪表研究所的 СКАНдий－к 监控器系统于“台风”级导弹核潜艇。

（2）攻击型核潜艇。美国 Autonetics 分公司的 AN/WSN－3 静电陀螺导航仪（ESGN），装备了“鲟鱼”级和“洛杉矶”级攻击型核潜艇。

（3）远程轰炸、侦察机。美国 Honeywell 公司的 SPN/GEANS 应用于 B－52 战略轰炸机和 F－117A 隐身战斗轰炸机。

（4）精密大地测量。美国 Honeywell 公司的 GEO/SPIN 应用于海、陆、空大地测量。不仅能测量经纬度、高程，而且能测量重力异常。

（5）空间应用。美国斯坦福大学的低温静电陀螺仪应用于爱因斯坦相对论试验（Gravity Probe－B 试验计划）。

10.3.1 SPN/GEANS 和 GEO/SPIN 系统

SPN/GEANS 是美国 Honeywell 公司生产的静电陀螺仪导航系统。GEO/SPIN 是由 SPN/GEANS 改型后形成的精密惯性测量系统。系统组成包括惯性测量组合（IMU）、接口电路单元（IEU）、软件及其他附件。其中 IMU 为空间稳定平台，如图 10.6 所示。图 10.6 中，平台为四环式框架结构，平台台体上正交安装两只 ϕ38mm 空心铍转子静电陀螺仪和三只 GG－177 加速度计。一只静电陀螺仪的转子自转轴平行地轴（称为极轴陀螺），另一只落在赤道平面（称为赤道陀螺）。平台台体，内环及中环的三根轴组成空间稳定的直角坐标系。

(a)

(b)

图 10.6　SPN/GEANS 稳定平台照片
（a）平台内部；（b）平台外部。

SPN/GEANS 系统连续工作 12h 的导航精度为 0.1nm/h。工作 6h 的精度为 0.64nm/h。附加重力修正和卡尔曼滤波技术，长时间工作的 CEP 误差为 0.2nm/h。

GEO/SPIN 系统在 4km 测线上的定位精度为 2～4cm，在 30～60km 距离上定位精度为 25～50cm；相对重力测量精度为 2″～4″，重复性为 0.1″～0.5″。

10.3.2 静电陀螺导航仪（ESGN）系统

静电陀螺导航仪是美国 Autonetics 分公司生产的实心铍转子静电陀螺惯性导航系统，先期研制型号为 N88。ESGN 系统的 IMU 也是四环式空间稳定平台。平台台体上正交安装两只实心铍转子静电陀螺仪和三只电磁加速度计。它的里面是三根轴分别由赤道陀螺和极陀螺稳定。台体轴平行地轴，内环轴落在垂直面内，中环轴水平指东，外环轴为船体方位轴。稳定平台采用台体翻滚技术，以抑制与壳体相关的陀螺仪及加速度计误差。系统的重调周期比常规舰船惯性导航系统长 11 倍，静电陀螺仪精度为 0.001（°）/h，系统定位精度 0.2km/14d。

10.3.3 静电陀螺监控器(ESGM)系统

1. Autonetics 分公司的 ESGM 系统

该静电陀螺监控器系统由平台箱体、电子控制柜及数字计算机组成。它是一个独立的静电陀螺惯性导航系统,可以单独使用。它在监控常规舰船惯性导航系统时,只提供其位置信息,并通过卡尔曼滤波器对监控系统进行修正。

ESGM 的平台箱体通过减震系统吊装在潜艇内,里面装有四环式空间稳定平台。平台箱体为稳定平台提供环境控制和保护壳体。平台内安装两只 G11A 静电陀螺仪和三只 A－188 电磁加速度计。两只静电陀螺仪的一只为赤道陀螺,另一只为极轴陀螺。两只陀螺都采用壳体旋转自动补偿技术。

与 MK2 Mod6 液浮陀螺舰船惯性导航系统相比,ESGM 的短期精度提高 1 倍,长期精度提高两个数量级,重调周期延长 3～10 倍。静电陀螺仪精度 0.0001(°)/h,系统定位精度 0.2km/14d。

2. 俄罗斯中央电气仪表研究所的 CKAHдий－к 系统

CKAH 系统是由监控器平台和电控柜组成的静电陀螺监控器。监控器平台为“哑铃”式结构,如图 10.7 所示。

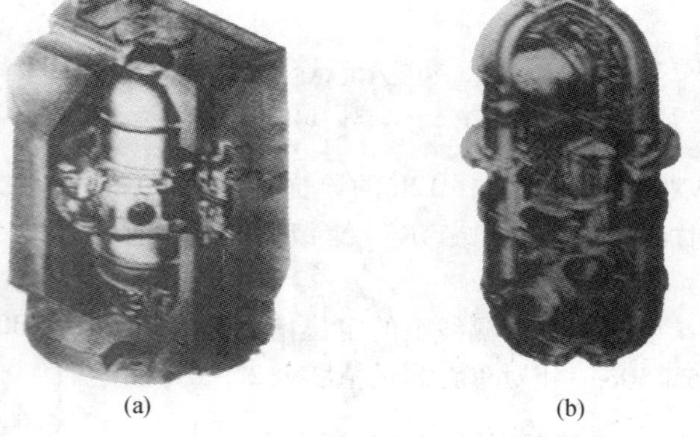

(a)　　　　(b)

图 10.7　CKAHдий－к 系统机械结构
(a) 外形;(b) 台体。

平台的中部为间接稳定的复示水平平台。台体上沿纵、横摇轴正交安装两只液浮加速度计。平台依靠跟踪常规舰船惯性导航系统的纵、横摇角度信号,复示当地地理水平面。并且,通过对比复示平台上的加速度计和常规舰船惯性导航系统上的加速度计信号,构造精确的水平坐标系。

台体上、下方各安装一只带双框架的 д－15 静电陀螺仪。为了平均上、下陀螺仪与壳体有关的漂移力矩,两个陀螺仪的壳体分别由台体上的伺服电动机通过钟形齿轮驱动,相对转子主轴连续同步旋转,旋转速度为 0.24r/min。

两只静电陀螺仪的外框架均与水平面垂直。工作时,上陀螺的转子主轴平行地轴,下陀螺的转子主轴与地球赤道平面平行。这样,在复示水平平台上工作的两只静电陀螺仪构成了两颗人工星体,它们的框架角代表两颗人工星体的高度角和方位角。于是,根据这两个高度角和方位角,采用天文导航算法,可计算出载体的经纬度和方位角,并用于对常规舰船惯性导航系统的重调。

CKAH 静电陀螺监控器的精度描述如下:

(1) 位置(最大弧形误差)1km/24h,5km/120h;

(2) 方位 $2'\sec\varphi/24h$,$4'\sec\varphi/120h$(φ 为纬度);

(3) 平均故障时间 2500h;

(4) 寿命 120000h。

该系统的缺点是平台结构复杂、体积庞大,且工作原理与美国的 ESGM 系统不同,不能作为单独的导航仪使用,只能用于对常规舰船惯性导航系统提供精度、纬度及航向修正。或者说,CKAH 静电陀螺监控器必须与常规舰船惯性导航系统联合使用。

10.4 测量船静电陀螺监控器系统

10.4.1 系统组成

航天测量船装备的静电陀螺监控器系统由天津航海仪器研究所研制,由静电陀螺惯性平台、陀螺控制电子机柜、系统控制电子机柜和电源变换器机柜组成。

陀螺控制电子机柜、系统控制电子机柜和电源变换器机柜都是标准大型机柜,上部有左右两个密封机箱,装有各种电子线路板。每块板按其功能自成体系,有各自的指示灯和检测孔。密封机箱与外界隔离,通过传导方式散热;密封机箱下方有强迫风冷风机,电缆引线在机箱底部。

1. 惯性平台

静电陀螺惯性平台是静电陀螺监控器的核心部件。平台由外环、内环、上陀螺方位环、上陀螺高度环、下陀螺方位环、下陀螺高度环共 6 个环组成。在平台内环上装有两个液浮摆式加速度计,在上陀螺的方位、高度环上安装极陀螺,在下陀螺的方位、高度环上安装赤道陀螺。在各环的支承轴上装各种型号的角度传感器,如回转变压器、多极同步器或位置传感器,同时装执行元件,如无刷力矩电动机;还有经减速器施矩的交流伺服电动机等。

2. 陀螺控制电子机柜

陀螺控制电子机柜在密封机箱内部主要装有惯性平台伺服电子线路、陀螺仪的伺服电子线路、状态显示、故障告警显示、控制及陀螺仪控制等线路。

3. 系统控制电子机柜

系统控制电子机柜在密封机箱内部主要装有静电陀螺监控器计算机系统电子线路,加速度计系统电子线路、无减速器随动系统电子线路、高精度平台姿态编码电路及整个系统的操作与控制、数据显示及人机对话等线路。

4. 电源变换器机柜

电源变换器机柜在机箱内部主要装有静电陀螺监控器电源控制电子线路、系统蓄电池充放电控制线路、系统的一次电源线路及其控制、显示等线路。

10.4.2 基本工作原理

航天测量船静电陀螺监控器系统方案采用俄罗斯中央电气仪表研究所的CKAHдий-系统方案。下面将简单介绍其工作过程。

1. 复示平台随动及陀螺框架系统对准

(1) 复示平台随动。计算机启动后,加速度计开始输出信号。支撑静电陀螺监控器(ESGM)工作的惯性导航(INS)向ESGM提供姿态信息,经无减速器随动系统控制ESGM的复示平台,力求跟踪当地水平面,构成水平坐标系。

上、下陀螺框架轴端角度传感器开始输出对应陀螺的高度角 h_i'' 和方位角 q_i'' ($i=1$ 代表上陀螺,$i=2$ 代表下陀螺)。此时,q'' 仅是陀螺外环面相对垂直轴的转角,h'' 是内环面相对于水平面的转角,也是陀螺壳体对称轴的方位角和高度角读数,它与陀螺转子轴无关。

(2) 陀螺框架系统对准。静电陀螺监控器要求上陀螺的动量矩轴 H_1 指向地球极轴,下陀螺的动量矩轴 H_2 与赤道面平行,但静电陀螺不宜用加矩方法调整其动量矩轴,故在陀螺转子转动之前需通过驱动陀螺的内外框架方法,调整陀螺壳体几何对称轴的指向,使其处于所要求指向。

指向误差由当时陀螺几何对称轴的实际指向和理论指向的角度差来确定。实际指向反映上述的 h_i'' 和 q_i'' 测量数据,而理论指向则由陀螺的理论地方时角 S_{0i}'' 和理论赤纬 δ_{0i} 所描述,即 $\delta_{01}=90°$,$\delta_{02}=0°$,$S_{0i}^*=0°$。理论地方时角 S_{0i}^* 和理论赤纬 δ_{0i} 是相对地心惯性坐标系的,通过引入当地的经纬度信息(来自已知的码头位置量或其他定位系统)及INS提供的航向信息,可将这些角度变换为相应陀螺的高度角和方位角 h_{0i} 与 q_{0i},并与 h_i'' 和 q_i'' 分别求差得到 Δh_i 与 Δq_i。驱动陀螺的内外框架,使 Δh_i 和 Δq_i 小于某一误差范围,说明上(极)陀螺和下(赤道)陀螺的几何对称轴已大致指向所要求的方向。这个过程在操作上位"置h""置q"。

2. 陀螺的启动、稳速与随动

(1) 陀螺的启动。"置h""置q"之后,上、下陀螺的几何对称轴已经大致按要求分别指向地球极轴与平行于赤道平面,但转子仍未转动。没有高速转动的陀螺球是不具有定轴性的，因而也不能构成惯性坐标系。为此，必须先对已经抽空的陶瓷腔体内壁的对称支撑电极加电形成对称磁力场，使球体悬浮在腔体的中心位置。再对加速系统（电路）加电，形成旋转电磁场，使球体（即转子）按一定方向旋转，第一次加速为低转速过程，然后转入阻尼定中阶段。

实施定中的装置为阻尼线圈，目的是定中，即使旋转中的转子自转轴在阻尼线圈的作用下，逐步与陀螺壳体的几何对称轴一致。

（2）陀螺稳速控制。铍球静电陀螺要求转子的转速要达到并稳定在较高的某一转速范围内，使陀螺具有良好的稳定性能，因此需再次加速，使转动频率接近预定频率，转入稳速。稳速线路需精确捕获微小频差信号，并从其他混杂的信号中精确分析，再用适当形式与大小的电流信号精确地控制转速系统的执行机构。这个过程将贯穿于陀螺工作的始终。

（3）陀螺框架随动。在陀螺转子定中并经稳速之中，说明陀螺球稳定高速旋转，并且其自转轴（即动量矩轴）已经大致指向所要求的空间方向，地心惯性系初步形成。但在地球自转和载体运动的情况下，陀螺框架系统必须保证陀螺的光学传感器轴（理论上与几何对称轴一致）始终与转子的自转轴一致。由减速器随动系统，从光学传感器的输出获得光轴与转子动量矩轴的偏差信号经坐标变换分解为陀螺高度、方位环的控制信号，通过执行电动机使各环绕其环轴转动，两环共同作用的结果使光轴和转子轴指向一致。这个过程也是贯穿始终的。

3. 解算通道及其初始对准

陀螺启动后，陀螺系统初步建立了一个地心惯性坐标系，复示平台建立了一个水平（误差从几角分到十几角分）坐标系，加速度计输出精确的水平加速度信号，上下陀螺的高度环和方位环分别输出经传感器零位修正后的测量高度角 h''_i 和方位角 q''_i。

（1）解算通道。解算通道即为根据已装订的陀螺漂移参数、地球自转角速率及陀螺动量矩轴相对赤道坐标系的初始地方时角 $S_i^*(0)$ 和赤纬 $\delta_i(0)$，迭代解算瞬时的地方时角 $S_i^{*p}(t)$、赤纬 $\delta_i^p(t)$ 及格林尼治时角 $S_i^p(t)$ 的程序模块，即

$$\begin{cases} S_i^p(t) = S_i(0) + \Delta S_i^{\omega e}(t) + \Delta S_i^c(t) \\ \delta_i^p(t) = \delta_i(0) + \Delta\delta_i^{\omega e}(t) + \Delta\delta_i^c(t) \\ S_i^{*p}(t) = S_i^p(t) + \lambda(t) \end{cases} \tag{10.1}$$

式中：$\Delta S_i^{\omega e}(t)$，$\Delta_i^{\omega e}(t)$ 为由地球自转引起的时角 $S_i(t)$、赤纬 $\delta_i(t)$ 的时间变化量，是时间和地球自转速率的函数；$\Delta S_i^c(t)$，$\Delta_i^c(t)$ 为由陀螺漂移引起的时角 $S_i(t)$、赤纬 $\delta_i(t)$ 的时间变化量，是时间和漂移参数的函数。

（2）初始对准。式（10.1）中的后两项均可由预知参数算得，而 $S_i^*(0)$ 和 $\delta_i(0)$ 是由对应时刻陀螺的水平坐标系中测量的位置角 h'_i，q'_i 经坐标变换（或球

面三角变换)得来的。陀螺动量矩轴 H_i 在赤道坐标系中的位置角 S_i 和 δ_i 与其在水平坐标系中的位置角 S_i 和 δ_i 与其在水平坐标系中的位置角 h_i',q_i'(或 A_i)之间的关系为

$$\begin{cases}\cos h_i \cdot \sin A_i = -\cos\delta_i \cdot \sin S_i^* \\ \sin h_i = \sin\delta_i \sin L + \cos\delta_i \cos L \cos S_i^* \\ \cos h_i \cos A = \sin\delta_i \cos L - \cos\delta_i \sin L \cos S_i^* \\ S_i = S_i^* - \lambda\end{cases} \tag{10.2}$$

这个过程要计算 6 次 $S_i^*(0)$ 和 $\delta_i(0)$,这是因为加速度计的编码线路及陀螺的各环轴端角度传感器输出值需要经过滤波器进行平滑,使最后一次校准得到相对准确的解算初始值 $S_i(0)$ 和 $\delta_i(0)$,因此该初始对准又称为 6 次校准。

4. 测量修正平滑变换及测量通道

(1) 测量通道含义。加速度计与角度传感器测量数据读写、测量值修正、平滑滤波及经坐标变换,最终生成来源于测量值的赤纬 $\tilde{\delta}_i^m(t)$ 和时角 $\tilde{S}_i^m(t)$(或 $S_i^{*m}(t)$),这个过程作为一模块称为测量通道。测量通道中须引入、纬度和航向信息。该模块自陀螺启动完毕转 6 次校准操作后开始工作。

(2) 测量值修正。原始测量值 h_i'',q_i'' 读出后必须进行各种误差修正。包括以下几项。

角度传感器的零位(机械、电器)误差。两种零位误差的代数和为 Δh_0 与 Δq_0,在装备过程和电器调试过程中测得。因此,在角度传感器开始工作时就可做出此项修正。

陀螺壳体旋转轴与光轴不一致引起的测角误差。由于壳体旋转轴与光电传感器的光轴不一致,使光轴产生相对壳体轴的锥运动,而影响由光电传感器信号所控制的角度传感器输出值,造成测角误差。误差信号显然受壳体旋转角频率所调制,于是可以用一定傅里叶分析法在 $\Delta h = h_i'' - h_i^p$ 的信号中提取锥运动的幅值和相位,并等价为高度和方位角的测量误差 Δh_{ki} 与 Δq_{ki},这项误差计算是陀螺壳体每转四圈更新一次,贯穿始终。

复示平台水平误差引起的测量误差。复示平台由复示水平误差,而在复示平台上的加速度计信号与参考惯性导航系统加速度计的信号之差(由航向变换为同一坐标系)反映了复示平台的水平误差,使 ESGM 加速度计敏感了重力加速度。故根据相应的加速度差值可以求出对应的复示水平误差,等效计算出相应的高度角和方位角的测量误差 Δh_{wi} 与 Δq_{wi}。

加速度计安装误差引起的测量误差。陀螺外环轴是垂直安装于平面上的,但由于加速度计安装有误差,则实际上陀螺外框轴与加速度计敏感轴不垂直,使上下陀螺内外环轴敏感器不是真正以水平面为参考的。这些安装误差角 α_{1i},α_{2i}

通过机械测量和系统测量方法预先获得并装订。在系统工作过程中按计算步长用它们及瞬时高度角 h_i（解算或测量值）计算相应的高度、方位角测量误差 Δh_{ri} 和 Δq_{ri}。

经误差补偿的高度角、方位角可表示为

$$\begin{cases} h_i^m = h_i'' - \Delta h_{0i} - \Delta h_{ki} - \Delta h_{wi} - \Delta h_{ri} \\ q_i^m = q_i'' - \Delta q_{0i} - \Delta q_{ki} - \Delta q_{wi} - \Delta q_{ri} \\ A_i^m = K_p - q_i^m \end{cases} \tag{10.3}$$

（3）测量值的平滑。由于加速度计安装误差、光电传感器轴摆动误差及INS、ESGM 加速度计输出跳动等使式（10.3）中描述的测量值 h_i^m，q_i^m（或 A_i^m）数据跳动，需要对其进行平滑处理。

平滑技术使用低通滤波器，滤波器的传递函数 $F(S)$。以 h_i^m 和 A_i^m 的平滑为例，数字化算法为

$$\begin{cases} \tilde{h}_i^m(K) = h_i^m(K) + p_0[\tilde{h}_i^m(K-1) - h_i^m(k)] \\ \tilde{A}_i^m(K) = A_i^m(K) + p_0[\tilde{A}_i^m(K-1) - A_i^m(K)] \end{cases} \tag{10.4}$$

（4）平滑测量值的变换。根据球面变换式（10.2）及平滑测量数据，可以求出陀螺动量矩轴在赤道坐标系经平滑的位置角测量值 $\tilde{\delta}_i^m$ 和 $\tilde{S}_i^{*m}$。ESGM 在 6 次校准之后的整个工作过程中，均以一个解算步长为周期同时运行解算通道（模块）和测量通道（模块），并分别得到解算值 $\delta_i^p S_i^{*p}$ 和测量值 $\tilde{\delta}_i^m \tilde{S}_i^{*m}$。

（5）系统标定。系统标定是指在 ESGM 完成 6 次校准之后，为了使解算通道所需各参数，包括陀螺初始位置角和陀螺漂移参数进一步精确化的过程，也就是为了转导航工作以后解算通道的瞬时解算值精确化的过程，它是实现 ESGM 高精度的关键技术之一。

由前所述，在 ESGM 6 次校之后的整个工作过程中，由解算通道根据 6 次校准所确定的陀螺初始位置角 $S_i^*(0)$ 和 $\delta_i(0)$ 及装订的陀螺漂移，地球自转角速率及可以获得经纬度，并解算递推瞬时的位置角 $\delta_i^p(t)S_i^{*p}(t)$。此外，由测量通道的测量、修正、平滑可以得到测量的瞬时位置角 $\tilde{\delta}_i^m(t)\tilde{S}_i^{*m}(t)$。

在标定阶段，测量值经过一系列修正、平滑并在三角变换中使用准确的位置信息，因此可以认为 $\tilde{\delta}_i^m(t)\tilde{S}_i^{*m}(t)$ 是准确的，它代表了陀螺实际的瞬时取向。理论计算值 $\delta_i^p(t)S_i^{*p}(t)$ 的计算中的地球自转角速率可准确预知，位置信息也取当地已知位置（码头），故解算值中仅包括了初始位置 $S_i^*(0)$ 和 $\delta_i(0)$ 的误差 $\Delta S_i^*(0)$ 和 $\Delta\delta_i(0)$ 及陀螺漂移参数的误差 Δm_{01}，Δm_{02}，Δn_{11}，Δn_{12}，Δn_{22}。于是，若令瞬时解算值与瞬时测量值的差值为

$$\begin{cases}\Delta\delta_i(t) = \tilde{\delta}_i^p(t) - \tilde{\delta}_i^m(t) \\ \Delta S_i(t) = \tilde{S}_i^p(t) - \tilde{S}_t^m(t)\end{cases} \tag{10.5}$$

则 $\Delta S_i(t)$ 和 $\Delta\delta_i(t)$ 反映了初始位置误差 $\Delta S_i^*(0)$ 和 $\Delta\delta_i(0)$ 及陀螺漂移参数的误差 $\Delta m_0, \Delta m_2, \Delta n_{11}, \Delta n_{12}, \Delta n_{12}$。

标定过程不是通过随时使用 $\Delta S_i(t)$ 和 $\Delta\delta_i(t)$ 的测量数据,而是使用最佳滤波方法估计初始位置误差及陀螺漂移参数误差,然后对解算通道的对应数值进行补偿。

(6) 导航(监控)。标定结束转入导航阶段,开始在测量通道中使用参考INS位置和航向信息。此时,由于解算通道所需各参数已经准确,于是解算值 $\delta_i^p(t) S_i^{*p}(t)$ 已是准确的,程序将形成“ESGM 信息有效”标志;而测量通道 $\tilde{\delta}_i^m(t) \tilde{S}_i^{*m}(t)$ 则只有在变换时引入参考 INS 的位置和航向误差,即包含了 INS 误差 $\Delta\lambda_{\text{INS}}, \Delta\varphi_{\text{INS}}, \Delta K_{\text{INS}}$,于是式(10.4)所表示的差值 $\Delta S_i(t)$ 和 $\Delta\delta_i(t)$ 将反映 INS 的误差。因此可以根据 $\Delta S_i(t)$ 和 $\Delta\delta_i(t)$ 来确定惯性导航定位误差与航向误差。

导航指 ESGM 具有输出自己的准确定位,定向信息的能力;监控指 ESGM 鉴别、确定提供 INS 误差的能力。

参考文献

[1] 吴俊伟. 静电陀螺监控技术. 哈尔滨:哈尔滨工程大学出版社, 2001.
[2] 潘良. 航天测量船船姿船位测量技术. 北京:国防工业出版社,2009.